等几何边界元法

董春迎　公颜鹏　孙芳玲　著

科学出版社
北　京

内 容 简 介

本书是作者近年来在等几何边界元法领域取得的主要成果的部分总结。全书分为 11 章。第 1 章是绪论，其对等几何边界元法进行了简单的介绍。第 2 章简要介绍了等几何分析的基础知识。第 3 和 4 章分别介绍了位势问题和非均质热传导问题的等几何边界元法。第 5 和 6 章分别介绍了非均质弹性问题和涂层薄体结构的等几何边界元法。第 7 章介绍了裂纹问题的等几何边界元法。第 8、9 和 10 章分别介绍了弹性动力学问题、液体夹杂复合材料和声学问题的等几何边界元法。第 11 章介绍了等几何边界元的快速直接算法。

本书主要面向力学、机械、土木、航空航天等专业高年级本科生、研究生，以及对边界元法和等几何分析感兴趣的教师和科研人员。

图书在版编目（CIP）数据

等几何边界元法 / 董春迎，公颜鹏，孙芳玲著. —北京：科学出版社，2023.5

ISBN 978-7-03-074292-6

Ⅰ. ①等…　Ⅱ. ①董…　②公…　③孙…　Ⅲ. ①几何-边界元法
Ⅳ. ①O241.82

中国版本图书馆 CIP 数据核字（2022）第 240990 号

责任编辑：赵敬伟　赵　颖 / 责任校对：彭珍珍
责任印制：吴兆东 / 封面设计：无极书装

科 学 出 版 社 出版
北京东黄城根北街 16 号
邮政编码：100717
http://www.sciencep.com
北京厚诚则铭印刷科技有限公司 印刷
科学出版社发行　各地新华书店经销
*
2023 年 5 月第 一 版　开本：720×1000　1/16
2024 年 1 月第二次印刷　印张：15 3/4
字数：320 000

定价：98.00 元

（如有印装质量问题，我社负责调换）

前　言

等几何边界元法直接使用计算机辅助设计(CAD)几何建模时的非均匀有理 B 样条(NURBS)基函数来近似未知的物理场，避免了网格划分的过程，其求解精度优于传统意义上的边界元法，已被用于位势、稳态及瞬态热传导、弹性力学、黏弹性力学、断裂力学、声学、优化设计、电磁场等问题。

全书共 11 章。第 1 章简要介绍了等几何有限元法，并较为详细地介绍了等几何边界元法中的已有研究工作和应用情况。第 2 章介绍了等几何分析的基础知识。第 3 章和第 4 章分别介绍了位势问题和非均质热传导问题的等几何边界元法。第 5 章介绍了非均质弹性问题的等几何边界元法。第 6 章介绍了涂层薄体结构的等几何边界元法。第 7 章介绍了裂纹问题的等几何边界元法。第 8 章介绍了弹性动力学问题的等几何边界元法。第 9 章介绍了液体夹杂复合材料的等几何边界元法。第 10 章介绍了声学问题的等几何边界元法。第 11 章介绍了等几何边界元的快速直接算法。

本书是作者课题组近年来在等几何边界元法领域取得的主要成果的部分总结。书中的内容主要来自博士生公颜鹏、孙芳玲、吴一昊、徐闯和硕士生孙德永、戴锐的研究成果，博士生杨华实和博士生秦晓陈分别在含缺陷薄壁结构及混合维度耦合问题的等几何算法和复合材料曲型加筋板壳结构的静动态等几何分析方面做出了很好的工作，作者在此向他们表示衷心的感谢。感谢国家自然科学基金(11972085，11672038)的资助，感谢边界元和等几何分析领域的同行朋友给予的多方面帮助。

由于作者水平有限，书中难免有不妥的地方，恳请大家批评指正。

作　者

2022 年 8 月

前 言

目　录

第 1 章　绪　　论

1.1　引　　言

实际中的各种工程问题都需要用解析或数值方法来预测其力学行为。由于解析方法适用范围有限，所以有必要发展数值方法来获得问题的近似解。常用的数值方法有很多，比如有限元法和边界元法。有限元法已被证明是一种可行的方法，被广泛应用于解决各种工程问题，其发展已趋于成熟。边界元法在一些领域里具有独特的优势，比如弹性力学[1]、断裂力学[2]、接触力学[3]、形状优化[4]和声学[5]等。然而，在进行计算机辅助工程(CAE)分析之前，有限元法和边界元法需要将计算机辅助设计(CAD)连续参数的几何模型通过网格生成器离散为分析时的计算模型，导致 CAD 几何模型和 CAE 分析模型不一致，其几何离散误差使得计算精度降低[6]。为此，Hughes 等[6]于 2005 年提出了等几何分析方法，其核心思想是利用非均匀有理 B 样条(NURBS)基函数同时表达 CAD 几何模型和 CAE 分析模型，实现了 CAD 和 CAE 的无缝连接。等几何分析方法完全消除了网格划分的概念，其有助于实现精确的几何实体造型，并可以得到更好的数值解，也节省了大量的计算时间。

本章首先简要介绍等几何有限元法的一些工作，然后着重介绍等几何边界元法及其应用，最后简单介绍本书的章节内容。

1.2　等几何有限元法简介

等几何分析技术[6]的出现引起了许多研究者的关注，并应用于各种问题[7]，例如：①接触问题的等几何分析能够得到更精确的结果，原因在于其基于 NURBS 基函数固有的高阶连续性，实现了接触表面的光滑表示[8-10]；②NURBS 基函数的高阶连续性使其能够以非常简单和统一的方式构建 C^1 或更高阶的近似模型，特别适合于薄板和薄壳的有限元分析，而且与标准有限元板壳单元相比，等几何板壳单元表现出更不明显的剪切锁定[11,12]；③结构振动问题的等几何分析比传统有限元方法更有优势，已有结果表明，在波传播问题中，k 细化法比高阶有限元 p 法具有更强的鲁棒性和更准确的频谱[13,14]；④在优化问题中，由于设计模型直接用于等几何分析，实现了设计模型与分析模型之间的紧密耦合[15,16]。NURBS 在 CAD 和计算机图形学中是普遍存在的，但从计算几何的角度来看，它存在很多问题。

也许遇到的最大困难是 NURBS 模型通常是由很多片组成，这些片之间并不是无缝拼接的，这通常会使网格生成复杂化。从分析的角度来看，NURBS 的张量积结构是低效的，无法进行局部加密，这会导致低效的误差估计和自适应算法。为了克服 NURBS 模型的缺点，一些学者相继在等几何分析的研究工作中引入了 T 样条[17,18]、PHT 样条[19,20]和 LR 样条[21]等。这些样条具有局部加细的特点，已应用于多个领域，如弹性力学[22]、形状优化[23]、断裂力学[24-27]、动力学分析[28-31]等。

以上只是对等几何有限元法做了简单介绍，它具有广泛的应用前景。有兴趣的读者可以关注计算力学的一些知名期刊，例如：*Computer Methods in Applied Mechanics and Engineering*、*International Journal for Numerical Methods in Engineering* 及 *Computational Mechanics*。这些期刊时常发表一些最新的等几何分析的研究成果。另外，一些有关等几何分析的专著[32-35]及评述性的论文[36-38]也很有参考价值。

1.3 等几何边界元法简介

边界元模型只需要边界几何信息，从而使 CAD 与边界元法实现真正的无缝对接，而有限元法所要求的体积表示与 CAD 中几何模型的边界表示使得等几何有限元法(IGABEM)在分析三维实体模型时面临挑战。鉴于此，许多学者对等几何边界元法产生了兴趣。Politis 等[39]于 2009 年首次将等几何概念引入到边界元法中，并用之解决外场黎曼问题。Li 和 Qian[40]提出了一种基于边界积分的等几何分析和形状优化方法，利用 NURBS 基函数来表示边界形状和近似分析中的物理场，该方法已经成功地应用于解决弹性和位势问题。Simpson 等[41]将等几何边界元法应用于求解二维弹性力学问题，详细介绍了等几何边界元法具体实施中涉及的配点的选取方法和积分方程中奇异积分的求解方法。Beer 等[42]在其等几何边界元法专著中介绍了稳态势问题、弹性力学、非均质问题、材料非线性、黏性流动及与时间相关的问题等。张见明研究组[43]采用等几何边界元法研究了三维位势问题，数值实验表明，该方法在精度和收敛性方面都有较好的性能。与基于 NURBS 基函数的等几何边界元法不同，张见明提出的边界面法[44]也是一种等几何边界元法，它用于积分计算的几何量和物理量都是通过 CAD 模型边界表征的参数曲面得到的，已被用于弹性力学[45]、稳态和瞬态热传导[46,47]、声学[48]和弹性接触[49]等问题的解决中。本书着重介绍基于 NURBS 基函数的等几何边界元法的基本理论及其应用研究。

1.3.1 奇异积分及拟奇异积分的计算

由于等几何边界元法将等几何分析中的 NURBS 基函数引入到传统的边界元

法中，使得该方法既继承了边界元法和等几何分析的优点，同时又继承了它们的弱点。各类奇异积分的存在是影响边界元法和等几何边界元法的计算精度和计算效率的重要因素，处理这些奇异积分需要特殊的计算方法。在这些特殊的方法中，Guiggiani 等[50]提出的局部规则化方法受到众多边界元法领域里学者的青睐，已被用于处理各种奇异积分，但这种方法需要将被积函数中的所有量都进行泰勒级数展开，而且只保留至二阶精度，数值计算繁琐。高效伟[51]提出的基于径向积分法的高阶奇异曲面积分的直接计算方法具有一些优点，例如：不需要对被积函数中的每个量进行泰勒级数展开;具有可以采用级数展开的高阶项以及便于程序编制。

对于等几何边界元法，Simpson 等[41]讨论了弹性问题等几何边界元法中奇异积分的计算，其中的弱奇异积分通过 Telles 变换法[52]进行处理，强奇异积分则是通过 Guiggiani 等[53]提出的奇异性分离法解决。上述奇异积分求解技术也应用于声学等几何边界元法[54,55]和液体夹杂等几何边界元法[56]分析。公颜鹏等[57]采用高效伟提出的幂级数展开法[51]计算了势问题等几何边界元法中的奇异积分，并与传统边界元法进行了比较，结果表明等几何边界元法具有较高的计算精度。Simpson 等[41]认为传统边界元法中的刚体位移法不适用于计算等几何边界元法中的强奇异积分，但事实并非如此。徐闯等[58,59]通过简单变换法运用常温法和刚体位移法间接求解了热传导和弹性动力学等几何边界元法中的强奇异积分。另一种避免求解奇异积分的方法是基于规则化等几何边界积分方程的方法。Heltai 等[60]提出了一个三维 Stokes 流动问题的非奇异等几何边界积分方程，并对其收敛性进行了数值验证。在数值实现中，标准高斯求积法足以对规则化等几何边界积分方程进行积分。Simpson 等[54]针对声学低频问题提出了一个基于规则化的 Burton-Miller 公式，其中所有积分都是弱奇异性的，该公式保证了声学等几何边界元法对所有波数的稳定性。

等几何边界元法在处理薄体或涂层结构时会遇到拟奇异积分，其精确计算有待进一步研究。公颜鹏等[61]将指数变换法[62,63]推广到等几何边界元法中，成功地解决了等几何边界元法的边界层问题。随后，公颜鹏和董春迎[64]又将自适应积分法[65]引入到三维势问题的等几何边界元法中。由于自适应积分方法是基于单元细分的思想，随着拟奇异性的增强，通过单元细分得到的子单元数量会急剧增加。因此，对于具有强拟奇异性的积分，该方法的计算效率将大大降低。针对这一问题以及二维、三维薄体和涂层结构，公颜鹏等[66,67]研究了拟奇异积分的计算精度和效率，提出了一种混合积分计算方法，保证了计算精度和效率之间的平衡。Keuchel 等[55]采用 sinh 变换法计算了声学问题等几何边界元法中出现的拟奇异积分。Han 等[68]利用减法技术将等几何边界元法中的拟奇异积分分离为非奇异部分和奇异部分。奇异部分的积分核用泰勒级数多项式表示，其中不同阶导数用 NURBS 插值。通过一系列分部积分，导出了具有近似核的奇异部分的解析表达式，而非奇异部分则采用高斯积分求解。该半解析方法能准确地计算出更靠近边界的内点的位移和应力。Han 等[69]也利用半解析方法研究了二维势问题等几何边界元法中存在的拟奇异积分，并与指数法和 sinh 变换法进行了比较。结果表明，该方法具有竞争力，特别是在势流密度模拟过程中的近强奇异积分和高阶奇异积分计算方面。

1.3.2 等几何边界元法的快速计算

等几何边界元法在继承传统边界元法优点的同时也继承了它的缺点。不适合模拟大规模问题是边界元法的一个突出弱点，这是因为由边界积分方程离散得到的线性方程组系数矩阵通常是非对称满秩矩阵，对于 N 自由度问题，系数矩阵的存储需要 $O(N^2)$ 量级。如果使用直接求解技术，如高斯消去法，计算量会达到 $O(N^3)$ 量级，即使使用迭代算法也需要 $O(N^2)$ 的计算量，这样就导致了边界元法无法解决大规模工程问题。

在过去 30 多年里，快速多极算法(Fast Multipole Method，FMM)[70-72]、小波变换法[73]、基于傅里叶变换的算法(Fourier Transformation Based Method)[74]和分层矩阵法(Hierarchical Matrix，H-matrix)[75]等快速算法得到了广泛的发展。借助于迭代方法求解线性方程组，快速多极算法有效地加速了边界元方程的求解。在使用快速多极算法后，边界元法的计算复杂度可接近于 $O(N)$ 的量级。快速多极边界元法的难点在于边界积分方程中基本解的多极、局部、指数展开格式的实现和展开系数相互之间的传递关系。不同问题的边界积分方程的基本解是不一样的，即使同一问题的二维和三维的基本解也不相同，如拉普拉斯(Laplace)方程基本解和 Helmholtz 方程基本解等。因此，对于不同问题，相应的快速算法实施并不是一件简单的事情。Hackbusch 等[75,76]提出分层矩阵的概念，将一个稠密矩阵逐层地分成一些子矩阵，并指出其中的一些子矩阵可以被低秩矩阵很好地近似。在分层矩阵的基础上，Bebendorf [77]提出自适应交叉近似算法(Adaptive Cross Approximation，ACA)用于对秩很小的矩阵进行快速向量内积分解和存储，并将其应用于边界元法中。由于 ACA 是一种纯代数的矩阵压缩方法，不需要将边界积分方程的核函数解析展开，而且与物理背景无关，因此，基于 ACA 的分层矩阵法得到广泛的应用[78,79]。值得注意的是，快速多极边界元法和基于 ACA 的分层矩阵边界元法都使用迭代法求解线性方程组，如广义极小残差法。当迭代收敛的速度很快，迭代步足够小时，两种方法能够达到很高的求解效率。然而，迭代的收敛速度依赖于系数矩阵的条件数，系数矩阵的条件数越小，收敛速度越快。因此，边界元迭代算法的预处理技术经常被用于加速迭代的收敛。然而，对于许多问题即便使用了预处理技术，迭代求解的收敛速度仍然缓慢。

为了避免迭代算法收敛性的问题，一些学者开始研究稠密矩阵的直接快速算法[80-83]。算法的主要思想是先将矩阵逐层分解，并构造其低秩子矩阵的低秩近似，然后递归地更新方程组的解。Martinsson 和 Rokhlin[80]提出了基于可分离的分层块矩阵的快速直接算法，并用之对二维势问题进行了求解。Kong 等[81]给出了基于分层非对角低秩(Hierarchically Off-Diagonal Low-Rank，HODLR)矩阵的快速直接算法来求解二维势问题。Lai 等[82]基于 HODLR 矩阵结合 ACA 算法求解了二维高频散射问题。Huang 和 Liu[83]基于 HODLR 矩阵概念提出了一个边界元直接快速算法，并对三维势问题进行了快速求解。HODLR 矩阵是分层矩阵的一种特殊形式，它的主要特点是所有的非对角子矩阵都用低秩矩阵近似。基于这一形式，HODLR 矩阵的逆可以用 Sherman-Morrison-Woodbury 公式[84,85]求得。近些年来，许多学者结合快速算法与等几何分析求解各类问题并取得很好的成果。Harbrecht 和 Randrianarivony[86]建立了 CAD 和小波伽辽金边界元法的一个接口。在此方法中，基于小波基的伽辽金离散产生了准稀疏型矩阵，即大多数矩阵项是可以忽略的，可以被视为零，舍弃这些不相关的矩阵项即为矩阵压缩。Harbrecht 和 Peters[87]比较了参数曲面上的快速黑箱边界元法，即自适应交叉近似法、快速多极法及小波伽辽金法。其中，数值结果表明：小波伽辽金法提供了优越的系统压缩率，但缺点是数值求积复杂；自适应交叉近似法和快速多极法性能相当。与 ACA 相比，FMM 算法对远场及其存储的计算效率要高得多，但矩阵与向量积的求解速度较慢。Takahashi 和 Matsumoto[88]将快速多极算法引入到二维等几何边界元法中，将计算量从 $O(N^2)$ 降到 $O(N)$ (N 是控制点数目)的量级。结果表明，在目标精度相同的情况下，等几何边界元比传统边界元用时要少，这也说明了快速算法在等几何边界元法中的可行性。Dölz 等[89]提出了一个快速多极间接边界元法来研究 Laplace 和 Helmholtz 问题，文中通过使用高阶 NURBS 基函数得到了逐点势的较高收敛率。Liu 等[90]基于 Burton-Miller 法给出了一种用于敏感度分析与二维声障几何优化的快速多极等几何边界元法。数值结果表明，采用 NURBS 基函数的快速多极等几何边界元法，由于避免了几何误差，精度上优于传统边界元法，且在计算大规模声学问题时，可以节省相当多的时间。Simpson 等[91]把黑箱快速多极算法(Black-Box FMM)与等几何边界元法结合形成了计算量为 $O(N)$ 的黑箱快速等几何边界元算法。该算法基于 T 样条插值技术，弥补了 NURBS 不能局部细化的劣势。快速多极算法尽管使等几何边界元法更有效地解决大规模问题，但它要求首先对基本解进行级数展开，级数的所有项必须在给定的精度下预先计算，然后进行积分，这极大地改变了边界元法的积分过程。为了克服这样的问题，等几何边界元快速直接算法逐渐受到人们的青睐。Marussig 等[92]基于 ACA 实现了等几何边界元的快速计算。他们只是展示了均匀边界条件的问题，而没有对任何非均匀边界条件进行特殊处理。Camposa 等[93]针对势问题提出了一个 ACA 加速的等几何边界元法。他们对非均匀边界条件进行了处理，并说明了所提方法不仅能节省 CPU 时间和提高内存利用率，而且比传统边界元法更准确，但他们的工作没有涉及具有张量形式基本解的力学问题。张见明等[94]在对边界元快速算法研究的基础上，提出了一种几何交叉近似的快速算法，与边界面法结合，可以用于求解复杂的工程问题。Wang 等[95]针对二维势问题提出了一种改善插值函数的快速等几何边界元法。不同于常规等几何边界元法，该方法的几何边界用 NURBS 基函数描述，物理量则用修正的移动最小二乘方法近似，并引入快速算法来求解大规模问题。孙芳玲等[96,97]将等几何边界元法与快速直接算法相结合，提出了一种等几何边界元快速直接算法，并将其应用于求解三维势和弹性力学问题。其中，采用基于 HODLR 矩阵的快速直接算法对系数矩阵进行处理，并提出加速算法来提高非对角子矩阵压缩过程中的压缩效率。

1.3.3 等几何边界元法的一些应用

本节介绍等几何边界元法在一些领域里的应用，比如位势问题、弹性力学问题、声学及断裂力学问题。这些主题将在本书以下章节做进一步介绍。

1.3.3.1 位势问题

位势问题通常是指控制方程为 Laplace 方程的边值问题。许多问题可以归结为位势问题，比如稳态热传导、电场、理想流体定常流动以及弹性力学中的柱体扭转问题等[98,99]。边界元法应用于解决位势问题已有多年，已经非常成熟。Politis 等[39]首次将等几何边界元法应用于研究二维外场黎曼问题，随后又研究了翼型周围的势流问题[100]。对于三维位势问题，张见明课题组[43]提出了一种基于局部 B 样条基函数的三维等几何边界元方法。公颜鹏等[57]提出了一种三维位势问题的等几何边界元法，并比较了各类积分的计算精度。之后，公颜鹏等[64]又将自适应积分法引入到位势问题等几何边界元法中。Kostas 等[101]采用等几何边界元法对翼型周围的势流进行了研究，并对翼型进行了优化。Beer 和 Duenser[102]应用等几何边界元法研究了从越过障碍物的流动到各向同性和各向异性介质中的约束渗流和非约束渗流问题。Chouliaras 等[103]提出了一种基于 Morino 公式[104]的三维势流等几何边界元方法，适合分析的 T 样条用于表示所有边界表面和未知的摄动势。该方法与已有实验结果吻合较好。图 1.1[101]显示了速度为 $\boldsymbol{U}_\infty$ 的均匀流中的水翼及其尾迹边界 $\partial\Omega_w$。

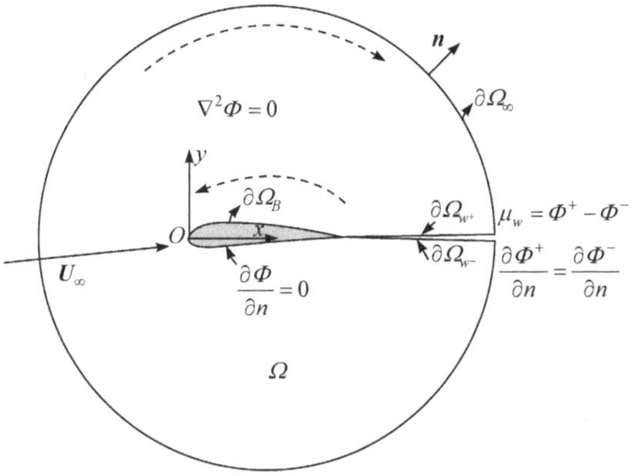

图 1.1　速度为 $\boldsymbol{U}_\infty$ 的均匀流中的水翼及其尾迹边界 $\partial\Omega_w$，虚线表示假定的边界方向[101]

1.3.3.2　弹性力学问题

边界元法在求解弹性力学问题时具有独特的优势，它的主要优点在于边界离散化。将等几何分析方法与边界元法相结合是一种非常有效的方法，其原因有两点：①问题的边界只在 CAD 软件中处理；②边界处的计算在工程应用中是最重要的，而这正是几何误差最有害的地方[105]。Simpson 等[41]将等几何边界元法应用于弹性力学问题，给出了具体的数值实施过程，一些数值例子(无限大板中的孔问题、L 形楔体和开口扳手)显示了等几何边界元法的有效性。需要指出的是，该工作并没有刻意去研究边界条件的处理问题，因为所给出的例子的非齐次边界条件都是处于直线边界。Mallardo 和 Ruocco[105]考虑到直接将非齐次边界条件应用于 NURBS 控制点可能会产生较大的误差，提出了一种改进的公式，将边界条件通过变换方法与控制未知变量联系起来。数值算例表明，利用该公式可以得到更精确的解。白杨等[106]基于等几何边界元法对含有复杂几何形状夹杂的各向同性弹性基体承受双周期边界条件时的等效力学模量问题进行了研究，随后又研究了纳米尺度夹杂弹性力学问题[107]。王英俊等[108,109]采用多片非奇异等几何边界元法研究了三维弹性力学问题。针对三维线弹性域问题，Nguyen 等[110]提出了一种基于等几何分析的弱奇异对称伽辽金边界元法。Li 等[111]提出了一种黑箱快速多极等几何边界元分析方法，并将之用于三维固体构件的弹性分析。杨华实等[112]提出了一种非相适应界面的等几何有限元和边界元耦合方法，并对混合维的固体与壳体连接结构进行了分析。图 1.2 显示了一个叶轮叶片的 NURBS 网格图[113]。

1.3.3.3　断裂力学问题

准确了解裂纹尖端附近的应力场对裂纹评估，特别是裂纹扩展的预测具有重要意义。在线弹性断裂力学中，应力强度因子在描述奇异应力场方面起着重要作用。对于复杂的物体形状或边界条件，人们可以利用数值方法来求解应力场，从

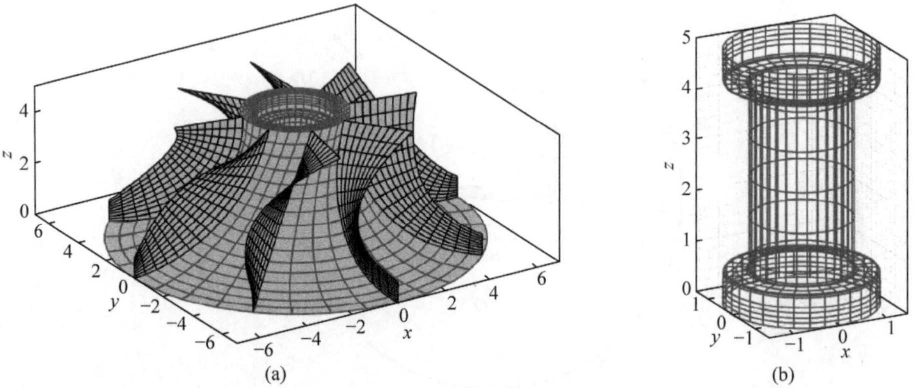

图 1.2　叶轮叶片的 NURBS 网格：(a)整体模型网格；(b)轮毂的内表面网格[113]

而分别给出Ⅰ型、Ⅱ型和Ⅲ型的应力强度因子。与有限元法相比，边界元法尤其适合于考虑线性各向同性固体中的裂纹问题，原因在于：①边界元法只对边界进行离散化处理，便于处理裂纹扩展中的网格划分问题；②边界元法可以有效地求解裂纹尖端附近的应力场，从而得到更精确的裂纹尖端的应力强度因子。边界元法在研究断裂力学问题时已经发展出了很多有效的处理方法，如子区域法[114]、对偶边界元法[115]、位移不连续法[116]和伽辽金边界元法[117]等。在子区域法[114]中，引入人工边界将裂纹表面的计算区域划分为若干个无裂纹的子区域，对每个子区域应用边界元法，通过分区面上的连接条件来得到最终的求解方程。该方法的主要缺点是人工边界不唯一，不利于模拟裂纹扩展。此外，当弹性体含有大量裂纹时，这种方法的数值实现变得困难。在对偶边界元法[115]中，将位移边界积分方程和面力边界积分方程分别应用于两个裂纹表面，从而实现对裂纹结构进行单区域应力分析。在位移不连续法[116]中，将未知位移替换为两个裂纹表面之间的位移差，然后进行数值求解。虽然位移不连续法引入了新的未知量，但它适用于裂纹表面自由或面力已知的裂纹，特别是无限域的裂纹。伽辽金边界元法[117]中的公式来自弱形式位移积分方程和弱形式面力积分方程的组合，其中只涉及弱奇异积分，允许实施标准的 C^0 单元，而且只处理单一的裂纹表面。但这种方法需要处理双重积分，在计算效率方面缺乏竞争力。

Nguyen 等[118]将等几何分析应用于弱奇异对称伽辽金边界元法，并对含裂纹的二维准静态弹性问题进行分析。数值算例表明，等几何弱奇异对称伽辽金边界元法计算结果精度高，而且数值实施简单。Peng 等[119,120]采用等几何边界元法分别对二维和三维裂纹问题进行了分析，其中引入的对偶边界积分方程使得裂纹可以在一个域中建模。Cordeiro 和 Leonel[121]提出了一种等几何对偶边界元法，并将之用于三维裂纹结构的力学建模，其中用 Guiggiani 等[50]的方法计算了等几何对偶边界元法所需的强奇异和超奇异积分。孙芳玲等[122,123]采用等几何边界元法研究了二维和三维裂纹与夹杂的相互作用，并分析了夹杂对裂纹扩展的影响。图 1.3 显示了夹杂对裂纹扩展路径的影响过程[122]。

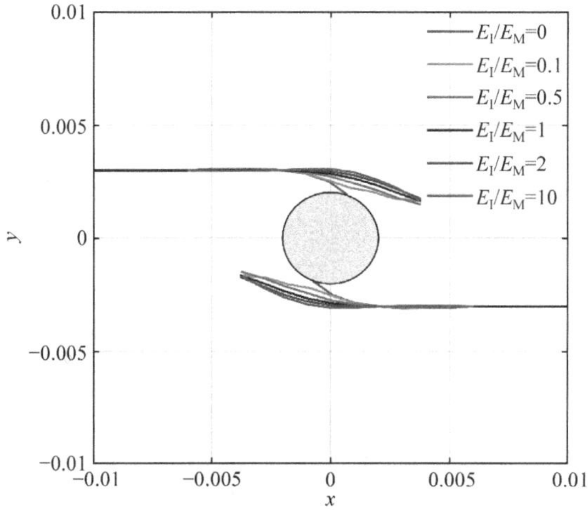

图 1.3 不同弹性模量比 E_I / E_M 时的裂纹扩展路径[122](下标 I 和 M 分别表示夹杂和基体)

1.3.3.4 声学问题

边界元法是解决无限区域工程问题的理想方法，已被用于解决声学中广泛的实际问题[124,125]，如扬声器产生的声音的建模，发动机气门盖等特定结构所辐射的声功率，以及硬结构所散射的声音等。

Peake 等[126,127]提出了一种扩展等几何边界元法，该方法使用了单位分解富集 NURBS 函数。二维和三维数值算例表明，该方法比传统边界元法具有更高的精度。由于 NURBS 的张量积性质，局部细化是不可能的，从分析的角度来看，这是一个很大的缺陷。为克服此缺陷，Simpson 等[54]提出了一种基于 T 样条的等几何边界元方法，然后将该方法应用到实际工程中，以说明其集成工程设计和分析的潜力。Coox 等[128]在基于 NURBS 的等几何框架中引入了一种间接边界元法来求解频域三维声学问题。其中，引入了一种新的耦合非协调片的技术，以允许分析更复杂的几何形状。通过解析解验证了所提出的等几何间接边界元法，并与传统的基于多项式的间接边界元法进行了对比。Keuchel 等[129]采用了 Guiggiani 等的超奇异积分方案[50]，使之适用于声学等几何边界元法。该法不像通常使用的正则化边界积分方程那样在整个曲面上进行积分，而是直接对之进行计算。此外，文中还引入了拟奇异积分的 sinh 变换，在积分点个数与常规高斯积分相同的情况下获得了更精确的结果。Liu 等[130]提出了一种薄壳结构声散射分析的等几何有限元和边界元耦合方法，该方法使用边界元公式生成声场的方程组，使用基于 Kirchhoff-Love 壳理论的伽辽金有限元法离散结构域。该方法在涉及结构-声学相互作用和复杂拓扑几何图形优化的工业设计领域中有优势。Zhao 等[131]针对上表面受到点激励作用的水下正方体壳结构的振动降噪问题，采用等几何有限元与快速多极等几何边界元耦合法进行了上表面结构自身材料分布的拓扑优化分析，获得了最优材料布局。吴一昊等[132]将具有局部细分特点的 PHT 样条引入到声学等几何间接边界元法中，讨论了边界上网格局部细分对数值结果精度的影响。此外，吴一昊等[133]展示了一种等几何 Reissner-Mindlin 壳与等几何直接边界元法的耦合方法，并用之研究了声固耦合中流体属性对声固耦合效应的影响。图 1.4 显示了一个潜水艇 NURBS 模型的网格及控制点分布[134]。

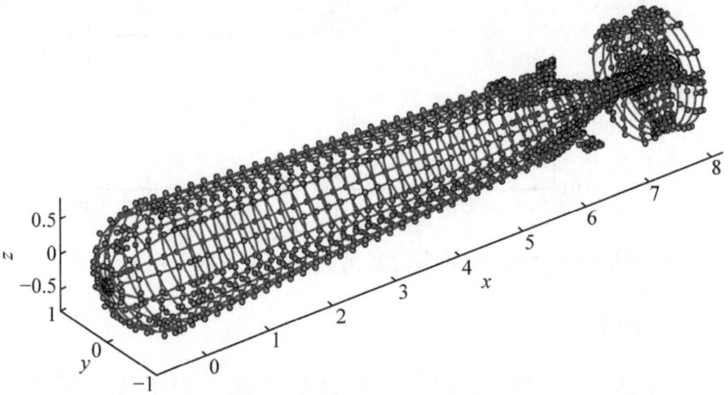

图 1.4　潜水艇 NURBS 模型的网格及控制点分布[133]

1.4　本书内容安排

本书是作者课题组多年来在等几何边界元法领域里的部分研究成果介绍，旨在为对等几何边界元法感兴趣的读者提供一些参考。本书的内容如下：

第 1 章首先简单介绍了等几何有限元法，然后介绍了等几何边界元法，最后介绍了等几何边界元法在一些领域里的应用。

第 2 章介绍等几何分析方法的一些基础知识，包括 B 样条基函数和 NURBS 基函数的定义，NURBS 曲线、曲面的表示以及 PHT 样条曲面的相关知识。

第 3 章介绍三维位势问题等几何边界元法的实施方案，同时介绍一种基于自适应积分法的三维等几何边界元法，该方法可以有效控制等几何边界上的积分精度与积分时间。

第 4 章介绍非均质热传导问题的等几何边界元法，重点介绍稳态非均质问题的边界积分方程和稳态非均质热传导能量变化公式的推导过程，以及它们的等几何分析的数值实施方法，还介绍一个规则化界面-域积分方程，该方程只包含各向同性基体的基本解，避免计算各向异性夹杂的基本解。

第 5 章介绍非均质材料弹性能变化量积分方程的推导过程以及等几何边界元法的实施细节，也展示了一些典型的数值算例来说明等几何边界元方法的有效性。

第 6 章介绍常用的拟奇异积分算法及其在三维等几何边界元法中的应用，也介绍了一种兼顾计算精度和计算效率的拟奇异积分、混合积分法及其在涂层薄体结构中的应用。

第 7 章介绍裂纹-夹杂相互作用的边界积分方程及其等几何边界元法的实施过程，也介绍了裂纹扩展分析的具体细节，同时给出一些三维裂纹及与夹杂相互作用的数值算例。

第 8 章介绍含有夹杂的弹性动力学问题的边界域积分方程及其等几何分析的数值实施方法，介绍利用径向积分法将域积分变换为边界积分的方法，也介绍用广义-α 方法来求解径向积分等几何边界元法中的时域问题，最后展示了一些非均质弹性动力学问题的数值算例。

第 9 章介绍液体夹杂复合材料的等几何边界元法，展示等几何边界元法求解球状和椭球状液体夹杂的有效性，也介绍了等几何边界元法用于求解含有随机分布液体夹杂的基体的有效弹性性质。

第 10 章介绍基于 NURBS 的等几何直接和间接边界元法，也介绍了一种结合 PHT 样条的等几何间接边界元法，最后展示了一些数值算例说明等几何边界元法在声学领域里的应用。

第 11 章介绍快速直接算法的基本内容，也介绍了快速直接等几何边界元法的实施过程，最后展示了一些数值算例说明等几何边界元快速直接算法在求解三维位势和弹性夹杂问题时的有效性、准确性和收敛性。

参考文献

[1] Rizzo F J. An integral equation approach to boundary value problems of classical elastostatics[J]. Quarterly Applied Mathematics, 1967, 25: 83-95.

[2] Cruse T A. Boundary Elements Analysis in Computational Fracture Mechanics[M]. Dordrecht: Kluwer Academic Publishers, 1988.

[3] Paris F, Blazquez A, Canas J. Contact problems with nonconforming discretizations using boundary element method[J]. Computers & Structures, 1995, 57(5): 829-839.

[4] Fenner J. Shape optimisation by the boundary element method: a comparison between mathematical programming and normal movement approaches[J]. Engineering Analysis with Boundary Elements, 1997, 19: 137-145.

[5] Wu T W. Boundary Element Acoustics-Fundamentals and Computer Codes[M]. Southampton: WIT Press, 2000.

[6] Hughes T J, Cottrell J A, Bazilevs Y. Isogeometric analysis: CAD, finite elements, NURBS, exact geometry and mesh refinement[J]. Computer Methods in Applied Mechanics and Engineering, 2005, 194: 4135-4195.

[7] Nguyen V P, Anitescu C, Bordas S P A, et al. Isogeometric analysis: an overview and computer implementation aspects[J]. Mathematics and Computers in Simulation, 2015, 117: 89-116.

[8] Temizer I, Wriggers P, Hughes T J R. Contact treatment in isogeometric analysis with NURBS[J]. Computer Methods in Applied Mechanics and Engineering, 2011, 200(9-12): 1100-1112.

[9] Jia L. Isogeometric contact analysis: geometric basis and formulation for frictionless contact[J]. Computer Methods in Applied Mechanics and Engineering, 2011, 200(5-8): 726-741.

[10] Cardoso R P R, Adetoro O B. On contact modelling in isogeometric analysis[J]. European Journal of Computational Mechanics, 2017, 26(5-6): 443-472.

[11] Benson D J, Bazilevs Y, Hsu M C, et al. Isogeometric shell analysis: the Reissner-Mindlin shell[J]. Computer Methods in Applied Mechanics and Engineering, 2010,199 (5-8): 276-289.

[12] Benson D J, Bazilevs Y, De Luycker E, et al. A generalized finite element formulation for arbitrary basis functions: from isogeometric analysis to XFEM[J]. International Journal for Numerical Methods in Engineering, 2010, 83(6): 765-785.

[13] Cottrell J A, Reali A, Bazilevs Y, et al. Isogeometric analysis of structural vibrations[J]. Computer Methods in Applied Mechanics and Engineering, 2006, 195(41-43): 5257-5296.

[14] Wang D, Liu W, Zhang H. Novel higher order mass matrices for isogeometric structural vibration analysis[J]. Computer Methods in Applied Mechanics and Engineering, 2013, 260: 92-108.

[15] Wall W A, Frenzel M A, Cyron C. Isogeometric structural shape optimization[J]. Computer Methods in Applied Mechanics and Engineering, 2008, 197(33-40): 2976-2988.

[16] Qian X. Full analytical sensitivities in NURBS based isogeometric shape optimization[J]. Computer Methods in Applied Mechanics and Engineering, 2010, 199(29-32): 2059-2071.

[17] Döfel M R, Jiittler B. Adaptive isogeometric analysis by local h-refinement with T-splines[J]. Computer Methods in Applied Mechanics and Engineering, 2010, 199(58): 264-275.

[18] Scott M A, Li X, Sederberg T W, et al. Local refinement of analysis-suitable T-splines[J]. Computer Methods in Applied Mechanics and Engineering, 2012, 213-216: 206-222.

[19] Deng J, Chen F, Li X, et al. Polynomial splines over hierarchical T-meshes[J]. Graphical Models, 2008, 70: 76-86.

[20] Wang P, Xu J, Deng J, et al. Adaptive isogeometric analysis using rational PHT-splines[J]. Computer-Aided Design, 2011, 43(11):1438-1448.

[21] Dokken T, Lyche T, Pettersen K F. Polynomial splines over locally refined box-partitions[J]. Computer Aided Geometric Design, 2013, 30(3): 331-356.

[22] Nguyen-Thanh N, Nguyen-Xuan H, Bordas S P A, et al. Isogeometric analysis using polynomial splines over hierarchical T-meshes for two-dimensional elastic solids[J]. Computer Methods in Applied Mechanics and Engineering, 2011, 200(21-22): 1892-1908.

[23] Ha S H, Choi K K, Cho S. Numerical method for shape optimization using T-spline based isogeometric method[J]. Structural and Multidisciplinary Optimization, 2010, 42(3): 417-428.

[24] Dimitri R, De Lorenzis L, Wriggers P, et al. NURBS- and T-spline-based isogeometric cohesive zone modeling of interface debonding[J]. Computational Mechanics, 2014, 54(2): 369-388.

[25] Nguyen-Thanh N, Zhou K. Extended isogeometric analysis based on PHT - splines for crack

propagation near inclusions[J]. International Journal for Numerical Methods in Engineering, 2017, 112(12): 1777-1800.

[26] Yang H S, Dong C Y. Adaptive extended isogeometric analysis based on PHT-splines for thin cracked plates and shells with Kirchhoff-Love theory[J]. Applied Mathematical Modelling, 2019, 76: 759-799.

[27] Yang H S, Dong C Y, Qin X C, et al. Vibration and buckling analyses of FGM plates with multiple internal defects using XIGA-PHT and FCM under thermal and mechanical loads[J]. Applied Mathematical Modelling, 2020, 78: 433-481.

[28] Qin X C, Dong C Y, Yang H S. Isogeometric vibration and buckling analyses of curvilinearly stiffened composite laminates[J]. Applied Mathematical Modelling, 2019, 73: 72-94.

[29] Qin X C, Dong C Y, Yang H S. Dynamic analyses of functionally graded plates with curvilinear stiffeners and cutouts[J]. AIAA Journal, 2019, 57(12):5475-5490.

[30] Occelli M, Elguedj T, Bouabdallahh S, et al. LR B-Splines implementation in the Altair Radioss™ solver for explicit dynamics IsoGeometric Analysis[J]. Advances in Engineering Software, 2019, 131: 166-185.

[31] Zimmermann C, Sauer R A. Adaptive local surface refinement based on LR NURBS and its application to contact[J]. Computational Mechanics, 2017, 60: 1011-1031.

[32] Cottrell J A, Hughes T J R, Bazilevs Y. Isogeometric Analysis: Toward Integration of CAD and FEA[M]. United Kingdom: Wiley Publishing, 2009.

[33] Gan B S. Condended Isogeometric Analysis for Plate and Shell Structures[M]. Boca Raton: CRC Press, 2020.

[34] Gan B S. An Isogeometric Approach to Beam Structures[M]. Switzerland: Springer, 2018.

[35] De Borst R. Computational Methods for Fracture in Porous Media: Isogeometric and Extended Finite Element Methods[M]. Netherlands: Elsevier, 2018.

[36] Wang Y, Wang Z, Xia Z, et al. Structural design optimization using isogeometric analysis: A comprehensive review[J]. CMES-Computer Modeling in Engineering & Sciences, 2018, 117(3): 455-507.

[37] Marussig B, Hughes T J R. A review of trimming in isogeometric analysis: challenges, data exchange and simulation aspects[J]. Archives of Computational Methods in Engineering, 2018, 25(4): 1059-1127.

[38] Yadav A, Godara R K, Bhardwaj G. A review on XIGA method for computational fracture mechanics applications[J]. Engineering Fracture Mechanics, 2020, 230(2): 107001.

[39] Politis C, Ginnis A I, Kaklis P D, et al. An isogeometric BEM for exterior potential-flow problems in the plane[C]. SPM'09: 2009 SIAM/ACM Joint Conference on Geometric and Physical Modeling. New York: ACM, 2009: 349-354.

[40] Li K, Qian X. Isogeometric analysis and shape optimization via boundary integral[J]. Computer-Aided Design, 2011, 43(11): 1427-1437.

[41] Simpson R N, Bordas S P A, Trevelyan J, et al. A two-dimensional isogeometric boundary element method for elastostatic analysis[J]. Computer Methods in Applied Mechanics and Engineering, 2012, 209-212(324): 87-100.

[42] Beer G, Marussig B, Duenser C. The Isogeometric Boundary Element[M]. Switzerland: Springer, 2020.

[43] Gu J, Zhang J M, Li G. Isogeometric analysis in BIE for 3-D potential problem[J]. Engineering Analysis with Boundary Elements, 2012, 36(5): 858-865.

[44] Zhang J M, Qin X, Han X, et al. A boundary face method for potential problems in three dimensions[J]. International Journal for Numerical Methods in Engineering, 2009, 80(3): 320-337.

[45] Huang C, Zhang J, Qin X, et al. Stress analysis of solids with open-ended tubular holes by BFM[J]. Engineering Analysis with Boundary Elements, 2012, 36(12): 1908-1916.

[46] Qin X, Zhang J, Liu L, et al. Steady-state heat conduction analysis of solids with small open-ended tubular holes by BFM[J]. International Journal of Heat & Mass Transfer, 2012, 55(23-24): 6846-6853.

[47] Zhou F, Xie G, Zhang J, et al. Transient heat conduction analysis of solids with small open-ended tubular cavities by boundary face method[J]. Engineering Analysis with Boundary Elements, 2013, 37(3): 542-550.

[48] Wang X, Zhang J, Zhou F, et al. An adaptive fast multipole boundary face method with higher order elements for acoustic problems in three-dimension[J]. Engineering Analysis with Boundary Elements, 2013, 37(1): 144-152.

[49] Zheng X, Zhang J, Xiong K, et al. Boundary face method for 3D contact problems with non-conforming contact discretization[J]. Engineering Analysis with Boundary Elements, 2016, 63:40-48.

[50] Guiggiani M, Krishnasamy G, Rudolphi T J, et al. A general algorithm for the numerical solution of hypersingular boundary integral equations[J]. Journal of Applied Mechanics, 1992, 59(3): 604-614.

[51] Gao X W. An effective method for numerical evaluation of general 2D and 3D high order singular boundary integrals[J]. Computer Methods in Applied Mechanics and Engineering, 2010, 199(45-48): 2856-2864.

[52] Telles J C F. A self-adaptive co-ordinate transformation for efficient numerical evaluation of general boundary element integrals[J]. International Journal for Numerical Methods in Engineering, 1987, 24(5): 959-973.

[53] Guiggiani M, Casalini P. Direct computation of Cauchy principal value integral in advanced boundary elements[J]. International Journal for Numerical Methods in Engineering, 1987, 24: 1711-1720.

[54] Simpson R N, Scott M A, Taus M, et al. Acoustic isogeometric boundary element analysis[J]. Computer Methods in Applied Mechanics and Engineering, 2014, 269(2): 265-290.

[55] Keuchel S, Hagelstein N C, Zaleski O, et al. Evaluation of hypersingular and nearly singular integrals in the isogeometric boundary element method for acoustics[J]. Computer Methods in Applied Mechanics and Engineering, 2017, 325: 488-504.

[56] Dai R, Dong C Y, Xu C, et al. IGABEM of 2D and 3D liquid inclusions[J]. Engineering Analysis with Boundary Elements, 2021, 132: 33-49.

[57] Gong Y P, Dong C Y, Qin X C. An isogeometric boundary element method for three dimensional potential problems[J]. Journal of Computational and Applied Mathematics, 2017, 313: 454-468.
[58] Xu C, Dong C Y, Dai R. RI-IGABEM based on PIM in transient heat conduction problems of FGMs[J]. Computer Methods in Applied Mechanics and Engineering, 2021, 374: 113601.
[59] Xu C, Dai R, Dong C Y, et al. RI-IGABEM based on generalized-α method in 2D and 3D elastodynamic problems[J]. Computer Methods in Applied Mechanics and Engineering, 2021, 383: 113890.
[60] Heltai L, Arroyo M, DeSimone A. Nonsingular isogeometric boundary element method for stokes flows in 3D[J]. Computer Methods in Applied Mechanics and Engineering, 2014, 268: 514-539.
[61] Gong Y P, Dong C Y, Bai Y. Evaluation of nearly singular integrals in isogeometric boundary element method[J]. Engineering Analysis with Boundary Elements, 2017, 75: 21-35.
[62] Zhang Y M, Gu Y, Chen J T. Boundary element analysis of 2D thin walled structures with high-order geometry elements using transformation[J]. Engineering Analysis with Boundary Elements, 2011, 35(3): 581-586.
[63] Zhang Y M, Qu W Z, Chen J T. BEM analysis of thin structures for thermoelastic problems[J]. Engineering Analysis with Boundary Elements, 2013, 37: 441-452.
[64] Gong Y P, Dong C Y. An isogeometric boundary element method using adaptive integral method for 3D potential problems[J]. Journal of Computational and Applied Mathematics, 2017, 319: 141-158.
[65] Gao X W, Davies T G. Adaptive integration in elasto-plastic boundary element analysis[J]. Journal of the Chinese Institute of Engineers, 2000, 23(3): 349-356.
[66] Gong Y P, Trevelyan J, Hattori G, et al. Hybrid nearly singular integration for isogeometric boundary element analysis of coatings and other thin 2D structures[J]. Computer Methods in Applied Mechanics and Engineering, 2019, 346: 642-673.
[67] Gong Y P, Dong C Y, Qin F, et al. Hybrid nearly singular integration for three-dimensional isogeometric boundary element analysis of coatings and other thin structures[J]. Computer Methods in Applied Mechanics and Engineering, 2020, 367(5566): 113099.
[68] Han Z, Cheng C, Hu Z, et al. The semi-analytical evaluation for nearly singular integrals in isogeometric elasticity boundary element method[J]. Engineering Analysis with Boundary Elements, 2018, 95: 286-296.
[69] Han Z, Huang Y, Cheng C, et al. The semianalytical analysis of nearly singular integrals in 2D potential problem by isogeometric boundary element method[J]. International Journal for Numerical Methods in Engineering, 2020, 121(16): 3560-3583.
[70] Nishimura N. Fast multipole accelerated boundary integral equation methods[J]. Applied Mechanics Reviews, 2002, 55: 299-324.
[71] Wang H, Yao Z. A new fast multipole boundary element method for large scale analysis of mechanical properties in 3D particle-reinforced composites[J]. CMES-Computer Modeling in Engineering & Sciences, 2005, 7(1): 85-95.
[72] Liu Y J, Nishimura N. The fast multipole boundary element method for potential problems: A

tutorial[J]. Engineering Analysis with Boundary Elements, 2006, 30(5): 371-381.
[73] Xiao J, Tausch J. A fast wavelet-multipole method for direct BEM[J]. Engineering Analysis with Boundary Elements, 2010, 34(7): 673-679.
[74] Zwamborn P, van den Berg P M. The three dimensional weak form of the conjugate gradient FFT method for solving scattering problems[J]. IEEE Transactions on Microwave Theory & Techniques, 1992, 40(9): 1757-1766.
[75] Hackbusch W. A sparse matrix arithmetic based on H-matrices[J]. Computing, 1999, 62(2): 89-108.
[76] Borm S, Grasedyck L, Hackbusch W. Introduction to hierarchical matrices with applications[J]. Engineering Analysis with Boundary Elements, 2003, 27(5): 405-422.
[77] Bebendorf M. Approximation of boundary element matrices[J]. Numerische Mathematik, 2000, 86(4): 565-589.
[78] Bebendorf M, Grzhibovskis R. Accelerating Galerkin BEM for linear elasticity using adaptive cross approximation[J]. Mathematical Methods in the Applied Sciences, 2006, 29(14): 1721-1747.
[79] Maerten F. Adaptive cross approximation applied to the solution of system of equations and post-processing for 3D elastostatic problems using boundary element method[J]. Engineering Analysis with Boundary Elements, 2010, 34(5): 483-491.
[80] Martinsson P G, Rokhlin V. A fast direct solver for boundary integral equations in two dimensions[J]. Journal of Computational Physics, 2005, 205(1): 1-23.
[81] Kong W Y, Bremer J, Rokhlin V. An adaptive fast direct solver for boundary integral equations in two dimensions[J]. Applied & Computational Harmonic Analysis, 2011, 31(3): 346-369.
[82] Lai J, Ambikasaran S, Greengard L F. A fast direct solver for high frequency scattering from a large cavity in two dimensions[J]. SIAM Journal on Scientific Computing, 2014, 36(6): 887-903.
[83] Huang S, Liu Y J. A new fast direct solver for the boundary element method[J]. Computational Mechanics, 2017, 60(3): 379-392.
[84] Sherman J, Morrison W J. Adjustment of an inverse matrix corresponding to a change in one element of a given matrix[J]. Annals of Mathematical Statistics, 1950, 21(1): 124-127.
[85] Woodbury M. Inverting modified matrices[R]. Memorandum Rept. 42, Statistical Research Group, Princeton University, Princeton, NJ, 1950.
[86] Harbrecht H, Randrianarivony M. From computer aided design to wavelet BEM[J]. Computing & Visualization Sciences, 2009, 13(2): 69-82.
[87] Harbrecht H, Peters M. Comparison of fast boundary element methods on parametric surfaces[J]. Computer Methods in Applied Mechanics and Engineering, 2013, 261-262: 39-55.
[88] Takahashi T, Matsumoto T. An application of fast multipole method to isogeometric boundary element method for Laplace equation in two dimensions[J]. Engineering Analysis with Boundary Elements, 2012, 36(12): 1766-1775.
[89] Dölz J, Harbrecht H, Kurz S, et al. A fast isogeometric BEM for the three dimensional Laplace- and Helmholtz problems[J]. Computer Methods in Applied Mechanics and Engineering, 2018,

330: 83-101.
[90] Liu C, Chen L L, Zhao W C, et al. Shape optimization of sound barrier using an isogeometric fast multipole boundary element method in two dimensions[J]. Engineering Analysis with Boundary Elements, 2017, 85: 142-157.
[91] Simpson R N, Liu Z. Acceleration of isogeometric boundary element analysis through a black-box fast multipole method[J]. Engineering Analysis with Boundary Elements, 2016, 66: 168-182.
[92] Marussig B, Zechner J, Beer G, et al. Fast isogeometric boundary element method based on independent field approximation[J]. Computer Methods in Applied Mechanics and Engineering, 2015, 284(SI): 458-488.
[93] Camposa L S, de Albuquerquea É L, Wrobela L C. An ACA accelerated isogeometric boundary element analysis of potential problems with non-uniform boundary conditions[J]. Engineering Analysis with Boundary Elements, 2017, 80: 108-115.
[94] Zhang J M, Huang C, Lu C J, et al. Automatic thermal analysis of gravity dams with fast boundary face method[J]. Engineering Analysis with Boundary Elements, 2014, 41: 111-121.
[95] Wang Q, Zhou W, Cheng Y G, et al. A NURBS-enhanced improved interpolating boundary element-free method for 2D potential problems and accelerated by fast multipole method[J]. Engineering Analysis with Boundary Elements, 2019, 98: 126-136.
[96] Sun F L, Dong C Y, Wu Y H, et al. Fast direct isogeometric boundary element method for 3D potential problems based on HODLR matrix[J]. Applied Mathematics and Computation, 2019, 359: 17-33.
[97] Sun F L, Gong Y P, Dong C Y. A novel fast direct solver for 3D elastic inclusion problems with the isogeometric boundary element method[J]. Journal of Computational and Applied Mathematics, 2020, 377: 112904.
[98] 姚振汉, 王海涛. 边界元法[M]. 北京: 高等教育出版社, 2010.
[99] 公颜鹏. 等几何边界元法的基础性研究及其应用[D]. 北京: 北京理工大学, 2019.
[100] Politis C G, Papagiannopoulos A, Belibassakis K A, et al. An isogeometric BEM for exterior potential-flow problems around lifting bodies[C]//Oñate E, Oliver J, Huerta A, ed. Proceeding of ECCM V, 2014: 2433-2444.
[101] Kostas K V, Ginnis A I, Politis C G, et al. Shape-optimization of 2D hydrofoils using an isogeometric BEM solver[J]. Computer-Aided Design, 2017, 82: 79-87.
[102] Beer G, Duenser C. Isogeometric boundary element analysis of problems in potential flow[J]. Computer Methods in Applied Mechanics and Engineering, 2019, 347: 517-532.
[103] Chouliaras S P, Kaklis P D, Kostas K V, et al. An isogeometric boundary element method for 3D lifting flows using T-splines[J]. Computer Methods in Applied Mechanics and Engineering, 2021, 373: 113556.
[104] Morino L, Kuo C. Subsonic potential aerodynamics for complex configurations: A general theory[J]. AIAA Journal, 1974, 12(2): 191-197.
[105] Mallardo V, Ruocco E. An improved isogeometric boundary element method approach in two dimensional elastostatics[J]. Computer Modeling in Engineering & Sciences, 2014, 102(5):

373-391.

[106] Bai Y, Dong C Y, Liu Z Y. Effective elastic properties and stress states of doubly periodic array of inclusions with complex shapes by isogeometric boundary element method[J]. Composite Structures, 2015, 128: 54-69.

[107] 白杨. 等几何边界元法在非均质材料中的应用[D]. 北京: 北京理工大学, 2016.

[108] Wang Y J, Benson D J, Nagy A P. A multi-patch nonsingular isogeometric boundary element method using trimmed elements[J]. Computational Mechanics, 2015, 56(1): 173-191.

[109] Wang Y J, Benson D J. Multi-patch nonsingular isogeometric boundary element analysis in 3D[J]. Computer Methods in Applied Mechanics and Engineering, 2015, 193: 71-91.

[110] Nguyen B H, Zhuang X, Wriggers P, et al. Isogeometric symmetric Galerkin boundary element method for three-dimensional elasticity problems[J]. Computer Methods in Applied Mechanics and Engineering, 2017, 323: 132-150.

[111] Li S, Trevelyan J, Zhang W, et al. Accelerating isogeometric boundary element analysis for three-dimensional elastostatics problems through black - box fast multipole method with proper generalized decomposition[J]. International Journal for Numerical Methods in Engineering, 2018, 114: 975-998.

[112] Yang H S, Dong C Y, Wu Y H. Non-conforming interface coupling and symmetric iterative solution in isogeometric FE-BE analysis[J]. Computer Methods in Applied Mechanics and Engineering, 2021, 373: 113561.

[113] Yang H S, Dong C Y, Wu Y H, et al. Mixed dimensional isogeometric FE-BE coupling analysis for solid-shell structure[J]. Computer Methods in Applied Mechanics and Engineering, 2021, 382: 113841.

[114] Blandford G E, Ingraffea A R, Liggett J A. Two-dimensional stress intensity factor computations using the boundary element method[J]. International Journal for Numerical Methods in Engineering, 1981, 17(3): 387-404.

[115] Hong H, Chen J. Derivations of integral equations of elasticity[J]. Journal of Engineering Mechanics, 1988, 114(6): 1028-1044.

[116] Crouch S L. Solution of plane elasticity problems by the displacement discontinuity method[J]. I. Infinite body solution. International Journal for Numerical Methods in Engineering, 2010, 10(2): 301-343.

[117] Li S, Mear M E, Xiao L. Symmetric weak-form integral equation method for three-dimensional fracture analysis[J]. Computer Methods in Applied Mechanics and Engineering, 1998, 151(3): 435-459.

[118] Nguyen B H, Tran H D, Anitescu C, et al. An isogeometric symmetric Galerkin boundary element method for two-dimensional crack problems[J]. Computer Methods in Applied Mechanics and Engineering, 2016, 306:252-275.

[119] Peng X, Atroshchenko E, Kerfriden P, et al. Linear elastic fracture simulation directly from CAD: 2D NURBS-based implementation and role of tip enrichment[J]. International Journal of Fracture, 2017, 204: 55-78.

[120] Peng X, Atroshchenko E, Kerfriden P, et al. Isogeometric boundary element methods for three dimensional static fracture and fatigue crack growth[J]. Computer Methods in Applied

Mechanics and Engineering, 2017, 316: 151-185.

[121] Cordeiro S G F, Leonel E D. Mechanical modelling of three-dimensional cracked structural components using the isogeometric dual boundary element method[J]. Applied Mathematical Modelling, 2018, 63: 415-444.

[122] Sun F L, Dong C Y, Yang H S. Isogeometric boundary element method for crack propagation based on Bézier extraction of NURBS[J]. Engineering Analysis with Boundary Elements, 2019, 99: 76-88.

[123] Sun F L, Dong C Y. Three-dimensional crack propagation and inclusion-crack interaction based on IGABEM[J]. Engineering Analysis with Boundary Elements, 2021, 131: 1-14.

[124] Kirkup S. The boundary element method in acoustics: A survey[J]. Applied Sciences, 2019, 9(8): 1642.

[125] Brooks L A, Morgans R C. Learning acoustics through the boundary element method: an inexpensive graphical interface and associated tutorials[C]. Proceedings of ACOUSTICS, Busselton, Western Australia, 2005.

[126] Peake M J, Trevelyan J, Coates G. Extended isogeometric boundary element method (XIBEM) for two-dimensional Helmholtz problems[J]. Computer Methods in Applied Mechanics and Engineering, 2013, 259(1): 93-102.

[127] Peake M J, Trevelyan J, Coates G. Extended isogeometric boundary element method (XIBEM) for three-dimensional medium-wave acoustic scattering problems[J]. Computer Methods in Applied Mechanics and Engineering, 2015, 284: 762-780.

[128] Coox L, Atak O, Vandepitte D, et al. An isogeometric indirect boundary element method for solving acoustic problems in open-boundary domains[J]. Computer Methods in Applied Mechanics and Engineering, 2017, 316: 186-208.

[129] Keuchel S, Hagelstein N C, Zaleski O, et al. Evaluation of hypersingular and nearly singular integrals in the isogeometric boundary element method for acoustics[J]. Computer Methods in Applied Mechanics & Engineering, 2017, 325: 488-504.

[130] Liu Z, Majeed M, Cirak F, et al. Isogeometric FEM-BEM coupled structural- acoustic analysis of shells using subdivision surfaces[J]. International Journal for Numerical Methods in Engineering, 2018, 113: 1507-1530.

[131] Zhao W, Chen L, Chen H, et al. Topology optimization of exterior acoustic- structure interaction systems using the coupled FEM-BEM method[J]. International Journal for Numerical Methods in Engineering, 2019, 119(5): 404-431.

[132] Wu Y H, Dong C Y, Yang H S. Isogeometric indirect boundary element method for solving the 3D acoustic problems[J]. Journal of Computational and Applied Mathematics, 2020, 363: 273-299.

[133] Wu Y H, Dong C Y, Yang H S. Isogeometric FE-BE coupling approach for structural- acoustic interaction[J]. Journal of Sound and Vibration, 2020, 481: 115436.

[134] Wu Y H, Dong C Y, Yang H S. A 3D isogeometric FE-IBE coupling method for acoustic-structural interaction problems with complex coupling models[J]. Ocean Engineering, 2020, 218: 108183.

第 2 章　等几何分析基础知识

2.1　引　言

等几何分析方法是一种将 CAD 和 CAE 无缝连接的新型数值计算方法，其基本思想在于将 CAD 中的参数网格直接应用于 CAE 数值计算中，避免了传统数值分析方法在分析过程中将 CAD 模型与可计算的网格进行转换或重新划分网格的步骤，节省了大量的计算时间，提高了计算效率。在等几何分析方法实施过程中，通常以 B 样条或 NURBS 等 CAD 中常用样条的基函数作为形函数进行数值分析，从而有效地避免了几何误差，实现了精确的几何建模，提高了计算精度。此外，该方法还具有实现高阶连续性、简化细化过程、提高计算效率等优势。同时也应注意到 NURBS 是张量积拓扑结构，难以实现局部细化。因此已有改进的样条函数被应用于等几何分析中，如 T 样条、PHT 样条、LR 样条等。本章将简要介绍 NURBS 曲线、NURBS 曲面以及 PHT 样条相关的基础知识，详细内容可以参考文献[1-6]。

2.2　NURBS 曲线和 NURBS 曲面

2.2.1　B 样条基函数

定义一个单调不减的实数序列 $\boldsymbol{U}=\{\xi_1,\xi_2,\cdots,\xi_{n+p+1}\}$，即节点向量，其中 n 为基函数个数，p 为曲线阶数，而且 $\xi_i \leqslant \xi_{i+1}$，$i=1,\cdots,n+p$。B 样条基函数可以通过 Cox-de Boor 递推公式得到，第 i 个 p 次 B 样条基函数定义如下[1-3]

$$N_{i,0}(\xi)=\begin{cases}1, & \xi_i \leqslant \xi < \xi_{i+1} \\ 0, & \text{其他}\end{cases}$$
$$N_{i,p}(\xi)=\frac{\xi-\xi_i}{\xi_{i+p}-\xi_i}N_{i,p-1}(\xi)+\frac{\xi_{i+p+1}-\xi}{\xi_{i+p+1}-\xi_{i+1}}N_{i+1,p-1}(\xi) \tag{2.1}$$

需要注意的是，对于上式规定 $0/0=0$。图 2.1 是定义在节点向量 $\{0,0,0,1,2,3,4,4,5,5,5\}$ 上的非零二次 B 样条基函数曲线[7]。

类似地，B 样条基函数的导数也可以采用递推公式得到，其一阶导数为

$$\frac{\mathrm{d}}{\mathrm{d}\xi}N_{i,p}(\xi)=\frac{p}{\xi_{i+p}-\xi_i}N_{i,p-1}(\xi)-\frac{p}{\xi_{i+p+1}-\xi_{i+1}}N_{i+1,p-1}(\xi) \tag{2.2}$$

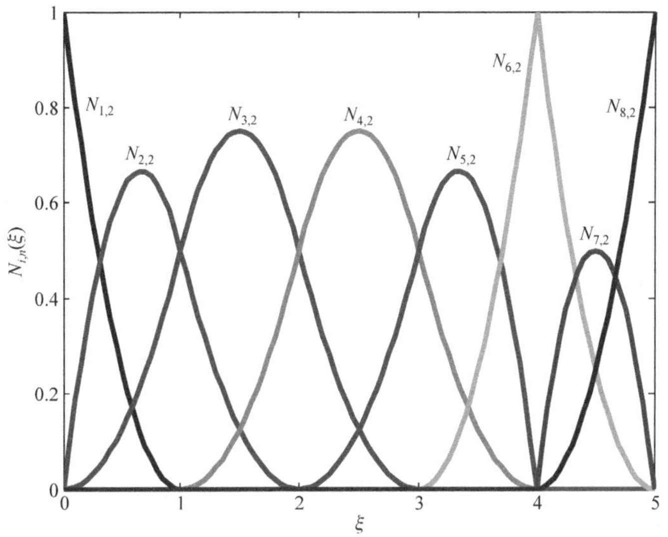

图 2.1　定义在节点向量{0,0,0,1,2,3,4,4,5,5,5}上的非零二次 B 样条基函数曲线[7](彩图请扫封底二维码)

k 阶导数为

$$\frac{\mathrm{d}^k}{\mathrm{d}\xi^k}N_{i,p}(\xi)=\frac{p}{\xi_{i+p}-\xi_i}\left(\frac{\mathrm{d}^{k-1}}{\mathrm{d}\xi^{k-1}}N_{i,p-1}(\xi)\right)-\frac{p}{\xi_{i+p+1}-\xi_{i+1}}\left(\frac{\mathrm{d}^{k-1}}{\mathrm{d}\xi^{k-1}}N_{i+1,p-1}(\xi)\right) \tag{2.3}$$

节点向量为{0,0,0,1,2,3,4,4,5,5,5}的 B 样条基函数($p=2$)的一阶导数如图 2.2 所示。

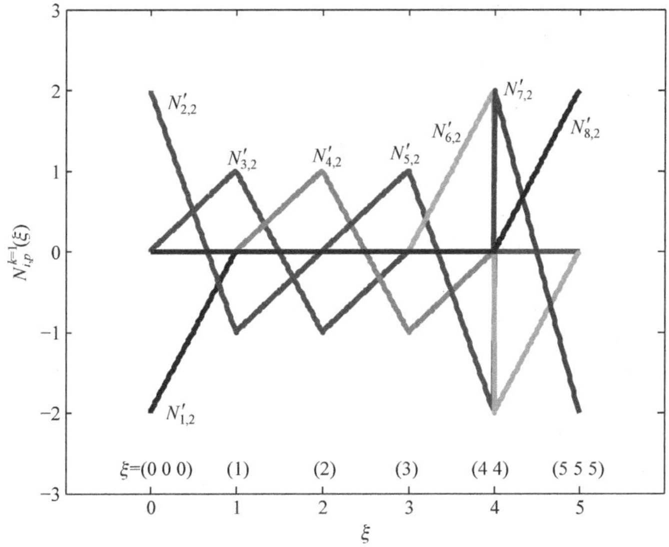

图 2.2　节点向量为{0,0,0,1,2,3,4,4,5,5,5}的 B 样条基函数的一阶导数(彩图请扫封底二维码)

2.2.2 NURBS 基函数

NURBS 基函数定义为[1-3]

$$R_{i,p}(\xi)=\frac{N_{i,p}(\xi)\omega_i}{\sum_{j=1}^{n}N_{j,p}(\xi)\omega_j}=\frac{N_{i,p}(\xi)\omega_i}{W(\xi)} \tag{2.4}$$

其中，$N_{i,p}(\xi)$ 为 B 样条基函数，ω_i $(1\leqslant i\leqslant n)$ 为控制点对应的权值。如果所有的权值都满足 $\omega_i=c$，且 c 为非零常数，则 $R_{i,p}(\xi)=N_{i,p}(\xi)$。当 $c=1$ 时，NURBS 基函数即为 B 样条基函数。图 2.3 是定义在节点向量 $\{0,0,0,0,0.25,0.5,0.75,1,1,1,1\}$ 上的非零三次 NURBS 基函数曲线[7]，其控制点对应的权值为 $\{1,0.2,1,3,2,5,1\}$。

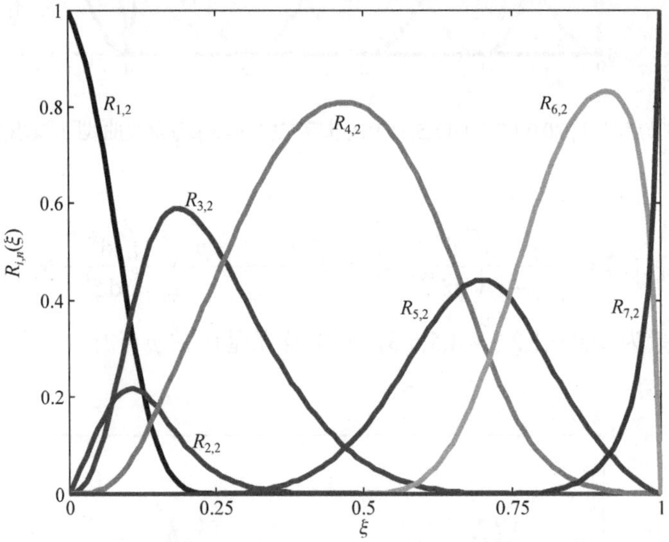

图 2.3　定义在节点向量 $\{0,0,0,0,0.25,0.5,0.75,1,1,1,1\}$ 上的非零三次 NURBS 基函数曲线[7]
(彩图请扫封底二维码)

NURBS 基函数的一阶导数为

$$\frac{\mathrm{d}}{\mathrm{d}\xi}R_{i,p}(\xi)=\omega_i\frac{N'_{i,p}(\xi)W(\xi)-N_{i,p}(\xi)W'(\xi)}{W(\xi)^2} \tag{2.5}$$

其中

$$W'(\xi)=\sum_{j=1}^{n}N'_{j,p}(\xi)\omega_j,\quad N'_{j,p}(\xi)=\frac{\mathrm{d}}{\mathrm{d}\xi}N_{j,p}(\xi) \tag{2.6}$$

2.2.3 NURBS 曲线

给定一个节点向量 $\boldsymbol{U}$，满足

$$U = \{\underbrace{a,\cdots,a}_{p+1},\xi_{p+2},\xi_{p+3},\cdots,\xi_n,\underbrace{b,\cdots,b}_{p+1}\} \tag{2.7}$$

$N_{i,p}(\xi)$ 为定义在该节点向量上的 p 次 B 样条基函数，则可以定义一条 p 次 NURBS 曲线为[1-3]

$$C(\xi)=\frac{\sum_{i=1}^{n}N_{i,p}(\xi)\omega_i P_i}{\sum_{j=1}^{n}N_{j,p}(\xi)\omega_j}=\sum_{i=1}^{n}R_{i,p}(\xi)P_i,\quad a\leqslant\xi\leqslant b \tag{2.8}$$

其中，P_i 为控制点，ω_i 为控制点对应的权值。一般情况下，设定 $a=0$ 和 $b=1$，且对所有 i，满足 $\omega_i>0$。

图 2.4 给出了一条三次 NURBS 曲线，其中节点向量为 $\{0,0,0,0,0.25,0.5,0.75,1,1,1,1\}$，控制点为 $CP_1[0,0]$，$CP_2[7,7]$，$CP_3[-6,6]$，$CP_4[2,0]$，$CP_5[10,6]$，$CP_6[16,5]$ 和 $CP_7[12,7.5]$，相应的 NURBS 基函数曲线如图 2.3 所示。

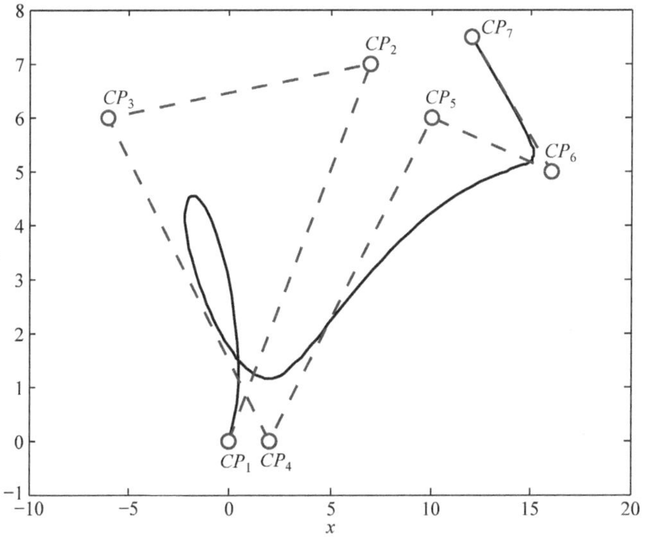

图 2.4　三次 NURBS 曲线

2.2.4　NURBS 曲面

给定两个节点向量 $\boldsymbol{U}$ 和 $\boldsymbol{V}$，满足

$$\begin{aligned}\boldsymbol{U} &= \{\underbrace{0,\cdots,0}_{p+1},\xi_{p+2},\xi_{p+3},\cdots,\xi_n,\underbrace{1,\cdots,1}_{p+1}\}\\ \boldsymbol{V} &= \{\underbrace{0,\cdots,0}_{q+1},\eta_{q+2},\eta_{q+3},\cdots,\eta_m,\underbrace{1,\cdots,1}_{q+1}\}\end{aligned} \tag{2.9}$$

其中，n 和 m 分别为 ξ 方向和 η 方向的基函数个数。

$N_{i,p}(\xi)$ 和 $N_{j,q}(\eta)$ 分别为定义在节点向量 $\boldsymbol{U}$ 和 $\boldsymbol{V}$ 上的 B 样条基函数，则可以定义一个在 ξ 方向 p 次、η 方向 q 次的 NURBS 曲面为[1-3]

$$S(\xi,\eta)=\frac{\sum_{i=1}^{n}\sum_{j=1}^{m}N_{i,p}(\xi)N_{j,q}(\eta)\omega_{i,j}P_{i,j}}{\sum_{i=1}^{n}\sum_{j=1}^{m}N_{i,p}(\xi)N_{j,q}(\eta)\omega_{i,j}},\quad 0\leqslant\xi,\eta\leqslant 1 \tag{2.10}$$

其中，$P_{i,j}$ 为两个方向的控制点网格，$\omega_{i,j}$ 为控制点对应的权值。

定义 NURBS 基函数为[1-3]

$$R_{i,j}(\xi,\eta)=\frac{N_{i,p}(\xi)N_{j,q}(\eta)\omega_{i,j}}{\sum_{i=1}^{n}\sum_{j=1}^{m}N_{i,p}(\xi)N_{j,q}(\eta)\omega_{i,j}} \tag{2.11}$$

则式(2.10)可以表示成

$$S(\xi,\eta)=\sum_{i=1}^{n}\sum_{j=1}^{m}R_{i,j}(\xi,\eta)P_{i,j} \tag{2.12}$$

图 2.5 给出了一个双二次 NURBS 曲面的基函数，两个方向上的节点向量分别为 $\{0,0,0,0.5,1,1,1\}$ 和 $\{0,0,0,1,1,1\}$，相应的权值为 $\{1,0.85355,0.85355,1\}$ 和 $\{1,1,1\}$。由这些 NURBS 基函数生成的曲面如图 2.6 所示，其中控制点坐标见表 2.1。

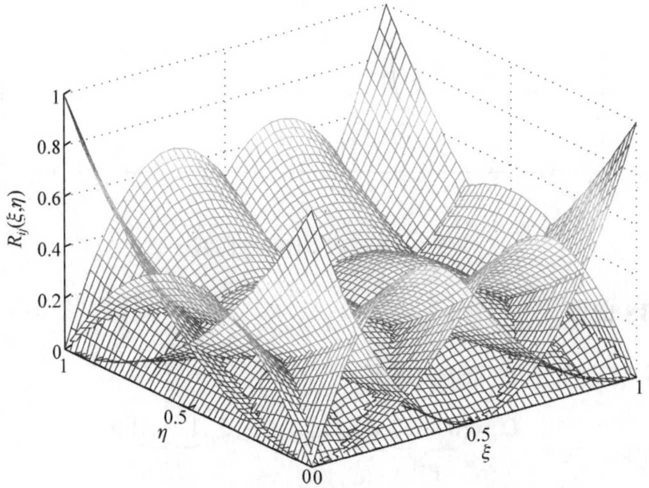

图 2.5　一个双二次 NURBS 曲面的基函数(彩图请扫封底二维码)

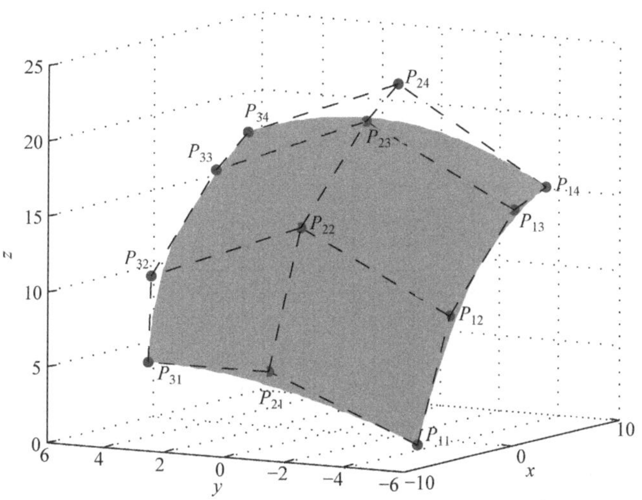

图 2.6　一个双二次 NURBS 曲面

表 2.1　双二次 NURBS 曲面的控制点 $P_{i,j}$

j	i			
	1	2	3	4
1	(−6, −5, 1)	(−3, −5, 9)	(3, −5, 15)	(6, −5, 16)
2	(−6, 0, 5)	(−3, 0, 14)	(3, 0, 20)	(6, 0, 22)
3	(−6, 4, 5)	(−3, 5, 10)	(3, 5, 16)	(6, 5, 18)

2.3　PHT 样条

PHT 样条是由邓建松等[4]于 2008 年提出的，该样条具有局部细化和高阶连续的特点，特别适用于对缺陷附近网格进行局部加密，可以提高缺陷附近应力场的精度。本节简要介绍其相关的内容。

2.3.1　T 网格

图 2.7 显示的是一个 T 网格，其与传统的张量积网格不同，它是一种允许 T 节点存在的矩形网格，这些矩形网格称为胞元，网格点称为顶点[8]。若顶点位于 T 网格边界上，则称为边界点，否则称为内部点。图 2.7 中 $b_1, b_2, b_3, \cdots, b_{10}$ 为边界点，v_1, v_2, v_3, v_4 为内部点。内部点包括两种类型：十字点和 T 点。图 2.7 中 v_2, v_4 为十字点，v_1, v_3 为 T 点。

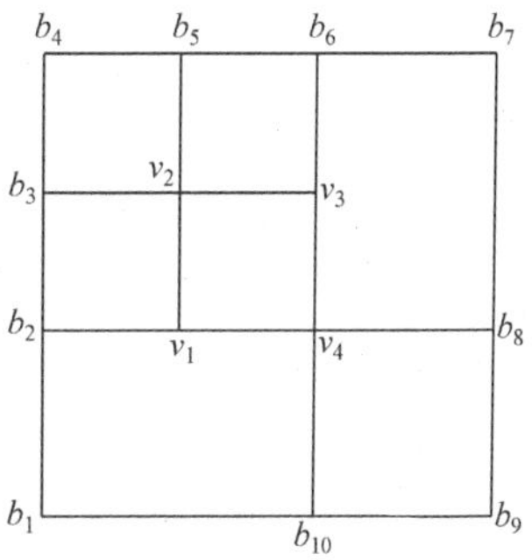

图 2.7　T 网格

2.3.2 层次 T 网格

层次 T 网格是一种具有自然层次结构的特殊的 T 网格。它始于标准的张量积网格(第 0 层)，通过逐层局部加细得到。图 2.8 给出了一个层次 T 网格的构造过程[7]。

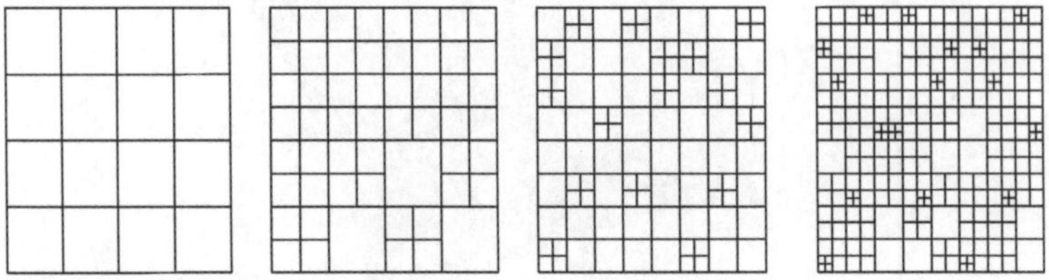

图 2.8 层次 T 网格的构造过程[7]

2.3.3 PHT 样条空间

对于 T 网格 $\mathcal{T}\in\mathbb{R}^2$，其上的样条空间定义为[9]

$$\mathcal{S}\left(p,q,\alpha,\beta,\mathcal{T}\right):=\left\{s(x,y)\in C^{\alpha,\beta}\left(\Omega\right)\middle|s(x,y)|_{\phi}\in\mathcal{P}_{pq},\forall\phi\in\Phi\right\} \tag{2.13}$$

其中，Φ 为网格 $\mathcal{T}$ 中所有胞元的集合；Ω 为胞元集合 Φ 所占的区域；ϕ 为 $\mathcal{T}$ 中的胞元；$\mathcal{P}_{pq}$ 为次数 (p,q) 的多项式空间；$C^{\alpha,\beta}(\Omega)$ 为 Ω 上沿水平方向 α 阶连续、沿垂直方向 β 阶连续的函数空间。

如果给定的 T 网格是层次 T 网格，那么上述定义的样条空间称为 PHT 样条空间。根据文献[8,9]，$\mathcal{S}\left(p,q,\alpha,\beta,\mathcal{T}\right)$ 的维数为

$$\dim\mathcal{S}\left(p,q,\alpha,\beta,\mathcal{T}\right)=(\alpha+1)(\beta+1)\left(V^b+V^+\right) \tag{2.14}$$

其中，V^+ 和 V^b 分别为十字点数和边界点数，十字点和边界点统称为基点。

在考虑 PHT 样条时，我们采用的都是层次 T 网格上的双三次一阶连续的样条，即 $\mathcal{S}\left(3,3,1,1,\mathcal{T}\right)$。由公式(2.14)，可以得到 $\mathcal{S}\left(3,3,1,1,\mathcal{T}\right)$ 的维数为

$$\dim\mathcal{S}\left(3,3,1,1,\mathcal{T}\right)=4\left(V^b+V^+\right) \tag{2.15}$$

2.3.4 PHT 样条曲面

给定一个二维的层次 T 网格 $\mathcal{T}$，其上的 PHT 样条曲面可以定义为

$$S(\xi,\eta)=\sum_{i=1}^{d}P_iR_i(\xi,\eta),\quad (\xi,\eta)\in[0,1]\times[0,1] \tag{2.16}$$

其中，P_i 为第 i 个控制点的坐标，$R_i(\xi,\eta)$ 为第 i 个 PHT 样条基函数，d 为控制点的个数。

要构造一个 PHT 样条曲面，首先需要确定基函数与控制点。

根据文献[10]，$\mathcal{S}$ 的维数等于需要构造的基函数的个数。考虑到层次 T 网格是逐层构造的，基函数也采用逐层的方式进行构造。PHT 样条基函数的构造方法已经在文献[4]中给出，其具体细节如下。

对于第 0 层，选择标准张量积的双三次 B 样条基函数作为基函数。给定两个三次节点向量

$$\begin{aligned}&\xi_0,\xi_0=\xi_1,\xi_1<\xi_2,\xi_2<\xi_3<\cdots<\xi_{n-1},\xi_{n-1}=\xi_n,\xi_n\\&\eta_0,\eta_0=\eta_1,\eta_1<\eta_2,\eta_2<\eta_3<\cdots<\eta_{m-1},\eta_{m-1}=\eta_m,\eta_m\end{aligned}\tag{2.17}$$

其中，ξ 和 η 方向的控制点数分别为 $2(n-1)$ 和 $2(m-1)$。

对于任意的基点 $\left(\xi_i,\eta_j\right)$，若该基点为十字点，在其支撑集 $[\xi_{i-1},\xi_{i+1}]\times[\eta_{i-1},\eta_{i+1}]$ 内与其相关的 B 样条基函数只有四个，其他所有的基函数的函数值和导数值均为 0。这四个相关基函数对应的节点向量为

$$\begin{aligned}&(\xi_{i-1},\xi_{i-1},\xi_i,\xi_i,\xi_{i+1})\times(\eta_{j-1},\eta_{j-1},\eta_j,\eta_j,\eta_{j+1})\\&(\xi_{i-1},\xi_{i-1},\xi_i,\xi_i,\xi_{i+1})\times(\eta_{j-1},\eta_j,\eta_j,\eta_{j+1},\eta_{j+1})\\&(\xi_{i-1},\xi_i,\xi_i,\xi_{i+1},\xi_{i+1})\times(\eta_{j-1},\eta_{j-1},\eta_j,\eta_j,\eta_{j+1})\\&(\xi_{i-1},\xi_i,\xi_i,\xi_{i+1},\xi_{i+1})\times(\eta_{j-1},\eta_j,\eta_j,\eta_{j+1},\eta_{j+1})\end{aligned}\tag{2.18}$$

若基点为边界点，则 $\xi_{i-1}=\xi_i$ 或 $\xi_i=\xi_{i+1}$ 或 $\eta_{j-1}=\eta_j$ 或 $\eta_j=\eta_{j+1}$。

从第 k 层到第 $k+1$ 层，会出现新的基点。假设第 k 层上的基函数是已知的，那么第 $k+1$ 层上的基函数将由两部分组成：第 k 层上相关顶点的基函数修改后得到的基函数和第 $k+1$ 层上新增基点相关的基函数。第 $k+1$ 层上的基函数的构建过程如下。

为了表示简便，将基函数在其支撑集的每个胞元内用 16 个 Bézier 纵标表示[4]，如图 2.9(a)所示。文献[11]给出一个胞元内的基函数矩阵为

$$\boldsymbol{R}^c=\boldsymbol{C}^c\boldsymbol{B}^c\tag{2.19}$$

其中，$\boldsymbol{C}^c$ 为由所有基函数的 Bézier 纵标组成的矩阵，称为局部 Bézier 提取算子；$\boldsymbol{B}^c$ 为由 Bernstein 多项式基函数组成的矩阵。

首先，构建第 k+1 层基函数的第一部分，即通过修改第 k 层上相关顶点的基函数得到新的基函数。假设第 k 层上的胞元 θ_l^k，$l=1,\cdots,N_k$ 被细分，如果基函数 $R_i^k(\xi,\eta)$ 在某些胞元中不为 0，那么在第 k+1 层上，可以根据文献[12]中的等式(5)细分该基函数。由图 2.9(a)和(b)可以看出，一个基函数的 16 个 Bézier 纵标被细分成 4 个部分。需要注意的是，此阶段只有 Bézier 纵标在细分后会改变，而基函数 $R_i^k(\xi,\eta)$ 不会更改。下一阶段，与新基点相关的 Bézier 纵标被重置为零，同时，第 k 层的基函数 $R_i^k(\xi,\eta)$ 修改为 $\overline{R}_i^k(\xi,\eta)$。以图 2.9(c)为例，与新基点(以空心三角形标记)相关的 Bézier 纵标都被置为零[7]。

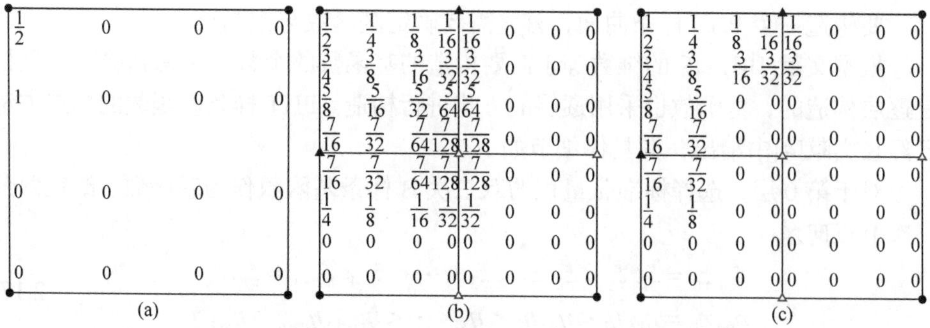

图 2.9 基函数 Bézier 纵标的修改过程：(a)基函数的表示；(b)基函数的细分；(c)新基点相关的 Bézier 纵标的重置

然后，构建第 $k+1$ 层基函数的第二部分，即建立第 $k+1$ 层上新增基点相关的基函数。假设 (ξ_i,η_j) 是第 $k+1$ 层上的一个新的基点，如图 2.10 所示。对于该基点，仅有四个相关基函数

$$M_{i1}^3(\xi)N_{j1}^3(\eta),\quad M_{i1}^3(\xi)N_{j2}^3(\eta),\quad M_{i2}^3(\xi)N_{j1}^3(\eta),\quad M_{i2}^3(\xi)N_{j2}^3(\eta) \tag{2.20}$$

其中，$M_{i1}^3(\xi), M_{i2}^3(\xi), N_{j1}^3(\eta), N_{j2}^3(\eta)$ 为三次 B 样条基函数。这四个基函数对应的节点向量分别为

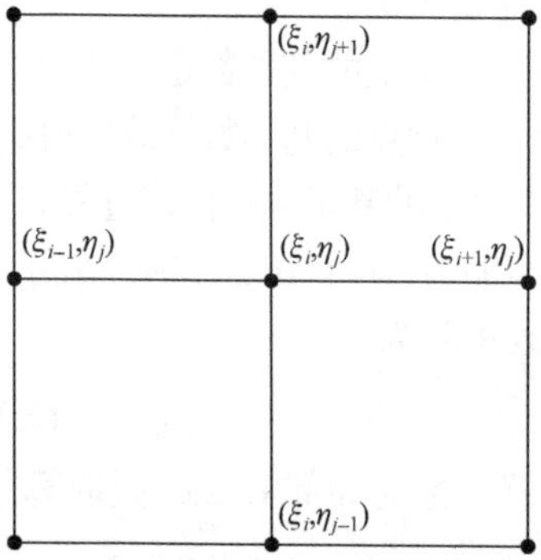

图 2.10 新基点 (ξ_i,η_j) 及其相邻腔胞[4]

$$\begin{gathered}(\xi_{i-1},\xi_{i-1},\xi_i,\xi_i,\xi_{i+1})\\(\xi_{i-1},\xi_i,\xi_i,\xi_{i+1},\xi_{i+1})\\(\eta_{j-1},\eta_j,\eta_j,\eta_{j+1},\eta_{j+1})\\(\eta_{j-1},\eta_{j-1},\eta_j,\eta_j,\eta_{j+1})\end{gathered} \tag{2.21}$$

新的基函数可以通过 Cox-de Boor 递推公式得到。需要注意的是，如果新基点坐落在边界上，需要将相关的参数值设置为 0，也就是 $\xi_{i-1}=0$ 、$\xi_{i+1}=0$ 、$\eta_{i-1}=0$ 和 $\eta_{i+1}=0$ 分别表示左边界基点、右边界基点、下边界基点和上边界基点。

为了更好地展示 PHT 样条细分过程中基函数的变化，我们用一维 PHT 样条作为例子来演示。考虑一个 3 阶 1 次的节点向量[13,14]

$$\boldsymbol{U}=\begin{bmatrix}0 & 0 & 0 & 0 & \frac{1}{4} & \frac{1}{4} & \frac{1}{2} & \frac{1}{2} & \frac{3}{4} & \frac{3}{4} & 1 & 1 & 1 & 1\end{bmatrix} \tag{2.22}$$

在第 0 层(k 层)上有 4 个单元，10 个控制点对应 10 个基函数，单元间保持 C^1 连续，图 2.11(a)展示了相关的 4 个单元和 10 个基函数，其中三条虚线即为 4 个单

元在参数空间的边界。

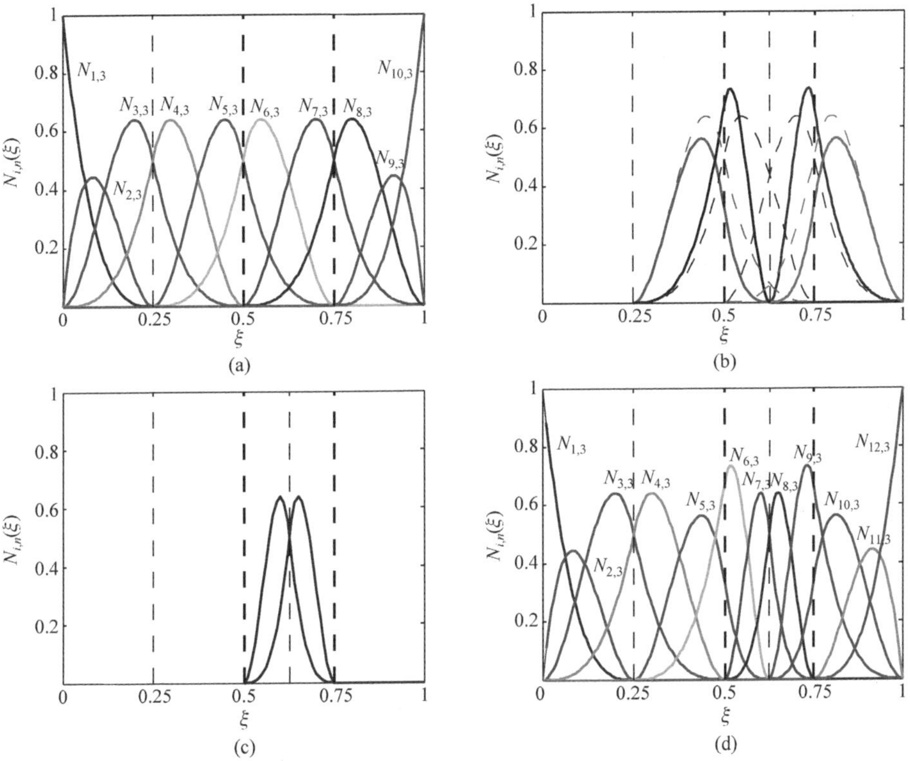

图 2.11　一维 PHT 样条的网格细分过程示意图(彩图请扫封底二维码)

在本例中，我们对图 2.11(a)中第三个单元进行局部细分，其参数空间的跨度为 $\left[\dfrac{2}{4},\dfrac{3}{4}\right]$。上述理论中，网格细分需要两步。第一步细化过程为：第三个单元的节点跨度中的基函数 N_5,N_6,N_7,N_8 可以通过 Bernstein 基函数 B_1^3,B_2^3,B_3^3,B_4^3 的线性组合表达，它们也是定义在 $\left[\dfrac{2}{4},\dfrac{3}{4}\right]$ 上，此单元的基函数和 Bernstein 基函数如图 2.12 所示，它们之间遵循以下的关系

$$\begin{Bmatrix} N_5 \\ N_6 \\ N_7 \\ N_8 \end{Bmatrix} = \begin{bmatrix} \dfrac{1}{2} & 0 & 0 & 0 \\ \dfrac{1}{2} & 1 & 0 & 0 \\ 0 & 0 & 1 & \dfrac{1}{2} \\ 0 & 0 & 0 & \dfrac{1}{2} \end{bmatrix} \begin{Bmatrix} B_1^3 \\ B_2^3 \\ B_3^3 \\ B_4^3 \end{Bmatrix} \tag{2.23}$$

上式可以简写成 $\boldsymbol{N}^e = \boldsymbol{C}^e \boldsymbol{B}^e$ ，其中 $\boldsymbol{C}^e$ 是 Bézier 提取算子[11]。当在此单元上执行十字节点插入时,会形成一系列新的Bézier坐标,这些Bézier坐标通过de Casteljau算法[15]生成，并与两个子单元相关联。在此算例中，Bézier 提取算子 $\boldsymbol{C}^e$ 变为

$$\boldsymbol{C}^e = \begin{bmatrix} \frac{1}{2} & \frac{1}{4} & \frac{1}{8} & \frac{1}{16} & \frac{1}{16} & 0 & 0 & 0 \\ \frac{1}{2} & \frac{3}{4} & \frac{5}{8} & \frac{7}{16} & \frac{7}{16} & \frac{1}{4} & 0 & 0 \\ 0 & 0 & \frac{1}{4} & \frac{7}{16} & \frac{7}{16} & \frac{5}{8} & \frac{3}{4} & \frac{1}{2} \\ 0 & 0 & 0 & \frac{1}{16} & \frac{1}{16} & \frac{1}{8} & \frac{1}{4} & \frac{1}{2} \end{bmatrix} \tag{2.24}$$

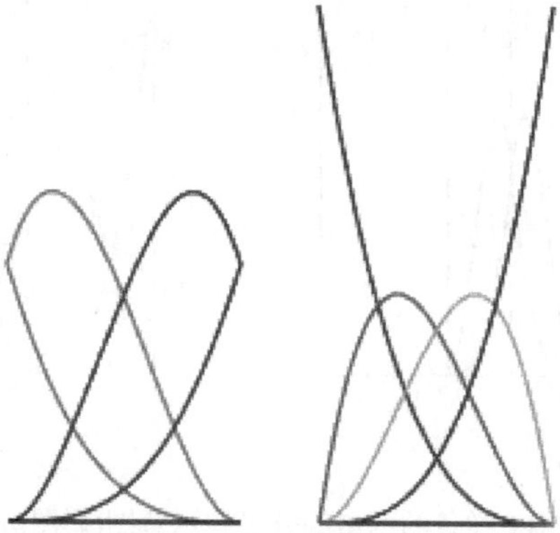

图 2.12　定义在第三个单元节点跨度上的基函数和 Bernstein 基函数(彩图请扫封底二维码)

每个基函数在参数空间中最多支持两个非零节点(单元)跨距。通过设定所有的与新节点相关的 Bézier 坐标为 0，即可得到 PHT 基函数 N_5,N_6,N_7,N_8 在 k 层上修改后的版本，Bézier 提取算子 $\boldsymbol{C}^e$ 变为

$$\boldsymbol{C}^e = \begin{bmatrix} \frac{1}{2} & \frac{1}{4} & 0 & 0 & 0 & 0 & 0 & 0 \\ \frac{1}{2} & \frac{3}{4} & 0 & 0 & 0 & 0 & 0 & 0 \\ 0 & 0 & 0 & 0 & 0 & 0 & \frac{3}{4} & \frac{1}{2} \\ 0 & 0 & 0 & 0 & 0 & 0 & \frac{1}{4} & \frac{1}{2} \end{bmatrix} \tag{2.25}$$

上述步骤对基函数 N_5,N_6,N_7,N_8 造成的影响展示在图 2.11(b)中，其中实线即为修改后的基函数。

第二步网格细化过程为：在 $k+1$ 层，与新节点相关联的 PHT 样条基函数有 2 个，这些新的基函数通过 Cox-de Boor 递推公式获得，相关的过程展示在图 2.11(c)中，而相应的 Bézier 提取算子 $\boldsymbol{C}^e$ 为

$$\boldsymbol{C}^e=\begin{bmatrix} 0 & 0 & 0 & 0 & \frac{1}{2} & 0 & 0 & 0 \\ 0 & 0 & 0 & 0 & \frac{1}{2} & 1 & 0 & 0 \\ 0 & 0 & 1 & \frac{1}{2} & 0 & 0 & 0 & 0 \\ 0 & 0 & 0 & \frac{1}{2} & 0 & 0 & 0 & 0 \end{bmatrix} \tag{2.26}$$

上式中非零数字指的是与新的基函数相关的 Bézier 坐标。最终，在 $k+1$ 层上所有的 PHT 样条基函数展示在图 2.11(d)中，其中的 Bézier 提取算子为

$$\boldsymbol{C}^e=\begin{bmatrix} \frac{1}{2} & \frac{1}{4} & 0 & 0 & \frac{1}{2} & 0 & 0 & 0 \\ \frac{1}{2} & \frac{3}{4} & 0 & 0 & \frac{1}{2} & 1 & 0 & 0 \\ 0 & 0 & 1 & \frac{1}{2} & 0 & 0 & \frac{3}{4} & \frac{1}{2} \\ 0 & 0 & 0 & \frac{1}{2} & 0 & 0 & \frac{1}{4} & \frac{1}{2} \end{bmatrix} \tag{2.27}$$

PHT 样条基函数在 $k+1$ 层上的归一性通过以上细分步骤可以得到保证。与 NURBS 基函数的定义类似，如果给控制点赋予相应的权值 ω_i ，$i=1,\cdots,d$ ，则有理 PHT 样条基函数可以定义为

$$\tilde{R}_i(\xi,\eta)=\frac{\omega_i R_i(\xi,\eta)}{\sum\limits_{ii=1}^{d}\omega_{ii}R_{ii}(\xi,\eta)} \tag{2.28}$$

得到基函数之后，需要确定控制点的值。一个线性几何算子[4]被定义为

$$\mathcal{L}R(\xi,\eta)=\left(R(\xi,\eta),R_\xi(\xi,\eta),R_\eta(\xi,\eta),R_{\xi\eta}(\xi,\eta)\right) \tag{2.29}$$

其中，$R(\xi,\eta)$ 为基函数，$R_\xi(\xi,\eta)$ 和 $R_\eta(\xi,\eta)$ 分别为两个方向上的一阶偏导数，$R_{\xi\eta}(\xi,\eta)$ 为混合偏导数。

对于一个任意基点 (ξ_0,η_0) ，如果四个相关的基函数下标记作 i_1,i_2,i_3,i_4 ，则曲面 S 满足

$$\mathcal{L}S(\xi_0,\eta_0)=\mathcal{L}\left(\sum_{i=1}^{d}\boldsymbol{P}_i R_i(\xi_0,\eta_0)\right)=\sum_{k=1}^{4}\boldsymbol{P}_{i_k}\mathcal{L}R_{i_k}(\xi_0,\eta_0)=\boldsymbol{P}\cdot\boldsymbol{R} \tag{2.30}$$

其中

$$P=\left(P_{i_1},P_{i_2},P_{i_3},P_{i_4}\right)$$
$$R=\left(\mathcal{L}R_{i_1}\left(\xi_0,\eta_0\right),\mathcal{L}R_{i_2}\left(\xi_0,\eta_0\right),\mathcal{L}R_{i_3}\left(\xi_0,\eta_0\right),\mathcal{L}R_{i_4}\left(\xi_0,\eta_0\right)\right)^{\mathrm{T}} \tag{2.31}$$

矩阵 $\boldsymbol{R}$ 也可以表示为[4]

$$\boldsymbol{R}=\begin{pmatrix}(1-\lambda)(1-\mu) & -\alpha(1-\mu) & -\beta(1-\lambda) & \alpha\beta\\ \lambda(1-\mu) & \alpha(1-\mu) & -\beta\lambda & -\alpha\beta\\ (1-\lambda)\mu & -\alpha\mu & \beta(1-\lambda) & -\alpha\beta\\ \lambda\mu & \alpha\mu & \beta\lambda & \alpha\beta\end{pmatrix} \tag{2.32}$$

其中，$\alpha=(\Delta\xi_1+\Delta\xi_2)^{-1}$，$\beta=(\Delta\eta_1+\Delta\eta_2)^{-1}$，$\lambda=\alpha\Delta\xi_1$，$\mu=\beta\Delta\eta_1$。$\Delta\xi_1$、$\Delta\xi_2$、$\Delta\eta_1$ 和 $\Delta\eta_2$ 如图 2.13 所示，其中的黑点表示 Bézier 纵标。

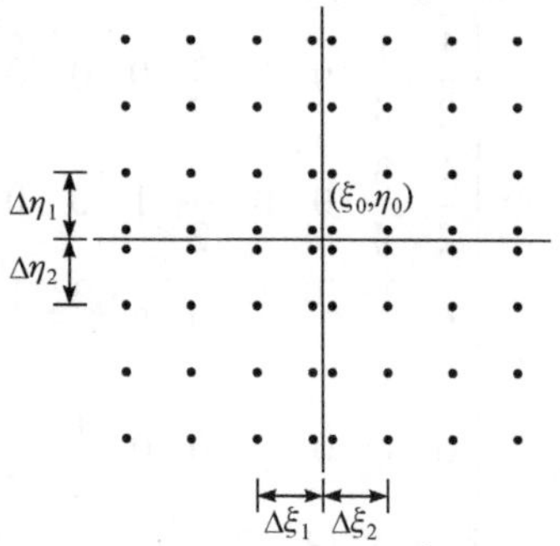

图 2.13 新基点 (ξ_0,η_0) 周围 T 网格的度量[4]

控制点矩阵 $\boldsymbol{P}$ 可以表示为

$$\boldsymbol{P}=\mathcal{L}S\left(\xi_0,\eta_0\right)\cdot\boldsymbol{R}^{-1} \tag{2.33}$$

至此，PHT 样条曲面的构造完成。

2.4 小 结

本章简单介绍了等几何边界元法的一些基础知识。首先展示了 NURBS 曲线和 NURBS 曲面的一些数学表达式以及一些基函数的图形；然后介绍了 PHT 样条曲面的相关知识。本章给出的 NURBS 基函数将在后续大部分章节中应用，而 PHT 样条主要用于声学问题。

参考文献

[1] Hughes T J R, Cottrell J A, Bazilevs Y. Isogeometric analysis: CAD, finite elements, NURBS,

exact geometry and mesh refinement[J]. Computer Methods in Applied Mechanics and Engineering, 2005, 194(39): 4135-4195.
[2] Cottrell J A, Hughes T J R, Bazilevs Y. Isogeometric Analysis: Toward Integration of CAD and FEA[M]. John Wiley & Sons: Chichester, 2009.
[3] Piegl L, Tiller W. The NURBS Book[M]. Berlin Heidelberg: Springer, 1997.
[4] Deng J S, Chen F, Xin L, et al. Polynomial splines over hierarchical T-meshes[J]. Graphical Models, 2008, 70(4): 76-86.
[5] Scott M A, Li X, Sederberg T W, et al. Local refinement of analysis-suitable T-splines[J]. Computer Methods in Applied Mechanics and Engineering, 2011, 213-216: 206-222.
[6] Dokken T, Lyche T, Pettersen K F. Polynomial splines over locally refined box-partitions[J]. Computer-Aided Geometric Design, 2013, 30 (3): 331-356.
[7] 秦晓陈. 复合材料曲型加筋板壳结构的静、动态等几何分析[D]. 北京: 北京理工大学, 2019.
[8] 王平. 基于层次 T 网格上样条的等几何分析及其应用[D]. 合肥: 中国科学技术大学, 2015.
[9] Deng J, Chen F, Feng Y. Dimensions of spline spaces over T-meshes[J]. Journal of Computational and Applied Mathematics, 2006, 194(2): 267-283.
[10] Nguyen-Thanh N, Kiendl J, Nguyen-Xuan H, et al. Rotation free isogeometric thin shell analysis using PHT-splines[J]. Computer Methods in Applied Mechanics and Engineering, 2011, 200(47-48): 3410-3424.
[11] Borden M J, Scott M A, Evans J A, et al. Isogeometric finite element data structures based on Bezier extraction of NURBS[J]. International Journal for Numerical Methods in Engineering, 2011, 87(1-5): 15-47.
[12] Nguyen-Thanh N, Nguyen-Xuan H, Bordas S P A, et al. Isogeometric analysis using polynomial splines over hierarchical T-meshes for two-dimensional elastic solids[J]. Computer Methods in Applied Mechanics and Engineering, 2011, 200(21-22): 1892-1908.
[13] Wu Y H, Dong C Y, Yang H S. Isogeometric indirect boundary element method for solving the 3D acoustic problems[J]. Journal of Computational and Applied Mathematics, 2020, 363: 273-299.
[14] 吴一昊. 声固耦合问题的等几何有限元-边界元耦合算法研究[D]. 北京: 北京理工大学, 2021.
[15] Farin G. Curves and Surfaces for CAGD: A Practical Guide[M], 5th ed. Pittsburgh: Academic Press, 2002.

第3章　位势问题的等几何边界元法

3.1　引　　言

Hughes 等[1]于 2005 年首次提出等几何分析的概念。由于等几何分析具有几何精确、易于对初始网格加密等优点，该方法一经提出便引起了国内外众多学者的关注与研究。2012 年，Simpson 等[2]将等几何分析的概念引入边界元法，建立了等几何边界元法，并将其应用于二维弹性问题。到目前为止，等几何边界元法得到了快速发展，并在实际问题中得到了广泛的应用。本章介绍三维位势问题的等几何边界元法[3-5]，并给出一些数值例子。在等几何边界元法的数值实施中，采用幂级数展开法[6]来处理等几何边界积分方程中的奇异积分。通过径向积分法将奇异面积分转换为一个沿该积分单元边界的线积分与一个具有奇异性的径向积分。然后，将被积函数中整体坐标系下的距离与被积函数中非奇异部分均展开为局部距离的幂级数展开式。再从幂级数的展开形式中分离出有限值部分，达到消除奇异性的目的。最终，使用标准高斯积分法计算具有规则化核函数的线积分。考虑到被积函数中整体坐标系下的距离展开为局部距离的幂级数展开式时，需要通过 Vandermonde 矩阵来确定待定系数。但是，Vandermonde 矩阵对于一些靠近边界的点或者高次 NURBS 基函数用于数值计算时会出现病态，为此，提出一种改进的方法[7]来确定幂级数展开时所对应的相关系数。通过上述方法，等几何边界元法中节点区间上的奇异积分可以被准确地求解。此外，与传统边界元法相比，等几何边界元法中由于积分面为真实的几何边界，而并非是插值曲面，因此得到的积分结果将更加精确。

等几何边界元法能够用较少的单元精确描述模型的几何边界，避免了几何误差。但是，由于单元数目的减少，等几何节点区间对应的实际几何区域变大，最终影响求解物理量的精度。为保证积分的求解精度，需要在积分中增加高斯点的数目，这会增加计算成本。考虑到自适应积分算法[8,9]对单元的大小没有要求，因此可以结合四叉树细分方法有效地计算等几何边界元法中较大的积分区域[7]，通过算例说明了基于自适应积分的等几何边界元法的有效性。

3.2　等几何边界元法的实施

3.2.1　边界积分方程

三维位势问题的边界积分方程如下[10,11]

$$c(\boldsymbol{y})u(\boldsymbol{y})=\int_{\Gamma}q(\boldsymbol{x})u^{*}(\boldsymbol{x},\boldsymbol{y})\mathrm{d}\Gamma(\boldsymbol{x})-\int_{\Gamma}u(\boldsymbol{x})q^{*}(\boldsymbol{x},\boldsymbol{y})\mathrm{d}\Gamma(\boldsymbol{x}) \tag{3.1}$$

其中，u 和 q 分别表示位势和势流，$\boldsymbol{x}$ 和 $\boldsymbol{y}$ 分别表示场点与源点，c 是与源点 $\boldsymbol{y}$ 处几何形状相关的常数，Γ 是计算区域Ω的边界。$u^{*}(\boldsymbol{x},\boldsymbol{y})$ 和 $q^{*}(\boldsymbol{x},\boldsymbol{y})$ 分别是三维位势问题的基本解，其具体表达式如下：

$$u^{*}(\boldsymbol{x},\boldsymbol{y})=\frac{1}{4\pi r} \tag{3.2}$$

$$q^{*}(\boldsymbol{x},\boldsymbol{y})=-\frac{1}{4\pi r^{2}}\nabla r\cdot\boldsymbol{n} \tag{3.3}$$

式中，r 是场点 $\boldsymbol{x}$ 和源点 $\boldsymbol{y}$ 之间的距离，即 $r=\sqrt{r_i r_i}$ ，$r_i=x_i-y_i$ ；$\boldsymbol{n}$ 是场点 $\boldsymbol{x}$ 的表面法线矢量，$\nabla r\cdot\boldsymbol{n}=\dfrac{\partial r}{\partial n}=r_{,i}n_i$ ，n_i 是场点 $\boldsymbol{x}$ 的表面法线的方向余弦，$r_{,i}=\left(x_i-y_i\right)/r$ 。注意，除非特别说明，本书中所有重复下标皆遵循爱因斯坦符号求和约定，如 $r_i r_i=r_1^2+r_2^2+r_3^2$ 。

3.2.2　等几何描述

等几何边界元法采用 NURBS 基函数或其他基函数描述模型几何边界和物理量。本章只采用 NURBS 基函数进行等几何边界元分析。在数值实施过程中，需要引入节点向量构造 NURBS 基函数，由此可以描述模型的几何表面。NURBS 曲面是由两个方向 ξ 和 η 的控制点网格 $P_{i,j}$ ($i=1,2,\cdots,n$；$j=1,2,\cdots,m$；n 和 m 分别是 ξ 和 η 两个方向的控制点数)、两个节点向量 $\boldsymbol{U}=\left\{\xi_1,\xi_2,\cdots,\xi_{n+p+1}\right\}$ 和 $\boldsymbol{V}=\left\{\eta_1,\eta_2,\cdots,\eta_{m+q+1}\right\}$ (p 和 q 分别是 ξ 和 η 两个方向的曲线阶次)组成的双变量分段有理函数构成，其形式如下[12]

$$\boldsymbol{S}(\xi,\eta)=\sum_{i=1}^{n}\sum_{j=1}^{m}R_{i,j}\boldsymbol{P}_{i,j} \tag{3.4}$$

其中

$$R_{i,j}(\xi,\eta)=\frac{N_{i,p}(\xi)N_{j,q}(\eta)w_{i,j}}{\sum_{k=1}^{n}\sum_{l=1}^{m}N_{k,p}(\xi)N_{l,q}(\eta)w_{k,l}} \tag{3.5}$$

式中，$N_{i,p}(\xi)$ 和 $N_{j,q}(\eta)$ 分别为定义在节点向量 $\boldsymbol{U}$ 和 $\boldsymbol{V}$ 上的非有理B样条基函数，$w_{i,j}$ 是控制点网格 $P_{i,j}$ 的权因子。定义一个整体索引 $A=n(j-1)+i$，式(3.4)可改写为更简洁的形式[13]

$$\boldsymbol{S}(\boldsymbol{\xi})=\sum_{A=1}^{n\times m}\boldsymbol{P}_A R_A(\boldsymbol{\xi}) \tag{3.6}$$

其中，$R_A(\boldsymbol{\xi})$ 是双变量 NURBS 基函数，其被定义为 $R_A(\boldsymbol{\xi})=N_{i,p}(\xi)N_{j,q}(\eta)$，$\boldsymbol{\xi}=(\xi,\eta)$。

由边界积分方程(3.1)可以看出，边界元法的数值实施中存在以基本解为核函数的积分，一般采用高斯积分法计算这些积分。因此，需要将 NURBS 参数空间 $(\xi,\eta)\in[\xi_i,\xi_{i+1}]\times[\eta_j,\eta_{j+1}]$ (ξ_i 和 η_j 分别表示节点向量 $\boldsymbol{U}$ 和 $\boldsymbol{V}$ 中的第 i 个节点和第 j 个节点) 转换到自然坐标空间 $(\tilde{\xi},\tilde{\eta})\in[-1,1]\times[-1,1]$ 上。图 3.1 给出了等几何边界元法中积分区域的转换及参数空间的定义。

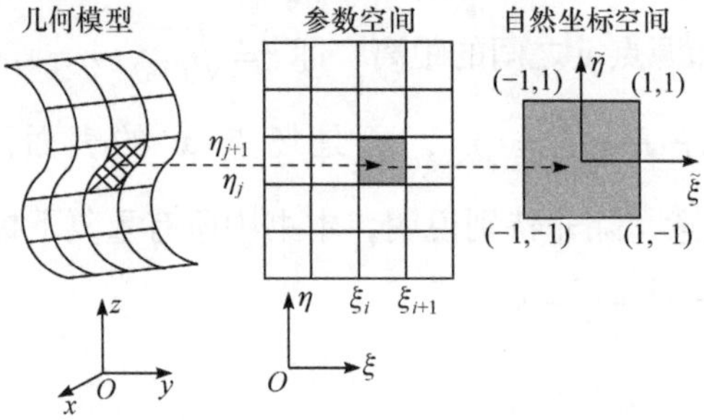

图 3.1　等几何边界元法中积分区域的转换及参数空间的定义

在等几何边界元实施时需要对问题的边界 Γ 进行离散，而这种离散是基于节点向量 $\boldsymbol{U}$ 和 $\boldsymbol{V}$ 来进行的，节点区间 $[\xi_i,\xi_{i+1}]\times[\eta_j,\eta_{j+1}]$ 被看作一个单元 Γ_e。NURBS 离散单元 Γ_e 上的几何和物理量可表示如下：

$$\boldsymbol{x}(\boldsymbol{\xi})=\sum_{a=1}^{(p+1)\times(q+1)}R_a^e(\boldsymbol{\xi})\boldsymbol{x}_a \tag{3.7}$$

$$u(\boldsymbol{\xi})=\sum_{a=1}^{(p+1)\times(q+1)}R_a^e(\boldsymbol{\xi})\tilde{u}_a \tag{3.8}$$

$$q(\boldsymbol{\xi})=\sum_{a=1}^{(p+1)\times(q+1)}R_a^e(\boldsymbol{\xi})\tilde{q}_a \tag{3.9}$$

式中，局部基函数编号 a 和单元号 e 可以通过连接矩阵 conn 与整体基函数编号 A 联系在一起，即 $A=\text{conn}(e,a)$，$\boldsymbol{x}_a$ 是等几何单元上第 a 个控制点，$\tilde{u}_a$ 和 $\tilde{q}_a$ 是与控制点 a 对应的位势和其法向导数。这里应该注意，NURBS 基函数不满足 Kronecker-Delta 性质。因此，$\tilde{u}_a$ 和 $\tilde{q}_a$ 不是控制点处真实的物理量，而是需要待定的系数。

将方程(3.8)和(3.9)代入方程(3.1)中的 u 和 q，离散化的等几何边界积分方程可写为

$$C(\boldsymbol{y})\sum_{l=1}^{(p+1)\times(q+1)}R_l^{\bar{e}}(\tilde{\xi}',\tilde{\eta}')u^{l\bar{e}}+\sum_{e=1}^{N_e}\sum_{l=1}^{(p+1)\times(q+1)}\left[\int_{-1}^{1}\int_{-1}^{1}q^*\left(\boldsymbol{y},\boldsymbol{x}\left(\tilde{\xi},\tilde{\eta}\right)\right)R_l^e(\tilde{\xi},\tilde{\eta})J^e(\tilde{\xi},\tilde{\eta})\mathrm{d}\tilde{\xi}\mathrm{d}\tilde{\eta}\right]u^{le}$$
$$=\sum_{e=1}^{N_e}\sum_{l=1}^{(p+1)\times(q+1)}\left[\int_{-1}^{1}\int_{-1}^{1}u^*\left(\boldsymbol{y},\boldsymbol{x}\left(\tilde{\xi},\tilde{\eta}\right)\right)R_l^e(\tilde{\xi},\tilde{\eta})J^e(\tilde{\xi},\tilde{\eta})\mathrm{d}\tilde{\xi}\mathrm{d}\tilde{\eta}\right]q^{le}$$
(3.10)

其中，自然坐标 $\tilde{\xi},\tilde{\eta}\in[-1,1]$，$\bar{e}$ 是配点 $\boldsymbol{y}$ 所在的单元，$\tilde{\xi}'$ 和 $\tilde{\eta}'$ 表示配点的自然坐标，e 是单元的整体编号，N_e 是问题的单元数，u^{le} 和 q^{le} 分别代表第 e 个单元中第 l 个控制点处的位势和势流系数，$J^e(\tilde{\xi},\tilde{\eta})$ 是单元的雅可比行列式，其计算公式如下：

$$J^e(\tilde{\xi},\tilde{\eta})=J_1(\xi,\eta)J_2\left(\tilde{\xi},\tilde{\eta}\right) \tag{3.11}$$

其中，J_1 是从物理空间转化到相应的参数空间时的雅可比系数，J_2 是从参数坐标为 $[\xi_i,\xi_{i+1}]\times[\eta_j,\eta_{j+1}]$ 的单元转换为对应自然坐标空间 $[\tilde{\xi}_i,\tilde{\xi}_{i+1}]\times[\tilde{\eta}_j,\tilde{\eta}_{j+1}]$ 的雅可比系数，J_1 和 J_2 的形式为

$$\left.\begin{aligned}J_1(\xi,\eta)&=\frac{\mathrm{d}^2\Gamma}{\mathrm{d}\xi\mathrm{d}\eta}\\&=\left[\left(\frac{\partial x_2}{\partial\xi}\frac{\partial x_3}{\partial\eta}-\frac{\partial x_3}{\partial\xi}\frac{\partial x_2}{\partial\eta}\right)^2+\left(\frac{\partial x_3}{\partial\xi}\frac{\partial x_1}{\partial\eta}-\frac{\partial x_1}{\partial\xi}\frac{\partial x_3}{\partial\eta}\right)^2+\left(\frac{\partial x_1}{\partial\xi}\frac{\partial x_2}{\partial\eta}-\frac{\partial x_2}{\partial\xi}\frac{\partial x_1}{\partial\eta}\right)^2\right]\\J_2&=\frac{1}{4}\left(\xi_{i+1}-\xi_i\right)\left(\eta_{j+1}-\eta_j\right)\end{aligned}\right\}$$
(3.12)

式(3.12)中的 x_1、x_2 和 x_3 来自式(3.7)，(ξ,η) 和 $\left(\tilde{\xi},\tilde{\eta}\right)$ 之间的关系为

$$\left.\begin{aligned}\xi&=\xi_i+\left(\tilde{\xi}+1\right)\frac{\xi_{i+1}-\xi_i}{2}\\\eta&=\eta_j+\left(\tilde{\eta}+1\right)\frac{\eta_{j+1}-\eta_j}{2}\end{aligned}\right\} \tag{3.13}$$

注意，式(3.10)中配点 $\boldsymbol{y}$ 的选取是遵循 Simpson 等[2]所使用的方法，即用 Greville 坐标定义来获取配点，其参数坐标可定义为

$$\left.\begin{aligned}\xi_c^i&=(\xi_i+\xi_{i+1}+\cdots+\xi_{i+p})/p,\quad i=1,2,\cdots,n\\\eta_c^j&=(\eta_j+\eta_{j+1}+\cdots+\eta_{j+p})/q,\quad j=1,2,\cdots,m\end{aligned}\right\} \tag{3.14}$$

由上式，基于式(3.7)可得配点在笛卡儿坐标系下的坐标 $\boldsymbol{y}\left(\xi_c^i,\eta_c^j\right)$

为了获得求解方程组，需要循环边界上的每一个配点，这样，式(3.9)可转化为矩阵形式：

$$\boldsymbol{H}\boldsymbol{u}=\boldsymbol{G}\boldsymbol{q} \tag{3.15}$$

式中，$\boldsymbol{u}$ 和 $\boldsymbol{q}$ 是所有控制点处的位势和势流系数，$\boldsymbol{H}$ 和 $\boldsymbol{G}$ 是相关的系数矩阵。对这组方程重新排列，将所有未知分量放在左边，已知分量放在右边，可以得到

$$\boldsymbol{A}\boldsymbol{x}=\boldsymbol{b} \tag{3.16}$$

其中，向量 $\boldsymbol{x}$ 包含所有未知的位势和势流系数，使用适当的求解器求解式(3.16)。

3.2.3 边界积分的计算

与传统边界元法一样，等几何边界元法的数值实施过程中，也会存在含有各种奇异性的边界积分，这些边界积分的精确计算是成功实施等几何边界元法的关键。高斯积分可用于计算正则积分，但是弱奇异、强奇异、超奇异以及拟奇异积分必须采用特殊的处理方法来计算。为此，许多学者提出了一些有效的方法来精确计算这些积分。Simpson 等[2,14]采用奇异值提取法和 Telles 变换法[15]计算二维等几何边界元中的强、弱奇异积分。幂级数展开法[6,7]可应用于消除三维等几何边界元法中出现的强、弱奇异性，该方法的基本思路是通过径向积分法将奇异面积分转换成一个线积分与径向积分，然后通过解析或数值方法将径向积分中的奇异性消除，其具体计算过程如下[6,7]。

考虑式(3.10)中的第 e 个单元(图 3.2)，$\boldsymbol{P}$ 是源点 $\boldsymbol{y}$ 对应的自然单元内部的点，则参数空间下的奇异积分可表示为

$$I^e(\boldsymbol{y}^{\boldsymbol{P}})=\int_L F\left(\boldsymbol{y}^{\boldsymbol{P}},\boldsymbol{x}^{\boldsymbol{Q}}\right)\frac{\partial\rho(\boldsymbol{P},\boldsymbol{Q})}{\partial n_L}\frac{1}{\rho(\boldsymbol{P},\boldsymbol{Q})}\mathrm{d}L(\boldsymbol{Q}) \tag{3.17}$$

其中

$$F(\boldsymbol{y}^{\boldsymbol{P}},\boldsymbol{x}^{\boldsymbol{Q}})=\lim_{\rho_\alpha(\varepsilon)\to 0}\int_{\rho_\alpha(\varepsilon)}^{\rho(\boldsymbol{P},\boldsymbol{Q})}\frac{\bar{f}(\boldsymbol{y}^{\boldsymbol{P}},\boldsymbol{x}^{\boldsymbol{Q}})}{r^{\beta}(\boldsymbol{y}^{\boldsymbol{P}},\boldsymbol{x}^{\boldsymbol{Q}})}J^e\rho\mathrm{d}\rho \tag{3.18}$$

式中，$\boldsymbol{Q}$ 是边界 L 上的场点，β 是积分奇异性的阶数，$\bar{f}(\boldsymbol{y}^{\boldsymbol{P}},\boldsymbol{x}^{\boldsymbol{Q}})$ 表示非奇异函数，J^e 是指从物理空间到积分空间的雅可比矩阵，$\boldsymbol{n}_L$ 是边界 L 的外法线，其分量为 $n_{L\tilde{\xi}}$ 和 $n_{L\tilde{\eta}}$，ρ 是源点 $\boldsymbol{P}$ 到场点 $\boldsymbol{Q}$ 的局部距离，如图 3.2 所示。

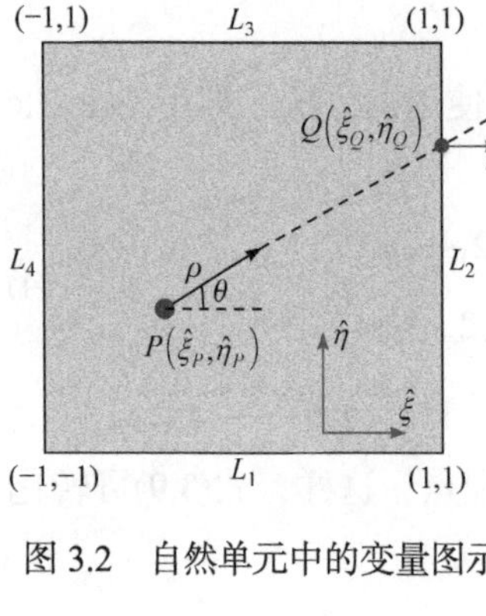

图 3.2　自然单元中的变量图示

由图 3.2 可得ρ及其对自然单元边界外法向的导数为

$$\left.\begin{aligned}\rho&=\sqrt{(\tilde{\xi}-\tilde{\xi}_{\boldsymbol{P}})^2+(\tilde{\eta}-\tilde{\eta}_{\boldsymbol{P}})^2}\\ \frac{\partial\rho}{\partial\boldsymbol{n}_L}&=\frac{\left(\tilde{\xi}-\tilde{\xi}_{\boldsymbol{P}}\right)\cdot n_{L\tilde{\xi}}+\left(\tilde{\eta}-\tilde{\eta}_{\boldsymbol{P}}\right)\cdot n_{L\tilde{\eta}}}{\rho}\end{aligned}\right\} \tag{3.19}$$

同时，也得到局部坐标 $\tilde{\xi}$ 和 $\tilde{\eta}$ 与极坐标 ρ 的关系式为

$$\left.\begin{aligned}\tilde{\xi} &= \tilde{\xi}_{\boldsymbol{P}} + \rho\cos\theta \\ \tilde{\eta} &= \tilde{\eta}_{\boldsymbol{P}} + \rho\sin\theta\end{aligned}\right\} \tag{3.20}$$

为了计算方程(3.18)中的积分，需要将计算点到场点的距离 r 展开成局部距离 ρ 的幂级数形式

$$\frac{r}{\rho} = \bar{\rho} = \left(\sum_{m=0}^{M} G_m \rho^m\right)^{1/2} = \sum_{n=0}^{N} C_n \rho^n \tag{3.21}$$

其中，N 和 M 是幂级数的阶数，C_n 和 G_m 是待定系数。一旦确定了 G_m，C_n 就很容易确定。为了确定 M，首先需要给定固定的源点和场点，由式(3.20)可知，局部坐标 $\tilde{\xi}$ 和 $\tilde{\eta}$ 是极坐标 ρ 的线性函数。其次，在等几何分析中，参数空间与自然空间之间的坐标变换是线性的，而 NURBS 是参数坐标的有理多项式。因此，对于沿两个参数 ξ 和 η 方向的阶数为 p 和 q 的 NURBS，M 值取为

$$M = 2(p+q) - 2 \tag{3.22}$$

在传统的方法中，需要在如图 3.2 所示的线段 PQ 上选取均匀间隔的点，并计算这些点上的 r 和 ρ 的值，然后通过求解所形成的方程组得到这些系数。这个方程组的系数矩阵是 Vandermonde 矩阵，即

$$\begin{bmatrix} 1 & \rho_1^1 & \rho_1^2 & \cdots & \rho_1^{M-1} \\ 1 & \rho_2^1 & \rho_2^2 & \cdots & \rho_2^{M-1} \\ 1 & \rho_3^1 & \rho_3^2 & \cdots & \rho_3^{M-1} \\ \vdots & \vdots & \vdots & & \vdots \\ 1 & \rho_M^1 & \rho_M^2 & \cdots & \rho_M^{M-1} \end{bmatrix} \tag{3.23}$$

值得注意的是，利用等几何方法可以精确地计算出源点到场点的距离 r。然而，当高阶 NURBS 应用于数值分析或从源点到边界的距离在自然空间很小时，在 Vandermonde 矩阵中的项 ρ^{M-1} 将会变得非常小，甚至小于机器精度(2.2204×10^{16})，导致 Vandermonde 矩阵几乎是奇异的。另外，在等几何边界元法中需要处理超奇异性 ($\beta=3$)，这样就只需要用 C_n 和 G_m 中的前两个系数，而不必采用带有 Vandermonde 矩阵的方程组来求解众多的系数 C_n 和 G_m。下面，我们使用改进的方法来得到所需要的这些系数。

当点 $\boldsymbol{q}$ 非常接近源点 $\boldsymbol{P}$ 时，我们将距离 r 展开为局部距离 ρ 的泰勒级数并忽略三阶以上的高阶项，可以得到

$$x_i^{\boldsymbol{q}}-x_i^{\boldsymbol{P}}=\frac{\partial x_i^{\boldsymbol{q}}}{\partial\tilde{\xi}}\left(\tilde{\xi}_{\boldsymbol{q}}-\tilde{\xi}_{\boldsymbol{P}}\right)+\frac{\partial x_i^{\boldsymbol{q}}}{\partial\tilde{\eta}}\left(\tilde{\eta}_{\boldsymbol{q}}-\tilde{\eta}_{\boldsymbol{P}}\right)+\frac{1}{2}\frac{\partial^2 x_i^{\boldsymbol{q}}}{\partial\tilde{\xi}^2}\left(\tilde{\xi}_{\boldsymbol{q}}-\tilde{\xi}_{\boldsymbol{P}}\right)^2+\frac{1}{2}\frac{\partial^2 x_i^{\boldsymbol{q}}}{\partial\tilde{\eta}^2}\left(\tilde{\eta}_{\boldsymbol{q}}-\tilde{\eta}_{\boldsymbol{P}}\right)^2+\frac{\partial^2 x_i^{\boldsymbol{q}}}{\partial\tilde{\xi}\partial\tilde{\eta}}\left(\tilde{\xi}_{\boldsymbol{q}}-\tilde{\xi}_{\boldsymbol{P}}\right)\left(\tilde{\eta}_{\boldsymbol{q}}-\tilde{\eta}_{\boldsymbol{P}}\right)\tag{3.24}$$

其中，一阶导数和二阶导数表示空间坐标对自然坐标的导数。将下列关系(3.25)代入式(3.24)

$$\begin{aligned}\tilde{\xi}_{\boldsymbol{q}}-\tilde{\xi}_{\boldsymbol{P}}&=\rho\cdot\rho_{,\tilde{\xi}}\\\tilde{\eta}_{\boldsymbol{q}}-\tilde{\eta}_{\boldsymbol{P}}&=\rho\cdot\rho_{,\tilde{\eta}}\end{aligned}\tag{3.25}$$

得到

$$x_i^{\boldsymbol{q}}-x_i^{\boldsymbol{P}}=\mathcal{D}_1\rho+\mathcal{D}_2\rho^2\tag{3.26}$$

其中

$$\begin{aligned}\mathcal{D}_1&=\frac{\partial x_i^{\boldsymbol{q}}}{\partial\tilde{\xi}}\rho_{,\tilde{\xi}}+\frac{\partial x_i^{\boldsymbol{q}}}{\partial\tilde{\eta}}\rho_{,\tilde{\eta}}\\\mathcal{D}_2&=\frac{1}{2}\frac{\partial^2 x_i^{\boldsymbol{q}}}{\partial\tilde{\xi}^2}{\rho_{,\tilde{\xi}}}^2+\frac{1}{2}\frac{\partial^2 x_i^{\boldsymbol{q}}}{\partial\tilde{\eta}^2}{\rho_{,\tilde{\eta}}}^2+\frac{\partial^2 x_i^{\boldsymbol{q}}}{\partial\tilde{\xi}\partial\tilde{\eta}}\rho_{,\tilde{\xi}}\rho_{,\tilde{\eta}}\end{aligned}\tag{3.27}$$

由于$\boldsymbol{r}=\sqrt{\left(x_i^{\boldsymbol{q}}-x_i^{\boldsymbol{P}}\right)\cdot\left(x_i^{\boldsymbol{q}}-x_i^{\boldsymbol{P}}\right)}$，我们得到下面的式子

$$\frac{\boldsymbol{r}^2}{\rho^2}=\mathcal{D}_1\cdot\mathcal{D}_1+2\mathcal{D}_1\cdot\mathcal{D}_2\rho+\mathcal{D}_2\cdot\mathcal{D}_2\rho^2\tag{3.28}$$

因此，所需的系数表示为

$$\begin{aligned}C_0&=\sqrt{G_0}=\left\|\mathcal{D}_1\right\|\\C_1&=\frac{G_1}{2C_0}=\frac{\mathcal{D}_1\cdot\mathcal{D}_2}{C_0}\end{aligned}\tag{3.29}$$

将方程(3.21)代入方程(3.18)，得到

$$F\left(\boldsymbol{y}^{\boldsymbol{P}},\boldsymbol{x}^{\boldsymbol{Q}}\right)=\lim_{\rho_\alpha(\varepsilon)\to 0}\int_{\rho_\alpha(\varepsilon)}^{\rho(\boldsymbol{Q},\boldsymbol{P})}\frac{\bar{f}\left(\boldsymbol{q},\boldsymbol{P}\right)J}{\rho^{\beta-1}\left(\boldsymbol{q},\boldsymbol{P}\right)\bar{\rho}\left(\boldsymbol{q},\boldsymbol{P}\right)^{\beta}}\mathrm{d}\rho\tag{3.30}$$

式(3.30)中被积函数中的非奇异部分用局部距离ρ的幂级数表示为

$$\bar{F}(\rho)=\frac{\bar{f}\left(\boldsymbol{q},\boldsymbol{P}\right)J}{\bar{\rho}\left(\boldsymbol{q},\boldsymbol{P}\right)^{\beta}}=\sum_{k=0}^{K}B^k\rho^k\tag{3.31}$$

将式(3.31)代入到式(3.30)，得到

$$F(\boldsymbol{y}^{\boldsymbol{P}},\boldsymbol{x}^{\boldsymbol{Q}})=\sum_{k=0}^{K}B^kE_k \tag{3.32}$$

其中，$E_k=\lim\limits_{\rho_\alpha(\varepsilon)\to 0}\int_{\rho_\alpha(\varepsilon)}^{\rho(\boldsymbol{Q},\boldsymbol{P})}\rho^{k-\beta+1}(\boldsymbol{q},\boldsymbol{P})\mathrm{d}\rho$。对于实际问题，此积分必定存在。这就意味着，其中的无限积分项自然地被消除。因此，E_k 的有限积分值为[11]

$$E_k=\begin{cases}\dfrac{1}{k-\beta+2}\left[\dfrac{1}{\rho^{\beta-k-2}(\boldsymbol{Q},\boldsymbol{P})}-H_{\beta-k-2}\right], & 0\leqslant k\leqslant\beta-3\\ \ln\rho(\boldsymbol{Q},\boldsymbol{P})-\ln H_0 & k=\beta-2\\ \dfrac{\rho^{k-\beta+2}(\boldsymbol{Q},\boldsymbol{P})}{k-\beta+2} & k>\beta-2\end{cases} \tag{3.33}$$

其中，$H_0=\dfrac{1}{C_0}$，$H_1=\dfrac{C_1}{C_0}$。

3.2.4　自适应积分法

用高斯求积法计算非奇异积分。曲面高斯求积公式可以表示为

$$\begin{aligned}I&=\int_{-1}^{1}\int_{-1}^{1}f\left(\tilde{\xi},\tilde{\eta}\right)\mathrm{d}\tilde{\xi}\mathrm{d}\tilde{\eta}\\&=\sum_{i=1}^{m_1}\sum_{j=1}^{m_2}f\left(\tilde{\xi}_i,\tilde{\eta}_j\right)\mathcal{W}_i\mathcal{W}_j+E_1+E_2\end{aligned} \tag{3.34}$$

其中，$\tilde{\xi}_i$ 和 $\tilde{\eta}_j$ 分别是两个自然坐标 $\tilde{\xi}$ 和 $\tilde{\eta}$ 方向上高斯点的参数坐标，$\mathcal{W}_i$ 和 $\mathcal{W}_j$ 分别是高斯点 $\tilde{\xi}_i$ 和 $\tilde{\eta}_j$ 对应的权值，m_1 和 m_2 分别是两个自然坐标 $\tilde{\xi}$ 和 $\tilde{\eta}$ 方向上的高斯积分点数，E_1 和 E_2 分别是高斯积分在两个自然坐标 $\tilde{\xi}$ 和 $\tilde{\eta}$ 方向上的积分误差，其相对误差的上界定义为[16]

$$\frac{E_i}{I}\leqslant 2\left(\frac{L_i}{4d}\right)^{2m_i}\frac{(2m_i+\beta+1)!}{(2m_i)!(\beta-1)!}<\overline{e}_i,\quad i=1,2 \tag{3.35}$$

其中，β 是被积函数的奇异阶数，其与式(3.18)中的 β 含义相同，L_i 是积分单元中第 i 个方向的长度，$\overline{e}_i$ 为预先给定的积分误差限，d 是源点到积分单元的最小距离，其计算过程如下。

采用 Newton-Raphson 迭代算法[3,7,8]计算源点 $\boldsymbol{x}_{\boldsymbol{P}}$ 到单元的最小距离。对于第 k 次迭代，距离矢量表示为

$$\boldsymbol{d}^{(k)}=\sum_{A=1}^{(p+1)(q+1)}R_A^e\left(\xi^{(k)},\eta^{(k)}\right)\boldsymbol{P}_A^e-\boldsymbol{x}_{\boldsymbol{P}} \tag{3.36}$$

为了得到参数增量，我们用泰勒级数展开 $\boldsymbol{d}^{(k+1)}$，即

$$\boldsymbol{d}^{(k+1)}=\boldsymbol{d}^{(k)}+\frac{\partial \boldsymbol{d}^{(k)}}{\partial \xi}\Delta\xi+\frac{\partial \boldsymbol{d}^{(k)}}{\partial \eta}\Delta\eta \tag{3.37}$$

通过设置$\boldsymbol{d}^{(k+1)}=\boldsymbol{0}$，得到迭代方程

$$\mathcal{K}_{\text{iter}}^{(k)}\begin{Bmatrix}\Delta\xi\\ \Delta\eta\end{Bmatrix}=-\boldsymbol{d}^{(k)} \tag{3.38}$$

其中，$\mathcal{K}_{\text{iter}}^{(k)}=\left[\sum_{A=1}^{(p+1)(q+1)}\frac{\partial R_A^e\left(\xi^{(k)},\eta^{(k)}\right)}{\partial\xi}\boldsymbol{P}_A^e,\quad \sum_{A=1}^{(p+1)(q+1)}\frac{\partial R_A^e\left(\xi^{(k)},\eta^{(k)}\right)}{\partial\eta}\boldsymbol{P}_A^e\right]$。

由于一个三维 NURBS 曲面只包含两个独立的参数坐标，因此我们利用最小二乘法得到如下方程来求解参数坐标的增量，即

$$\mathcal{K}_{\text{iter}}^{(k)\mathrm{T}}\mathcal{K}_{\text{iter}}^{(k)}\begin{Bmatrix}\Delta\xi\\ \Delta\eta\end{Bmatrix}=-\mathcal{K}_{\text{iter}}^{(k)\mathrm{T}}\boldsymbol{d}^{(k)} \tag{3.39}$$

这样，我们得到$\xi^{(k+1)}=\xi^{(k)}+\Delta\xi,\ \eta^{(k+1)}=\eta^{(k)}+\Delta\eta$。继续迭代，直到最小距离$d=\left\|\boldsymbol{d}^{(k)}\right\|$满足事先指定的误差水平。图 3.3 描述了源点到等几何单元的最小距离的计算示例[7]。

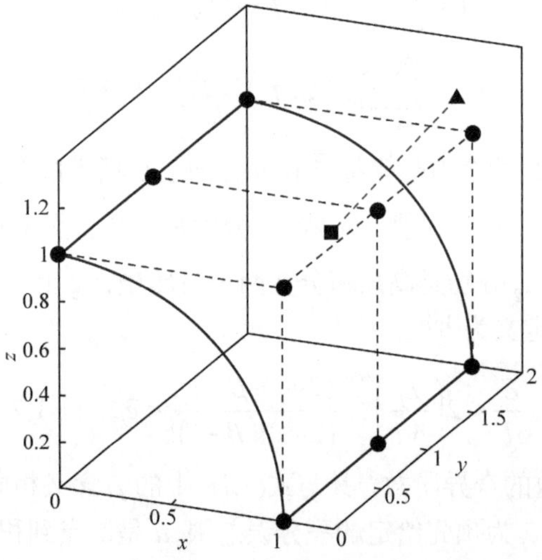

图 3.3　计算源点到等几何单元的最小距离。圆点、三角点和方形点分别表示控制点、源点和最短距离点

达到预先给定的积分误差限所需的高斯积分点数由 Bu 和 Davies 给出[16]，即

$$m_i=\sqrt{\frac{2}{3}\beta+\frac{2}{5}\left[-\frac{1}{10}\ln\left(\frac{\overline{e}_i}{2}\right)\right]\left[\left(\frac{8L_i}{3d}\right)^{\frac{3}{4}}+1\right]} \tag{3.40}$$

式中，β、L_i、d 和 $\overline{e}_i$ 与式(3.35)中的符号含义相同。利用上述方程结合四叉树细分方法来驱动自适应积分过程[7]。首先，给定积分误差限和指定每个求积单元中的最大高斯积分点数，计算积分单元在每个参数方向上的长度和配点到该单元的距离，然后根据公式(3.40)得到所需的高斯积分点数。如果这些数值大于指定的值，则根据层次分解将该单元细分为四个相等的子单元。这个过程重复进行，直到每个方向上所需的高斯积分点数都小于给定值。此外，当配点与积分单元非常接近时，积分表现出拟奇异性，自适应积分方案也能有效地处理这种拟奇异性。

图 3.4 为源点逐渐接近单元时，超奇异积分下的单元细分过程的一个例子[7]。我们可以看到，除非采用自适应积分方案，否则将需要更多的高斯点。

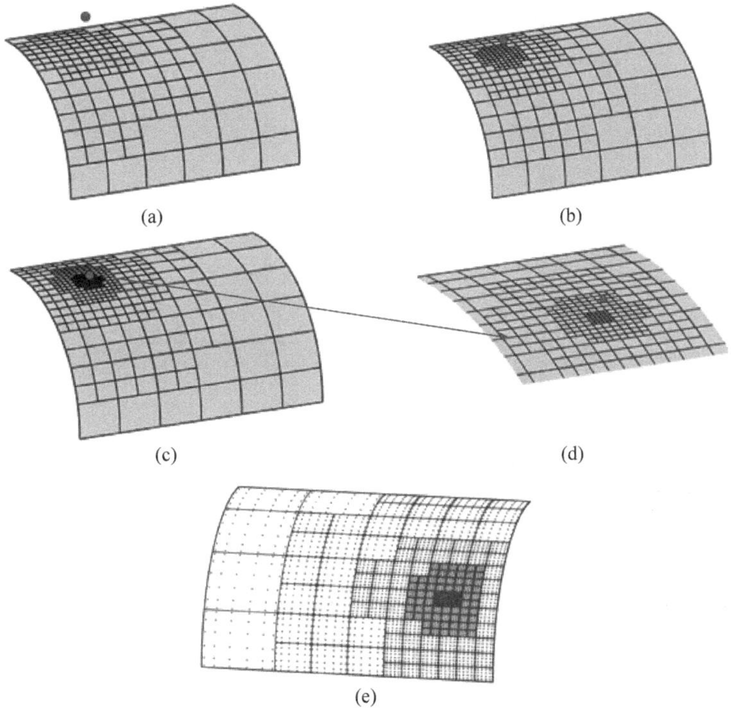

图 3.4　(a)源点与单元之间的距离为 0.2；(b)源点与单元之间的距离为 0.1；(c)源点与单元之间的距离为 0.05；(d) (c)的局部详细视图；(e)一个距离为 0.1 的源点的求积点分布的例子，其中蓝星代表高斯点(彩图请扫封底二维码)

3.3　数 值 算 例

在自适应积分方案中，积分误差限设为 $\overline{e}_{\mathrm{i}} = 10^{-8}$，每个求积单元中指定的最大高斯积分点数为 6。在改进的幂级数展开法的实现中，根据自然单元上每条直线上的高斯求积点选择 Q 点，对于弱奇异积分、强奇异积分和超奇异积分，选择所需的高斯求积点数分别为 8、12 和 20。

3.3.1　基于高阶 NURBS 基函数的矩形平面上的奇异积分计算

本算例旨在验证改进的幂级数展开法在使用高阶 NURBS 基函数时的精度。我们考虑在 $[-1,1]\times[0,4]$ 范围内如图 3.5 所示的等几何矩形表面区域上定义的奇异积分[7]，即式(3.41)，其中源点物理坐标和相应的参数坐标如表 3.1 所示。

$$I=\int_{-1}^{1}\int_{0}^{4}\frac{r_{,1}}{r^{\lambda}}\mathrm{d}x\mathrm{d}y\quad\left(r_{,1}=\frac{\partial r}{\partial x}\right) \tag{3.41}$$

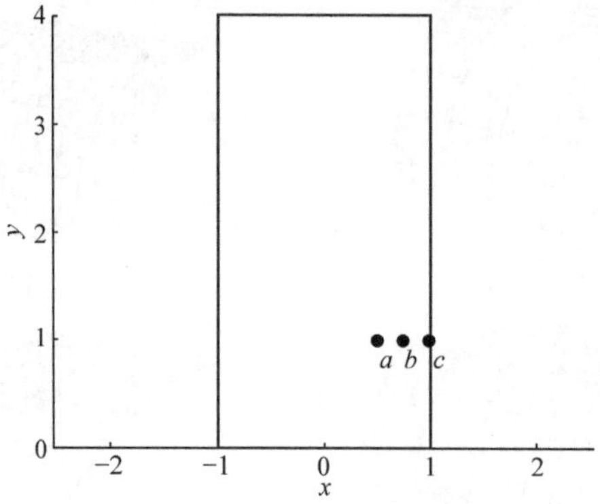

图 3.5　等几何矩形表面区域

表 3.1　源点的物理坐标和参数坐标

点	参数坐标 (ξ,η)	物理坐标 (x,y,z)
a	(0.75, 0.25)	(0.5, 1, 0)
b	(0.875, 0.25)	(0.75, 1, 0)
c	(0.995, 0.25)	(0.99, 1, 0)

假设两参数 ξ 和 η 方向 NURBS 的阶数在阶次升高时保持相同，根据公式(3.22)，得到的 M 值如表 3.2 所示。

表 3.2　在不同的 NURBS 阶数下 M 的值

(p,q)	(2, 2)	(3, 3)	(4, 4)
M	6	10	14

传统幂级数展开法在不同细化和不同 NURBS 阶数下，方程(3.23)中项 ρ_1^{M-1} 的最小值如表 3.3 所示。当配点与奇异单元一条边的距离小于指定值(如 10^{-6})时，不

需要计算与该边相关的线积分。但在本例中，最小距离 0.01(点 c 到右边界)还不够小，不能放弃对右边界线积分的计算。在使用高阶 NURBS 基函数时，由于 Vandermonde 矩阵的条件数过大或矩阵奇异，导致传统幂级数展开法失效，但在以往研究中广泛使用的二次 NURBS 基函数并没有出现这种现象。

表 3.3　Vandermonde 矩阵中 ρ_1^{M-1} 的最小值(“—”表示所有源点位于单元的边界或角点上)

点	单元细化	(p, q)		
		(2, 2)	(3, 3)	(4, 4)
a	1	4.0188E−06	1.9531E−12	1.5380E−19
	2	4.0188E−06	1.9531E−12	1.5380E−19
	3	4.0188E−06	1.9531E−12	1.5380E−19
	4	—	—	—
b	1	1.2559E−07	3.8147E−15	1.8774E−23
	2	4.0188E−06	1.9531E−12	1.5380E−19
	3	3.0518E−05	7.5085E−11	2.9932E−17
	4	1.2860E−04	1.0000E−09	1.2599E−15
c	1	1.2860E−14	1.0000E−27	1.2599E−41
	2	4.1152E−13	5.1200E−25	1.0321E−37
	3	3.1250E−12	1.9683E−23	2.0087E−35
	4	1.3169E−11	2.6214E−22	8.4550E−34

为了清晰地解释表 3.3 中数据的含义，我们以点 a 为例进行图形展示(图 3.6)。

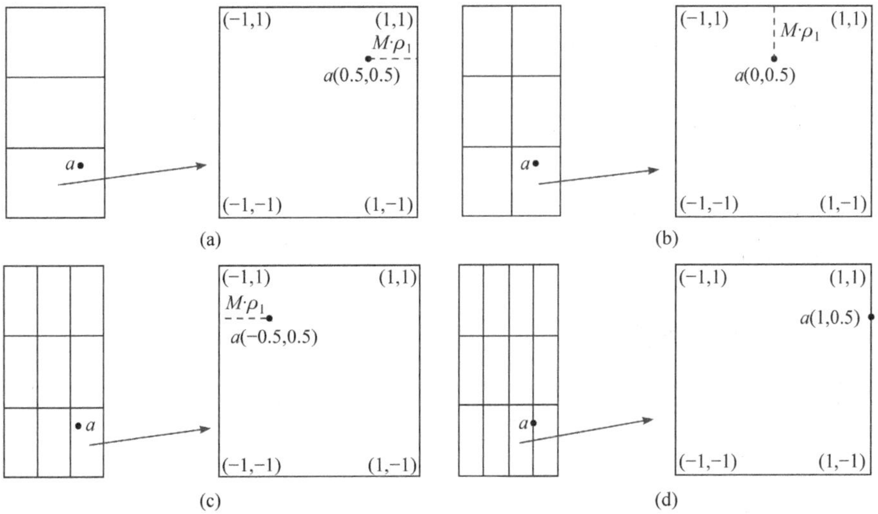

图 3.6　在不同单元细化下 ρ_1 的含义(以点 a 为例)

改进的幂级数展开法与参考解在不同奇异阶次下的结果对比如表 3.4 所示。数值结果与参考解吻合较好，证明了该方法的可靠性和准确性。图 3.7 给出了源点 b 的单元自适应划分过程示例。

表 3.4　不同奇异阶次下的数值结果

点	λ	(p, q)			文献[3]	解析解
		(2, 2)	(3, 3)	(4, 4)		
	1	−2.0577014	−2.0577014	−2.0577014	−2.0577014	−2.057701
a	2	−1.8666347	−1.8666347	−1.8666347	−1.8666347	−1.866635
	3	−1.9477459	−1.9477459	−1.9477459	−1.9477459	−1.947746
	1	−3.129422	−3.129422	−3.129422	−3.1294224	−3.129422
b	2	−3.4222857	−3.4222857	−3.4222857	−3.4222857	−3.42229
	3	−5.1806975	−5.1806975	−5.1806975	−5.1806975	−5.180698
	1	−4.20335	−4.20335	−4.20335	−4.2033535	−4.203354
c	2	−10.01288	−10.01288	−10.01288	−10.012880	−10.01288
	3	−156.0485	−156.0485	−156.0485	−156.04847	−156.0485

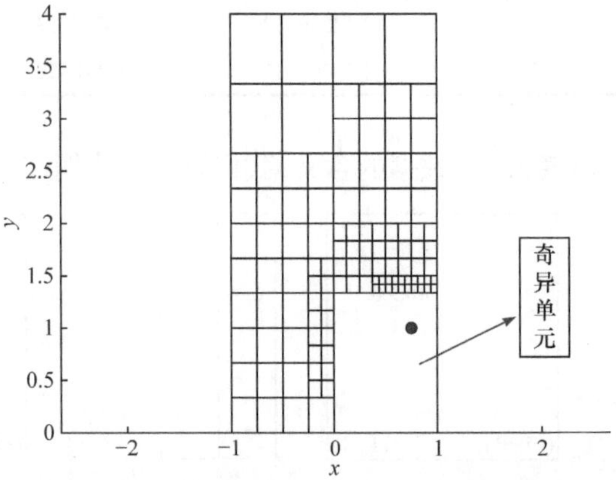

图 3.7　源点 b 的单元自适应单元划分过程

3.3.2　基于高阶 NURBS 基函数的曲面上的奇异积分计算

考虑定义在如图 3.8 所示的等几何圆柱面上的超奇异积分[7]，即式(3.42)，其中源点的物理坐标和相应的参数坐标如表 3.5 所示。

$$I = -\frac{1}{4\pi}\int_S \frac{1}{r^3}\left(3r_{,3}\frac{\partial r}{\partial \boldsymbol{n}} - n_3\right)\mathrm{d}S \quad \left(r_{,3} = \frac{\partial r}{\partial z}\right) \tag{3.42}$$

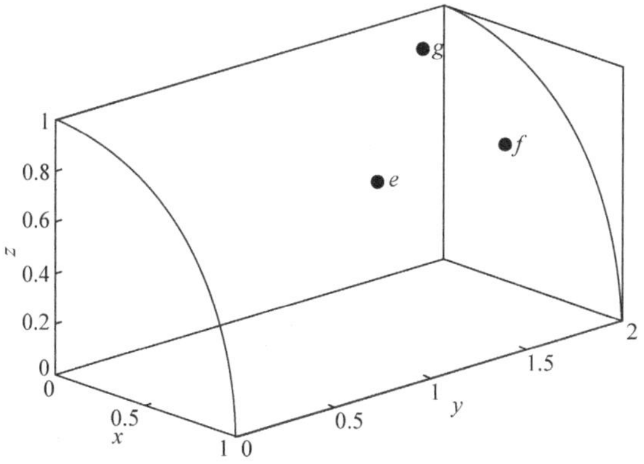

图 3.8　等几何圆柱面

表 3.5　源点的物理坐标和参数坐标

点	参数坐标	物理坐标
	(ξ,η)	(x,y,z)
e	(0.5,0.5)	(0.70710678,1, 0.70710678)
f	(0.83,0.5)	(0.70710678,1.66, 0.70710678)
g	(0.83,0.83)	(0.24902888,1.66, 0.96849606)

数值结果与参考解的比较如表 3.6 所示，可以看到二者有比较好的一致性。这说明了改进的幂级数展开法也适用于曲线等几何边界元的计算。图 3.9 为源点 g 对应的单元自适应划分过程的示例。

表 3.6　源点的数值结果

点	(p,q)			文献[3]
	(2,2)	(3,3)	(4,4)	
e	−0.34391106	−0.34391106	−0.34391106	−0.34401438
f	−0.49791796	−0.49791796	−0.49791796	−0.49801601
g	−0.96342938	−0.96342938	−0.96342938	−0.96352894

从以上两个数值例子可以看出，NURBS 基函数阶数的升高并没有显著提高计算结果的精度，其原因可能是基于二次 NURBS 基函数的计算结果精度对于这两个问题来说已足够高了。另外，自适应积分方案可以准确地计算非奇异部分的积分。

3.3.3　圆环面上的位势问题

由 NURBS 基函数描述的圆环面如图 3.10(a)所示，控制点的位置在图 3.10(b)

中给出。表 3.7 显示了等几何分析时圆环面模型的节点向量和曲线阶数。为了验证算法的精度，取模型解析解为$u = x + 3y/4 + 7z/5 + 9/5$[3]。

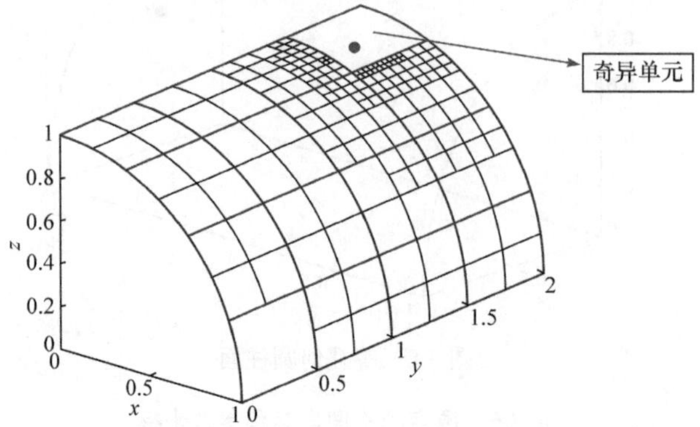

图 3.9　源点 g 处单元自适应划分过程

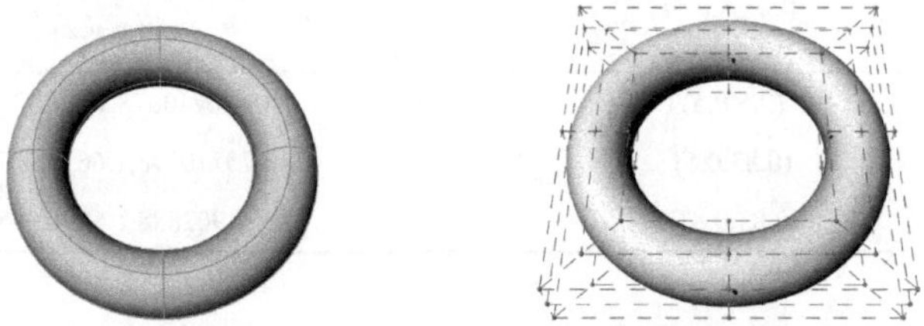

(a) 圆环面模型　　　　(b) 圆环面控制点

图 3.10　三维等几何圆环面模型

表 3.7　等几何圆环面模型的节点向量和曲线阶数

参数	阶数	节点向量
ξ	$p=2$	$\boldsymbol{U}=\{0,0,0,1,1,2,2,3,3,4,4,4\}$
η	$q=2$	$\boldsymbol{V}=\{0,0,0,1,1,2,2,3,3,4,4,4\}$

表 3.8 展示了计算点沿曲线 S1(方程(3.43))移动时位势的数值结果，并给出了解析解作为对比。我们看到，数值解和解析解吻合较好，计算误差很小。为了考察边界面上位势 u 和势流 $q(=\partial u/\partial n)$ 的计算精度，在模型表面取 64 个计算点。图 3.11(a)与(b)分别给出了边界势流 q 的解析解与数值解的结果云图。从图中可以看出，数值解和解析解吻合很好。势流 q 数值解的平均相对误差 RE$\left(=\left|I_{\text{num}}^k - I_{\text{exact}}^k\right| / \left|I_{\text{exact}}^k\right|\right.$，$I_{\text{num}}^k$ 和 I_{exact}^k 分别表示第 k 个计算点的数值解和解析解)在图 3.12 中给出。显然，势流 q 的计算误差很小。

$$\text{S1:}\quad x = R\cos\theta,\quad y = R\sin\theta,\quad z = 0;\quad R = 15 \tag{3.43}$$

表 3.8　沿曲线 S1 点集的数值解与解析解比较

计算点	θ	解析解	数值解	误差
1	0	0.1679988E+02	0.1680000E+02	0.7423874E–05
2	π/4	0.2036154E+02	0.2036155E+02	0.8006295E–06
3	π/2	0.1304991E+02	0.1305000E+02	0.7167879E–05
4	3π/4	–0.8516481E+00	–0.8516504E+00	0.2726892E–05
5	π	–0.1319988E+02	–0.1320000E+02	0.9448567E–05
6	5π/4	–0.1676154E+02	–0.1676155E+02	0.9719072E–06
7	3π/2	–0.9449906E+01	–0.9450000E+01	0.9898499E–05
8	7π/4	0.4451648E+01	0.4451650E+01	0.5242428E–06

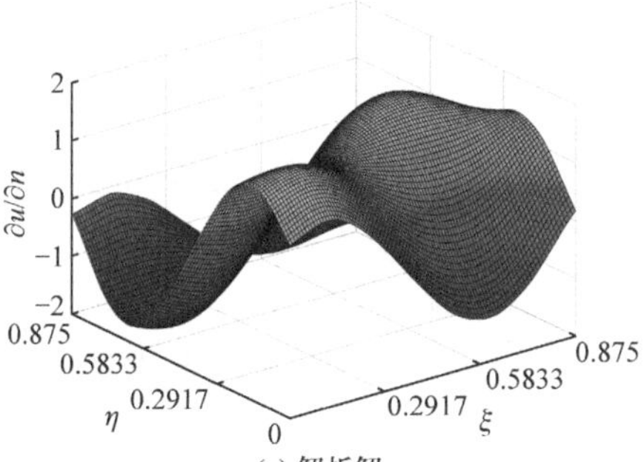

(a) 解析解

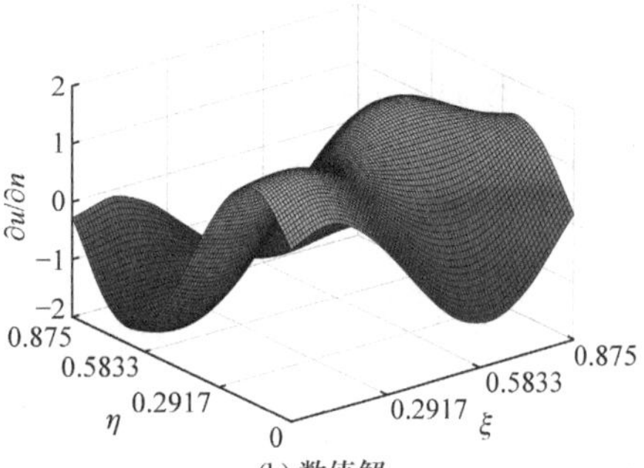

(b) 数值解

图 3.11　边界势流 q 的结果云图

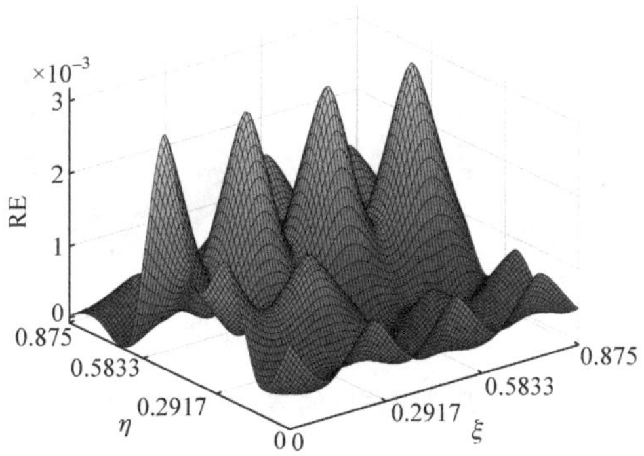

图 3.12　势流 q 相对误差曲面图

为了研究高斯积分点数对计算结果的影响，图 3.13 给出了不同高斯积分点数下，曲线 S1 上点($\theta = 5\pi/8$，$R = 15$)的相对误差。其中，NGR 和 NGS 分别表示用于规则化和奇异积分的高斯积分点数。从图 3.13 可以看出，随着高斯积分点数的增加，收敛速率很快。

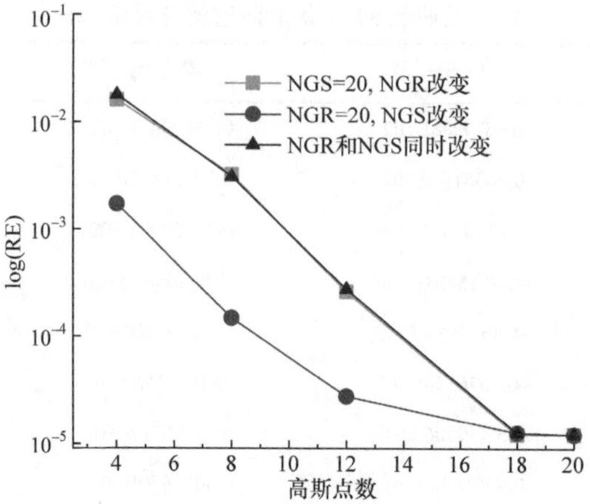

图 3.13　不同高斯积分点数下的误差收敛曲线

3.3.4　椭球面上的位势问题

本算例是基于自适应积分法的等几何边界元法来研究椭球面位势问题。椭球面的几何形状如图 3.14 所示，其用 NURBS 基函数精确描述，采用的曲线阶数与节点向量在表 3.9 中给出。该等几何模型的控制点位置如图 3.15 所示，图 3.16 显示了计算用的网格示意图。从图 3.16 可以看出，等几何单元在椭球的极点位置退化为三角形单元。椭球面上的位势由公式 $u=5x\text{-}3y+z+1$ 给出[4]。

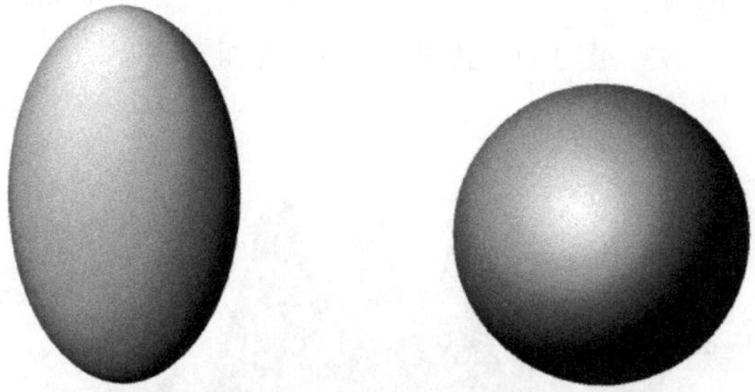

(a) 前视图　　(b) 俯视图

图 3.14　椭球面模型

表 3.9　等几何椭球面的节点向量与曲线阶数

参数	曲线阶数	节点向量
ξ	$p=2$	$\boldsymbol{U}=\{0,0,0,1,1,2,2,3,3,4,4,4\}$
η	$q=2$	$\boldsymbol{V}=\{0,0,0,1,1,1\}$

在 xy 平面上，取直线($x=R\cos(\pi/4)$, $y=R\sin(\pi/4)$, $z=0$)上一组逐渐靠近椭球面边界的点作为源点。图 3.17(a)展示了当所取计算点逐渐靠近边界时位势的解析

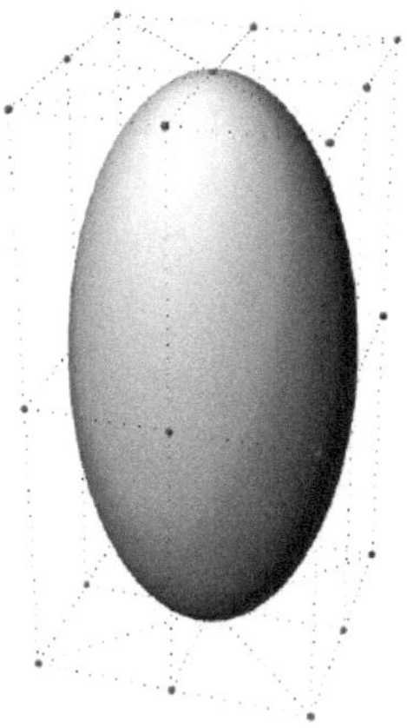

图 3.15　等几何椭球面控制点

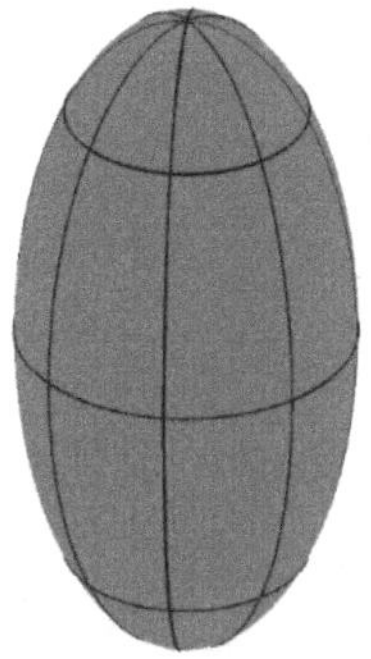

图 3.16　网格示意图

解与采用自适应积分的等几何边界元解(数值解)。为比较起见，采用常规高斯积分的等几何边界元法结果(传统解)也在图中给出。结果表明，当计算点离边界的距离 d (=10−R)大于 0.1 时，两种方法的结果精度都令人满意，但随着距离的逐渐减小，自适应积分法的结果优于传统解。即使距离 d 达到 0.001，自适应积分法的结果仍然很好。图 3.17(b)给出了当计算点沿着 z 轴正方向逐渐靠近极点时位势的计算结果。图 3.17(b)显示，当距离 d(=20−z)大于 0.07 时，两种方法的结果与解析解吻合得非常好。但是，随着计算点逐渐靠近极点位置，传统等几何边界元法已经开始失效，而采用自适应积分的等几何边界元法依然精确。图 3.18(a)显示了在椭球面上沿着纬线方向($\xi \in [0,1]$, $\eta = 0.5$)的法向通量 q 的计算结果，而图 3.18(b)则给出了在椭球面上沿着经线方向($\xi = 0.65$, $\eta \in [0,1]$)的法向通量 q 的计算结果。结果表明，基于自适应积分的等几何边界元法在势流的计算上也可以得到很好的结果。

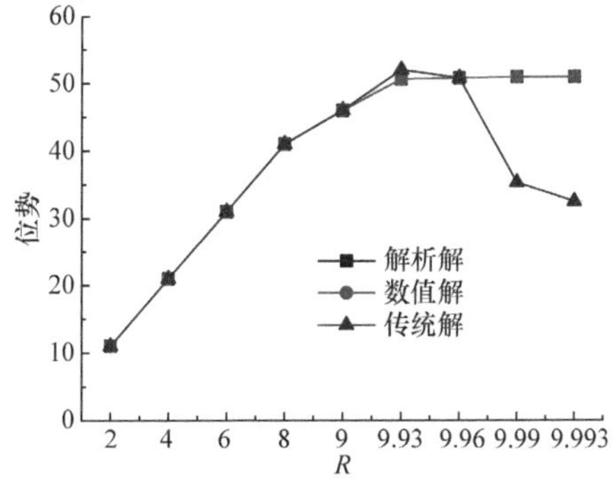

(a) xy平面上的一组点

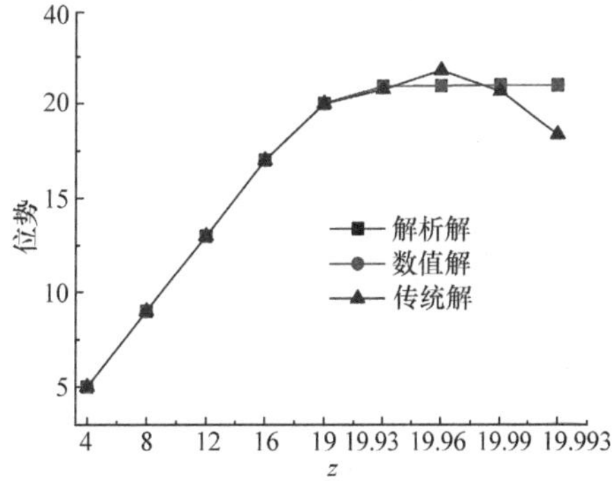

(b) z轴上的一组点

图 3.17　计算点逐渐靠近椭球面时的位势解

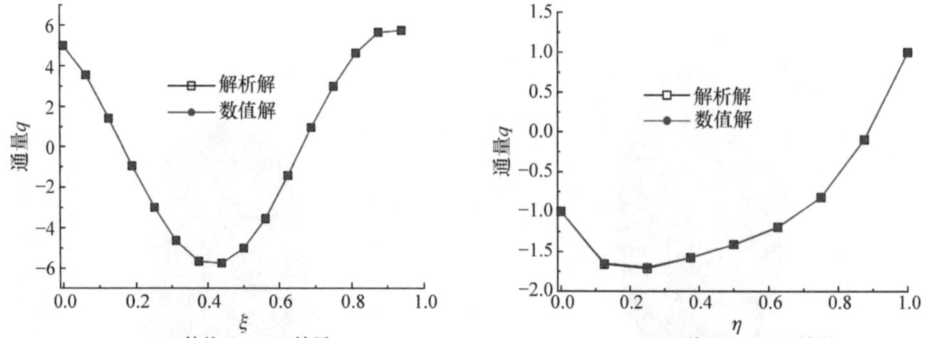

图 3.18 椭球面法向通量 q

3.4 小 结

本章介绍了一种三维位势问题等几何边界元法的实施方案。其中，模型的几何参数与物理量均用非均匀有理 B 样条(NURBS)描述。等几何边界元法中的奇异积分采用幂级数展开法处理。由于 NURBS 基函数可以精确描述几何模型，故数值积分在真实模型表面而非近似面实现，使得等几何边界元法的精度比传统边界元法高。在等几何边界元法中，模型几何信息通过控制点、权值和节点向量来定义，避免了模型网格的划分。此外，NURBS 基函数存在许多升阶、降阶、节点插入及细化等标准算法，这些算法将简化分析过程。

由于 NURBS 基函数用稀疏的节点区间就可以精确描述几何模型，故等几何边界元法中节点区间对应的单元区域可能较大。为避免采用大量高斯积分点以便提高计算效率，本章还展示了一种基于自适应积分法的三维等几何边界元法。该方法可以有效控制等几何单元上的积分精度与积分时间。此外，自适应积分法基于单元细分的思想可用于处理等几何边界元法中出现的拟奇异积分。

参 考 文 献

[1] Hughes T J, Cottrell J A, Bazilevs Y. Isogeometric analysis: CAD, finite elements, NURBS, exact geometry and mesh refinement[J]. Computer Methods in Applied Mechanics and Engineering, 2005, 194: 4135-4195.

[2] Simpson R N, Bordas S P A, Trevelyan J, et al. A two-dimensional isogeometric boundary element method for elastostatic analysis[J]. Computer Methods in Applied Mechanics and Engineering, 2012, 209-212: 87-100.

[3] Gong Y P, Dong C Y, Qin X C. An isogeometric boundary element method for three dimensional potential problems[J]. Journal of Computational and Applied Mathematics, 2017, 313: 454-468.

[4] Gong Y P, Dong C Y. An isogeometric boundary element method using adaptive integral method

for 3D potential problems[J]. Journal of Computational and Applied Mathematics, 2017, 319: 141-158.
[5] 公颜鹏. 等几何边界元法的基础性研究及其应用[D]. 北京: 北京理工大学, 2019.
[6] Gao X W. An effective method for numerical evaluation of general 2D and 3D high order singular boundary integrals[J]. Computer Methods in Applied Mechanics and Engineering, 2010, 199: 2856-2864.
[7] Yang H S, Dong C Y, Wu Y H. Non-conforming interface coupling and symmetric iterative solution in isogeometric FE-BE analysis[J]. Computer Methods in Applied Mechanics and Engineering, 2021, 373: 113561.
[8] Gao X W, Davies T G. Adaptive integration in elasto-plastic boundary element analysis[J]. Journal of the Chinese Institute of Engineers, 2000, 23(3): 349-356.
[9] Gao X W, Davies T G. Boundary Element Programming in Mechanics[M]. Camberidge: University Press, 2002.
[10] 姚振汉, 王海涛. 边界元法[M]. 北京: 高等教育出版社, 2010.
[11] 高效伟, 彭海峰, 杨恺, 等. 高等边界元法: 理论与程序[M]. 北京: 科学出版社, 2015.
[12] Piegl L, Tiller W. The NURBS Book[M]. Berlin Heidelberg: Springer, 1997.
[13] Nguyena V P, Anitescuc C, Bordasa S P A, et al. Isogeometric analysis: An overview and computer implementation aspects[J]. Mathematics and Computers in Simulation, 2015, 117: 89-116.
[14] Simpson R N, Bordas S P A, Lian H, et al. An isogeometric boundary element method for elastostatic analysis: 2D implementation aspects[J]. Computers & Structures, 2013, 118: 2-12.
[15] Telles J C F. A self-adaptive co-ordinate transformation for efficient numerical evaluation of general boundary element integrals[J]. International Journal for Numerical Methods in Engineering, 1987, 24(5): 959-973.
[16] Bu S, Davies T G. Effective evaluation of non-singular integrals in 3D BEM[J]. Advances in Engineering Software, 1995, 23 (2): 121-128.

第 4 章　非均质热传导问题的等几何边界元法

4.1　引　　言

复合材料已被广泛应用于航空航天、机械、船舶等领域。为预测复合材料的有效性质，科研工作者提出了许多理论方法，如 Mori-Tanaka 法[1]、自洽法[2]和广义自洽法[3]等。理论方法受限于简单的复合材料模型。为此，对于复杂的非均质复合材料问题，需要借助于数值方法(如有限元法[4]、边界元法[5]等)来进行研究。有限元法是最受人们喜爱的数值求解方法，其在多个领域得到了广泛的应用。但是，有限元法需要对模型的整体区域进行网格划分，特别是在夹杂与基体界面附近需要细化网格才能保证计算精度。因此，有限元法在解决非均质材料的相关问题时会占用大量计算机内存，而且还会导致很大的计算成本。相对于有限元法，边界元法在研究非均质稳态热传导时具有天然的优势，因为它只需要离散计算模型的外边界和夹杂与基体的界面。传统的边界元法需要对夹杂和基体分别列出各自的边界积分方程，然后结合界面连接条件对问题进行求解，数值实施不太方便。针对稳态热传导问题，作者提出了一个仅含界面温度的边界积分方程[6]和热能变化积分公式[7]，并用之求解了非均质热传导问题的有效热传导系数[7]。对于基体中含有各向异性夹杂的问题，作者和 Bonnet 建立了一个边界域积分公式，并用之研究了弹塑性滚动接触问题[8]，随后又将之拓展到二维和三维弹性夹杂及断裂力学问题[9-11]。借用类似的研究思路，作者与合作者共同建立了一个规则化的热传导边界-域积分公式，并结合等几何边界元法进行了多个球型夹杂问题的数值计算[12,13]。

本章首先介绍复合材料均匀化的广义自洽模型的稳态热传导边界积分方程[6]，此方程仅包含界面温度，易于数值实现。然后介绍只含界面积分的热能变化计算公式[7]，以及用等几何边界元法确定复合材料的有效导热系数[14]。之后，对于各向同性基体中含有各向异性夹杂的问题，推导了相应的规则化界面-域积分方程，并据此方程开展了用等几何边界元法在稳态热传导问题中的应用研究[12,13]。

4.2　稳态非均质问题的边界积分方程

广义自洽法模型[3]是指将一个夹杂包覆一层基体材料后再嵌入到一个等效复

合材料中。针对此模型(图 4.1)，将 Γ_1 和 Γ_2 分别作为夹杂与基体界面和基体与等效基体界面，k_{I}、k_{M} 和 k_{E} 分别为夹杂、基体和等效基体的热传导系数，t_x^0、t_y^0 和 t_z^0 分别表示沿 x、y 和 z 轴的远场热流。

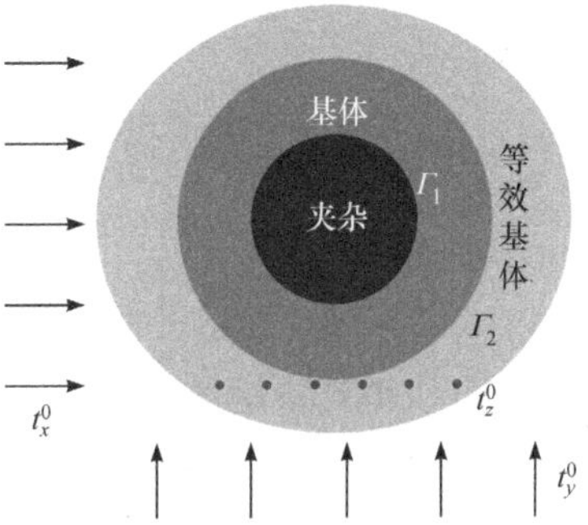

图 4.1　广义自洽模型

类似于弹性非均匀质问题的边界积分方程的推导过程[15]，可以得到源点 $\boldsymbol{y}$ 在 Γ_2 上等效基体一侧的边界积分方程，即

$$c_{\mathrm{E}}(\boldsymbol{y})u_{\mathrm{E}}(\boldsymbol{y})=u^0(\boldsymbol{y})+\int_{\Gamma_2}U_{\mathrm{E}}(\boldsymbol{y},\boldsymbol{x})t_{\mathrm{E}}(\boldsymbol{x})\mathrm{d}\Gamma-\int_{\Gamma_2}T_{\mathrm{E}}(\boldsymbol{y},\boldsymbol{x})u_{\mathrm{E}}(\boldsymbol{x})\mathrm{d}\Gamma \tag{4.1}$$

其中，c_{E} 是与源点 $\boldsymbol{y}$ 处界面几何形状有关的常数；$u^0(\boldsymbol{y})$ 是等效介质在远场热流作用下源点 $\boldsymbol{y}$ 处对应的温度；u_{E} 和 t_{E} 分别表示界面 Γ_2 上场点 $\boldsymbol{x}$ 处的温度和热流；U_{E} 和 T_{E} 是三维稳态热传导问题的基本解，其形式如下[16]

$$\begin{aligned}U_{\mathrm{E}}&=\frac{1}{4\pi rk_{\mathrm{E}}}\\ T_{\mathrm{E}}&=\frac{1}{4\pi r^2}\nabla r\cdot\boldsymbol{n}\end{aligned} \tag{4.2}$$

其中，r 是源点 $\boldsymbol{y}$ 和场点 $\boldsymbol{x}$ 之间的距离，$\boldsymbol{n}$ 是界面 Γ_2 上的单位外法线向量。

对于界面 Γ_2 上基体一侧的源点 $\boldsymbol{y}$，我们有如下的积分方程

$$\begin{aligned}c_{\mathrm{M}}(\boldsymbol{y})u_{\mathrm{M}}(\boldsymbol{y})=&\int_{\Gamma_2}U_{\mathrm{M}}(\boldsymbol{y},\boldsymbol{x})t_{\mathrm{M}}(\boldsymbol{x})\mathrm{d}\Gamma-\int_{\Gamma_2}T_{\mathrm{M}}(\boldsymbol{y},\boldsymbol{x})u_{\mathrm{M}}(\boldsymbol{x})\mathrm{d}\Gamma\\&+\int_{\Gamma_1}U_{\mathrm{M}}(\boldsymbol{y},\boldsymbol{x})t_{\mathrm{M}}(\boldsymbol{x})\mathrm{d}\Gamma-\int_{\Gamma_1}T_{\mathrm{M}}(\boldsymbol{y},\boldsymbol{x})u_{\mathrm{M}}(\boldsymbol{x})\mathrm{d}\Gamma\end{aligned} \tag{4.3}$$

其中，所有下标为 M 的符号与式(4.1)中的符号具有相同的物理意义，但这些值仅与基体介质及其几何形状有关。

对于界面 Γ_2 上的源点 $\boldsymbol{y}$，相对于夹杂域，其为外部点，对应的积分方程为

$$0=\int_{\Gamma_1}U_{\mathrm{I}}(\boldsymbol{y},\boldsymbol{x})t_{\mathrm{I}}(\boldsymbol{x})\mathrm{d}\Gamma-\int_{\Gamma_1}T_{\mathrm{I}}(\boldsymbol{y},\boldsymbol{x})u_{\mathrm{I}}(\boldsymbol{x})\mathrm{d}\Gamma \tag{4.4}$$

其中，所有下标为 I 的符号与式(4.1)中的符号具有相同的物理意义，但这些值仅与夹杂材料及其几何形状有关。

将方程(4.1)、(4.3)和(4.4)相加，并使用下列关系

$$\left.\begin{aligned}k_{\mathrm{I}}U_{\mathrm{I}}&=k_{\mathrm{M}}U_{\mathrm{M}}\\T_{\mathrm{I}}&=-T_{\mathrm{M}}\\u_{\mathrm{I}}&=u_{\mathrm{M}}\\t_{\mathrm{I}}&=-t_{\mathrm{M}}\end{aligned}\right\},\quad \boldsymbol{x}\in\Gamma_1 \tag{4.5}$$

和

$$\left.\begin{aligned} k_{\mathrm{E}}U_{\mathrm{E}} &= k_{\mathrm{M}}U_{\mathrm{M}} \\ T_{\mathrm{M}} &= -T_{\mathrm{E}} \\ u_{\mathrm{M}} &= u_{\mathrm{E}} \\ t_{\mathrm{M}} &= -t_{\mathrm{E}} \end{aligned}\right\},\quad \boldsymbol{x}\in\Gamma_2 \tag{4.6}$$

我们可以得到下面的方程

$$\begin{aligned}\left(c_{\mathrm{E}}(\boldsymbol{y})+\frac{k_{\mathrm{M}}}{k_{\mathrm{E}}}c_{\mathrm{M}}(\boldsymbol{y})\right)u_{\mathrm{E}}(\boldsymbol{y}) &= u^0(\boldsymbol{y})-\int_{\Gamma_2}\left(1-\frac{k_{\mathrm{M}}}{k_{\mathrm{E}}}\right)T_{\mathrm{E}}(\boldsymbol{y},\boldsymbol{x})u_{\mathrm{E}}(\boldsymbol{x})\mathrm{d}\Gamma \\ &\quad -\int_{\Gamma_1}\left(\frac{k_{\mathrm{M}}-k_{\mathrm{I}}}{k_{\mathrm{E}}}\right)T_{\mathrm{M}}(\boldsymbol{y},\boldsymbol{x})u_{\mathrm{M}}(\boldsymbol{x})\mathrm{d}\Gamma\end{aligned} \tag{4.7}$$

当源点在Γ_1上时，类似于推导式(4.7)，可以得到相应的积分方程

$$\begin{aligned}\left(\frac{k_{\mathrm{I}}c_{\mathrm{I}}(\boldsymbol{y})+k_{\mathrm{M}}c_{\mathrm{M}}(\boldsymbol{y})}{k_{\mathrm{E}}}\right)u_{\mathrm{M}}(\boldsymbol{y}) &= u^0(\boldsymbol{y})-\int_{\Gamma_2}\left(1-\frac{k_{\mathrm{M}}}{k_{\mathrm{E}}}\right)T_{\mathrm{E}}(\boldsymbol{y},\boldsymbol{x})u_{\mathrm{E}}(\boldsymbol{x})\mathrm{d}\Gamma \\ &\quad -\int_{\Gamma_1}\left(\frac{k_{\mathrm{M}}-k_{\mathrm{I}}}{k_{\mathrm{E}}}\right)T_{\mathrm{M}}(\boldsymbol{y},\boldsymbol{x})u_{\mathrm{M}}(\boldsymbol{x})\mathrm{d}\Gamma\end{aligned} \tag{4.8}$$

式(4.7)和(4.8)可用于研究无限远处承受不同热载荷(温度、热流及其组合)下的稳态非均质问题。由于它们只包含界面上的未知温度u_{E}和u_{M}，所以基于这两个公式的数值模拟过程实施简单且易于进行编程计算。另外，这两个公式可以推广应用于多个夹杂的非均质热传导问题的研究。

广义自洽模型中的等效热传导系数k_{E}为待求量，需要进行迭代求解。因此，对式(4.7)和(4.8)中的k_{E}进行求导，可以得到如下方程：

$$\begin{aligned}&\left(c_{\mathrm{E}}(\boldsymbol{y})+\frac{k_{\mathrm{M}}}{k_{\mathrm{E}}}c_{\mathrm{M}}(\boldsymbol{y})\right)\dot{u}_{\mathrm{E}}(\boldsymbol{y})-\frac{k_{\mathrm{M}}}{k_{\mathrm{E}}^2}c_{\mathrm{M}}(\boldsymbol{y})u_{\mathrm{E}}(\boldsymbol{y}) \\ &= \dot{u}^0(\boldsymbol{y})-\int_{\Gamma_2}\left(1-\frac{k_{\mathrm{M}}}{k_{\mathrm{E}}}\right)T_{\mathrm{E}}(\boldsymbol{y},\boldsymbol{x})\dot{u}_{\mathrm{E}}(q)\mathrm{d}\Gamma-\int_{\Gamma_2}\frac{k_{\mathrm{M}}}{k_{\mathrm{E}}^2}T_{\mathrm{E}}(\boldsymbol{y},\boldsymbol{x})u_{\mathrm{E}}(\boldsymbol{x})\mathrm{d}\Gamma \\ &\quad -\int_{\Gamma_1}\left(\frac{k_{\mathrm{M}}-k_{\mathrm{I}}}{k_{\mathrm{E}}}\right)T_{\mathrm{M}}(\boldsymbol{y},\boldsymbol{x})\dot{u}_{\mathrm{M}}(\boldsymbol{x})\mathrm{d}\Gamma+\int_{\Gamma_1}\left(\frac{k_{\mathrm{M}}-k_{\mathrm{I}}}{k_{\mathrm{E}}^2}\right)T_{\mathrm{M}}(\boldsymbol{y},\boldsymbol{x})u_{\mathrm{M}}(\boldsymbol{x})\mathrm{d}\Gamma,\quad \boldsymbol{y}\in\Gamma_2\end{aligned} \tag{4.9}$$

和

$$\begin{aligned}&\left(\frac{k_{\mathrm{M}}c_{\mathrm{M}}(\boldsymbol{y})+k_{\mathrm{I}}c_{\mathrm{I}}(\boldsymbol{y})}{k_{\mathrm{E}}}\right)\dot{u}_{\mathrm{E}}(\boldsymbol{y})-\left(\frac{k_{\mathrm{M}}c_{\mathrm{M}}(\boldsymbol{y})+k_{\mathrm{I}}c_{\mathrm{I}}(\boldsymbol{y})}{k_{\mathrm{E}}^2}\right)u_{\mathrm{E}}(\boldsymbol{y}) \\ &= \dot{u}^0(\boldsymbol{y})-\int_{\Gamma_2}\left(1-\frac{k_{\mathrm{M}}}{k_{\mathrm{E}}}\right)T_{\mathrm{E}}(\boldsymbol{y},\boldsymbol{x})\dot{u}_{\mathrm{E}}(\boldsymbol{x})\mathrm{d}\Gamma\end{aligned}$$

$$
-\int_{\Gamma_2}\frac{k_{\mathrm{M}}}{k_{\mathrm{E}}^2}T_{\mathrm{E}}(\boldsymbol{y},\boldsymbol{x})u_{\mathrm{E}}(\boldsymbol{x})\mathrm{d}\Gamma-\int_{\Gamma_1}\left(\frac{k_{\mathrm{M}}-k_{\mathrm{I}}}{k_{\mathrm{E}}}\right)T_{\mathrm{M}}(\boldsymbol{y},\boldsymbol{x})\dot{u}_{\mathrm{M}}(\boldsymbol{x})\mathrm{d}\Gamma
$$

$$
+\int_{\Gamma_1}\left(\frac{k_{\mathrm{M}}-k_{\mathrm{I}}}{k_{\mathrm{E}}^2}\right)T_{\mathrm{M}}(\boldsymbol{y},\boldsymbol{x})u_{\mathrm{M}}(\boldsymbol{x})\mathrm{d}\Gamma,\quad \boldsymbol{y}\in\Gamma_1 \tag{4.10}
$$

其中，$\dot{u}^0(\boldsymbol{y})$是等效介质在远场热流作用下源点$\boldsymbol{y}$处对应的温度对$k_{\mathrm{E}}$的导数，温度$u$上面的点表示其对热传导系数$k_{\mathrm{E}}$的导数，即$\dot{u}=\partial u/\partial k_{\mathrm{E}}$。

4.3　稳态非均质热传导能量变化公式

图 4.2 所示的是一个夹杂嵌入在无限域介质中，并受远场热载荷作用。对此模型，基体材料因夹杂引起的热能变化ΔE为[7]

$$
\Delta E=\frac{1}{2}\int_{\Gamma}\left(n_i t_i^0 u-n_i t_i u^0\right)\mathrm{d}\Gamma \tag{4.11}
$$

其中，t_i^0是远场热流分量，u^0是由远场热流t_i^0引起的均质材料(夹杂所处区域的材料和基体材料相同)在界面Γ上的温度，u和t_i分别是由远场热流t_i^0引起的非均质材料界面上的温度和热流分量，n_i是界面上点的外法线分量。

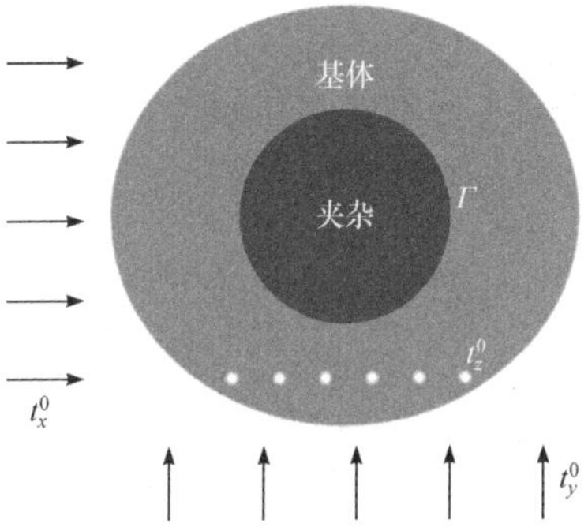

图 4.2　单个夹杂嵌入无限域介质中

由式(4.11)求解热能变化时，需要知道界面上的u和t_i，而t_i在不规则界面的角点处不连续，为此在角点附近需要采用不连续单元进行离散，数值实施不太方便。为了克服这种情况，我们可以对式(4.11)中的第二项积分进行如下变换

$$
\int_{\Gamma}n_i t_i u^0\mathrm{d}\Gamma=\int_{\Omega}\left(t_i u^0\right)_{,i}\mathrm{d}\Omega=\int_{\Omega}t_i u_{,i}^0\mathrm{d}\Omega=-\int_{\Omega}k_{\mathrm{I}}u_{,i}u_{,i}^0\mathrm{d}\Omega
$$

$$
=-\frac{k_{\mathrm{I}}}{k_{\mathrm{M}}}\int_{\Omega}k_{\mathrm{M}}u_{,i}^0 u_{,i}\mathrm{d}\Omega=\frac{k_{\mathrm{I}}}{k_{\mathrm{M}}}\int_{\Gamma}n_i t_i^0 u\mathrm{d}\Gamma \tag{4.12}
$$

其中，Ω表示夹杂的体积。式(4.12)的推导用到了高斯定律和热问题的平衡方程。最终，我们得到只包含界面温度的热能变化公式，即

$$
\Delta E=\frac{k_{\mathrm{M}}-k_{\mathrm{I}}}{2k_{\mathrm{M}}}\int_{\Gamma}n_i t_i^0 u\,\mathrm{d}\Gamma \tag{4.13}
$$

对于广义自洽模型，类似于式(4.12)的推导，我们得到其对应的只包含界面温度的热能量变化公式，即

$$
\Delta E=\frac{k_{\mathrm{M}}-k_{\mathrm{I}}}{2k_{\mathrm{E}}}\int_{\Gamma_1}n_i t_i^0 u\,\mathrm{d}\Gamma+\frac{k_{\mathrm{E}}-k_{\mathrm{M}}}{2k_{\mathrm{E}}}\int_{\Gamma_2}n_i t_i^0 u\,\mathrm{d}\Gamma \tag{4.14}
$$

从式(4.13)和(4.14)可以看出，对于不同形状的夹杂，可以比较容易地求解稳态热传导的热能变化量，前提是需要事先求出界面上的温度。在数值方法中，边界元法只涉及界面积分计算，而且只需要界面上的温度(见 4.2 节内容)。因此，相对于有限元法，边界元法更适用于计算热能变化量。

4.4　稳态非均质热传导的等几何边界元法

4.2 节和 4.3 节中的公式已在传统边界元法中实现[6,7,17]。本节基于这些公式并采用等几何分析方法对非均质材料热传导问题进行研究。针对广义自洽模型(图 4.1)，界面需要两个节点向量 $\boldsymbol{U}=\left\{\xi_1,\xi_2,\cdots,\xi_{n+p+1}\right\}$ 和 $\boldsymbol{V}=\left\{\eta_1,\eta_2,\cdots,\eta_{m+q+1}\right\}$ 以及 $n\times m$ 个控制点 $\boldsymbol{P}_{i,j}$ ($i=1,2,\cdots,n$；$j=1,2,\cdots,m$；n 和 m 分别是 ξ 和 η 两个方向的控制点数；p 和 q 分别是 ξ 和 η 两个方向的曲线阶次)来描述。采用 NURBS 基函数对式(4.7)～(4.10)进行离散，可以得到如下方程

$$\begin{aligned}
&\frac{k_{\mathrm{E}}c_{\mathrm{E}}(\boldsymbol{y}(\tilde{\xi}_{\mathrm{c}},\tilde{\eta}_{\mathrm{c}}))+k_{\mathrm{M}}c_{\mathrm{M}}(\boldsymbol{y}(\tilde{\xi}_{\mathrm{c}},\tilde{\eta}_{\mathrm{c}}))}{k_{\mathrm{E}}}\sum_{l_0=1}^{(p+1)(q+1)}R_{l_0}^{\bar{e}}(\tilde{\xi}_{\mathrm{c}},\tilde{\eta}_{\mathrm{c}})u_{\mathrm{E}}^{l_0\bar{e}}\\
&=u^0(\boldsymbol{y}(\tilde{\xi}_{\mathrm{c}},\tilde{\eta}_{\mathrm{c}}))\\
&\quad-\sum_{e=1}^{N\Gamma_2}\sum_{l=1}^{(p+1)(q+1)}\int_{-1}^{1}\int_{-1}^{1}\left[\frac{k_{\mathrm{E}}-k_{\mathrm{M}}}{k_{\mathrm{E}}}T_{\mathrm{E}}\left(\boldsymbol{y}(\tilde{\xi}_{\mathrm{c}},\tilde{\eta}_{\mathrm{c}}),\boldsymbol{x}\left(\tilde{\xi},\tilde{\eta}\right)\right)R_l^e(\tilde{\xi},\tilde{\eta})J^e(\tilde{\xi},\tilde{\eta})\right]\mathrm{d}\tilde{\xi}\,\mathrm{d}\tilde{\eta}\,u_{\mathrm{E}}^{le}\\
&\quad-\sum_{e=1}^{N\Gamma_1}\sum_{l=1}^{(p+1)(q+1)}\int_{-1}^{1}\int_{-1}^{1}\left[\frac{k_{\mathrm{M}}-k_{\mathrm{I}}}{k_{\mathrm{E}}}T_{\mathrm{M}}\left(\boldsymbol{y}(\tilde{\xi}_{\mathrm{c}},\tilde{\eta}_{\mathrm{c}}),\boldsymbol{x}\left(\tilde{\xi},\tilde{\eta}\right)\right)R_l^e(\tilde{\xi},\tilde{\eta})J^e(\tilde{\xi},\tilde{\eta})\right]\mathrm{d}\tilde{\xi}\,\mathrm{d}\tilde{\eta}\,u_{\mathrm{M}}^{le}
\end{aligned}\tag{4.15}$$

$$\begin{aligned}
&\frac{k_{\mathrm{M}}c_{\mathrm{M}}(\boldsymbol{y}(\tilde{\xi}_{\mathrm{c}},\tilde{\eta}_{\mathrm{c}}))+k_{\mathrm{I}}c_{\mathrm{I}}(\boldsymbol{y}(\tilde{\xi}_{\mathrm{c}},\tilde{\eta}_{\mathrm{c}}))}{k_{\mathrm{E}}}\sum_{l_0=1}^{(p+1)(q+1)}R_{l_0}^{\bar{e}}(\tilde{\xi}_{\mathrm{c}},\tilde{\eta}_{\mathrm{c}})u_{\mathrm{M}}^{l_0\bar{e}}\\
&=u^0(\boldsymbol{y}(\tilde{\xi}_{\mathrm{c}},\tilde{\eta}_{\mathrm{c}}))\\
&\quad-\sum_{e=1}^{N\Gamma_2}\sum_{l=1}^{(p+1)(q+1)}\int_{-1}^{1}\int_{-1}^{1}\left[\frac{k_{\mathrm{E}}-k_{\mathrm{M}}}{k_{\mathrm{E}}}T_{\mathrm{E}}\left(\boldsymbol{y}(\tilde{\xi}_{\mathrm{c}},\tilde{\eta}_{\mathrm{c}}),\boldsymbol{x}\left(\tilde{\xi},\tilde{\eta}\right)\right)R_l^e(\tilde{\xi},\tilde{\eta})J^e(\tilde{\xi},\tilde{\eta})\right]\mathrm{d}\tilde{\xi}\,\mathrm{d}\tilde{\eta}\,u_{\mathrm{E}}^{le}\\
&\quad-\sum_{e=1}^{N\Gamma_1}\sum_{l=1}^{(p+1)(q+1)}\int_{-1}^{1}\int_{-1}^{1}\left[\frac{k_{\mathrm{M}}-k_{\mathrm{I}}}{k_{\mathrm{E}}}T_{\mathrm{M}}\left(\boldsymbol{y}(\tilde{\xi}_{\mathrm{c}},\tilde{\eta}_{\mathrm{c}}),\boldsymbol{x}\left(\tilde{\xi},\tilde{\eta}\right)\right)R_l^e(\tilde{\xi},\tilde{\eta})J^e(\tilde{\xi},\tilde{\eta})\right]\mathrm{d}\tilde{\xi}\,\mathrm{d}\tilde{\eta}\,u_{\mathrm{M}}^{le}
\end{aligned}\tag{4.16}$$

$$
\begin{aligned}
&\frac{k_{\mathrm{E}}c_{\mathrm{E}}(\boldsymbol{y}(\tilde{\xi}_{\mathrm{c}},\tilde{\eta}_{\mathrm{c}}))+k_{\mathrm{M}}c_{\mathrm{M}}(\boldsymbol{y}(\tilde{\xi}_{\mathrm{c}},\tilde{\eta}_{\mathrm{c}}))}{k_{\mathrm{E}}}\sum_{l_0=1}^{(p+1)(q+1)}R_{l_0}^{\bar{e}}(\tilde{\xi}_{\mathrm{c}},\tilde{\eta}_{\mathrm{c}})\dot{u}_{\mathrm{E}}^{l_0\bar{e}}\\
&-\frac{k_{\mathrm{M}}}{k_{\mathrm{E}}^2}c_{\mathrm{M}}(\boldsymbol{y}(\tilde{\xi}_{\mathrm{c}},\tilde{\eta}_{\mathrm{c}}))\sum_{l_0=1}^{(p+1)(q+1)}R_{l_0}^{\bar{e}}(\tilde{\xi}_{\mathrm{c}},\tilde{\eta}_{\mathrm{c}})u_{\mathrm{E}}^{l_0\bar{e}}\\
&=\dot{u}^0(\boldsymbol{y}(\tilde{\xi}_{\mathrm{c}},\tilde{\eta}_{\mathrm{c}}))\\
&-\sum_{e=1}^{N\Gamma_2}\sum_{l=1}^{(p+1)(q+1)}\int_{-1}^{1}\int_{-1}^{1}\left[\frac{k_{\mathrm{E}}-k_{\mathrm{M}}}{k_{\mathrm{E}}}T_{\mathrm{E}}\left(\boldsymbol{y}(\tilde{\xi}_{\mathrm{c}},\tilde{\eta}_{\mathrm{c}}),\boldsymbol{x}\left(\tilde{\xi},\tilde{\eta}\right)\right)R_l^e(\tilde{\xi},\tilde{\eta})J^e(\tilde{\xi},\tilde{\eta})\right]\mathrm{d}\tilde{\xi}\mathrm{d}\tilde{\eta}\dot{u}_{\mathrm{E}}^{le}\\
&-\sum_{e=1}^{N\Gamma_2}\sum_{l=1}^{(p+1)(q+1)}\int_{-1}^{1}\int_{-1}^{1}\left[\frac{k_{\mathrm{M}}}{k_{\mathrm{E}}^2}T_{\mathrm{E}}\left(\boldsymbol{y}(\tilde{\xi}_{\mathrm{c}},\tilde{\eta}_{\mathrm{c}}),\boldsymbol{x}\left(\tilde{\xi},\tilde{\eta}\right)\right)R_l^e(\tilde{\xi},\tilde{\eta})J^e(\tilde{\xi},\tilde{\eta})\right]\mathrm{d}\tilde{\xi}\mathrm{d}\tilde{\eta}u_{\mathrm{E}}^{le}\\
&-\sum_{e=1}^{N\Gamma_1}\sum_{l=1}^{(p+1)(q+1)}\int_{-1}^{1}\int_{-1}^{1}\left[\frac{k_{\mathrm{M}}-k_{\mathrm{I}}}{k_{\mathrm{E}}}T_{\mathrm{M}}\left(\boldsymbol{y}(\tilde{\xi}_{\mathrm{c}},\tilde{\eta}_{\mathrm{c}}),\boldsymbol{x}\left(\tilde{\xi},\tilde{\eta}\right)\right)R_l^e(\tilde{\xi},\tilde{\eta})J^e(\tilde{\xi},\tilde{\eta})\right]\mathrm{d}\tilde{\xi}\mathrm{d}\tilde{\eta}\dot{u}_{\mathrm{M}}^{le}\\
&+\sum_{e=1}^{N\Gamma_1}\sum_{l=1}^{(p+1)(q+1)}\int_{-1}^{1}\int_{-1}^{1}\left[\frac{k_{\mathrm{M}}-k_{\mathrm{I}}}{k_{\mathrm{E}}^2}T_{\mathrm{M}}\left(\boldsymbol{y}(\tilde{\xi}_{\mathrm{c}},\tilde{\eta}_{\mathrm{c}}),\boldsymbol{x}\left(\tilde{\xi},\tilde{\eta}\right)\right)R_l^e(\tilde{\xi},\tilde{\eta})J^e(\tilde{\xi},\tilde{\eta})\right]\mathrm{d}\tilde{\xi}\mathrm{d}\tilde{\eta}u_{\mathrm{M}}^{le}
\end{aligned}
\tag{4.17}
$$

$$
\begin{aligned}
&\frac{k_{\mathrm{M}}c_{\mathrm{M}}(\boldsymbol{y}(\tilde{\xi}_{\mathrm{c}},\tilde{\eta}_{\mathrm{c}}))+k_{\mathrm{I}}c_{\mathrm{I}}(\boldsymbol{y}(\tilde{\xi}_{\mathrm{c}},\tilde{\eta}_{\mathrm{c}}))}{k_{\mathrm{E}}}\sum_{l_0=1}^{(p+1)(q+1)}R_{l_0}^{\bar{e}}(\tilde{\xi}_{\mathrm{c}},\tilde{\eta}_{\mathrm{c}})\dot{u}_{\mathrm{E}}^{l_0\bar{e}}\\
&-\frac{k_{\mathrm{M}}c_{\mathrm{M}}(\boldsymbol{y}(\tilde{\xi}_{\mathrm{c}},\tilde{\eta}_{\mathrm{c}}))+k_{\mathrm{I}}c_{\mathrm{I}}(\boldsymbol{y}(\tilde{\xi}_{\mathrm{c}},\tilde{\eta}_{\mathrm{c}}))}{k_{\mathrm{E}}^2}\sum_{l_0=1}^{(p+1)(q+1)}R_{l_0}^{\bar{e}}(\tilde{\xi}_{\mathrm{c}},\tilde{\eta}_{\mathrm{c}})u_{\mathrm{M}}^{l_0\bar{e}}\\
&=\dot{u}^0(\boldsymbol{y}(\tilde{\xi}_{\mathrm{c}},\tilde{\eta}_{\mathrm{c}}))\\
&-\sum_{e=1}^{N\Gamma_2}\sum_{l=1}^{(p+1)(q+1)}\int_{-1}^{1}\int_{-1}^{1}\left[\frac{k_{\mathrm{E}}-k_{\mathrm{M}}}{k_{\mathrm{E}}}T_{\mathrm{E}}\left(\boldsymbol{y}(\tilde{\xi}_{\mathrm{c}},\tilde{\eta}_{\mathrm{c}}),\boldsymbol{x}\left(\tilde{\xi},\tilde{\eta}\right)\right)R_l^e(\tilde{\xi},\tilde{\eta})J^e(\tilde{\xi},\tilde{\eta})\right]\mathrm{d}\tilde{\xi}\mathrm{d}\tilde{\eta}\dot{u}_{\mathrm{E}}^{le}\\
&-\sum_{e=1}^{N\Gamma_2}\sum_{l=1}^{(p+1)(q+1)}\int_{-1}^{1}\int_{-1}^{1}\left[\frac{k_{\mathrm{M}}}{k_{\mathrm{E}}^2}T_{\mathrm{E}}\left(\boldsymbol{y}(\tilde{\xi}_{\mathrm{c}},\tilde{\eta}_{\mathrm{c}}),\boldsymbol{x}\left(\tilde{\xi},\tilde{\eta}\right)\right)R_l^e(\tilde{\xi},\tilde{\eta})J^e(\tilde{\xi},\tilde{\eta})\right]\mathrm{d}\tilde{\xi}\mathrm{d}\tilde{\eta}u_{\mathrm{E}}^{le}\\
&-\sum_{e=1}^{N\Gamma_1}\sum_{l=1}^{(p+1)(q+1)}\int_{-1}^{1}\int_{-1}^{1}\left[\frac{k_{\mathrm{M}}-k_{\mathrm{I}}}{k_{\mathrm{E}}}T_{\mathrm{M}}\left(\boldsymbol{y}(\tilde{\xi}_{\mathrm{c}},\tilde{\eta}_{\mathrm{c}}),\boldsymbol{x}\left(\tilde{\xi},\tilde{\eta}\right)\right)R_l^e(\tilde{\xi},\tilde{\eta})J^e(\tilde{\xi},\tilde{\eta})\right]\mathrm{d}\tilde{\xi}\mathrm{d}\tilde{\eta}\dot{u}_{\mathrm{M}}^{le}\\
&+\sum_{e=1}^{N\Gamma_1}\sum_{l=1}^{(p+1)(q+1)}\int_{-1}^{1}\int_{-1}^{1}\left[\frac{k_{\mathrm{M}}-k_{\mathrm{I}}}{k_{\mathrm{E}}^2}T_{\mathrm{M}}\left(\boldsymbol{y}(\tilde{\xi}_{\mathrm{c}},\tilde{\eta}_{\mathrm{c}}),\boldsymbol{x}\left(\tilde{\xi},\tilde{\eta}\right)\right)R_l^e(\tilde{\xi},\tilde{\eta})J^e(\tilde{\xi},\tilde{\eta})\right]\mathrm{d}\tilde{\xi}\mathrm{d}\tilde{\eta}u_{\mathrm{M}}^{le}
\end{aligned}
\tag{4.18}
$$

其中，带有下标 c 的符号表示与配点 $\boldsymbol{y}$ 相关的量，$\tilde{\xi}_{\mathrm{c}}$ 和 $\tilde{\eta}_{\mathrm{c}}$ 表示配点 $\boldsymbol{y}$ 的局部坐标，$\bar{e}$ 表示配点 $\boldsymbol{y}$ 所在的单元，l_0 表示配点 $\boldsymbol{y}$ 所在单元 $\bar{e}$ 内的局部编号，$R_{l_0}^{\bar{e}}$ 表示配点

$\boldsymbol{y}$ 所在单元 $\overline{e}$ 内第 l_0 个控制点对应的基函数，e 表示单元的整体编号，$\tilde{\xi}$ 和 $\tilde{\eta}$ 分别是场点 $\boldsymbol{x}$ 在自然单元中的局部坐标参数，l 表示在单元 e 内控制点或基函数的局部编号，R_l^e 表示第 e 个单元内第 l 个控制点对应的基函数，$J^e(\tilde{\xi},\tilde{\eta})$ 表示单元 e 的雅可比行列式，其形式可参见式(3.10)。

对配点进行循环，由式(4.15)～(4.18)可以得到如下求解方程

$$\boldsymbol{Hu}=\boldsymbol{u}^0 \tag{4.19}$$

和

$$\boldsymbol{H\dot{u}}=\dot{\boldsymbol{u}}^0-\dot{\boldsymbol{H}}\boldsymbol{u} \tag{4.20}$$

其中，$\boldsymbol{u}$ 和 $\boldsymbol{u}^0$ 分别表示控制点上的未知和已知的温度系数，$\dot{\boldsymbol{u}}$ 和 $\dot{\boldsymbol{u}}^0$ 是其分别对等效热传导系数 k_{E} 进行求导。$\boldsymbol{H}$ 和 $\dot{\boldsymbol{H}}$ 是由式(4.15)～(4.18)所获得的系数矩阵。通过求解式(4.19)可以得到界面温度 u，然后用式(4.14)计算稳态非均质热传导问题的热能变化。

广义自洽法要求满足条件 $\Delta E=0$，由此可使式(4.14)变为

$$\frac{k_{\mathrm{M}}-k_{\mathrm{I}}}{2k_{\mathrm{E}}}\int_{\Gamma_1}n_i t_i^0 u\,\mathrm{d}\Gamma+\frac{k_{\mathrm{E}}-k_{\mathrm{M}}}{2k_{\mathrm{E}}}\int_{\Gamma_2}n_i t_i^0 u\,\mathrm{d}\Gamma=0 \tag{4.21}$$

对式(4.19)～(4.21)进行迭代，可得广义自洽模型的等效热传导系数 k_{E}。具体计算过程如下：

(1) 利用 CAD 建立基体与夹杂模型，读取模型的等几何参数，如节点向量、权值和控制点等；

(2) 读取模型材料参数，如温度、热流(t_x^0,t_y^0,t_z^0)、基体与夹杂的热传导系数 k_{M} 和 k_{I}；

(3) 根据基体热传导系数初始化材料的等效热传导系数；

(4) 利用式(4.19)计算 $\boldsymbol{u}$；

(5) 计算式(4.21)的左端项，即

$$f\left(k_{\mathrm{E}}\right)=\frac{k_{\mathrm{M}}-k_{\mathrm{I}}}{2k_{\mathrm{E}}}\int_{\Gamma_1}n_i t_i^0 u\,\mathrm{d}\Gamma+\frac{k_{\mathrm{E}}-k_{\mathrm{M}}}{2k_{\mathrm{E}}}\int_{\Gamma_2}n_i t_i^0 u\,\mathrm{d}\Gamma$$

(6) 如果 $f\left(k_{\mathrm{E}}\right)$ 小于给定的误差阈值，则 k_{E} 就是所求模型的等效热传导系数，输出 k_{E}，终止迭代；否则，利用式(4.20)计算 $\dot{\boldsymbol{u}}$；

(7) 计算 $\Delta k_{\mathrm{M}}=-f\left(k_{\mathrm{M}}\right)/\dot{f}\left(k_{\mathrm{M}}\right)$，其中

$$\dot{f}\left(k_{\mathrm{E}}\right)=\left(k_{\mathrm{M}}-k_{\mathrm{I}}\right)\int_{\Gamma_1}n_i t_i^0 \dot{u}\,\mathrm{d}\Gamma+\left(k_{\mathrm{E}}-k_{\mathrm{M}}\right)\int_{\Gamma_2}n_i t_i^0 \dot{u}\,\mathrm{d}\Gamma+\int_{\Gamma_2}n_i t_i^0 u\,\mathrm{d}\Gamma$$

(8) 计算 $k_{\mathrm{E}}=k_{\mathrm{E}}+\Delta k_{\mathrm{E}}$；

(9) 返回步骤(2)。

4.5　含有各向异性夹杂的稳态热传导公式

各向异性材料夹杂镶嵌于各向同性基体中，而且承受着远场热流 t_x^0 、t_y^0 和 t_z^0 ，如图 4.2 所示。假设夹杂与基体理想粘接，各向异性夹杂 (Ω) 和各向同性基体 $(\bar{\Omega})$ 的热传导系数分别设为 k_{ij} 和 k 。

根据 Fourier 定律[18]，夹杂 (Ω) 内部的热流 t_i 可以表示为

$$t_i = -k_{ij}\frac{\partial u}{\partial x_j} \tag{4.22}$$

其中，$i, j = 1, 2, 3$，x_j 表示点 $\boldsymbol{x}$ 空间坐标的第 j 个分量，u 表示温度。

各向异性材料夹杂的热传导系数 k_{ij} 可以表示为

$$k_{ij} = k\delta_{ij} - \Delta k_{ij} \tag{4.23}$$

其中，δ_{ij} 是 Kronecker Delta 符号；Δk_{ij} 表示夹杂与基体的热传导系数之差。

由虚功原理和式(4.22)可得

$$\int_\Omega -k_{ij}\frac{\partial u}{\partial x_j}\frac{\partial U}{\partial x_i}\mathrm{d}\Omega = \int_\Gamma t_i n_i U \mathrm{d}\Gamma \tag{4.24}$$

其中，U 是虚温度，Γ 是夹杂与基体的界面，n_i 是界面单位外法线向量 $\boldsymbol{n}$ 的第 i 个分量。

将式(4.23)代入式(4.24)，由格林公式可得

$$\int_\Gamma T_j n_j u \mathrm{d}\Gamma - \int_\Omega u\frac{\partial T_j}{\partial x_j}\mathrm{d}\Omega + \int_\Omega \Delta k_{ij}\frac{\partial u}{\partial x_j}\frac{\partial U}{\partial x_i}\mathrm{d}\Omega = \int_\Gamma tU\mathrm{d}\Gamma \tag{4.25}$$

其中，$T_j = -k\delta_{ij}\dfrac{\partial U}{\partial x_i}$，$t = t_i n_i$ 。

注意，下面的公式是成立的

$$\frac{\partial T_j}{\partial x_j} + \delta(\boldsymbol{y},\boldsymbol{x}) = 0 \tag{4.26}$$

其中，$\boldsymbol{y}$ 和 $\boldsymbol{x}$ 分别表示源点和场点，δ 是狄拉克函数，且 $\int_\Omega \delta(\boldsymbol{y},\boldsymbol{x})\mathrm{d}\Omega = 1$ 。

将式(4.26)代入式(4.25)，可以得到如下的界面域积分方程

$$\begin{aligned} u(\boldsymbol{y}) = & \int_\Gamma U(\boldsymbol{y},\boldsymbol{x})t(\boldsymbol{x})\mathrm{d}\Gamma - \int_\Gamma T(\boldsymbol{y},\boldsymbol{x})u(\boldsymbol{x})\mathrm{d}\Gamma \\ & - \int_\Omega \Delta k_{ij}(\boldsymbol{X})\frac{\partial U(\boldsymbol{y},\boldsymbol{X})}{\partial x_i(\boldsymbol{X})}\frac{\partial u(\boldsymbol{X})}{\partial x_j(\boldsymbol{X})}\mathrm{d}\Omega \end{aligned} \tag{4.27}$$

其中，T 表示虚热流，$\boldsymbol{y} \in \Omega$，$\boldsymbol{X}$ 是计算域 Ω 内部的点，$\boldsymbol{x}$ 表示边界 Γ 上的场点，U 和 T 分别是稳态传热基体介质的温度和热流基本解，其表达式如式(4.2)所示。

对于基体内的点 $\boldsymbol{y} \in \bar{\Omega}$ (也即夹杂外部的点)，可以得到下面的边界积分方程：

$$\int_{\Gamma} U^{-}(\boldsymbol{y},\boldsymbol{x}) t^{-}(\boldsymbol{x}) \mathrm{d}\Gamma - \int_{\Gamma} T^{-}(\boldsymbol{y},\boldsymbol{x}) u^{-}(\boldsymbol{x}) \mathrm{d}\Gamma + \int_{\Gamma_0} U(\boldsymbol{y},\boldsymbol{x}) t(\boldsymbol{x}) \mathrm{d}\Gamma - \int_{\Gamma_0} T(\boldsymbol{y},\boldsymbol{x}) u(\boldsymbol{x}) \mathrm{d}\Gamma = 0 \tag{4.28}$$

其中，Γ_0 是基体的外边界，带有上标“−”的符号表示其积分路径的外法线方向指向夹杂，而没有上标的符号则表示其积分路径的外法线方向背向基体。

在夹杂与基体的界面 Γ 上，基体与夹杂的温度相等，热流大小相等，但方向相反。因此，夹杂与基体界面两侧的物理量满足如下关系：

$$\begin{aligned} U(\boldsymbol{y},\boldsymbol{x}) &= U^{-}(\boldsymbol{y},\boldsymbol{x}) \\ T(\boldsymbol{y},\boldsymbol{x}) &= -T^{-}(\boldsymbol{y},\boldsymbol{x}) \\ u &= u^{-} \\ t &= -t^{-} \end{aligned} \tag{4.29}$$

将式(4.27)和(4.30) 相加，并根据上式关系式，可得如下方程

$$u(\boldsymbol{y}) = \int_{\Gamma_0} U(\boldsymbol{y},\boldsymbol{x}) t(\boldsymbol{x}) \mathrm{d}\Gamma - \int_{\Gamma_0} T(\boldsymbol{y},\boldsymbol{x}) u(\boldsymbol{x}) \mathrm{d}\Gamma - \int_{\Omega} \Delta k_{ij}(\boldsymbol{X}) \frac{\partial U(\boldsymbol{y},\boldsymbol{X})}{\partial x_i(\boldsymbol{X})} \frac{\partial u(\boldsymbol{X})}{\partial x_j(\boldsymbol{X})} \mathrm{d}\Omega \tag{4.30}$$

式(4.30)中含有未知量 u 和 $\partial u / \partial x_j$，仅此方程无法获得所需要的解 u 和 $\partial u / \partial x_j$。为此，还需要对上式关于源点 $\boldsymbol{y}$ 的坐标分量 x_k 进行求导，以便获得 $\partial u / \partial x_j$ 的积分方程，其形式如下：

$$\frac{\partial u(\boldsymbol{y})}{\partial x_k(\boldsymbol{y})} = \int_{\Gamma_0} \frac{\partial U(\boldsymbol{y},\boldsymbol{x})}{\partial x_k(\boldsymbol{y})} t(\boldsymbol{x}) \mathrm{d}\Gamma - \int_{\Gamma_0} \frac{\partial T(\boldsymbol{y},\boldsymbol{x})}{\partial x_k(\boldsymbol{y})} u(\boldsymbol{x}) \mathrm{d}\Gamma - \int_{\Omega} \Delta k_{ij}(\boldsymbol{X}) \frac{\partial^2 U(\boldsymbol{y},\boldsymbol{X})}{\partial x_i(\boldsymbol{X}) \partial x_k(\boldsymbol{y})} \frac{\partial u(\boldsymbol{X})}{\partial x_j(\boldsymbol{X})} \mathrm{d}\Omega \tag{4.31}$$

当基体的外边界趋于无穷远时，式(4.30)和(4.31)可以进一步简化为下面的积分形式

$$u(\boldsymbol{y}) = u^0(\boldsymbol{y}) - \int_{\Omega} \Delta k_{ij}(\boldsymbol{X}) \frac{\partial U(\boldsymbol{y},\boldsymbol{X})}{\partial x_i(\boldsymbol{X})} \frac{\partial u(\boldsymbol{X})}{\partial x_j(\boldsymbol{X})} \mathrm{d}\Omega \tag{4.32}$$

$$\frac{\partial u(\boldsymbol{y})}{\partial x_k(\boldsymbol{y})} = \frac{\partial u^0(\boldsymbol{y})}{\partial x_k(\boldsymbol{y})} - \int_{\Omega} \Delta k_{ij}(\boldsymbol{X}) \frac{\partial^2 U(\boldsymbol{y},\boldsymbol{X})}{\partial x_i(\boldsymbol{X}) \partial x_k(\boldsymbol{y})} \frac{\partial u(\boldsymbol{X})}{\partial x_j(\boldsymbol{X})} \mathrm{d}\Omega \tag{4.33}$$

其中，u^0 和 $\dfrac{\partial u^0}{\partial x_k}$ 分别表示在均质基体材料中由远场热流在源点 $\boldsymbol{y}$ 处产生的温度及温度梯度。

式(4.32)和(4.33)是夹杂在无限大基体中的热传导界面域积分方程。当计算点在夹杂域 Ω 内部时，式(4.32)和(4.33)中的域积分存在奇异性。通过加减技术可以将奇异域积分规则化[19]，具体过程如下。

式(4.32)和(4.33)中的域积分可以写成如下形式

$$
\begin{aligned}
&\int_{\Omega} \Delta k_{ij}(\boldsymbol{X}) \frac{\partial U(\boldsymbol{y},\boldsymbol{X})}{\partial x_i(\boldsymbol{X})} \frac{\partial u(\boldsymbol{X})}{\partial x_j(\boldsymbol{X})} \mathrm{d}\Omega \\
&= \int_{\Omega} \frac{\partial U(\boldsymbol{y},\boldsymbol{X})}{\partial x_i(\boldsymbol{X})} \left(\Delta k_{ij}(\boldsymbol{X}) \frac{\partial u(\boldsymbol{X})}{\partial x_j(\boldsymbol{X})} - \Delta k_{ij}(\boldsymbol{y}) \frac{\partial u(\boldsymbol{y})}{\partial x_j(\boldsymbol{y})} \right) \mathrm{d}\Omega \\
&\quad + \Delta k_{ij}(\boldsymbol{y}) \frac{\partial u(\boldsymbol{y})}{\partial x_j(\boldsymbol{y})} \int_{\Gamma} U(\boldsymbol{y},\boldsymbol{x}) n_i \mathrm{d}\Gamma
\end{aligned} \tag{4.34}
$$

$$
\begin{aligned}
&\int_{\Omega} \Delta k_{ij}(\boldsymbol{X}) \frac{\partial^2 U(\boldsymbol{y},\boldsymbol{X})}{\partial x_i(\boldsymbol{X}) \partial x_k(\boldsymbol{y})} \frac{\partial u(\boldsymbol{X})}{\partial x_j(\boldsymbol{X})} \mathrm{d}\Omega \\
&= \int_{\Omega} \frac{\partial^2 U(\boldsymbol{y},\boldsymbol{X})}{\partial x_i(\boldsymbol{X}) \partial x_k(\boldsymbol{y})} \left(\Delta k_{ij}(\boldsymbol{X}) \frac{\partial u(\boldsymbol{X})}{\partial x_j(\boldsymbol{X})} - \Delta k_{ij}(\boldsymbol{y}) \frac{\partial u(\boldsymbol{y})}{\partial x_j(\boldsymbol{y})} \right) \mathrm{d}\Omega \\
&\quad + \Delta k_{ij}(\boldsymbol{y}) \frac{\partial u(\boldsymbol{y})}{\partial x_j(\boldsymbol{y})} \int_{\Gamma} \frac{\partial U(\boldsymbol{y},\boldsymbol{x})}{\partial x_k(\boldsymbol{y})} n_i \mathrm{d}\Gamma
\end{aligned} \tag{4.35}
$$

其中，Γ 是夹杂域 Ω 的表面，也即夹杂与基体的界面。

把式(4.34)和(4.35)分别代入式(4.32)和(4.33)，可得规则化的温度与温度梯度域积分方程，即

$$
\begin{aligned}
u(\boldsymbol{y}) = u^0(\boldsymbol{y}) &- \int_{\Omega} \frac{\partial U(\boldsymbol{y},\boldsymbol{X})}{\partial x_i(\boldsymbol{X})} \left(\Delta k_{ij}(\boldsymbol{X}) \frac{\partial u(\boldsymbol{X})}{\partial x_j(\boldsymbol{X})} - \Delta k_{ij}(\boldsymbol{y}) \frac{\partial u(\boldsymbol{y})}{\partial x_j(\boldsymbol{y})} \right) \mathrm{d}\Omega \\
&- \Delta k_{ij}(\boldsymbol{y}) \frac{\partial u(\boldsymbol{y})}{\partial x_j(\boldsymbol{y})} \int_{\Gamma} U(\boldsymbol{y},\boldsymbol{x}) n_i \mathrm{d}\Gamma
\end{aligned} \tag{4.36}
$$

$$
\begin{aligned}
\frac{\partial u(\boldsymbol{y})}{\partial x_k(\boldsymbol{y})} = \frac{\partial u^0(\boldsymbol{y})}{\partial x_k(\boldsymbol{y})} &- \int_{\Omega} \frac{\partial^2 U(p,\boldsymbol{X})}{\partial x_i(\boldsymbol{X}) \partial x_k(\boldsymbol{y})} \left(\Delta k_{ij}(\boldsymbol{X}) \frac{\partial u(\boldsymbol{X})}{\partial x_j(\boldsymbol{X})} - \Delta k_{ij}(\boldsymbol{y}) \frac{\partial u(\boldsymbol{y})}{\partial x_j(\boldsymbol{y})} \right) \mathrm{d}\Omega \\
&- \Delta k_{ij}(\boldsymbol{y}) \frac{\partial u(\boldsymbol{y})}{\partial x_j(\boldsymbol{y})} \int_{\Gamma} \frac{\partial U(\boldsymbol{y},\boldsymbol{x})}{\partial x_k(\boldsymbol{y})} n_i \mathrm{d}\Gamma
\end{aligned} \tag{4.37}
$$

对于多夹杂模型，式(4.36)和(4.37)可以推广为

$$
\begin{aligned}
u(\boldsymbol{y}) = & u^0(\boldsymbol{y}) - \Delta k_{ij}^b(\boldsymbol{y})\frac{\partial u(\boldsymbol{y})}{\partial x_j(\boldsymbol{y})}\int_{\Gamma_b} U(\boldsymbol{y},\boldsymbol{x}) n_i \mathrm{d}\Gamma \\
& - \int_{\Omega_b} \frac{\partial U(\boldsymbol{y},\boldsymbol{X})}{\partial x_i(\boldsymbol{X})}\left(\Delta k_{ij}^b(\boldsymbol{X})\frac{\partial u(\boldsymbol{X})}{\partial x_j(\boldsymbol{X})} - \Delta k_{ij}^b(\boldsymbol{y})\frac{\partial u(\boldsymbol{y})}{\partial x_j(\boldsymbol{y})}\right)\mathrm{d}\Omega \\
& - \sum_{s=1,\neq b}^{\mathrm{NI}} \int_{\Omega_s} \Delta k_{ij}^s(\boldsymbol{X}) \frac{\partial U(\boldsymbol{y},\boldsymbol{X})}{\partial x_i(\boldsymbol{X})}\frac{\partial u(\boldsymbol{X})}{\partial x_j(\boldsymbol{X})}\mathrm{d}\Omega
\end{aligned} \tag{4.38}
$$

$$
\begin{aligned}
\frac{\partial u(\boldsymbol{y})}{\partial x_k(\boldsymbol{y})} = & \frac{\partial u^0(\boldsymbol{y})}{\partial x_k(\boldsymbol{y})} - \Delta k_{ij}^b(\boldsymbol{y})\frac{\partial u(\boldsymbol{y})}{\partial x_j(\boldsymbol{y})}\int_{\Gamma_b} \frac{\partial U(\boldsymbol{y},\boldsymbol{x})}{\partial x_k(\boldsymbol{y})} n_i \mathrm{d}\Gamma \\
& - \int_{\Omega_b} \frac{\partial^2 U(\boldsymbol{y},\boldsymbol{X})}{\partial x_i(\boldsymbol{X})\partial x_k(\boldsymbol{y})}\left(\Delta k_{ij}^b(\boldsymbol{X})\frac{\partial u(\boldsymbol{X})}{\partial x_j(\boldsymbol{X})} - \Delta k_{ij}^b(\boldsymbol{y})\frac{\partial u(\boldsymbol{y})}{\partial x_j(\boldsymbol{y})}\right)\mathrm{d}\Omega \\
& - \sum_{s=1,\neq b}^{\mathrm{NI}} \int_{\Omega_s} \Delta k_{ij}^s(\boldsymbol{X}) \frac{\partial^2 U(\boldsymbol{y},\boldsymbol{X})}{\partial x_i(\boldsymbol{X})\partial x_k(\boldsymbol{y})}\frac{\partial u(\boldsymbol{X})}{\partial x_j(\boldsymbol{X})}\mathrm{d}\Omega
\end{aligned} \tag{4.39}
$$

其中，NI 表示夹杂的数量，Ω_b 表示以 Γ_b 为边界的第 b 个夹杂，且源点 $\boldsymbol{y}\in\Omega_b$，$\Delta k_{ij}^s$ (Δk_{ij}^b)是基体的热传导系数与第 $s(b)$个夹杂的热传导系数之差。

4.6 域积分边界化处理

域积分的出现破坏了边界元法仅为离散边界的特性。为了避免离散域积分，我们可以采用径向积分法[20]将式(4.38)与(4.39)中的域积分转换成界面积分，具体实施过程如下。

将未知梯度 $\partial u/\partial x_j$ 表示为径向基函数与全局坐标的多项式形式

$$
\frac{\partial u(\boldsymbol{X})}{\partial x_j(\boldsymbol{X})} = \sum_{A=1}^{N} a_j^A \phi_j^A(R) + C_j^0 + \sum_{\mu=1}^{m} C_j^\mu x_\mu \tag{4.40}
$$

和

$$
\sum_{A=1}^{N} a_j^A = \sum_{A=1}^{N} a_j^A x_\mu^A = 0 \tag{4.41}
$$

其中，N 是夹杂中配点的个数，a_j^A，C_j^0 和 C_j^μ 是待求系数；x_μ^A 是配点 A 的第 μ 个分量，m 是问题的维数(二维和三维问题分别为 2 和 3)，ϕ_j^A 是径向基函数。在式(4.40)中，计算所需的项数 N 取决于模型的性质，如边界几何、夹杂的性质以及域内的热流等。

将式(4.40)代入式(4.38)和(4.39)中的域积分，得到如下形式的线积分

$$\begin{aligned}&\int_{\Omega_b}\frac{\partial U(\boldsymbol{y},\boldsymbol{X})}{\partial x_i(\boldsymbol{X})}\left(\Delta k_{ij}^b(\boldsymbol{X})\frac{\partial u(\boldsymbol{X})}{\partial x_j(\boldsymbol{X})}-\Delta k_{ij}^b(\boldsymbol{y})\frac{\partial u(\boldsymbol{y})}{\partial x_j(\boldsymbol{y})}\right)\mathrm{d}\Omega\\&=\alpha_j^A\int_{\Gamma_b}\frac{1}{r^2(\boldsymbol{y},\boldsymbol{x})}\frac{\partial r}{\partial\boldsymbol{n}}F_j^A(\boldsymbol{y},\boldsymbol{x})\mathrm{d}\Gamma+C_j^0\int_{\Gamma_b}\frac{1}{r^2(\boldsymbol{y},\boldsymbol{x})}\frac{\partial r}{\partial\boldsymbol{n}}F_j^0(\boldsymbol{y},\boldsymbol{x})\mathrm{d}\Gamma\\&\quad+C_j^\mu\int_{\Gamma_b}\frac{1}{r^2(\boldsymbol{y},\boldsymbol{x})}\frac{\partial r}{\partial\boldsymbol{n}}F_j^\mu(\boldsymbol{y},\boldsymbol{x})\mathrm{d}\Gamma\end{aligned}\tag{4.42}$$

$$\begin{aligned}&\int_{\Omega_b}\frac{\partial^2 U(\boldsymbol{y},\boldsymbol{X})}{\partial x_i(\boldsymbol{X})\partial x_k(\boldsymbol{y})}\left(\Delta k_{ij}^b(\boldsymbol{X})\frac{\partial u(\boldsymbol{X})}{\partial x_j(\boldsymbol{X})}-\Delta k_{ij}^b(\boldsymbol{y})\frac{\partial u(\boldsymbol{y})}{\partial x_j(\boldsymbol{y})}\right)\mathrm{d}\Omega\\&=\alpha_j^A\int_{\Gamma_b}\frac{1}{r^2(\boldsymbol{y},\boldsymbol{x})}\frac{\partial r}{\partial\boldsymbol{n}}\bar{F}_j^A(\boldsymbol{y},\boldsymbol{x})\mathrm{d}\Gamma+C_j^0\int_{\Gamma_b}\frac{1}{r^2(\boldsymbol{y},\boldsymbol{x})}\frac{\partial r}{\partial\boldsymbol{n}}\bar{F}_j^0(\boldsymbol{y},\boldsymbol{x})\mathrm{d}\Gamma\\&\quad+C_j^\mu\int_{\Gamma_b}\frac{1}{r^2(\boldsymbol{y},\boldsymbol{x})}\frac{\partial r}{\partial\boldsymbol{n}}\bar{F}_j^\mu(\boldsymbol{y},\boldsymbol{x})\mathrm{d}\Gamma\end{aligned}\tag{4.43}$$

其中，$r(\boldsymbol{y},\boldsymbol{x})$ 是场点 $\boldsymbol{x}$ (在界面 Γ_b 上)与源点 $\boldsymbol{y}$ 之间的距离。式(4.44)和(4.45)中的符号 F 和 $\bar{F}$ 的具体表达式为

$$\left.\begin{aligned}F_j^A(\boldsymbol{y},\boldsymbol{x})&=\int_0^r\frac{\partial U(\boldsymbol{y},\boldsymbol{X})}{\partial x_i(\boldsymbol{X})}\left(\Delta k_{ij}^b(\boldsymbol{X})\phi_j^A(R)-\Delta k_{ij}^b(\boldsymbol{y})\phi_j^A(R)\right)r^2\mathrm{d}r\\F_j^0(\boldsymbol{y},\boldsymbol{x})&=\int_0^r\frac{\partial U(\boldsymbol{y},\boldsymbol{X})}{\partial x_i(\boldsymbol{X})}r^2\mathrm{d}r\\F_j^\mu(\boldsymbol{y},\boldsymbol{x})&=\int_0^r\frac{\partial U(\boldsymbol{y},\boldsymbol{X})}{\partial x_i(\boldsymbol{X})}(x_\mu(\boldsymbol{X})-x_\mu(\boldsymbol{y}))r^2\mathrm{d}r\end{aligned}\right\}\tag{4.44}$$

$$\left.\begin{aligned}\bar{F}_j^A(\boldsymbol{y},\boldsymbol{x})&=\int_0^r\frac{\partial^2 U(\boldsymbol{y},\boldsymbol{X})}{\partial x_i(\boldsymbol{X})\partial x_k(\boldsymbol{y})}\left(\Delta k_{ij}^b(\boldsymbol{X})\phi_j^A(R)-\Delta k_{ij}^b(p)\phi_j^A(R)\right)r^2\mathrm{d}r\\\bar{F}_j^0(\boldsymbol{y},\boldsymbol{x})&=\int_0^r\frac{\partial^2 U(\boldsymbol{y},\boldsymbol{X})}{\partial x_i(\boldsymbol{X})\partial x_k(\boldsymbol{y})}r^2\mathrm{d}r\\\bar{F}_j^\mu(\boldsymbol{y},\boldsymbol{x})&=\int_0^r\frac{\partial^2 U(\boldsymbol{y},\boldsymbol{X})}{\partial x_i(\boldsymbol{X})\partial x_k(\boldsymbol{y})}(x_\mu(\boldsymbol{X})-x_\mu(\boldsymbol{y}))r^2\mathrm{d}r\end{aligned}\right\}\tag{4.45}$$

由于式(4.44)和(4.45)中的被积函数没有奇异积分，因此可以用高斯积分来求解。注意，式(4.44)和(4.45)中的基函数是距离 R 的函数，而 R 是指配点 $\boldsymbol{A}$ 到场点 $\boldsymbol{X}$ 的距离。但是，式(4.44)和(4.45)中基本解含有的距离 r 是指源点 $\boldsymbol{y}$ 到场点 $\boldsymbol{X}$ 的距离。图 4.3 显示了场点 $\boldsymbol{X}$ 和 $\boldsymbol{x}$ 、源点 $\boldsymbol{y}$ 、配点 $\boldsymbol{A}$ 以及距离 R 和 r 之间的关系，其中 $\bar{\boldsymbol{y}}$ 在域 Ω 内可取为任意一点，目的是对源点 $\boldsymbol{y}$ 在域 Ω 外时能够进行径向积分计算。

从图 4.3(b)可以得到矢量 $\boldsymbol{r}=\boldsymbol{y}\overline{\boldsymbol{y}}+\boldsymbol{X}\overline{\boldsymbol{y}}$。当源点 $\boldsymbol{y}$ 在域 Ω 内时，可以认为源点 $\boldsymbol{y}$ 和 $\overline{\boldsymbol{y}}$ 重合。

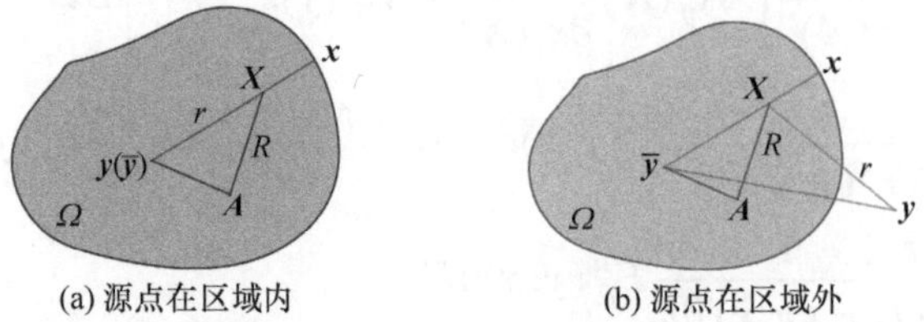

图 4.3　源点 $\boldsymbol{y}$、场点 $\boldsymbol{x}$ 和 $\boldsymbol{X}$、配点 $\boldsymbol{A}$、任意点 $\overline{\boldsymbol{y}}$ 以及距离 R 和 r 之间的关系

由式(4.42)和(4.43)，可将式(4.38)和(4.39)中的域积分转化为边界积分，从而得到仅包含基体与夹杂界面信息的规则化边界积分方程。该方程与由配点组成的方程结合即可求解式(4.40)中的未知系数，进而得到夹杂与基体中的温度与热流。

4.7　规则化界面积分方程的等几何分析

利用双变量 NURBS 基函数描述问题的几何边界以及相关物理量(具体实施细节参见第 3 章)，可以得到非均质稳态热传导问题的等几何分析的边界积分方程

$$
\begin{aligned}
u(\boldsymbol{y}) = {} & u^0(\boldsymbol{y}) - \Delta k_{ij}^b(\boldsymbol{y})\frac{\partial u(\boldsymbol{y})}{\partial x_j(\boldsymbol{y})}\sum_{e=1}^{N\Gamma_b}\sum_{l=1}^{(p+1)(q+1)}\int_{-1}^{1}\int_{-1}^{1}U(\boldsymbol{y},\boldsymbol{x})n_i J^e(\overline{\xi},\overline{\eta})\mathrm{d}\overline{\xi}\,\mathrm{d}\overline{\eta} \\
& -\left(\alpha_j^{A_b}\sum_{e=1}^{N\Gamma_b}\sum_{l=1}^{(p+1)(q+1)}\int_{-1}^{1}\int_{-1}^{1}\frac{1}{r^2(\boldsymbol{y},\boldsymbol{x})}\frac{\partial r}{\partial \boldsymbol{n}}F_j^{A_b}(\boldsymbol{y},\boldsymbol{x})J^e(\overline{\xi},\overline{\eta})\mathrm{d}\overline{\xi}\,\mathrm{d}\overline{\eta}\right. \\
& + C_j^{0_b}\sum_{e=1}^{N\Gamma_b}\sum_{l=1}^{(p+1)(q+1)}\int_{-1}^{1}\int_{-1}^{1}\frac{1}{r^2(\boldsymbol{y},\boldsymbol{x})}\frac{\partial r}{\partial \boldsymbol{n}}F_j^{0_b}(\boldsymbol{y},\boldsymbol{x})J^e(\overline{\xi},\overline{\eta})\mathrm{d}\overline{\xi}\,\mathrm{d}\overline{\eta} \\
& \left. + C_j^{\mu_b}\sum_{e=1}^{N\Gamma_b}\sum_{l=1}^{(p+1)(q+1)}\int_{-1}^{1}\int_{-1}^{1}\frac{1}{r^2(\boldsymbol{y},\boldsymbol{x})}\frac{\partial r}{\partial \boldsymbol{n}}F_j^{\mu_b}(\boldsymbol{y},\boldsymbol{x})J^e(\overline{\xi},\overline{\eta})\mathrm{d}\overline{\xi}\,\mathrm{d}\overline{\eta}\right) \\
& - \sum_{s=1,\neq b}^{\mathrm{NI}}\left(\alpha_j^{A_s}\sum_{e=1}^{N\Gamma_s}\sum_{l=1}^{(p+1)(q+1)}\int_{-1}^{1}\int_{-1}^{1}\frac{1}{r^2(\boldsymbol{y},\boldsymbol{x})}\frac{\partial r}{\partial \boldsymbol{n}}F_j^{A_s}(\boldsymbol{y},\boldsymbol{x})J^e(\overline{\xi},\overline{\eta})\mathrm{d}\overline{\xi}\,\mathrm{d}\overline{\eta}\right. \\
& + C_j^{0_s}\sum_{e=1}^{N\Gamma_s}\sum_{l=1}^{(p+1)(q+1)}\int_{-1}^{1}\int_{-1}^{1}\frac{1}{r^2(\boldsymbol{y},\boldsymbol{x})}\frac{\partial r}{\partial \boldsymbol{n}}F_j^{0_s}(\boldsymbol{y},\boldsymbol{x})J^e(\overline{\xi},\overline{\eta})\mathrm{d}\overline{\xi}\,\mathrm{d}\overline{\eta} \\
& \left. + C_j^{\mu_s}\sum_{e=1}^{N\Gamma_s}\sum_{l=1}^{(p+1)(q+1)}\int_{-1}^{1}\int_{-1}^{1}\frac{1}{r^2(\boldsymbol{y},\boldsymbol{x})}\frac{\partial r}{\partial \boldsymbol{n}}F_j^{\mu_s}(\boldsymbol{y},\boldsymbol{x})J^e(\overline{\xi},\overline{\eta})\mathrm{d}\overline{\xi}\,\mathrm{d}\overline{\eta}\right)
\end{aligned}
\tag{4.46}
$$

$$
\begin{aligned}
\frac{\partial u(\boldsymbol{y})}{\partial x_k(\boldsymbol{y})}=&\frac{\partial u^0(\boldsymbol{y})}{\partial x_k(\boldsymbol{y})}\\
&-\Delta k_{ij}^b(\boldsymbol{y})\frac{\partial u(\boldsymbol{y})}{\partial x_j(\boldsymbol{y})}\sum_{e=1}^{N\Gamma_b}\sum_{l=1}^{(p+1)(q+1)}\int_{-1}^{1}\int_{-1}^{1}\frac{\partial U(\boldsymbol{y},\boldsymbol{x})}{\partial x_k(p)}n_i J^e(\bar{\xi},\bar{\eta})\mathrm{d}\bar{\xi}\,\mathrm{d}\bar{\eta}\\
&-\left(\alpha_j^{A_b}\sum_{e=1}^{N\Gamma_b}\sum_{l=1}^{(p+1)(q+1)}\int_{-1}^{1}\int_{-1}^{1}\frac{1}{r^{\beta}(\boldsymbol{y},\boldsymbol{x})}\frac{\partial r}{\partial \boldsymbol{n}}\bar{F}_j^{A_b}(\boldsymbol{y},\boldsymbol{x})J^e(\bar{\xi},\bar{\eta})\mathrm{d}\bar{\xi}\,\mathrm{d}\bar{\eta}\right.\\
&+C_j^{0_b}\sum_{e=1}^{N\Gamma_b}\sum_{l=1}^{(p+1)(q+1)}\int_{-1}^{1}\int_{-1}^{1}\frac{1}{r^{\beta}(\boldsymbol{y},\boldsymbol{x})}\frac{\partial r}{\partial \boldsymbol{n}}\bar{F}_j^{0_b}(\boldsymbol{y},\boldsymbol{x})J^e(\bar{\xi},\bar{\eta})\mathrm{d}\bar{\xi}\,\mathrm{d}\bar{\eta}\\
&\left.+C_j^{\mu_b}\sum_{e=1}^{N\Gamma_b}\sum_{l=1}^{(p+1)(q+1)}\int_{-1}^{1}\int_{-1}^{1}\frac{1}{r^{\beta}(\boldsymbol{y},\boldsymbol{x})}\frac{\partial r}{\partial \boldsymbol{n}}\bar{F}_j^{\mu_b}(\boldsymbol{y},\boldsymbol{x})J^e(\bar{\xi},\bar{\eta})\mathrm{d}\bar{\xi}\,\mathrm{d}\bar{\eta}\right)\\
&-\sum_{s=1,\neq b}^{\mathrm{NI}}\left(\alpha_j^{A_s}\sum_{e=1}^{N\Gamma_s}\sum_{l=1}^{(p+1)(q+1)}\int_{-1}^{1}\int_{-1}^{1}\frac{1}{r^{\beta}(\boldsymbol{y},\boldsymbol{x})}\frac{\partial r}{\partial \boldsymbol{n}}\bar{F}_j^{A_s}(\boldsymbol{y},\boldsymbol{x})J^e(\bar{\xi},\bar{\eta})\mathrm{d}\bar{\xi}\,\mathrm{d}\bar{\eta}\right.\\
&+C_j^{0_s}\sum_{e=1}^{N\Gamma_s}\sum_{l=1}^{(p+1)(q+1)}\int_{-1}^{1}\int_{-1}^{1}\frac{1}{r^{\beta}(\boldsymbol{y},\boldsymbol{x})}\frac{\partial r}{\partial \boldsymbol{n}}\bar{F}_j^{0_s}(\boldsymbol{y},\boldsymbol{x})J^e(\bar{\xi},\bar{\eta})\mathrm{d}\bar{\xi}\,\mathrm{d}\bar{\eta}\\
&\left.+C_j^{\mu_s}\sum_{e=1}^{N\Gamma_s}\sum_{l=1}^{(p+1)(q+1)}\int_{-1}^{1}\int_{-1}^{1}\frac{1}{r^{\beta}(\boldsymbol{y},\boldsymbol{x})}\frac{\partial r}{\partial \boldsymbol{n}}\bar{F}_j^{\mu_s}(\boldsymbol{y},\boldsymbol{x})J^e(\bar{\xi},\bar{\eta})\mathrm{d}\bar{\xi}\,\mathrm{d}\bar{\eta}\right)
\end{aligned}\tag{4.47}
$$

其中，$J(\bar{\xi},\bar{\eta})=J_{(\xi,\eta)}\cdot J_{(\bar{\xi},\bar{\eta})}$(见式(3.11))，$N\Gamma_b$ ($N\Gamma_s$)是第 $b(s)$个夹杂的边界单元(节点区间)总数，式(4.46)和(4.47)中的$\frac{\partial u(\boldsymbol{y})}{\partial x_j(\boldsymbol{y})}$和$\frac{\partial u(\boldsymbol{y})}{\partial x_k(\boldsymbol{y})}$可以通过式(4.40)求解，$F_j^{A_g}(\boldsymbol{y},\boldsymbol{x})$、$F_j^{0_g}(\boldsymbol{y},\boldsymbol{x})$和$F_j^{\mu_g}(\boldsymbol{y},\boldsymbol{x})$ ($g=b$ 和 s)是第 g 个夹杂的径向积分，$\alpha_j^{A_g}$、$C_j^{0_g}$和$C_j^{\mu_g}$是第 g 个夹杂中的待求系数。式(4.46)和(4.47)中的规则化边界积分可以用常规高斯积分计算，对于强或弱奇异积分用幂级数展开法处理。

4.8 数值算例

4.8.1 等几何同心球形广义自洽模型

如图 4.4 所示，在广义自洽模型中，球形界面Γ_1(夹杂与基体界面)和Γ_2(基体与等效基体界面)的半径分别为 a 与 b，并承受着沿 z 方向的远场热流 q_0 的作用。描述该模型的多项式阶数与节点向量如表 4.1 所示。由于球形界面Γ_1和Γ_2形状相同，故可以采用相同的多项式阶数及节点向量，只需选取不同的控制点(Γ_2界面的控制点如图 4.5 所示)。球形夹杂的体积分数取为$\alpha=a^3/b^3$。夹杂和基体的

热传导系数分别用 k_{I} 和 k_{M} 表示。分析时，固定 $a=1$，$k_{\mathrm{M}}=1$ 和沿 z 方向的热流 $q_0=1$，k_{I} 分别取为 0、0.5、2 和 150。

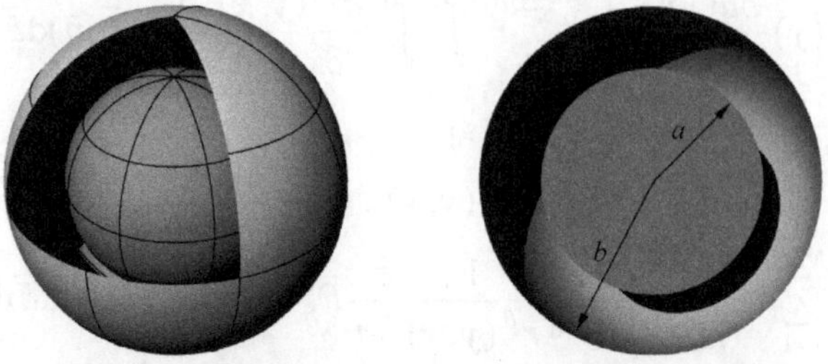

(a) 球形夹杂与基体模型　(b) xy 平面切割后的模型

图 4.4　广义自洽模型示意图

表 4.1　等几何球面模型的节点向量与多项式阶数

参数	阶次	节点向量
ξ	$p=2$	$\boldsymbol{U}=\{0,0,0,1,1,2,2,3,3,4,4,4\}$
η	$q=2$	$\boldsymbol{V}=\{0,0,0,1,1,2,2,2\}$

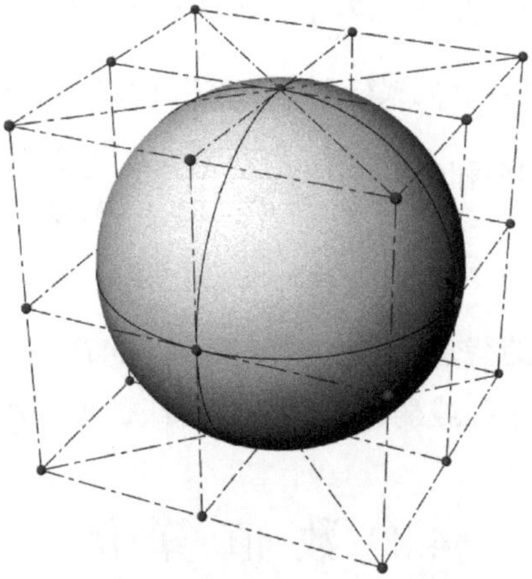

图 4.5　等几何球形夹杂的控制点

为提高数值计算的精度，引入 h 细化算法对界面网格进行细化[21]。本算例中，refine = 0 对应初始信息(初始节点向量、初始控制点等)，而 refine = 1 则表示对初始节点向量进行 1 次节点插入后的网格。图 4.6 显示了等几何边界元解与解析解[22]的比较。从图 4.6 可以看出，等几何边界元解与解析解吻合较好。从图 4.6 还可以看出，初始网格已经能够产生非常精确的结果。对网格进行加密(refine = 1)后，结果仍然与解析解一致。为了进一步研究算法的收敛性，计算 k_{E} 时，不同迭代步

对应的 Δk_E 和计算时间如表 4.2 所示。为了比较等几何边界元解的精度，表 4.2 还给出了等效热传导系数的解析解与等几何边界元解。从表 4.2 可以看出，随着夹杂体积分数 α 的增加，由于拟奇异积分的产生，自适应积分法需要增加计算时间以保证积分的计算精度。

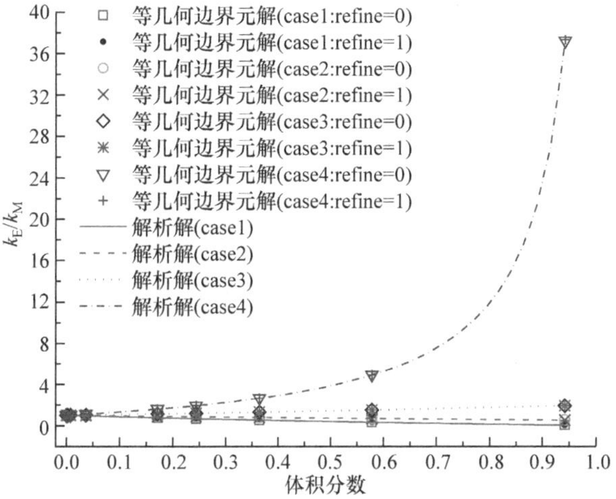

图 4.6 不同体积分数下，等效热传导系数的等几何边界元解与解析解的比较(case 1：$k_I / k_M = 0$；case 2：$k_I / k_M = 0.5$；case 3：$k_I / k_M = 2$；case 4：$k_I / k_M = 150$)

表 4.2 针对不同体积分数 α，给出了不同迭代步时的 Δk_E 及 k_E 的等几何边界元解与解析解

α	Δk_E							k_E		CPU 时间
	1st	2nd	3rd	4th	5th	6th	7th	等几何边界元解	解析解	
$1/(1.08)^3$	1.67E–05	4.34E–06	1.13E–06	2.93E–07	7.63E–08	1.98E–08	5.16E–09	0.58897	0.58896	35″499
$1/(1.4)^3$	6.27E–05	6.32E–06	6.38E–07	6.43E–08	6.49E–09			0.79625	0.79620	14″679
$1/(2.0)^3$	2.87E–05	9.28E–07	3.01E–08	9.74E–10				0.92686	0.92683	7″949
$1/(2.6)^3$	1.33E–05	1.93E–07	2.79E–09	4.05E–11				0.96626	0.96625	5″534
$1/(3.2)^3$	7.12E–06	5.51E–08	4.26E–10					0.98181	0.98180	4″63
$1/(3.8)^3$	4.25E–06	1.95E–08	9.00E–11					0.98911	0.98911	4″39
$1/(5.0)^3$	1.86E–06	3.75E–09	7.56E–12					0.99521	0.99521	4″96

由图 4.5 可以看出，在球体模型中，极点位置的控制点重合，故极点处模型的物理单元几何形状为三角形。针对此问题，使用式(4.48)对配点的位置进行移动[23,24]。图 4.7 给出了配点移动的示意图，其中上(下)极点通过 λ 被移动到虚线的位置。然后，把利用移动配点组成的方程加在一起。从图 4.8 中的数值结果可以看出，配

点移动位置对结果的影响很小，可以忽略。

$$\begin{aligned}\eta_i&=\eta_i+\lambda(\eta_{i+1}-\eta_i)\\ \eta_i&=\eta_i-\lambda(\eta_i-\eta_{i-1})\end{aligned}\tag{4.48}$$

其中，$0<\lambda<1$，$\eta_{i-1},\eta_i,\eta_{i+1}\in\boldsymbol{V}$，$\eta_i$ 是移动后的配点参数坐标。

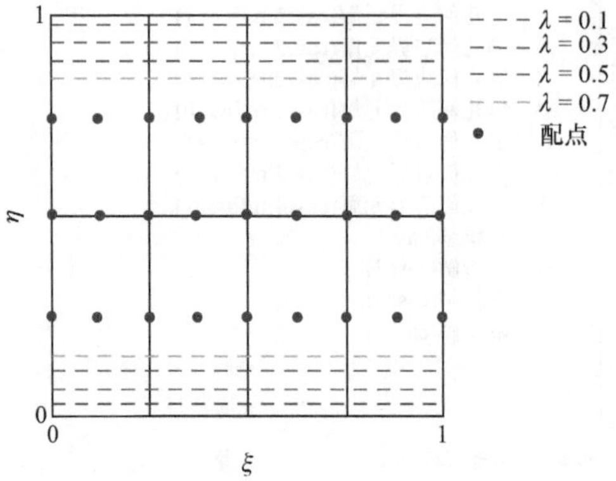

图 4.7　配点在参数空间中的位置(极点处配点根据 λ 移动到虚线处)

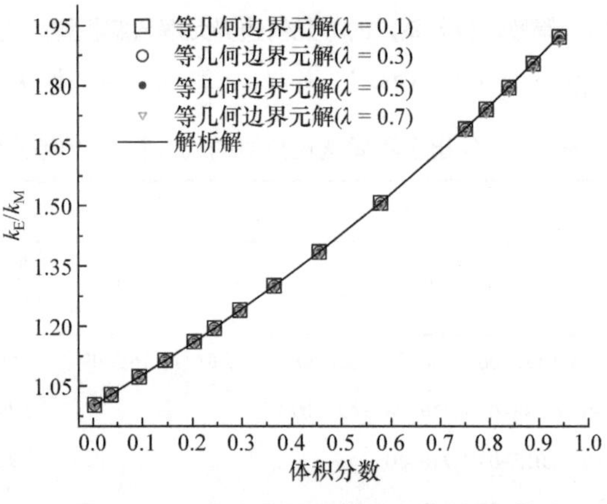

图 4.8　配点移动对热传导系数的影响

4.8.2　等几何复杂几何形状的广义自洽模型

图 4.9 显示了在 xz 平面上的一个复杂形状的等几何平面图，其沿 z 轴旋转 360°形成一个复杂三维几何体，如图 4.10 所示，其可作为复杂几何形状的广义自洽模型。表 4.3 给出了用 NURBS 基函数描述该模型需要的节点向量与多项式阶数。模型需要的 90 个初始控制点已在图 4.10 中给出。热传导系数为 k_{I} 的夹杂被热传导系数为 $k_{\mathrm{M}}=1$ 的基体包围，然后嵌入到等效基体中。图 4.11(a)和(b)给出了等几何广义自洽模型的切割图。图 4.9 所示的区域面积为 $(16+\pi)r^2$ 。当 αr 为构

成夹杂的每一个圆弧的半径时，夹杂的体积分数则为 α^3。

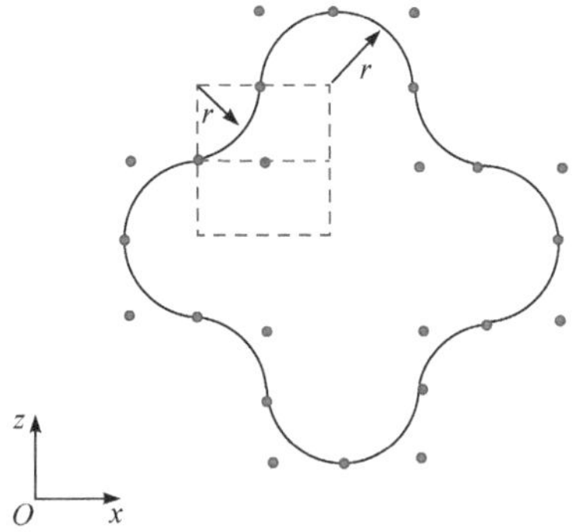

图 4.9　复杂形状的等几何平面

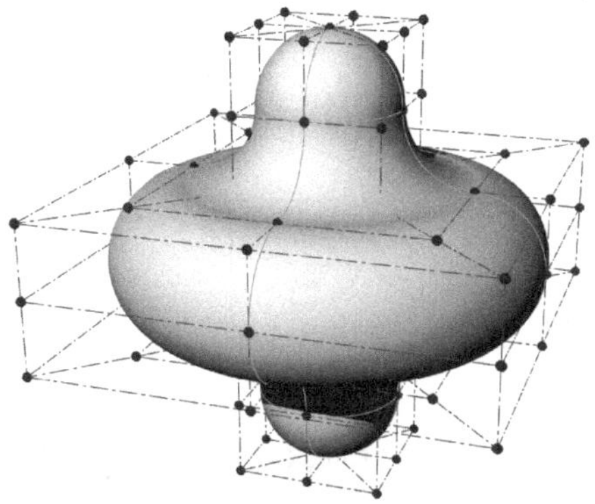

图 4.10　复杂等几何体模型控制点

表 4.3　夹杂模型所需的节点向量与多项式阶数

参数	曲线阶次	节点向量
ξ	$p=2$	$\boldsymbol{U}=\{0,0,0,1,1,2,2,3,3,4,4,4\}$
η	$q=2$	$\boldsymbol{V}=\{0,0,0,1,1,2,2,3,3,4,4,5,5,6,6,6\}$

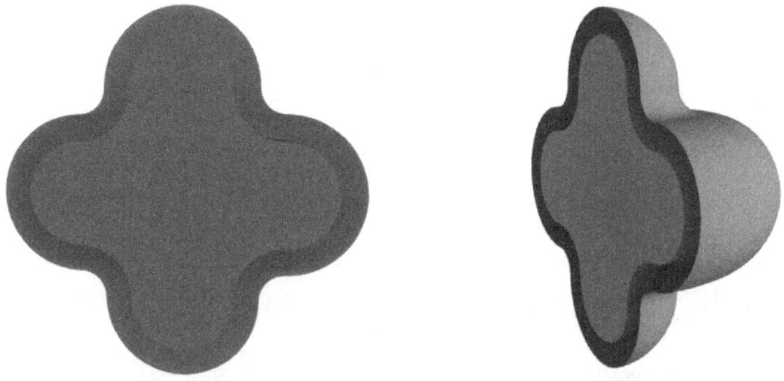

(a) xz面切割示意图　(b) yz面切割示意图

图 4.11　等几何广义自洽模型切割示意图

本算例中 refine = 0 表示几何的初始信息，refine = 1 或 2 分别表示在初始控制点基础上进行 1 次或 2 次节点细化，对应的控制点数分别为 370 与 1506。当夹杂热传导系数 k_{I} 分别取为 0.5、2 和 20 时，图 4.12 给出了模型等效热传导系数的计算结果。从图 4.12 可以看出，当热传导系数为 0.5 和 2 时，初始网格已经可以产生准确的数值结果，继续细化网格后结果仍然稳定。但 $k_{\mathrm{I}}=20$ 时，初始网格得到的结果不理想，但细化后(refine = 2)所得的结果趋于稳定。

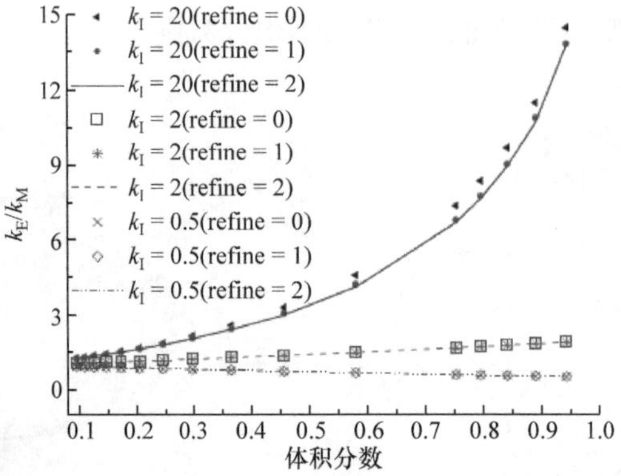

图 4.12　在不同体积分数 α 下，k_I 分别取为 0.5、2 和 20 时得到的等效热传导系数

4.8.3　无限域中正交各向异性球形夹杂

在一个各向同性的无限大硼矽玻璃中嵌入了一个正交各向异性球型夹杂(半径为 $a=1\text{m}$)，且承受着沿 x_3 负方向的远场热流 $q_3=1.13\ \text{W/m}^2$，如图 4.13 所示。

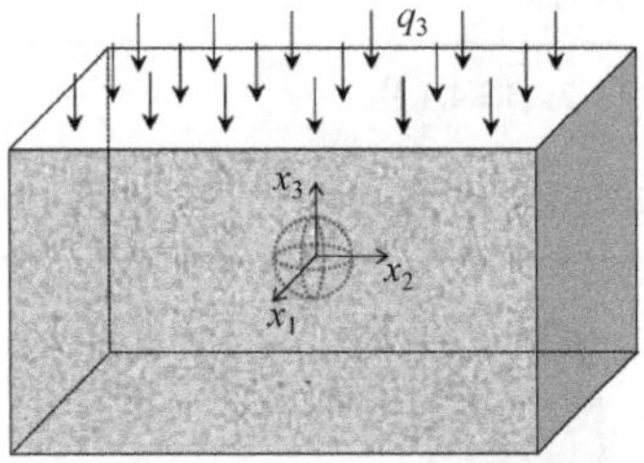

图 4.13　在基体中嵌入一个球形夹杂

硼矽玻璃的热传导系数为 $k_M=1.13\ \text{W/mK}$ [25]，正交各向异性球形夹杂的热传导系数为[26]

$$k_I=\begin{bmatrix} 6.1135 & 0 & 0 \\ 0 & 0.4829 & 0 \\ 0 & 0 & 4.4036 \end{bmatrix} \tag{4.49}$$

球形夹杂控制点模型和多项式阶数与表 4.1 和图 4.5 相同。为获得参考解，我们用 ABAQUS 软件建立如图 4.14 所示的有限元模型，其中基体的大小设为 $20a\times20a\times10a$。该有限元模型采用六面体单元，夹杂的单元长度为 0.05m，而基体的单元长度取 0.5m。由于夹杂附近热流变化较大，因此在夹杂周围取一层过渡区域(图 4.14)，单

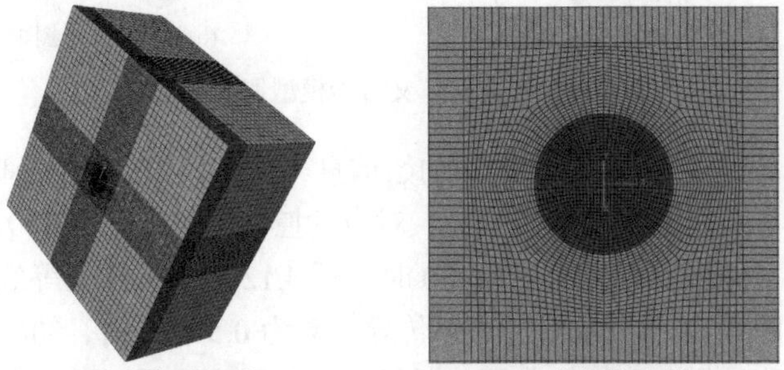

(a) 整个模型的网格　　(b) 夹杂附近网格

图 4.14　正交各向异性夹杂模型的有限元网格

元尺寸为 0.05m。该模型采用的单元和节点数分别为 210624 和 221993。图 4.15(a)和(b)分别给出了沿 x_2 和 x_3 方向热流 $|q|$ 的等几何边界元解与有限元参考解。显然，在这两个方向上等几何边界元解与有限元结果吻合得较好。

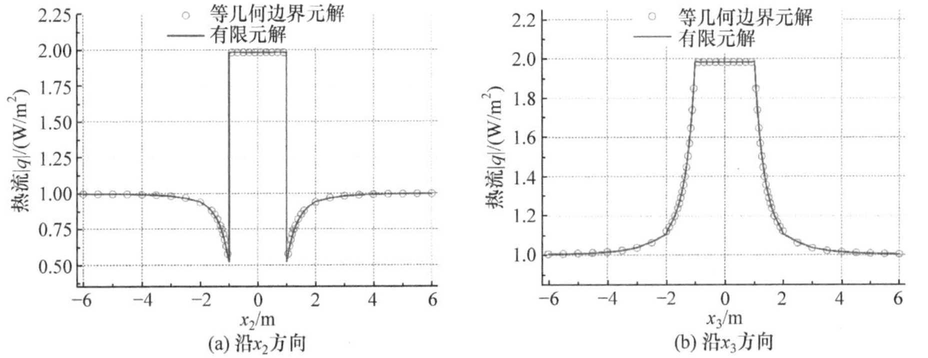

图 4.15　正交各向异性夹杂模型中，沿 x_2 和 x_3 方向上的热流等几何边界元解与有限元参考解

4.8.4　多球形夹杂的等几何边界元解

图 4.16 给出了计算模型中 100 个球型夹杂的分布情况及夹杂之间的位置关系。夹杂与基体的热传导系数分别取为 $k_{\mathrm{I}}=0.5\ \mathrm{W/mK}$ 和 $k_{\mathrm{M}}=1.0\mathrm{W/mK}$，单位热流沿 x_3 负方向作用于基体。图 4.17 展示了当 $a=4$ 时，在 100 个夹杂影响下基体与夹杂内部热流的分布云图。从图中可以看到，当计算点离夹杂较远时，夹杂对热流的影响可以忽略。此外，由于夹杂与夹杂之间的距离较大($a=4$)，因此夹杂彼此之间没有影响，导致夹杂内部热流相同(夹杂内部颜色相同)。

考虑夹杂的热传导系数增加为 $k_{\mathrm{I}}=10\ \mathrm{W/mK}$，基体的热传导系数仍为 $k_{\mathrm{M}}=1.0\ \mathrm{W/mK}$。当 $a=3$ 时，图 4.18 给出了基体与夹杂内部热流的分布云图。从图中可以看出夹杂周围热流分布与图 4.17 中的情况相似，但是由于夹杂距离的

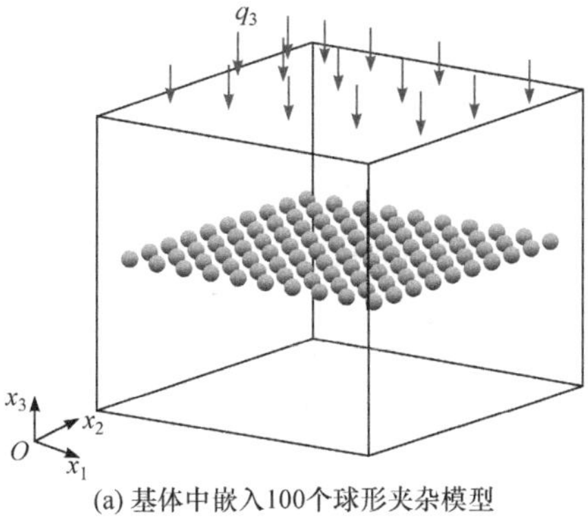

(a) 基体中嵌入100个球形夹杂模型

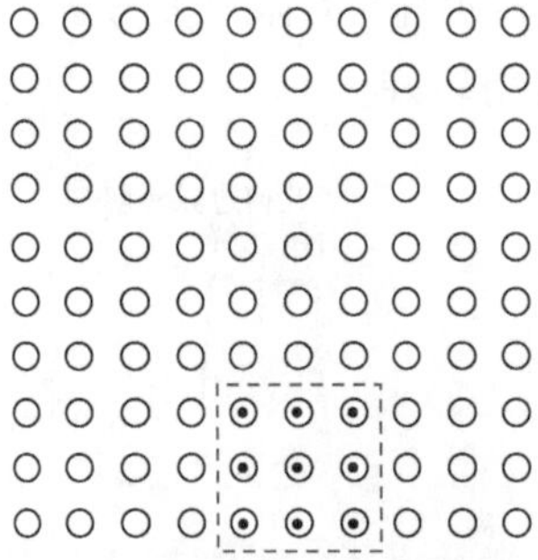
(b) x_1x_2坐标平面切割夹杂模型示意图

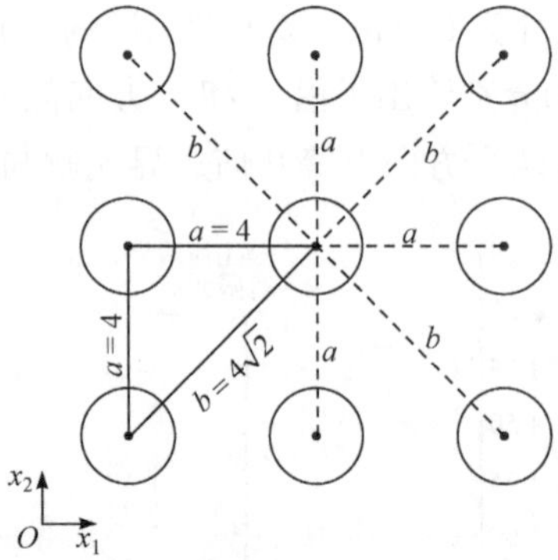

(c) 红色矩形框中夹杂之间的距离关系

图 4.16　基体中嵌入 100 个球形夹杂及夹杂之间的位置关系

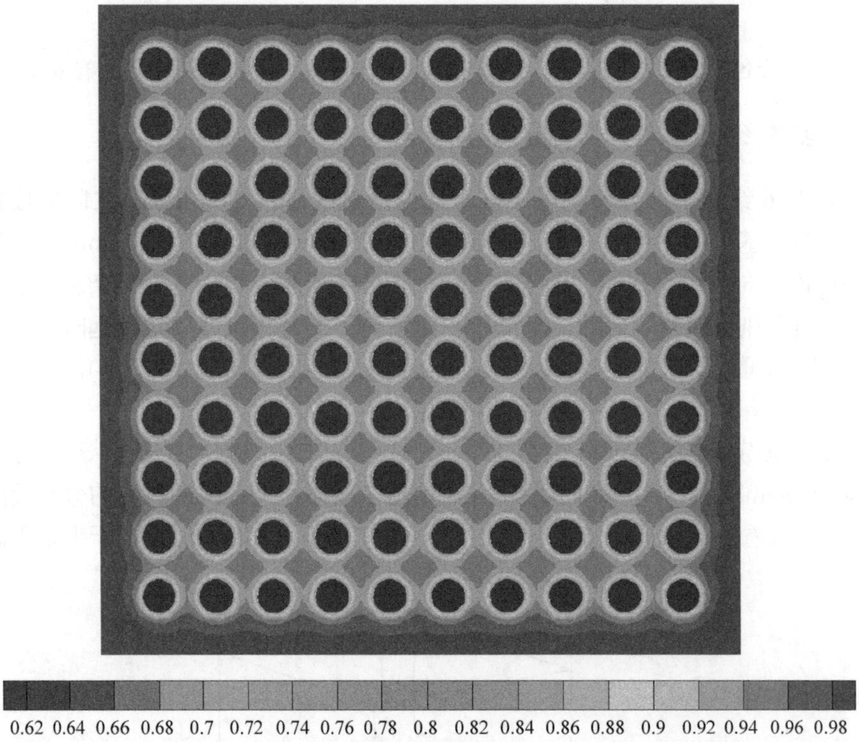

图 4.17　当 $a = 4$ 时，基体与夹杂内部热流的分布云图(彩图请扫封底二维码)

减小导致夹杂之间的相互影响增大，使得夹杂内部的热流与图 4.17 中的情况明显不同。从图 4.18 中可以清晰看到夹杂内部的热流分布及相互影响的情况。

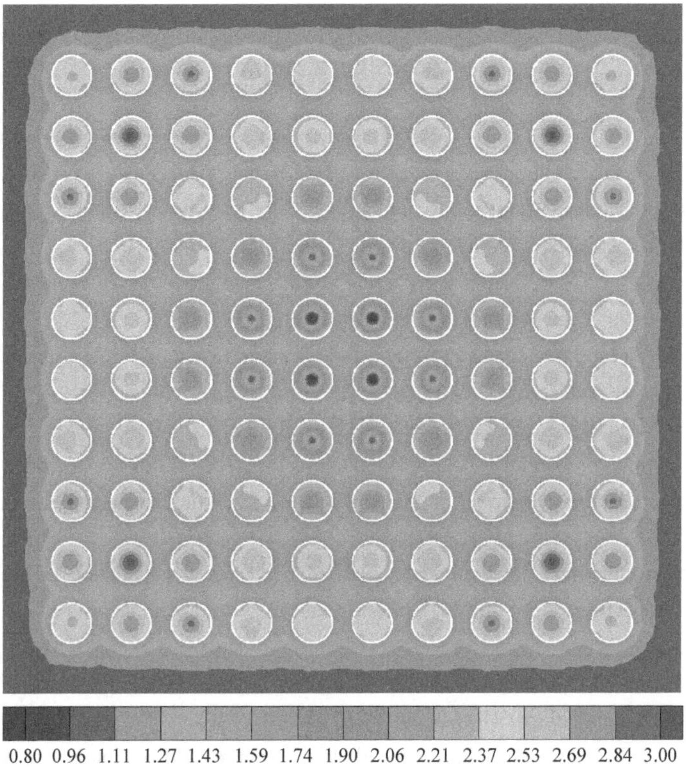

图 4.18　当 $a = 3$ 时，基体与夹杂内部热流的分布云图(彩图请扫封底二维码)

4.9　小　结

本章向读者展现了稳态非均质热传导问题中仅包含界面上温度的边界积分方程及其热能变化公式，给出了基于广义自洽法计算稳态非均质材料的等效热传导系数的一种等几何边界元算法。为提高计算精度与效率，引入自适应积分法，有效地解决了当夹杂体积分数变大时积分的拟奇异性问题。

本章还展现给读者一个规则化界面-域积分方程，其只包含各向同性基体的基本解，避免了计算非均质夹杂的基本解。对于方程中的域积分，借助于径向基函数，将未知量表示为径向基函数与全局坐标的多项式形式。最终，利用径向积分法将域积分转换为边界积分。

数值实施中，夹杂与基体的界面用双变量 NURBS 基函数描述。与传统边界元法相比，等几何边界元法避免了几何误差，提高了计算精度。数值结果表明，本章给出的算法不仅精度高，而且适用于任意形状夹杂的等效热传导系数计算以及大规模非均质问题热传导问题的研究。

参考文献

[1] Mori T, Tanaka K. Average stress in matrix and average elastic energy of materials with misfitting inclusions[J]. Acta Metallurgica, 1973, 21(5): 571-574 .

[2] Hershey A V. The elasticity of anisotropic aggregate of an isotropic cubic crystals[J]. Journal of Applied Mechanics - Transactions of the ASME, 1954, 21: 236-240.

[3] Christensen R M, Lo K H. Solutions for effective and shear properties in three phase and cylinder models[J]. Journal of the Mechanics & Physics of Solids,1979, 27(4): 315-330.

[4] Hughes T J R. The Finite Element Method-Linear Static Dynamic Finite Element Analysis[M]. New York: Dover Publication INC, 1987.

[5] 姚振汉, 王海涛. 边界元法[M]. 北京: 高等教育出版社, 2010.

[6] Dong C Y. Boundary integral equation formulations for steady state thermal conduction and their applications in heterogeneities[J]. Engineering Analysis with Boundary Elements, 2015, 54: 60-67.

[7] Dong C Y. An interface integral formulation of heat energy calculation of steady state heat conduction in heterogeneous media[J]. International Journal of Heat and Mass Transfer, 2015, 90: 314-322.

[8] Dong C, Bonnet M. An integral formulation for steady-state elastoplastic contact over a coated half-plane[J]. Computational Mechanics, 2002, 28(2): 105-121.

[9] Dong C Y, Lo S H, Cheung Y K. Application of boundary-domain integral equation in elastic inclusion problems[J]. Engineering Analysis with Boundary Elements, 2002, 26(6): 471-477.

[10] Dong C Y, Cheung Y K, Lo S H. An integral equation approach to the inclusion-crack interactions in three-dimensional infinite elastic domain[J]. Computational Mechanics, 2002, 29(4-5): 313-321.

[11] Dong C Y, Lo S H, Cheung Y K. Numerical analysis of the inclusion-crack interactions using an integral equation[J]. Computational Mechanics, 2003, 30(2): 119-130.

[12] Gong Y P, Yang H S, Dong C Y. A novel interface integral formulation for 3D steady state thermal conduction problem for a medium with non-homogenous inclusions[J]. Computational Mechanics, 2019, 63(2): 181-199.

[13] 公颜鹏. 等几何边界元法的基础性研究及其应用[D]. 北京: 北京理工大学, 2019.

[14] Gong Y P, Dong C Y, Qu X Y. An adaptive isogeometric boundary element method for predicting the effective thermal conductivity of steady state heterogeneity[J]. Advances in Engineering Software, 2018, 119: 103-115.

[15] Dong C Y, Lee K Y. A new integral equation formulation of two-dimensional inclusion-crack problems[J]. International Journal of Solids & Structures, 2005, 42: 5010-5020.

[16] Beer G, Smith I, Duenser C. The Boundary Element Method with Programming for Engineers and Scientists[M]. New York: Springer, 2008.

[17] Dong C Y. Shape optimizations of inhomogeneities of two dimensional (2D) and three dimensional (3D) steady state heat conduction problems by the boundary element method[J].

Engineering Analysis with Boundary Elements, 2015, 60: 67-80.

[18] Wang L, Zhou X, Wei X. Heat Conduction: Mathematical Models and Analytical Solutions[M]. Berlin Heidelberg: Springer-Verlag, 2008.

[19] Dong C Y, Cheung Y K, Lo S H. A regularized domain integral formulation for inclusion problems of various shapes by equivalent inclusion method[J]. Computer Methods in Applied Mechanics and Engineering, 2002, 191(31): 3411-3421.

[20] Gao X W. A boundary element method without internal cells for two-dimensional and three-dimensional elastoplastic problems[J]. Journal of Applied Mechanics-Transactions of the ASME, 2002, 69: 154-160.

[21] Hughes T J, Cottrell J A, Bazilevs Y. Isogeometric analysis: CAD, finite elements, NURBS, exact geometry and mesh refinement[J]. Computer Methods in Applied Mechanics and Engineering, 2005, 194: 4135-4195.

[22] Lee Y M, Yang R B, Gau S S. A generalized self-consistent method for calculation of effective thermal conductivity of composites with interfacial contact conductance[J]. International Communications in Heat and Mass Transfer, 2006, 33: 142-50.

[23] Simpson R N, Scott M A, Taus M, et al. Acoustic isogeometric boundary element analysis[J]. Computer Methods in Applied Mechanics and Engineering, 2014, 269: 265-290.

[24] Peng X, Atroshchenko E, Kerfriden P, et al. Isogeometric boundary element methods for three dimensional static fracture and fatigue crack growth[J]. Computer Methods in Applied Mechanics and Engineering, 2017, 316: 151-185.

[25] Hammerschmidt U, Abid M. The thermal conductivity of glass-sieves: I. Liquid saturated frits[J]. International Journal of Thermal Sciences, 2015, 96: 119-127.

[26] Powers J M. On the necessity of positive semi-definite conductivity and Onsager reciprocity in modeling heat conduction in anisotropic media[J]. Journal of Heat Transfer - Transactions of the ASME, 2013, 126(5): 767-776.

第 5 章 非均质弹性问题的等几何边界元法

5.1 引 言

针对非均质弹性材料，Christensen 推导了相应的弹性能变化的界面积分公式[1]，此公式的特点在于其仅含有基体和夹杂界面处的位移和面力，而这些位移和面力易于采用边界元法来求解。但对于不规则形状的夹杂，数值实施需要特殊的处理方法，比如在不规则界面连接处附近需要利用不连续单元划分技术。基于 Christensen 的工作，作者推导了计算任意形状夹杂的弹性能变化公式[2]，但是其前提条件要求基体与夹杂的泊松比相同。为克服此限制条件，作者又进一步建立了不受泊松比相等条件限制的弹性能变化的边界积分公式[3]。本章首先详细介绍了非均质弹性材料弹性能变化的积分方程的推导过程[3]，然后结合等几何边界元法展示了一些数值算例以验证公式及算法的正确性[4,5]。同时，本章还介绍了将基于等几何边界元法的形状优化算法推广到求解弹性非均质材料的形状优化[6]，以便在特定条件下获取最大的弹性能变化量。

5.2 非均质材料弹性能变化的积分方程

考虑如图 5.1 所示的无限域夹杂受力模型，由于夹杂存在引起的弹性能变化量为[1]

$$\Delta U = \frac{1}{2}\int_{\Gamma}\left(t_i^0 u_i - t_i u_i^0\right)\mathrm{d}\Gamma \tag{5.1}$$

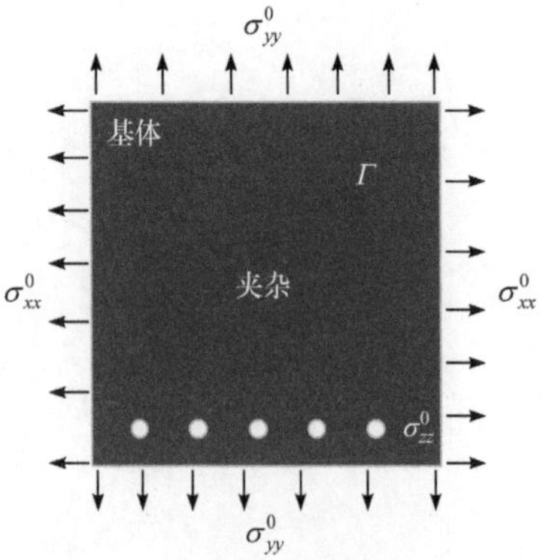

图 5.1 无限域夹杂受力模型

其中，Γ 表示夹杂与基体之间的界面，u_i 和 t_i (对于三维问题，i = 1,2,3)分别表示界面处的位移和面力分量，上标 0 表示由无限远处载荷引起的均质基体在夹杂与基体界面上所产生的位移和面力。

基于高斯公式可将式(5.1)中的第二项改写为[3]

$$\int_{\Gamma} t_i u_i^0 \mathrm{d}\Gamma = \int_{\Omega} \sigma_{ij}\varepsilon_{ij}^0 \mathrm{d}\Omega \tag{5.2}$$

其中，应变张量 $\varepsilon_{ij}^0 = \frac{1}{2}(u_{i,j}^0 + u_{j,i}^0)$，$u_{i,j}^0$ 表示位

移梯度，即$u_{i,j}^0 = \partial u_i^0 / \partial x_j$。

对于三维弹性问题，本构方程可通过张量形式表示为[7]

$$\sigma_{ij} = C_{ijkl}\varepsilon_{kl} \tag{5.3}$$

其中，C_{ijkl}是四阶张量，对于各向同性材料，其可表示为如下形式：

$$C_{ijkl} = \lambda\delta_{ij}\delta_{kl} + G\left(\delta_{ik}\delta_{jl} + \delta_{il}\delta_{jk}\right) \tag{5.4}$$

式中，$\lambda = \dfrac{E\nu}{(1+\nu)(1-2\nu)}$是拉梅常数，$G = \dfrac{E}{2(1+\nu)}$是剪切模量，$E$是弹性模量，$\nu$是泊松比。

对于基体和夹杂，刚度矩阵可分别表示为[3]

$$C_{ijkl}^{\mathrm{I}} = \lambda^{\mathrm{I}}\delta_{ij}\delta_{kl} + G^{\mathrm{I}}\left(\delta_{ik}\delta_{jl} + \delta_{il}\delta_{jk}\right) \tag{5.5}$$

$$C_{ijkl}^{\mathrm{M}} = \lambda^{\mathrm{M}}\delta_{ij}\delta_{kl} + G^{\mathrm{M}}\left(\delta_{ik}\delta_{jl} + \delta_{il}\delta_{jk}\right) \tag{5.6}$$

其中，上标 I 和 M 分别表示与夹杂和基体相关的材料参数。

利用式(5.5)和(5.6)，C_{ijkl}^{I}和C_{ijkl}^{M}的关系可表示为

$$C_{ijkl}^{\mathrm{I}} = \frac{\left(1+\nu_{\mathrm{M}}\right)E_{\mathrm{I}}}{\left(1+\nu_{\mathrm{I}}\right)E_{\mathrm{M}}}C_{ijkl}^{\mathrm{M}} + \frac{\left(\nu_{\mathrm{I}}-\nu_{\mathrm{M}}\right)E_{\mathrm{I}}}{\left(1+\nu_{\mathrm{I}}\right)\left(1-2\nu_{\mathrm{I}}\right)\left(1-2\nu_{\mathrm{M}}\right)}\delta_{ij}\delta_{kl} \tag{5.7}$$

将式(5.7)代入式(5.3)可得

$$\sigma_{ij}^{\mathrm{I}} = \frac{\left(1+\nu_{\mathrm{M}}\right)E_{\mathrm{I}}}{\left(1+\nu_{\mathrm{I}}\right)E_{\mathrm{M}}}C_{ijkl}^{\mathrm{M}}\varepsilon_{kl} + \frac{\left(\nu_{\mathrm{I}}-\nu_{\mathrm{M}}\right)E_{\mathrm{I}}}{\left(1+\nu_{\mathrm{I}}\right)\left(1-2\nu_{\mathrm{I}}\right)\left(1-2\nu_{\mathrm{M}}\right)}\delta_{ij}\varepsilon_{mm} \tag{5.8}$$

因此，式(5.2)右侧的积分可表示为

$$\int_{\Omega}\sigma_{ij}\varepsilon_{ij}^0\mathrm{d}\Omega = \frac{E_{\mathrm{I}}}{\left(1+\nu_{\mathrm{I}}\right)E_{\mathrm{M}}}\int_{\Gamma}\left[\left(1+\nu_{\mathrm{M}}\right)t_k^0 + \frac{\left(\nu_{\mathrm{I}}-\nu_{\mathrm{M}}\right)}{\left(1-2\nu_{\mathrm{I}}\right)}\sigma_{mm}^0 n_k\right]u_k\mathrm{d}\Gamma \tag{5.9}$$

将式(5.9)代入式(5.1)中，可得非均质材料的弹性能变化公式如下[3]

$$\Delta U = \frac{1}{2}\int_{\Gamma}\left[\left(1-\frac{(1+\nu_{\mathrm{M}})E_{\mathrm{I}}}{(1+\nu_{\mathrm{I}})E_{\mathrm{M}}}\right)t_i^0 - \frac{\left(\nu_{\mathrm{I}}-\nu_{\mathrm{M}}\right)E_{\mathrm{I}}}{(1+\nu_{\mathrm{I}})(1-2\nu_{\mathrm{I}})E_{\mathrm{M}}}\sigma_{mm}^0 n_i\right]u_i\mathrm{d}\Gamma \tag{5.10}$$

式中，对于三维问题$m = 1,2,3$，二维问题$m = 1,2$。对于平面应变问题，式(5.10)可转化为

$$\Delta U = \frac{1}{2}\int_{\Gamma}\left[\left(1-\frac{(1+\nu_{\mathrm{M}})E_{\mathrm{I}}}{(1+\nu_{\mathrm{I}})E_{\mathrm{M}}}\right)t_i^0 - \frac{\left(\nu_{\mathrm{I}}-\nu_{\mathrm{M}}\right)(1+\nu_{\mathrm{M}})E_{\mathrm{I}}}{(1+\nu_{\mathrm{I}})(1-2\nu_{\mathrm{I}})E_{\mathrm{M}}}\sigma_{mm}^0 n_i\right]u_i\mathrm{d}\Gamma \tag{5.11}$$

当基体与夹杂的泊松比相同时，即$\nu_{\mathrm{I}} = \nu_{\mathrm{M}}$，式(5.11)可简化为以下形式[2]

$$\Delta U = \frac{1}{2}\left(1-\frac{E_{\mathrm{I}}}{E_{\mathrm{M}}}\right)\int_{\Gamma} t_i^0 u_i \mathrm{d}\Gamma \tag{5.12}$$

与式(5.1)比较，式(5.10)中仅包含位移未知量，便于利用边界元法[6]求解。式(5.10)和(5.11)可以推广到多个夹杂问题，即

$$\Delta U = \frac{1}{2}\sum_{l=1}^{N}\int_{\Gamma_l}\left[\left(1-\frac{(1+\nu_{\mathrm{M}})E_{\mathrm{I}}}{(1+\nu_{\mathrm{I}})E_{\mathrm{M}}}\right)t_i^0 - \frac{(\nu_{\mathrm{I}}-\nu_{\mathrm{M}})E_{\mathrm{I}}}{(1+\nu_{\mathrm{I}})(1-2\nu_{\mathrm{I}})E_{\mathrm{M}}}\sigma_{mm}^0 n_i\right]u_i \mathrm{d}\Gamma \tag{5.13}$$

和

$$\Delta U = \frac{1}{2}\sum_{l=1}^{N}\int_{\Gamma_l}\left[\left(1-\frac{(1+\nu_{\mathrm{M}})E_{\mathrm{I}}}{(1+\nu_{\mathrm{I}})E_{\mathrm{M}}}\right)t_i^0 - \frac{(\nu_{\mathrm{I}}-\nu_{\mathrm{M}})(1+\nu_{\mathrm{M}})E_{\mathrm{I}}}{(1+\nu_{\mathrm{I}})(1-2\nu_{\mathrm{I}})E_{\mathrm{M}}}\sigma_{mm}^0 n_i\right]u_i \mathrm{d}\Gamma \tag{5.14}$$

其中，N 表示夹杂的数量，l 表示第 l 个夹杂。当 $E_{\mathrm{I}} = E_{\mathrm{M}}$ 和 $\nu_{\mathrm{I}} = \nu_{\mathrm{M}}$ 时，等同于无夹杂特例，弹性能变化量 ΔU 显然等于 0。子域边界元法[8]或者等几何边界元法[9]可用于求解界面处的位移，继而非均质材料的弹性能变化量可由式(5.13)或(5.14)来求解。

5.3 子域等几何边界元法

对应于图 5.1 基体的边界积分方程如下[10]

$$\boldsymbol{C}(\boldsymbol{y})\boldsymbol{u}(\boldsymbol{y}) = \boldsymbol{u}^{\mathbf{0}}(\boldsymbol{y}) + \int_{\Gamma}\boldsymbol{U}(\boldsymbol{y},\boldsymbol{x})\boldsymbol{t}(\boldsymbol{x})\mathrm{d}\Gamma - \int_{\Gamma}\boldsymbol{T}(\boldsymbol{y},\boldsymbol{x})\boldsymbol{u}(\boldsymbol{x})\mathrm{d}\Gamma \tag{5.15}$$

其中，$\boldsymbol{x}$ 和 $\boldsymbol{y}$ 分别是界面 Γ 上的场点和源点；$\boldsymbol{C}(\boldsymbol{y})$是一个自由系数矩阵，取决于源点处的边界形状；$\boldsymbol{u}$ 和 $\boldsymbol{t}$ 分别是位移和面力矢量；$\boldsymbol{u}^{\mathbf{0}}(\boldsymbol{x})$是由远场载荷在均质基体中 Γ 上所产生的位移矢量；$\boldsymbol{U}(\boldsymbol{y}, \boldsymbol{x})$和 $\boldsymbol{T}(\boldsymbol{y}, \boldsymbol{x})$是三维线弹性问题的基本解[7]，其形式如下：

$$U_{ij}(\boldsymbol{y},\boldsymbol{x}) = \frac{1}{16\pi G(1-\nu)r}[(3-4\nu)\delta_{ij} + r_{,i}r_{,j}] \tag{5.16}$$

$$T_{ij}(\boldsymbol{y},\boldsymbol{x}) = -\frac{1}{8\pi(1-\nu)r^2}[r_{,n}((1-2\nu)\delta_{ij} + 3r_{,i}r_{,j}) + (1-2\nu)(n_j r_{,i} - n_i r_{,j})] \tag{5.17}$$

其中，$r = |\boldsymbol{x}-\boldsymbol{y}|$是场点和源点之间的距离，$r_{,i} = \dfrac{\partial r}{\partial x_i}$ 表示 r 对 x_i 的偏导数，ν 是泊松比，δ_{ij} 是 Kronecker Delta 符号。

考虑单个 NURBS 曲面片，在等几何分析中可以使用 NURBS 基函数表示边界位移和面力向量，即

$$\boldsymbol{u}(\boldsymbol{\xi}) = \sum_{A=1}^{N} R_A(\boldsymbol{\xi})\tilde{\boldsymbol{u}}_A \tag{5.18}$$

$$\boldsymbol{t}(\boldsymbol{\xi})=\sum_{A=1}^{N}R_A(\boldsymbol{\xi})\tilde{\boldsymbol{t}}_A \tag{5.19}$$

式中，$\boldsymbol{\xi}=(\xi,\eta)$，$\xi$ 和 η 是两个参数方向的坐标；A 是控制点的整体索引号，即 $A=n(j-1)+i$ ($i=1,2,\cdots,n$；$j=1,2,\cdots,m$；n 和 m 分别是 ξ 和 η 两个方向的控制点数)；$\tilde{\boldsymbol{u}}_A$ 和 $\tilde{\boldsymbol{t}}_A$ 分别是控制点 A 的全局位移和面力矢量；N 是控制点数($=n\times m$)；R 是 NURBS 基函数。由于 NURBS 基函数不具备 Kronecker Delta 函数性质，因此 $\tilde{\boldsymbol{u}}_A$ 和 $\tilde{\boldsymbol{t}}_A$ 不是边界上的真实位移和面力，而是需要待定的系数。等几何边界元法的求解方程需要通过式(5.15)由配点来形成，而配点的选取将会影响数值结果的精度和稳定性。为此，Simpson 等[11]通过使用 Greville 坐标定义来获取配点，由此可以保证数值结果的合理性和精确度。我们遵循相同的选取配点方法。

根据 Greville 坐标定义，每个配点的参数坐标可做如下定义

$$\overline{\xi}_i=(\xi_i+\xi_{i+1}+\cdots+\xi_{i+p})/p,\quad i=1,2,\cdots,n \tag{5.20}$$

$$\overline{\eta}_i=(\eta_i+\eta_{i+1}+\cdots+\eta_{i+q})/q,\quad i=1,2,\cdots,m \tag{5.21}$$

其中，p 和 q 分别是 ξ 和 η 两个方向的曲线阶次。

为了处理非均质结构的角点问题，将不连续单元法应用到等几何边界元法中。式(5.20)中的第一个和最后一个配点的改进 Greville 坐标可分别表示为[12]

$$\begin{cases}\overline{\overline{\xi}}_1=\overline{\xi}_1+\beta(\overline{\xi}_2-\overline{\xi}_1)\\ \overline{\overline{\xi}}_n=\overline{\xi}_n-\beta(\overline{\xi}_n-\overline{\xi}_{n-1})\end{cases} \tag{5.22}$$

其中，$\beta(0<\beta<1)$ 是一个系数，它确定了配点在片中移动的位置。式(5.21)中的第一个和最后一个配点的改进 Greville 坐标可做类似处理。

等几何边界元法需要对问题的边界 Γ 进行离散，而这种离散是基于两个方向上的节点向量 $\boldsymbol{U}=\{\xi_1,\xi_2,\cdots,\xi_{n+p+1}\}$ 和 $\boldsymbol{V}=\{\eta_1,\eta_2,\cdots,\eta_{m+q+1}\}$ 来进行的，节点区间 $[\xi_i,\xi_{i+1}]\times[\eta_j,\eta_{j+1}]$ 被看作一个单元 Γ_e。NURBS 离散单元 Γ_e 上的几何和物理量可表示如下

$$\boldsymbol{x}(\boldsymbol{\xi})=\sum_{a=1}^{(p+1)\times(q+1)}R_a^e(\boldsymbol{\xi})\boldsymbol{x}_a \tag{5.23}$$

$$\boldsymbol{u}(\boldsymbol{\xi})=\sum_{a=1}^{(p+1)\times(q+1)}R_a^e(\boldsymbol{\xi})\tilde{\boldsymbol{u}}_a \tag{5.24}$$

$$\boldsymbol{t}(\boldsymbol{\xi})=\sum_{a=1}^{(p+1)\times(q+1)}R_a^e(\boldsymbol{\xi})\tilde{\boldsymbol{t}}_a \tag{5.25}$$

式(5.18)和(5.19)中 $A=\text{conn}(e, a)$，其表示整体基函数编号 A 与局部基函数编号 a

和单元号 e 通过连接矩阵 conn 联系在一起，$\boldsymbol{x}_a$ 是等几何单元上第 a 个控制点，$\tilde{\boldsymbol{u}}_a$ 和 $\tilde{\boldsymbol{t}}_a$ 是与控制点 a 对应的位移和面力向量。

将式(5.24)和(5.25)代入式(5.15)中的 $\boldsymbol{u}$ 和 $\boldsymbol{t}$，可得离散化的等几何边界积分方程，即

$$C_{ij}(\boldsymbol{y})\sum_{a=1}^{(p+1)\times(q+1)} R_a^{\bar{e}}(\tilde{\xi}',\tilde{\eta}')\tilde{u}_j^{\bar{e}a} = u_i^0(\boldsymbol{y}) + \sum_{e=1}^{E}\sum_{\alpha=1}^{(p+1)\times(q+1)} P_{ij}^{e\alpha}(\boldsymbol{y},\boldsymbol{x})\tilde{t}_j^{e\alpha} - \sum_{e=1}^{E}\sum_{\alpha=1}^{(p+1)\times(q+1)} Q_{ij}^{e\alpha}(\boldsymbol{y},\boldsymbol{x})\tilde{u}_j^{e\alpha} \tag{5.26}$$

其中

$$P_{ij}^{e\alpha}(\boldsymbol{y},\boldsymbol{x}) = \int_{-1}^{1}\int_{-1}^{1} U_{ij}\left(\boldsymbol{y},\boldsymbol{x}\left(\tilde{\xi},\tilde{\eta}\right)\right)R_\alpha^e(\tilde{\xi},\tilde{\eta})J^e(\tilde{\xi},\tilde{\eta})\mathrm{d}\tilde{\xi}\mathrm{d}\tilde{\eta} \tag{5.27}$$

$$Q_{ij}^{e\alpha}(\boldsymbol{y},\boldsymbol{x}) = \int_{-1}^{1}\int_{-1}^{1} T_{ij}\left(\boldsymbol{y},\boldsymbol{x}\left(\tilde{\xi},\tilde{\eta}\right)\right)R_\alpha^e(\tilde{\xi},\tilde{\eta})J^e(\tilde{\xi},\tilde{\eta})\mathrm{d}\tilde{\xi}\mathrm{d}\tilde{\eta} \tag{5.28}$$

其中，E 是离散的单元数；局部坐标 $\tilde{\xi},\tilde{\eta}\in[-1,1]$，$\bar{e}$ 是配点 $\boldsymbol{y}$ 所在的单元，$\tilde{\xi}'$ 和 $\tilde{\eta}'$ 表示配点的局部坐标，$\tilde{u}_j^{e\alpha}$ 和 $\tilde{t}_j^{e\alpha}$ 分别代表第 e 个单元中第 α 个节点处第 j 个位移和面力分量；$J^e(\tilde{\xi},\tilde{\eta})$ 是单元的雅可比行列式，其表达式如式(3.10)所示。

每个配点对应一个方程(5.26)，因此由所有配点组成的联合方程组可转化为矩阵形式，即

$$\boldsymbol{H}\tilde{\boldsymbol{u}} = \boldsymbol{u}^0 + \boldsymbol{G}\tilde{\boldsymbol{t}} \tag{5.29}$$

式中，$\tilde{\boldsymbol{u}}$ 和 $\tilde{\boldsymbol{t}}$ 是所有控制点处的位移和面力向量；$\boldsymbol{u}^0$ 表示由无限远处载荷引起的均质基体材料在配点处的位移向量；$\boldsymbol{H}$ 和 $\boldsymbol{G}$ 是相关的系数矩阵，其具体形式如下

$$H_{ij}^{e\alpha} = C_{ij}(\boldsymbol{y})\sum_{\alpha=1}^{N} R_\alpha^e(\tilde{\xi}',\tilde{\eta}') + \sum_{e=1}^{E}\sum_{\alpha=1}^{(p+1)\times(q+1)} Q_{ij}^{e\alpha}(\boldsymbol{y},\boldsymbol{x}(\tilde{\xi},\tilde{\eta})) \tag{5.30}$$

和

$$G_{ij}^{e\alpha} = \sum_{e=1}^{E}\sum_{\alpha=1}^{(p+1)\times(q+1)} P_{ij}^{e\alpha}(\boldsymbol{y},\boldsymbol{x}(\tilde{\xi},\tilde{\eta})) \tag{5.31}$$

假设夹杂和基体理想粘接，即界面处位移连续 $(\tilde{\boldsymbol{u}}_1 = \tilde{\boldsymbol{u}}_2)$ 和面力平衡 $(\tilde{\boldsymbol{t}}_1 = -\tilde{\boldsymbol{t}}_2)$。界面处未知的位移和面力可通过方程组(5.32)求解

$$\begin{cases}\boldsymbol{H}_1\tilde{\boldsymbol{u}}_1 = \boldsymbol{u}^0 + \boldsymbol{G}_1\tilde{\boldsymbol{t}}_1 \\ \boldsymbol{H}_2\tilde{\boldsymbol{u}}_2 = \boldsymbol{G}_2\tilde{\boldsymbol{t}}_2\end{cases} \tag{5.32}$$

其中，第一个方程针对基体，其来自式(5.29)；第二个方程针对夹杂，与第一个方程比较，含上标 0 的项消失。

由于基体和夹杂界面处两侧积分方向相反，系数矩阵 $\boldsymbol{H}_2$ 和 $\boldsymbol{G}_2$ 中相关的全局序号需要转化为矩阵 $\boldsymbol{H}_1$ 和 $\boldsymbol{G}_1$ 相同的排列顺序，即假设界面基体侧的全局序号为 $A=(i-1)m+j$，则此时界面夹杂侧中对应点的全局序号为 $A=(n-i)m+j$，其中 n 和 m 分别表示ξ和η两个方向上各自控制点的数目。

由式(5.32)并考虑界面理想粘接条件，可得

$$\bar{\boldsymbol{H}}_1\tilde{\boldsymbol{u}}_1=\boldsymbol{u}^0 \tag{5.33}$$

式中，$\bar{\boldsymbol{H}}_1=\boldsymbol{H}_1+\boldsymbol{G}_1\boldsymbol{G}_2^{-1}\boldsymbol{H}_2$。界面位移由式(5.33)求出之后，代入 5.2 节中的能量变化积分公式就可以求出非均质材料由于夹杂存在引起的基体能量变化。

5.4　非均质材料弹性能变化的数值算例

为了确定算法的精度和收敛性，将相对误差定义为

$$\varepsilon_{\mathrm{r}}=\left|\frac{I_{\mathrm{num}}-I_{\mathrm{ref}}}{I_{\mathrm{ref}}}\right| \tag{5.34}$$

其中，I_{num} 和 I_{ref} 分别表示弹性能变化的等几何边界元解和参考解。本节算例中的所有几何模型均使用 NURBS 基函数来构造。

5.4.1　无限域内的球形夹杂

考虑具有半径 $a=1\mathrm{m}$ 的球形夹杂(图 5.2)，其嵌入在无限域内，且承受无限远处载荷 $\sigma_{xx}^0=\sigma_{yy}^0=\sigma_{zz}^0=\sigma^0=10^4\,\mathrm{MPa}$。基体材料参数为：$E_{\mathrm{M}}=10^4\,\mathrm{MPa}$，$\nu_{\mathrm{M}}=0.3$，而夹杂材料参数为：$E_{\mathrm{I}}=2\times10^4\,\mathrm{MPa}$，$\nu_{\mathrm{I}}=0.3$。非均质材料的弹性能变化的解析解为[13]

$$\Delta U=2\pi\sigma^0a^2u_r\left(1-\frac{(1+\nu_{\mathrm{M}})E_{\mathrm{I}}}{(1+\nu_{\mathrm{I}})E_{\mathrm{M}}}-3\frac{(\nu_{\mathrm{I}}-\nu_{\mathrm{M}})(1+\nu_{\mathrm{M}})E_{\mathrm{I}}}{(1+\nu_{\mathrm{I}})(1-2\nu_{\mathrm{I}})E_{\mathrm{M}}}\right) \tag{5.35}$$

其中，u_r 是夹杂与基体界面处的径向位移，即

$$u_r=\frac{3a\sigma^0(1-\nu_{\mathrm{M}})(1-2\nu_{\mathrm{I}})}{(1+\nu_{\mathrm{M}})E_{\mathrm{I}}+2(1-2\nu_{\mathrm{I}})E_{\mathrm{M}}} \tag{5.36}$$

从图 5.3 可以看出，等几何边界元解和解析解之间的相对误差随着自由度和高斯点数目的增加而迅速减少。为了保证精度和效率，正则积分和奇异边界积分分别采用 8 × 8 和 10 × 10 个高斯点计算。在图 5.4 中，自由度数目设置为 684，对不同参数 $E_{\mathrm{I}}/E_{\mathrm{M}}$，可以观察到弹性能变化量$\Delta U$ 的等几何边界元解与解析解吻

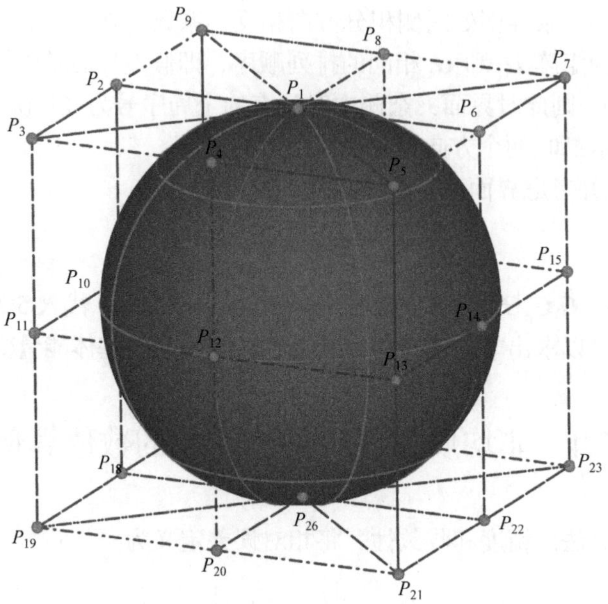

图 5.2　NURBS 曲面的节点向量为 $\boldsymbol{U}=\{0,0,0,1,1,2,2,3,3,4,4,4\}$ 和 $\boldsymbol{V}=\{0,0,0,1,1,2,2,2\}$；球面由 8 个 NURBS 曲面片组成；单元与控制点的数目分别为 8 和 26，其中，控制点 P_1、P_{11} 和 P_{26} 的坐标分别为(0, 0, 1)、(1, 1, 0)和(0, 0, −1)

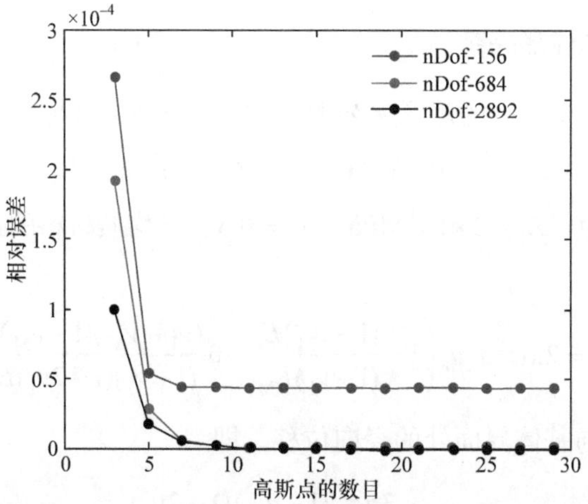

图 5.3　等几何边界元解与解析解之间的相对误差与计算奇异积分时采用的高斯积分点数的关系，其中计算正则积分所用的高斯点数为 20，自由度(nDof)数目从不同的细化次数中获得

合得很好，其中图 5.4(a)给出了计算过程中的相对误差，图 5.4(b)展示了弹性能变化量与无量纲参数 $E_{\mathrm{I}}/E_{\mathrm{M}}$ 之间的关系。

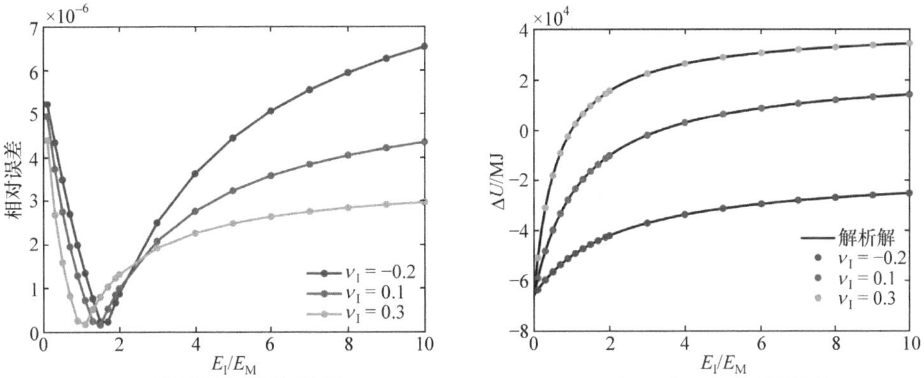

(a) 弹性能变化的相对误差　　(b) ΔU与E_I/E_M之间的关系

图 5.4　弹性能变化的等几何边界元解与解析解

5.4.2　无限域内的复杂形状夹杂

含有一个复杂形状夹杂的三维无限各向同性基体承受远场载荷 $\sigma_{xx}^0 = \sigma_{yy}^0 = \sigma_{zz}^0 = \sigma^0 = 10^4\,\text{MPa}$，夹杂及基体材料参数与算例 5.4.1 中的材料参数相同。图 5.5 所示的等几何模型由具有 90 个控制点的二次 NURBS 曲面构造而成。图 5.6 中的

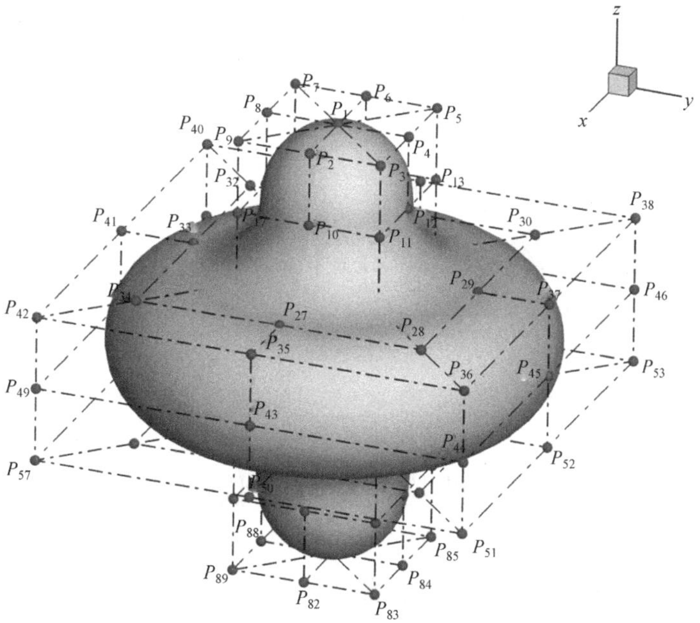

图 5.5　二次 NURBS 曲面的初始控制网格与几何构形，其节点向量为 $\boldsymbol{U} = \{0, 0, 0, 1, 1, 2, 2, 3, 3, 4, 4, 4\}$ 和 $\boldsymbol{V} = \{0, 0, 0, 1, 1, 2, 2, 3, 3, 4, 4, 5, 5, 6, 6, 6\}$，控制点与单元数分别为 90 和 24，其中的三个控制点坐标分别为 $P_1(0,0,30)$、$P_{10}(10,0,20)$及 $P_{43}(30,0,0)$

网格是对图 5.5 中的网格进行细化一次得到的。初始网格及细化网格的数值结果如图 5.7 所示，二者结果吻合较好。

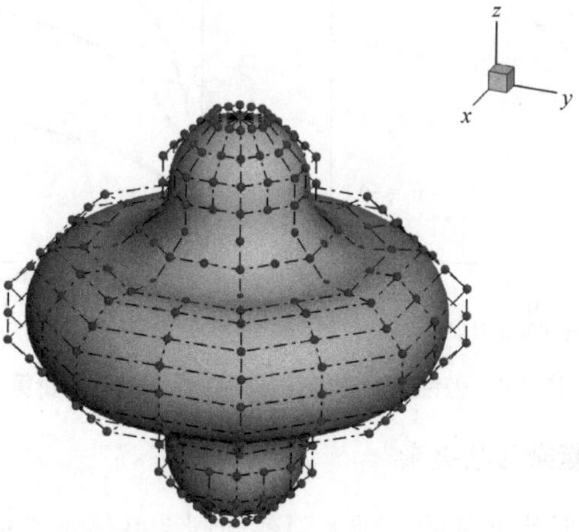

图 5.6　细化后的 NURBS 控制网格和几何构形，其中控制点和单元数分别为 370 和 96

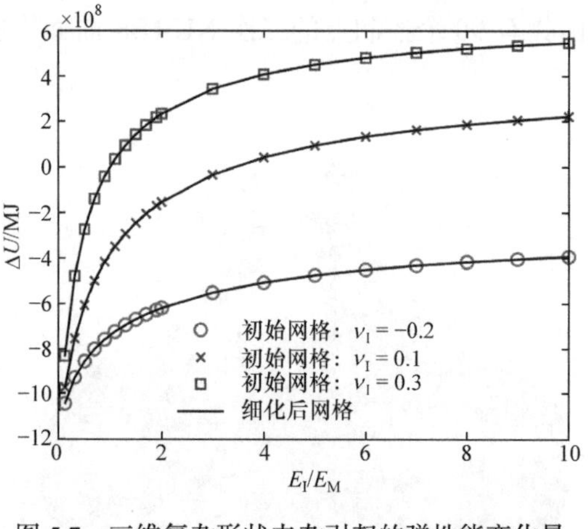

图 5.7　三维复杂形状夹杂引起的弹性能变化量

5.5　非均质材料形状优化

5.5.1　基于等几何边界元法的形状敏感度分析

在等几何形状优化过程中，可将控制点坐标和权值作为设计变量。通常，只选用控制点坐标作为优化变量进行迭代计算可得到同样的效果。非均质形状优化的微分方法需要其相应的边界积分方程对每个设计变量进行微分。

将方程(5.15)中的各项对设计变量进行求导，可得

$$\dot{\boldsymbol{C}}(\boldsymbol{y})\boldsymbol{u}(\boldsymbol{y})+\boldsymbol{C}(\boldsymbol{y})\dot{\boldsymbol{u}}(\boldsymbol{y})=\dot{\boldsymbol{u}}^0(\boldsymbol{y})+\int_\Gamma[\dot{\boldsymbol{U}}(\boldsymbol{y},\boldsymbol{x})\boldsymbol{t}(\boldsymbol{x})+\boldsymbol{U}(\boldsymbol{y},\boldsymbol{x})\dot{\boldsymbol{t}}(\boldsymbol{x})]\mathrm{d}\Gamma$$
$$-\int_\Gamma[\dot{\boldsymbol{T}}(\boldsymbol{y},\boldsymbol{x})\boldsymbol{u}(\boldsymbol{x})+\boldsymbol{T}(\boldsymbol{y},\boldsymbol{x})\dot{\boldsymbol{u}}(\boldsymbol{x})]\mathrm{d}\Gamma$$
$$+\int_\Gamma[\boldsymbol{U}(\boldsymbol{y},\boldsymbol{x})\boldsymbol{t}(\boldsymbol{x})-\boldsymbol{T}(\boldsymbol{y},\boldsymbol{x})\boldsymbol{u}(\boldsymbol{x})]\mathrm{d}\dot{\Gamma} \tag{5.37}$$

其中，$\dot{()}$ 表示函数对设计变量求导；$\dot{\boldsymbol{C}}(\boldsymbol{y})$ 表示系数矩阵 $\boldsymbol{C}(\boldsymbol{y})$对设计变量的导数，这一参数可以通过改进的 Greville 坐标方法(式(5.22))来消除。这样，方程(5.37)可以改写为

$$\frac{1}{2}\dot{\boldsymbol{u}}(\boldsymbol{y})=\dot{\boldsymbol{u}}^0(\boldsymbol{y})+\int_\Gamma[\dot{\boldsymbol{U}}(\boldsymbol{y},\boldsymbol{x})\boldsymbol{t}(\boldsymbol{x})+\boldsymbol{U}(\boldsymbol{y},\boldsymbol{x})\dot{\boldsymbol{t}}(\boldsymbol{x})]\mathrm{d}\Gamma$$
$$-\int_\Gamma[\dot{\boldsymbol{T}}(\boldsymbol{y},\boldsymbol{x})\boldsymbol{u}(\boldsymbol{x})+\boldsymbol{T}(\boldsymbol{y},\boldsymbol{x})\dot{\boldsymbol{u}}(\boldsymbol{x})]\mathrm{d}\Gamma$$
$$+\int_\Gamma[\boldsymbol{U}(\boldsymbol{y},\boldsymbol{x})\boldsymbol{t}(\boldsymbol{x})-\boldsymbol{T}(\boldsymbol{y},\boldsymbol{x})\boldsymbol{u}(\boldsymbol{x})]\mathrm{d}\dot{\Gamma} \tag{5.38}$$

其中，核函数对设计变量的形状敏感度为

$$\dot{U}_{ij}=\frac{1}{16\pi G(1-\nu)}\left\{\left(\dot{\overline{\frac{1}{r}}}\right)[(3-4\nu)\delta_{ij}+r_{,i}r_{,j}]+\frac{1}{r}[(\dot{r}_{,i})r_{,j}+r_{,i}(\dot{r}_{,j})]\right\} \tag{5.39}$$

$$\dot{T}_{ij}=\frac{-1}{8\pi(1-\nu)}\left(\dot{\overline{\frac{1}{r^2}}}\right)\left\{\frac{\partial r}{\partial n}[(1-2\nu)\delta_{ij}+3r_{,i}r_{,j}]+(1-2\nu)(n_ir_{,j}-n_jr_{,i})\right\}$$
$$+\frac{-1}{8\pi(1-\nu)r^2}\left\{\left(\dot{\overline{\frac{\partial r}{\partial n}}}\right)[(1-2\nu)\delta_{ij}+3r_{,i}r_{,j}]+3\frac{\partial r}{\partial n}[(\dot{r}_{,i})r_{,j}+r_{,i}(\dot{r}_{,j})]\right\}$$
$$+\frac{-1}{8\pi(1-\nu)r^2}\{(1-2\nu)[\dot{n}_ir_{,j}+n_i(\dot{r}_{,j})-\dot{n}_jr_{,i}-n_j(\dot{r}_{,i})]\} \tag{5.40}$$

以控制点为设计变量，物体边界上配点处坐标的形状敏感度可从其与控制点的坐标关系中得到，即

$$\dot{\boldsymbol{x}}(\boldsymbol{\xi})=\sum_{A=1}^{N}R_A(\boldsymbol{\xi})\dot{\boldsymbol{P}}_A \tag{5.41}$$

其中，N 、R_A 与式(5.18)、(5.19)中对应部分含义相同。其他变量的敏感度可以通过类似的方法求出，比如

$$\dot{r}=|\dot{\overline{\boldsymbol{x}-\boldsymbol{y}}}|=\left|\sum_{A=1}^{N}[R_A(\boldsymbol{\xi}_{\boldsymbol{x}})-R_A(\boldsymbol{\xi}_{\boldsymbol{y}})]\dot{\boldsymbol{P}}_A\right| \tag{5.42}$$

其中，下标 $\boldsymbol{y}$ 和 $\boldsymbol{x}$ 分别表示参数坐标下的源点和场点。

任意点的位移和面力的形状敏感度可以通过 NURBS 基函数插值表示为

$$\dot{\boldsymbol{u}}(\boldsymbol{\xi})=\sum_{A=1}^{N}R_A(\boldsymbol{\xi})\dot{\boldsymbol{u}}_A \tag{5.43}$$

$$\dot{\boldsymbol{t}}(\boldsymbol{\xi})=\sum_{A=1}^{N}R_A(\boldsymbol{\xi})\dot{\boldsymbol{t}}_A \tag{5.44}$$

其中，$\dot{\boldsymbol{u}}$ 和 $\dot{\boldsymbol{t}}$ 分别是控制点的位移和面力矢量对设计变量的导数。

基于 NURBS 基函数，式(5.38)的离散形式为

$$\begin{aligned}\frac{1}{2}\sum_{\alpha=1}^{(p+1)\times(q+1)}R_\alpha^{\bar{e}}(\tilde{\xi}',\tilde{\eta}')\dot{\tilde{u}}_j^{\bar{e}\alpha}=\dot{u}^0(\boldsymbol{y})&+\sum_{e=1}^{E}\sum_{\alpha=1}^{(p+1)\times(q+1)}\int_{-1}^{1}\int_{-1}^{1}[\dot{U}_{ij}(\boldsymbol{y},\boldsymbol{x}(\tilde{\xi},\tilde{\eta}))R_\alpha^e(\tilde{\xi},\tilde{\eta})\tilde{t}_j^{e\alpha}\\&+U_{ij}(\boldsymbol{y},\boldsymbol{x}(\tilde{\xi},\tilde{\eta}))R_\alpha^e(\tilde{\xi},\tilde{\eta})\dot{\tilde{t}}_j^{e\alpha}]J^e(\tilde{\xi},\tilde{\eta})\mathrm{d}\tilde{\xi}\mathrm{d}\tilde{\eta}\\&-\sum_{e=1}^{E}\sum_{\alpha=1}^{(p+1)\times(q+1)}\int_{-1}^{1}\int_{-1}^{1}[\dot{T}_{ij}(\boldsymbol{y},\boldsymbol{x}(\tilde{\xi},\tilde{\eta}))R_\alpha^e(\tilde{\xi},\tilde{\eta})\tilde{u}_j^{e\alpha}\\&+T_{ij}(\boldsymbol{y},\boldsymbol{x}(\tilde{\xi},\tilde{\eta}))R_\alpha^e(\tilde{\xi},\tilde{\eta})\dot{\tilde{u}}_j^{e\alpha}]J^e(\tilde{\xi},\tilde{\eta})\mathrm{d}\tilde{\xi}\mathrm{d}\tilde{\eta}\\&+\sum_{e=1}^{E}\sum_{\alpha=1}^{(p+1)\times(q+1)}\int_{s_e}\Big[U(\boldsymbol{y},\boldsymbol{x}(\tilde{\xi},\tilde{\eta}))R_\alpha^e(\tilde{\xi},\tilde{\eta})\tilde{t}_j^{e\alpha}\\&-T(\boldsymbol{y},\boldsymbol{x}(\tilde{\xi},\tilde{\eta}))R_\alpha^e(\tilde{\xi},\tilde{\eta})\tilde{u}_j^{e\alpha}\Big]\dot{J}^e(\tilde{\xi},\tilde{\eta})\mathrm{d}\tilde{\xi}\mathrm{d}\tilde{\eta}\end{aligned} \tag{5.45}$$

基于改进 Greville 坐标方法所对应配点的方程(5.45)，可得求解的线性方程组为

$$\boldsymbol{H}\dot{\tilde{\boldsymbol{u}}}+\dot{\boldsymbol{H}}\tilde{\boldsymbol{u}}=\dot{\boldsymbol{u}}^0+\boldsymbol{G}\dot{\tilde{\boldsymbol{t}}}+\dot{\boldsymbol{G}}\tilde{\boldsymbol{t}} \tag{5.46}$$

其中，$\boldsymbol{H}$ 、$\dot{\boldsymbol{H}}$ 、$\boldsymbol{G}$ 和 $\dot{\boldsymbol{G}}$ 是由方程(5.45)通过配点形成方程组的系数矩阵。注意，矩阵 $\boldsymbol{H}$ 和 $\boldsymbol{G}$ 与式(5.29)中的相应矩阵完全相同。

为清晰起见，式(5.46)可改写为

$$\boldsymbol{H}_1\dot{\tilde{\boldsymbol{u}}}_1+\dot{\boldsymbol{H}}_1\tilde{\boldsymbol{u}}_1=\dot{\boldsymbol{u}}^0+\boldsymbol{G}_1\dot{\tilde{\boldsymbol{t}}}_1+\dot{\boldsymbol{G}}_1\tilde{\boldsymbol{t}}_1 \tag{5.47}$$

其中，下标 1 表示与基体相关的量。

类似地，可写出夹杂对应的矩阵形式，即

$$\boldsymbol{H}_2\dot{\tilde{\boldsymbol{u}}}_2+\dot{\boldsymbol{H}}_2\tilde{\boldsymbol{u}}_2=\boldsymbol{G}_2\dot{\tilde{\boldsymbol{t}}}_2+\dot{\boldsymbol{G}}_2\tilde{\boldsymbol{t}}_2 \tag{5.48}$$

其中，下标 2 表示与夹杂相关的量。注意，此式中不包含 $\dot{\boldsymbol{u}}^0$ 。

在界面上，控制点的位移向量和面力向量及其敏感度满足关系

$$\boldsymbol{u}_1=\boldsymbol{u}_2,\quad \boldsymbol{t}_1=-\boldsymbol{t}_2,\quad \dot{\tilde{\boldsymbol{u}}}_1=\dot{\tilde{\boldsymbol{u}}}_2,\quad \dot{\tilde{\boldsymbol{t}}}_1=-\dot{\tilde{\boldsymbol{t}}}_2 \tag{5.49}$$

由式(5.47)、(5.48)和(5.49)以及式(5.33)，可得

$$\bar{\boldsymbol{H}}_1\dot{\tilde{\boldsymbol{u}}}_1=\dot{\boldsymbol{u}}^0+\bar{\boldsymbol{G}}\boldsymbol{u}^0 \tag{5.50}$$

式中，$\bar{\boldsymbol{G}}$ 的表达式为

$$\bar{\boldsymbol{G}}=-\left[\left(\dot{\boldsymbol{G}}_1-\boldsymbol{G}_1\boldsymbol{G}_2^{-1}\dot{\boldsymbol{G}}_2\right)\boldsymbol{G}_2^{-1}\boldsymbol{H}_2+\dot{\boldsymbol{H}}_1+\boldsymbol{G}_1\boldsymbol{G}_2^{-1}\dot{\boldsymbol{H}}_2\right]\bar{\boldsymbol{H}}_1^{-1} \tag{5.51}$$

由式(5.50)求得 $\dot{\tilde{\boldsymbol{u}}}_1$ 之后，可以通过下式求出 $\dot{\tilde{\boldsymbol{t}}}_1$，即

$$\dot{\tilde{\boldsymbol{t}}}_1=-\boldsymbol{G}_2^{-1}\left[\boldsymbol{H}_2\dot{\tilde{\boldsymbol{u}}}_1+\dot{\boldsymbol{G}}_2\tilde{\boldsymbol{t}}_1+\dot{\boldsymbol{H}}_2\tilde{\boldsymbol{u}}_1\right] \tag{5.52}$$

其中，$\tilde{\boldsymbol{u}}_1$ 来自式(5.33)，$\tilde{\boldsymbol{t}}_1=-\boldsymbol{G}_2^{-1}\boldsymbol{H}_2\tilde{\boldsymbol{u}}_1$。

5.5.2　等几何边界元法的形状优化分析

本节将移动渐进线法(MMA)[14]与等几何边界元法相结合形成形状优化体系，即

$$x\begin{cases}\text{Min }\Delta U(\boldsymbol{b})\\ \text{约束条件:}\begin{array}{l}h(\boldsymbol{b})=C\\ \boldsymbol{b}^{\min}\leqslant\boldsymbol{b}\leqslant\boldsymbol{b}^{\max}\end{array}\end{cases} \tag{5.53}$$

其中，C 是给定的夹杂体积；$\boldsymbol{b}$ 是设计变量矢量；$\boldsymbol{b}^{\min}$ 和 $\boldsymbol{b}^{\max}$ 是设计变量的上下界；目标函数 ΔU 是由于夹杂存在导致的基体弹性能变化量，其具体表达式见式(5.10)；约束函数 h 可表示为

$$h=\int_{\Omega}\mathrm{d}\Omega=\frac{1}{3}\int_{\Omega}x_{j,j}\mathrm{d}\Omega=\frac{1}{3}\int_{\Gamma}x_jn_j\mathrm{d}\Gamma \tag{5.54}$$

约束函数 h 的敏感度为

$$\dot{h}=\frac{1}{3}\left\{\int_{\Gamma}\left(\dot{x}_jn_j+x_j\dot{n}_j\right)\mathrm{d}\Gamma+\int_{\Gamma}x_jn_j\mathrm{d}\dot{\Gamma}\right\} \tag{5.55}$$

目标函数的敏感度表示为

$$\Delta\dot{U}=\frac{1}{2}\int_{\Gamma}\left[\left(1-\frac{(1+\nu_{\mathrm{M}})E_{\mathrm{I}}}{(1+\nu_{\mathrm{I}})E_{\mathrm{M}}}\right)t_i^0-\frac{\left(\nu_{\mathrm{I}}-\nu_{\mathrm{M}}\right)E_{\mathrm{I}}}{(1+\nu_{\mathrm{I}})(1-2\nu_{\mathrm{I}})E_{\mathrm{M}}}\sigma_{mm}^0n_i\right]\left(\dot{u}_i\mathrm{d}\Gamma+u_i\mathrm{d}\dot{\Gamma}\right) \tag{5.56}$$

我们用目标函数值的变化作为优化形状收敛准则，即

$$\left|\frac{\Delta U^k-\Delta U^{k-1}}{\Delta U^0}\right|\leqslant\varepsilon \tag{5.57}$$

其中,上标 k 表示第 k 次迭代时的目标函数值,ε 是一个给定的小数,比如 $\varepsilon=10^{-4}$。

5.6　夹杂形状优化的数值算例

5.6.1　球形夹杂形状优化

在无限大基体中嵌入一个球形夹杂。其中，基体和夹杂的材料参数分别为：

$E_1 = 1\times10^6\,\text{MPa}$，$\nu_1 = 0.3$ 和 $E_2 = 2\times10^6\,\text{MPa}$，$\nu_2 = 0.2$。

考虑球形夹杂的对称性，我们仅考虑八分之一球面中的相关变量，根据对称性自动获得其他对称部分的相应量。由 NURBS 基函数和控制点形成的初始几何模型如图 5.2 所示，设计模型通过对初始模型进行二次细化获得，如图 5.8 所示。为了保证迭代过程中几何形状的光滑和合理性，仅选择 C^1 连续处的六个独立控制点与球心的径向距离作为设计变量。同时，由于 NURBS 曲面片连接处连续性为 C^0，需要使用耦合控制点保持几何的合理性。如图 5.9 所示，设计变量 r_1 随着迭代过程变化，相关的独立控制点的坐标会在径向上移动，同时相邻 NURBS 片的两个耦合控制点会在相应的径向上移动，直到三个点形成的直线 A_2 与 A_1 平行。算例中，耦合控制点与独立控制点的关系用“-”表示。例如，‘13-1’表示该耦合控制点坐标随着第 13 个独立控制点移动；独立控制点的序号与表 5.1 中设计变量的序号一一对应。在优化时，体积限制条件为 $h\leqslant 4188.79\text{m}^3$，收敛阈值为 $\varepsilon\leqslant 10^{-4}$，控制点的初始值和限制条件如表 5.1 所示。优化后可以获得非均质材料的最大弹性能变化量。为了验证优化方法的有效性，选用两种远场应力作为边界条件，即①$\sigma_{xx}^0=\sigma_{yy}^0=\sigma_{zz}^0=\sigma^0=10^3\text{MPa}$；②$\sigma_{xx}^0=10^3\text{MPa},\sigma_{yy}^0=-10^3\text{MPa},\sigma_{zz}^0=0\text{MPa}$。

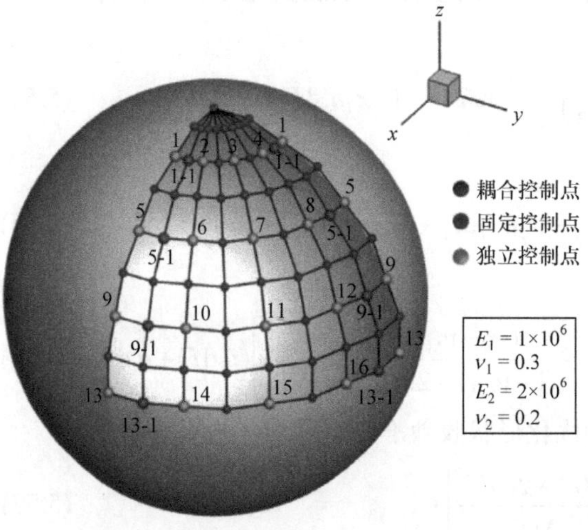

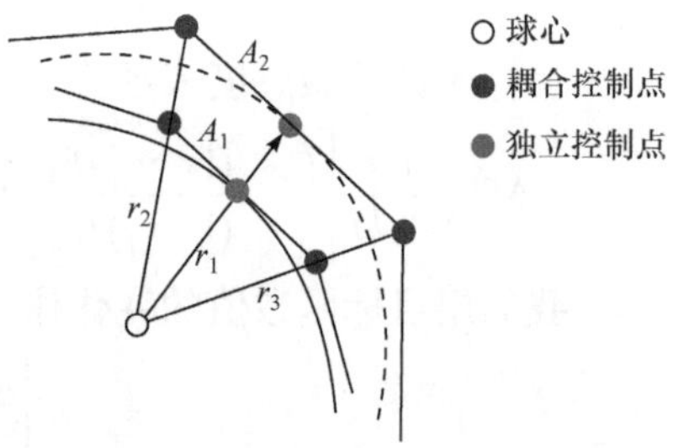

图 5.8　球形夹杂的设计模型，其中含有 482 个控制点和 128 个单元

图 5.9　耦合控制点与独立控制点关系图

经过迭代优化后，设计变量的最终值如表 5.1 所示。图 5.10 显示了两种远场应力作用下的弹性能变化量随迭代次数的变化情况。最终，在体积约束条件下获得了最大的弹性能变化量。优化后夹杂表面的 Mises 应力分布如图 5.11 所示。

表 5.1　球形夹杂优化的设计变量

序号	初始值/m	下限/m	上限/m	最优值/m	
				应力场 I	应力场 II
1	10.0000	8	12	9.9051	8.0000
2	10.0290	8	12	12.0000	9.8363
3	10.0290	8	12	12.0000	9.8363
4	10.0000	8	12	9.9051	8.0000
5	10.0000	8	12	9.4875	8.0000
6	10.1067	8	12	12.0000	9.9303
7	10.1067	8	12	12.0000	9.9303
8	10.0000	8	12	9.4875	8.0000
9	10.0000	8	12	8.3715	10.3199
10	10.1837	8	12	12.0000	11.1004
11	10.1837	8	12	12.0000	11.1004
12	10.0000	8	12	8.3715	10.3199
13	10.0000	8	12	8.4550	12.0000
14	10.2122	8	12	12.0000	12.0000
15	10.2122	8	12	12.0000	12.0000
16	10.0000	8	12	8.4550	12.0000

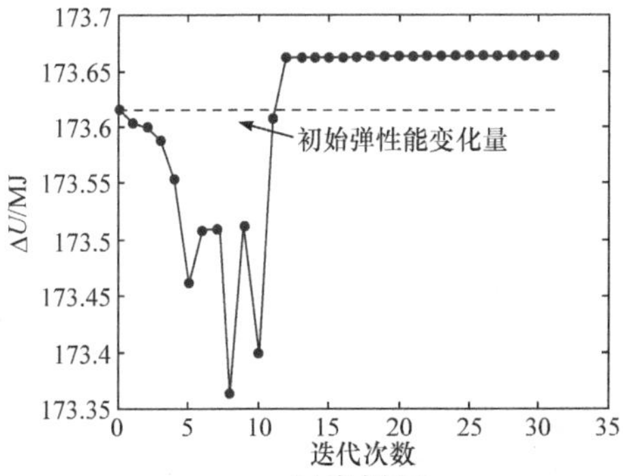

(a) 应力场 I

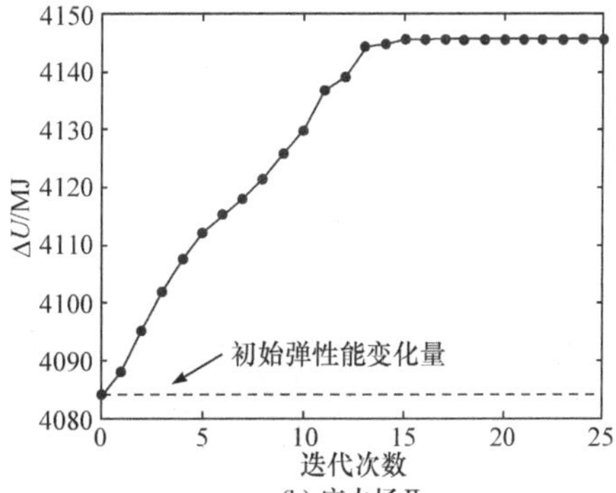

(b) 应力场 II

图 5.10　弹性能变化量与迭代次数的关系

5.6.2　复杂圆环形状夹杂模型

复杂圆环形状夹杂模型如图 5.12 所示，其几何模型由 NURBS 基函数和控制点形成。设计模型由初始几何模型在ξ参数方向细化一次后获得，如图 5.13 所示。选取设计模型控制网格横截面的中心点与坐标原点的径向距离作为独立设计变量。如图 5.14(a)所示，每个横截面上存在三个固定控制点，五个耦合控制点，耦合控制点的坐标与该截面上对应的设计变量保持初始的相对位置，且随着设计变量移动，变化后的截面示意图如图 5.14(b)所示。从模型的纵截面来看，将每个横

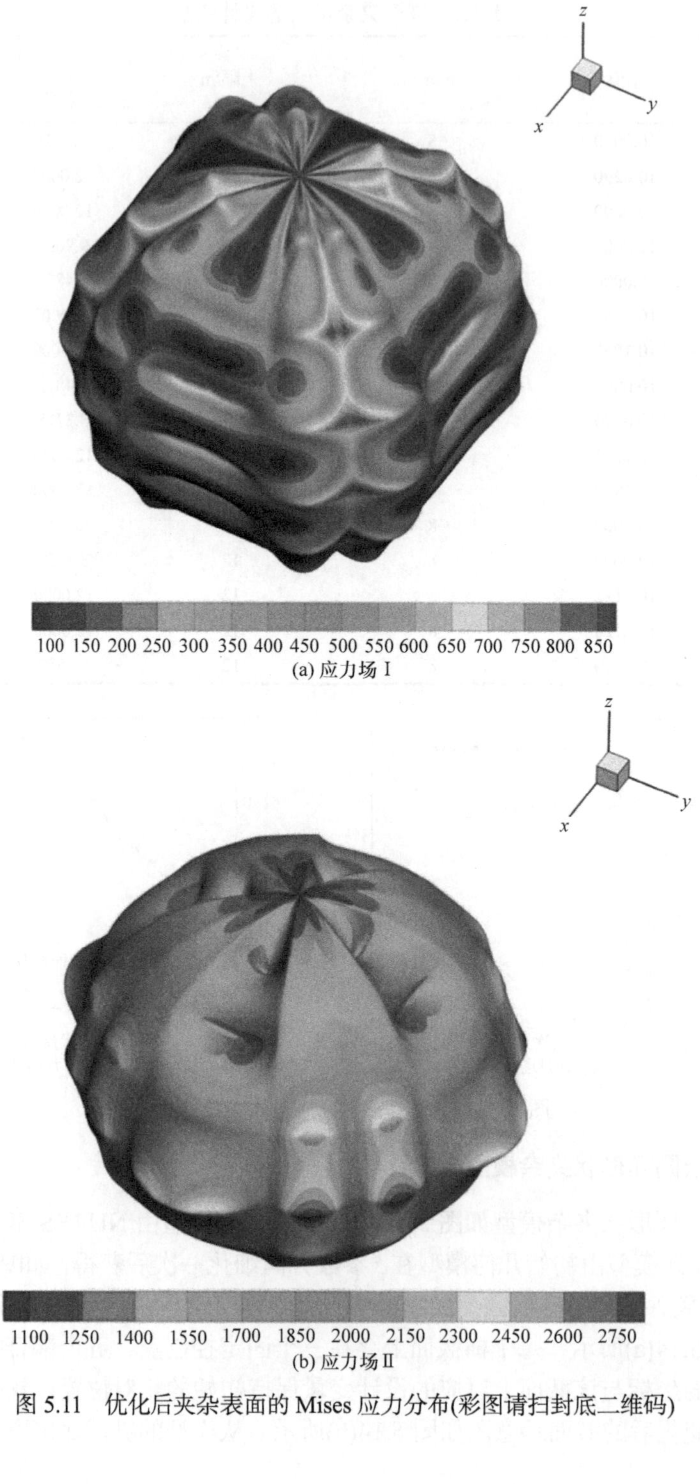

图 5.11　优化后夹杂表面的 Mises 应力分布(彩图请扫封底二维码)

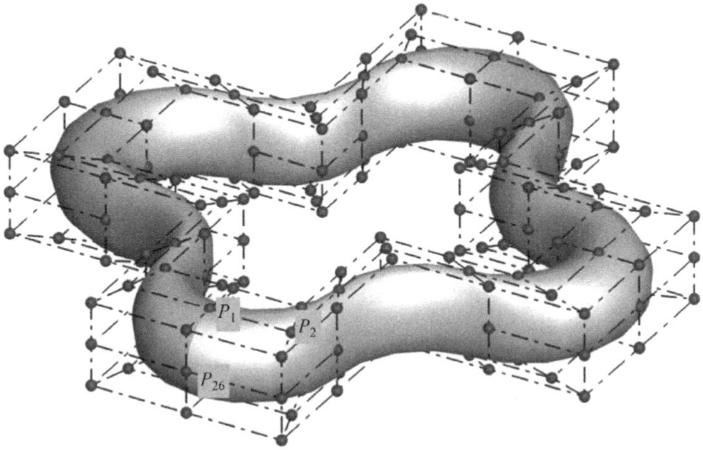

图 5.12　复杂圆环形状夹杂模型：NURBS 曲面的节点向量为 $\boldsymbol{U}=\{0, 0, 0, 1, 1, 2, 2, 3, 3, \cdots, 9, 9, 10, 10, 11, 12, 12,\}$ 和 $\boldsymbol{V}=\{0, 0, 0, 1, 1, 2, 2, 3, 3, 4, 4, 4\}$ 。单元与控制点的数目分别为 48 和 192，其中的三个控制点坐标为 $P_1(30, 0, 5)$、$P_2(30, 10, 5)$ 和 $P_{26}(35,0,5)$

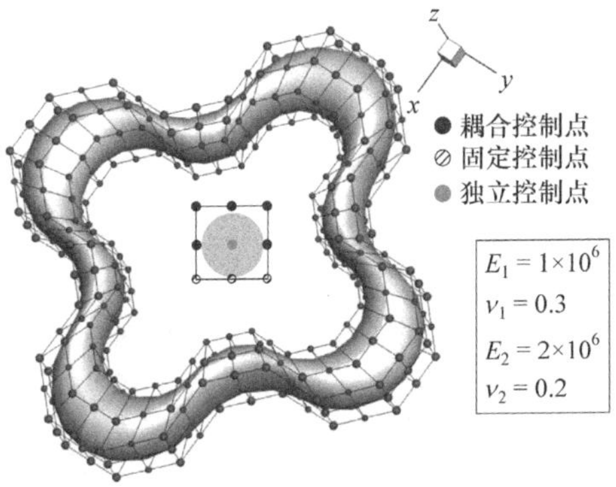

图 5.13　设计模型：NURBS 曲面的阶数为 $p=2$ 和 $q=2$，单元和控制点的数目为 96 和 441，选取五个点的径向坐标为设计变量

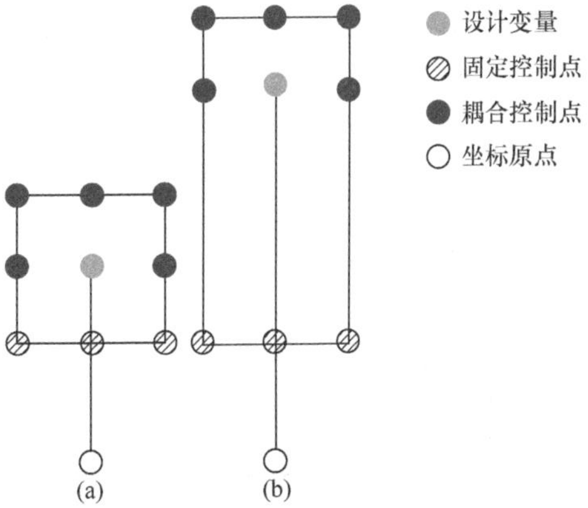

图 5.14　模型横截面示意图：(a)控制网格横截面的中心点与坐标原点的径向距离；(b)设计变量移动后的截面示意图

截面中心连接起来的形状如图 5.15 所示。考虑几何的对称性，将设计中心点对称分布，整个模型共有四个独立中心点并用与表 5.2 相同的序号顺序表示，耦合中心点与独立中心点的关系用符合“-”表示，且独立中心点与对应耦合中心点的相互关系与图 5.9 相同。将四个独立中心点与原点的径向距离作为设计变量，其初值与约束条件如表 5.2 所示。远场应力为 $\sigma_{xx}^0=\sigma_{yy}^0=\sigma^0=10^3\text{MPa}$ ，$\sigma_{zz}^0=0\text{MPa}$ 。夹杂体积为 10022.52m^3。设计变量的初始值从图 5.12 中获得，其约束条件见表 5.2。优化目标是获得非均质材料的最大弹性能变化量。图 5.16 显示了该算例中弹性能

变化量随迭代次数的变化情况，图 5.17 展示了优化前后的几何形状和 Mises 应力分布。设计变量的最终结果如表 5.2 所示。

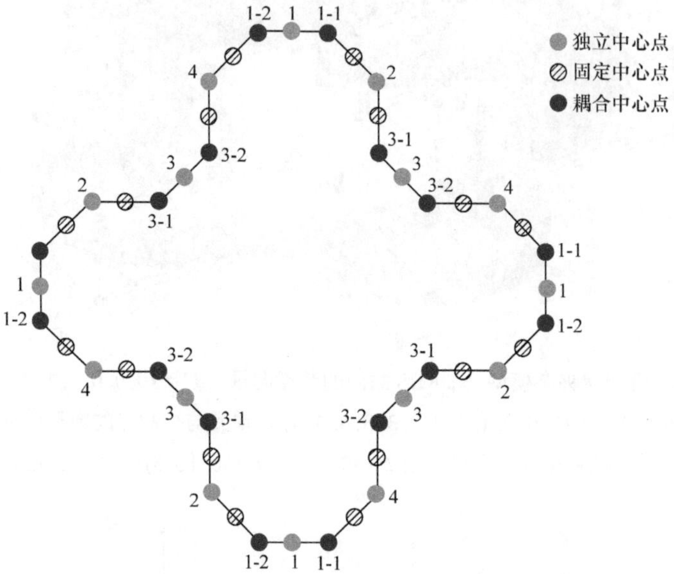

图 5.15　模型纵截面中心点分类示意图

表 5.2　不规则圆环夹杂的设计变量

序号	初始值/m	下限/m	上限/m	最优值/m
1	30.0000	27	33	27.0000
2	26.1313	24	28	24.0000
3	18.2843	16	30	22.0115
4	26.1313	24	28	24.0000
5	30.0000	27	33	27.0000

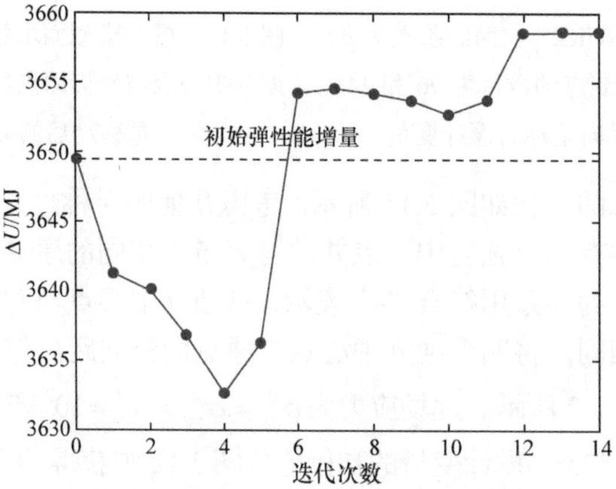

图 5.16　弹性能变化量与迭代次数的关系

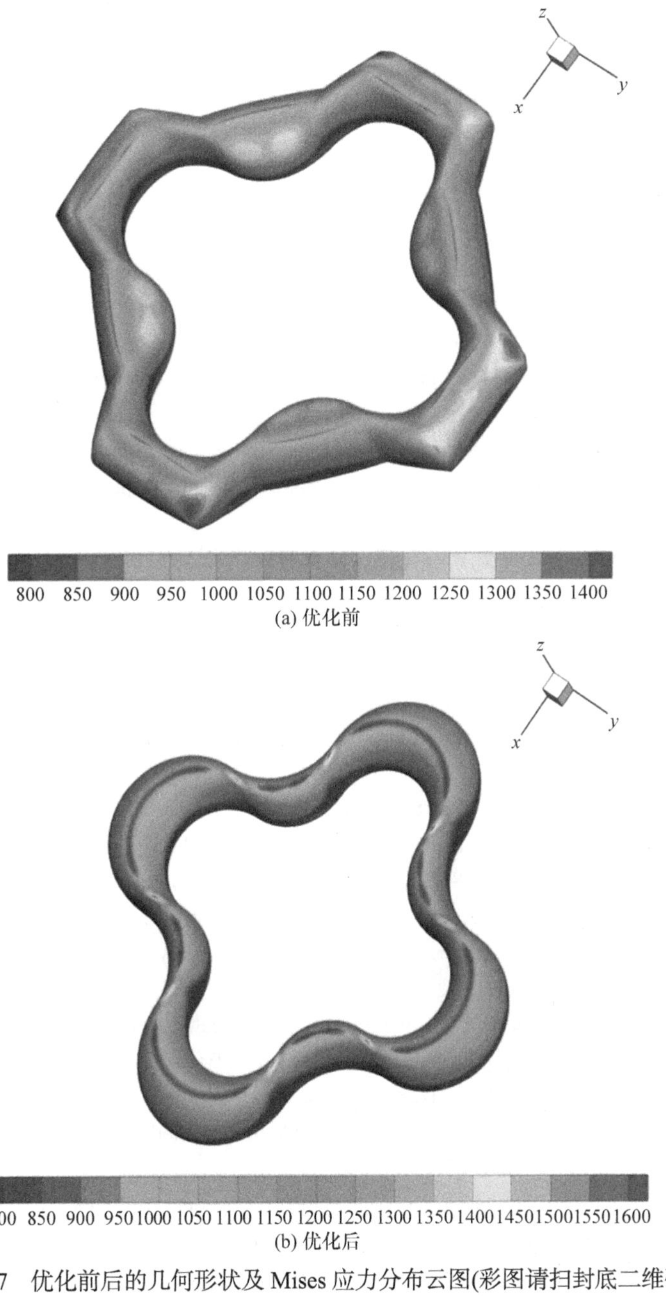

图 5.17　优化前后的几何形状及 Mises 应力分布云图(彩图请扫封底二维码)

5.7 小　　结

本章展示了非均质材料的弹性能变化量的界面积分公式，此公式仅包含基体与夹杂界面上的位移变量，便于数值实施。本章还介绍了非均质材料形状优化的等几何边界元法，其中使用了改进的 Greville 坐标，从而避免了角点问题，而且导致系数矩阵 $\boldsymbol{C}(\boldsymbol{y})$ 保持不变且其敏感度恒等于 0。

参考文献

[1] Christensen R M. Mechanics of Composite Materials[M]. New York: Wiley, 1979.

[2] Dong C Y. A new integral formula for the variation of matrix elastic energy of heterogeneous materials[J]. Journal of Computational and Applied Mathematics, 2018, 343: 635-642.

[3] Dong C Y. A more general interface integral formula for the variation of matrix elastic energy of heterogeneous materials[C]. Mechanics and Engineering-Numerical Computation and Data Analysis, 2019: 95-98.

[4] Sun D Y, Dong C Y. Isogeometric analysis of the new integral formula for elastic energy change of heterogeneous materials[J]. Journal of Computational and Applied Mathematics, 2021, 382: 113106.

[5] 孙德永. 非均质材料形状优化与粘弹性分析的等几何边界元法[D]. 北京：北京理工大学, 2021.

[6] Sun D Y, Dong C Y. Shape optimization of heterogeneous materials based on isogeometric boundary element method[J]. Computer Methods in Applied Mechanics and Engineering, 2020, 370: 113279.

[7] Brebbia C, Dominguez J. Boundary Elements: An Introductory course[M]. London: Computational Mechanics Publication, 1989.

[8] Dong C Y, Lo S H, Cheung Y K. Stress analysis of inclusion problems of various shapes in an infinite anisotropic elastic medium[J]. Computer Methods in Applied Mechanics and Engineering, 2003, 192(5-6): 683-696.

[9] Bai Y, Dong C Y, Liu Z Y. Effective elastic properties and stress states of doubly periodic array of inclusions with complex shapes by isogeometric boundary element method[J]. Composite Structures, 2015, 128: 54-69.

[10] Dong C Y, Lo S H, Cheung Y K. Interaction between coated inclusions and cracks in an infinite isotropic elastic medium[J]. Engineering Analysis with Boundary Elements, 2003, 27: 871-884.

[11] Simpson R N, Bordas S P A, Trevelyan J, et al. A two-dimensional Isogeometric Boundary Element Method for elastostatic analysis[J]. Computer Methods in Applied Mechanics and Engineering, 2012, 209-212: 87-100.

[12] Wang Y J, Benson D J. Multi-patch nonsingular isogeometric boundary element analysis in 3D[J]. Computer Methods in Applied Mechanics and Engineering, 2015, 293: 71-91.

[13] Mal A K, Singh S J. Deformation of Elastic Solids[M]. New Jersey: Englewood Cliffs, 1991.

[14] Svanberg K. The method of moving asymptotes: a new method for structural optimization[J]. International Journal for Numerical Methods in Engineering, 1987, 24(2): 359-373.

第 6 章　涂层薄体结构的等几何边界元法

6.1 引　　言

涂层是一种固态连续薄体结构，是为了防护、绝缘、装饰等，一般涂布于金属、织物、塑料等基体表面[1]。由于基体和涂层物理参数的差异使得涂层服役期间容易产生脱粘、脱层等现象。随着涂层应用范围的越来越广泛以及服役环境的恶劣，国内外学者和工程师已经提出了一系列的理论和方法来研究涂层和薄体结构。

关于涂层的力学研究已有多年的历史，可以分为实验研究、理论研究及数值研究。Evans 和 Hutchinson 针对高温度梯度环境下的涂层提出了一种剥离模型[2]。基于功能梯度材料的高阶理论，Pindera 及合作者研究了具有多级黏结层的热障涂层的剥离机理[3]。有限元法是一种分析涂层和薄体结构的有效方法。许多学者利用有限元方法对涂层及薄体结构力学性能进行了数值分析。Skalka 及合作者建立三维有限元数值仿真模型，研究了黏结层界面形貌及氧化层厚度对等离子喷涂结构涂层的可靠性的影响[4]。Yang 等基于商业有限元软件(Abaqus 和 ATIA)建立了一个三维有限元模型，据此研究了叶片热障涂层的热疲劳行为[5]。数值仿真中，随着涂层厚度的减小，为达到涂层或薄体结构的几何近似精度以及物理量的精度要求，需要对模型划分大量单元。然而这将使得计算时间急剧增加甚至无法计算。虽然有限元中的壳单元可以应用于此类问题，但是壳单元对于涂层内部沿厚度方向的物理量的分析需要进一步处理。

边界元法作为一种偏微分方程的求解工具，在有些问题的应用方面比其他数值算法更有优势，例如，断裂力学、声学、电磁学等问题[6-8]。与有限元法相比，边界元法的优势主要体现在其计算精度高、只需要边界离散，而且可以描述不连续函数等。基于 NURBS 的边界元法用很少的单元(节点区间)就可以精确描述厚度保持在微米甚至纳米级的涂层和薄体结构[9]。等几何边界元法只需要边界上的物理量和几何信息，可以降低所分析的涂层和薄体问题的维度。此外，等几何边界元法用很粗糙的单元也可以得到精度很高的数值解，可以极大地降低计算所需的单元数。因此，在分析薄体或者涂层结构时，等几何边界元法具有一定的优势。然而，等几何边界元法在处理厚度非常薄的结构时，由于拟奇异积分的存在，导致数值实施面临挑战。针对此类问题，作者和合作者基于传统边界元法中拟奇异积分的处理方法，提出了一种混合积分法并将该方法应用于等几何边界元中，并利用等几何边界元法分析涂层、薄体结构的热传导和热弹性等问题[10-14]。

本章首先介绍热弹性和热传导问题的边界积分方程，然后介绍常用的拟奇异积分算法并将算法应用于三维等几何边界元法中。从精度和计算效率方面对这些拟奇异积分方法进行比较，形成一种混合积分法；利用 NURBS 基函数的解析延拓，将 sinh 变换法进一步完善，使其可以计算投影点不在单元内部情况；利用泰勒展开的截断误差，将拟奇异单元分割，形成一种高精度、高效率的拟奇异积分计算方法；将算法在涂层薄体结构中进行验证。

6.2　热弹性和热传导问题的边界积分方程

对于稳态各向同性热弹性问题，控制方程可以表示为[15]

$$\begin{cases} \mu u_{i,jj}+\dfrac{\mu}{(1-2\nu)}u_{j,ji}-\dfrac{2\mu(1+\nu)}{1-2\nu}\alpha\Delta\theta_{,i}=0 \\ k\theta_{,ii}=0 \end{cases} \tag{6.1}$$

式中，μ 表示剪切模量；ν 是泊松比；k 是热传导系数；α 是热膨胀系数；参数 u 和 θ 分别表示位移和温度；在三维问题中，下标 i，$j=1, 2, 3$。对于热传导问题，x_i 方向的热流密度 q_i 可以表示为

$$q_i=-k\frac{\partial\theta}{\partial x_i} \tag{6.2}$$

边界上沿法线方向的热流密度用 q 表示，其表达式为

$$q=-k\nabla\theta\cdot\boldsymbol{n} \tag{6.3}$$

其中，$\boldsymbol{n}$ 为单位外法线向量。由于热流是从高温向低温方向传播，因此，式(6.3)前面有一个负号。式(6.3)也是数值计算中 Neumann 边界条件的表达式。为分析热弹性问题，求解式(6.1)所示的控制方程，还需要借助如下边界条件

$$\begin{aligned} &u_i=\overline{u}_i,\quad 在\varGamma_{\overline{u}_i}\subset\varGamma \\ &t_i=\overline{t}_i,\quad 在\varGamma_{\overline{t}_i}\subset\varGamma \\ &\theta=\overline{\theta},\quad 在\varGamma_{\overline{\theta}}\subset\varGamma \\ &q=\overline{q},\quad 在\varGamma_{\overline{q}}\subset\varGamma \end{aligned} \tag{6.4}$$

其中，$\overline{u}_i$，$\overline{t}$，$\overline{\theta}$ 和 $\overline{q}$ 分别表示边界上已知的位移、面力、温度和热流密度；u_i 和 t_i 分别表示 i 方向的位移和面力分量；$\varGamma_{\overline{u}_i}$、$\varGamma_{\overline{t}_i}$、$\varGamma_{\overline{\theta}}$ 和 $\varGamma_{\overline{q}}$ 分别表示给定的位移、面力、温度和热流密度的边界，并且 $\varGamma_{\overline{u}_i}\cup\varGamma_{\overline{t}_j}=\varGamma$（$\varGamma_{\overline{u}_i}\cap\varGamma_{\overline{t}_j}=\varnothing$，$i\neq j$）和 $\varGamma_{\overline{\theta}}\cup\varGamma_{\overline{q}}=\varGamma$（$\varGamma_{\overline{\theta}}\cap\varGamma_{\overline{q}}=\varnothing$）。

域 Ω 内的三维热弹性问题的边界积分方程可以表示为[16]

$$C_{ij}(\boldsymbol{y})u_i(\boldsymbol{y})+\int_{\Gamma}T_{ij}(\boldsymbol{y},\boldsymbol{x})u_j(\boldsymbol{x})\mathrm{d}\Gamma(\boldsymbol{x})=\int_{\Gamma}U_{ij}(\boldsymbol{y},\boldsymbol{x})t_j(\boldsymbol{x})\mathrm{d}\Gamma(\boldsymbol{x})+\frac{\alpha E}{1-2\nu}\int_{\Omega}\frac{\partial U_{ij}(\boldsymbol{y},\boldsymbol{x}')}{\partial x_j}\theta(\boldsymbol{x}')\mathrm{d}V(\boldsymbol{x}') \tag{6.5}$$

其中，$\boldsymbol{x}'$ 为域内点，即 $\boldsymbol{x}'\in\Omega$；边界点 $\boldsymbol{y}\in\Gamma$ 和 $\boldsymbol{x}\in\Gamma$ 分别表示源点和场点，T_{ij} 和 U_{ij} 分别表示位移和面力的基本解；C_{ij} 是与边界的光滑程度有关的常数。对于各向同性材料，三维问题的位移和面力基本解表示为[16]

$$U_{ij}=\frac{1}{16\pi\mu(1-\nu)r}\left[(3-4\nu)\delta_{ij}+r_{,i}r_{,j}\right] \tag{6.6}$$

$$T_{ij}=\frac{-1}{8\pi(1-\nu)r^2}\left\{\frac{\partial r}{\partial n}\left[(1-2\nu)\delta_{ij}+3r_{,i}r_{,j}\right]+(1-2\nu)(r_{,j}n_i-r_{,i}n_j)\right\} \tag{6.7}$$

其中，$r=r(\boldsymbol{y},\boldsymbol{x})=\|\boldsymbol{y}-\boldsymbol{x}\|$ 为源点和场点之间的距离，计算公式如下

$$r(\boldsymbol{y},\boldsymbol{x})=\sqrt{(x_1-y_1)^2+(x_2-y_2)^2+(x_3-y_3)^2}$$

其中，$r_{,i}=\dfrac{\partial r}{\partial x_i}$，$n_i$ 表示边界点 $\boldsymbol{x}$ 处单位外法向 $\boldsymbol{n}$ 的第 i 个分量。

在热弹性问题的边界积分方程中，由于域积分(式(6.5)最后一项)的存在使得边界元法失去了只在边界进行离散的优势。学者们提出了多种方法将域积分转换成边界积分以保持边界元法的优势[16-18]。利用积分变换，可以得到下面的边界积分方程

$$C_{ij}(\boldsymbol{y})u_i(\boldsymbol{y})+\int_{\Gamma}T_{ij}(\boldsymbol{y},\boldsymbol{x})u_j(\boldsymbol{x})\mathrm{d}\Gamma(\boldsymbol{x})=\int_{\Gamma}U_{ij}(\boldsymbol{y},\boldsymbol{x})t_j(\boldsymbol{x})\mathrm{d}\Gamma(\boldsymbol{x})+\int_{\Gamma}M_i(\boldsymbol{y},\boldsymbol{x})\theta(\boldsymbol{x})\mathrm{d}\Gamma(\boldsymbol{x})+\int_{\Gamma}N_i(\boldsymbol{y},\boldsymbol{x})\frac{\partial\theta(\boldsymbol{x})}{\partial n}\mathrm{d}\Gamma(\boldsymbol{x}) \tag{6.8}$$

其中，M_i 和 N_i 是域积分转换产生的边界积分，可以表示为

$$M_i(\boldsymbol{y},\boldsymbol{x})=\frac{\alpha(1+\nu)}{8\pi(1-\nu)}\frac{1}{r(\boldsymbol{y},\boldsymbol{x})}\left[n_i(\boldsymbol{x})-\frac{\partial r(\boldsymbol{y},\boldsymbol{x})}{\partial x_i}\frac{\partial r(\boldsymbol{y},\boldsymbol{x})}{\partial n}\right] \tag{6.9}$$

$$N_i(\boldsymbol{y},\boldsymbol{x})=-\frac{\alpha(1+\nu)}{8\pi(1-\nu)}\frac{\partial r(\boldsymbol{y},\boldsymbol{x})}{\partial x_i} \tag{6.10}$$

当温度 θ 和热流密度 q 已知时，利用式(6.8)所示的位移边界积分方程可以求解热弹性问题。然而，通常情况下温度和热流一般无法同时获得，此时需要借助

热传导问题的边界积分方程来求解热弹性问题。如果只知道温度或热流，可以先通过稳态热传导的边界积分方程求出未知的温度和热流。然后，再结合式(6.8)求解热弹性问题。常系数稳态热传导问题的边界积分方程可以表示为[16]

$$C(\boldsymbol{y})\theta(\boldsymbol{y})+\int_{\Gamma}Q(\boldsymbol{y},\boldsymbol{x})\theta(\boldsymbol{x})\mathrm{d}\Gamma(\boldsymbol{x})=\int_{\Gamma}\Theta(\boldsymbol{y},\boldsymbol{x})q(\boldsymbol{x})\mathrm{d}\Gamma(\boldsymbol{x}) \tag{6.11}$$

其中，$\boldsymbol{x}\in\Gamma$ 和 $\boldsymbol{y}\in\Gamma$ 分别表示场点和源点；$\Theta(\boldsymbol{y},\boldsymbol{x})$ 和 $Q(\boldsymbol{y},\boldsymbol{x})$ 表示温度和热流基本解；$C(\boldsymbol{y})$ 是与边界的光滑程度有关的常数。各向同性材料的温度和热流基本解可以表示为

$$\Theta(\boldsymbol{y},\boldsymbol{x})=-\frac{1}{4\pi r} \tag{6.12}$$

$$Q(\boldsymbol{y},\boldsymbol{x})=\frac{\partial\Theta(\boldsymbol{y},\boldsymbol{x})}{\partial n(\boldsymbol{x})} \tag{6.13}$$

6.3 等几何边界元法在热弹性问题中的应用

与传统边界元法相比，等几何边界元法有许多不同之处，例如插值函数的类型、配点的位置及边界条件的施加等。等几何边界元法中没有用节点定义的单元，取而代之的是由节点向量定义的节点区间(knot span)。因此，等几何边界元法中数值积分是在节点区间内进行计算的。三维问题中，节点区间可以由两个参数 ξ 和 η 表示为 $[\xi_i,\xi_{i+1}]\times[\eta_j,\eta_{j+1}]$。通过节点向量，计算模型的边界面可以离散成多个‘单元’ Γ_e ($e=1,2,\cdots,N_e$)。这里为了方便描述与便于理解，将节点区间称为等几何单元。第 e 个单元 Γ_e 对应的节点区间为 $[\xi_i,\xi_{i+1}]\times[\eta_j,\eta_{j+1}]$。每一个等几何单元内的位移 $\boldsymbol{u}=(u_1,u_2,u_3)^{\mathrm{T}}$，面力 $\boldsymbol{t}=(t_1,t_2,t_3)^{\mathrm{T}}$，温度 θ 和热流 q 可以通过 NURBS 插值表示为[19]

$$\begin{aligned}
\boldsymbol{u}(\xi,\eta)&=\sum_{a=1}^{p+1}\sum_{b=1}^{q+1}R_{ab}(\xi,\eta)\tilde{\boldsymbol{u}}_{ab}\\
\boldsymbol{t}(\xi,\eta)&=\sum_{a=1}^{p+1}\sum_{b=1}^{q+1}R_{ab}(\xi,\eta)\tilde{\boldsymbol{t}}_{ab}\\
\theta(\xi,\eta)&=\sum_{a=1}^{p+1}\sum_{b=1}^{q+1}R_{ab}(\xi,\eta)\tilde{\theta}_{ab}\\
q(\xi,\eta)&=\sum_{a=1}^{p+1}\sum_{b=1}^{q+1}R_{ab}(\xi,\eta)\tilde{q}_{ab}
\end{aligned} \tag{6.14}$$

其中，$\tilde{\boldsymbol{u}}_{ab}=(\tilde{u}_1,\tilde{u}_2,\tilde{u}_3)^{\mathrm{T}}$，$\tilde{\boldsymbol{t}}_{ab}=(\tilde{t}_1,\tilde{t}_2,\tilde{t}_3)^{\mathrm{T}}$，$\tilde{\theta}_{ab}$ 和 $\tilde{q}_{ab}$ 是与控制点(下标为 a 和 b)对

应的局部位移、面力、温度和热流系数。需要指出的是，当控制点处于单元连接处时，物理量 $\tilde{\boldsymbol{u}}_{ab}=(\tilde{u}_1,\tilde{u}_2,\tilde{u}_3)^{\mathrm{T}}$ ，$\tilde{\boldsymbol{t}}_{ab}=(\tilde{t}_1,\tilde{t}_2,\tilde{t}_3)^{\mathrm{T}}$ ，$\tilde{\theta}_{ab}$ 和 $\tilde{q}_{ab}$ 将参与多个单元的计算。

根据 NURBS 表达式(6.14)，边界积分方程(6.5)可以表示为

$$\begin{aligned}\boldsymbol{C}(\boldsymbol{s}_{\mathrm{c}})\sum_{a_0=1}^{p+1}\sum_{b_0=1}^{q+1}R_{a_0b_0}^{e_0}(\boldsymbol{s}_{\mathrm{c}})\tilde{\boldsymbol{u}}_{a_0b_0}^{e_0}+\sum_{e=1}^{N_e}\sum_{a=1}^{p+1}\sum_{b=1}^{q+1}\mathbb{T}_{ab}^{e}(\boldsymbol{s}_{\mathrm{c}},\boldsymbol{s}_e)\tilde{\boldsymbol{u}}_{ab}^{e}&=\sum_{e=1}^{N_e}\sum_{a=1}^{p+1}\sum_{b=1}^{q+1}\mathbb{U}_{ab}^{e}(\boldsymbol{s}_{\mathrm{c}},\boldsymbol{s}_e)\tilde{\boldsymbol{t}}_{ab}^{e}\\&+\sum_{e=1}^{N_e}\sum_{a=1}^{p+1}\sum_{b=1}^{q+1}\mathbb{M}_{ab}^{e}(\boldsymbol{s}_{\mathrm{c}},\boldsymbol{s}_e)\tilde{\theta}_{ab}^{e}\\&+\sum_{e=1}^{N_e}\sum_{a=1}^{p+1}\sum_{b=1}^{q+1}\mathbb{N}_{ab}^{e}(\boldsymbol{s}_{\mathrm{c}},\boldsymbol{s}_e)\tilde{q}_{ab}^{e}\end{aligned}\tag{6.15}$$

其中，

$$\mathbb{T}_{ab}^{e}(\boldsymbol{s}_{\mathrm{c}},\boldsymbol{s}_e)=\int_{-1}^{1}\int_{-1}^{1}\boldsymbol{T}(\boldsymbol{s}_{\mathrm{c}},\boldsymbol{s}_e)R_{ab}^{e}(\boldsymbol{s}_e)J_e(\boldsymbol{s}_e)\mathrm{d}\tilde{\xi}_e\mathrm{d}\tilde{\eta}_e\tag{6.16}$$

$$\mathbb{U}_{ab}^{e}(\boldsymbol{s}_{\mathrm{c}},\boldsymbol{s}_e)=\int_{-1}^{1}\int_{-1}^{1}\boldsymbol{U}(\boldsymbol{s}_{\mathrm{c}},\boldsymbol{s}_e)R_{ab}^{e}(\boldsymbol{s}_e)J_e(\boldsymbol{s}_e)\mathrm{d}\tilde{\xi}_e\mathrm{d}\tilde{\eta}_e\tag{6.17}$$

$$\mathbb{M}_{ab}^{e}(\boldsymbol{s}_{\mathrm{c}},\boldsymbol{s}_e)=\int_{-1}^{1}\int_{-1}^{1}\boldsymbol{M}(\boldsymbol{s}_{\mathrm{c}},\boldsymbol{s}_e)R_{ab}^{e}(\boldsymbol{s}_e)J_e(\boldsymbol{s}_e)\mathrm{d}\tilde{\xi}_e\mathrm{d}\tilde{\eta}_e\tag{6.18}$$

$$\mathbb{N}_{ab}^{e}(\boldsymbol{s}_{\mathrm{c}},\boldsymbol{s}_e)=\int_{-1}^{1}\int_{-1}^{1}\boldsymbol{N}(\boldsymbol{s}_{\mathrm{c}},\boldsymbol{s}_e)R_{ab}^{e}(\boldsymbol{s}_e)J_e(\boldsymbol{s}_e)\mathrm{d}\tilde{\xi}_e\mathrm{d}\tilde{\eta}_e\tag{6.19}$$

下标 c 表示配点的标号；$\boldsymbol{s}_{\mathrm{c}}=(\tilde{\xi}_{\mathrm{c}},\tilde{\eta}_{\mathrm{c}})$ 表示配点的参数坐标；e_0 是配点所在单元的标识；a_0 和 b_0 是配点在单元 e_0 中的局部标号；e 是单元标号；$\boldsymbol{s}_e=(\tilde{\xi}_e,\tilde{\eta}_e)$ 是场点在母单元中($(\tilde{\xi}_e,\tilde{\eta}_e)\in[-1,1]\times[-1,1]$)的参数坐标；$a$ 和 b 是基函数在单元 e 中的局部标号；$\boldsymbol{U}$ 和 $\boldsymbol{T}$ 分别表示位移和面力基本解。R_{ab}^{e} 表示单元 e 中的局部基函数；J_e 是从等几何单元 $\varGamma_e$ 到母单元转换的雅可比矩阵。

本章采用多域边界元法分析具有多种材料的模型。多个模型间的接触面满足：①位移和温度满足连续边界条件，即温度和位移大小相等；②应力和热流满足平衡条件，即热流和应力大小相等，方向相反。例如，涂层与基体模型中，涂层和基体接触面两边的物理量满足下面关系：

$$\begin{aligned}&\boldsymbol{u}=\boldsymbol{u}^{-},\quad \theta=\theta^{-}\\&\boldsymbol{t}=-\boldsymbol{t}^{-},\quad q=-q^{-}\end{aligned}\tag{6.20}$$

其中，$\boldsymbol{u}$ ，$\boldsymbol{t}$ ，θ 和 q 分别表示基体一侧的位移、面力、温度和热流，而 $\boldsymbol{u}^{-}$ ，$\boldsymbol{t}^{-}$ ，θ^{-} 和 q^{-} 则表示涂层一侧的位移、面力、温度和热流。

6.4 拟奇异积分

在实际工程问题中，薄体、涂层等结构的几何尺寸(厚度)往往非常小，例如发动机涡轮叶片中涂层的厚度一般为 1～5μm。利用等几何边界元法处理时，由于边界元法中基本解的特殊形式，使得边界积分中存在大量 $\ln r$ 和 $1/r^{\alpha}\,(\alpha=1,2,\cdots)$等形式的积分核函数。对于这类边界积分，当积分核中距离 r 非常小时(趋近于 0，但不为 0)，常规高斯积分法将无法获得准确的结果。像这类积分核中分母距离 r 虽然不为 0，但非常小，被称为拟奇异积分或者近奇异积分。边界元法中拟奇异积分一般可以表示为如下两种形式[12,13]

$$I_1=\int_{\Gamma}\ln r\mathrm{d}\Gamma \tag{6.21}$$

$$I_2=\int_{\Gamma}1/r^{\alpha}\mathrm{d}\Gamma \tag{6.22}$$

其中，$r\to 0$ 且 $r\neq 0$。随着 α 的增大，拟奇异性逐渐增强，计算难度也升高。

6.4.1 等几何单元上的 sinh 变换法

sinh 变换法已经被广泛应用于传统边界元法中的拟奇异积分处理。文献[20]中用 sinh 变换法解决 Helmholtz 问题中的拟奇异积分，但是文中并没有对单个积分进行分析且仍然存在一些问题需要解决。下面将详细介绍 sinh 变换法在等几何边界元法中的应用。

如图 6.1 所示，考虑一个以 $[\xi_i,\xi_{i+1}]\times[\eta_j,\eta_{j+1}]$ 为节点区间的等几何面单元 Γ_e。计算点 $\boldsymbol{y}$ 到单元的最小距离 d 定义为 $|\boldsymbol{x}^p-\boldsymbol{y}|$，其中 $\boldsymbol{x}^p$ 是点 $\boldsymbol{y}$ 到积分单元 Γ_e 的投影点。如图 6.1 所示，计算点 $\boldsymbol{y}$ 的投影点 $\boldsymbol{x}^p$ 在积分单元内部，即 $\boldsymbol{x}^p\in\Gamma_e$。对于 $\boldsymbol{x}^p\notin\Gamma_e$ 的情形，在后面将会处理。设投影点 $\boldsymbol{x}^p$ 的参数坐标为 (ξ_p,η_p) 且 $\xi_i\leqslant\xi_p\leqslant\xi_{i+1}$，$\eta_j\leqslant\eta_p\leqslant\eta_{j+1}$，据 NURBS 几何描述表达式，该投影点的坐标可以表示为

$$\boldsymbol{x}^p(\xi_p,\eta_p)=(x_1(\xi_p,\eta_p),x_2(\xi_p,\eta_p),x_3(\xi_p,\eta_p))=\sum_{a=1}^{p+1}\sum_{b=1}^{q+1}R_{ab}(\xi_p,\eta_p)\boldsymbol{P}_{ab}^k \tag{6.23}$$

其中，$\boldsymbol{P}_{ab}^k\,(k=1,2,3)$表示曲面上指标为 a 和 b 所对应的控制点。

如图 6.1 所示，最小距离 d 是从源点 $\boldsymbol{y}$ 到投影点 $\boldsymbol{x}^p$ 的垂线距离。因此，可以得到

$$x_k^p-y_k=d\cdot n_k(\xi_p,\eta_p) \tag{6.24}$$

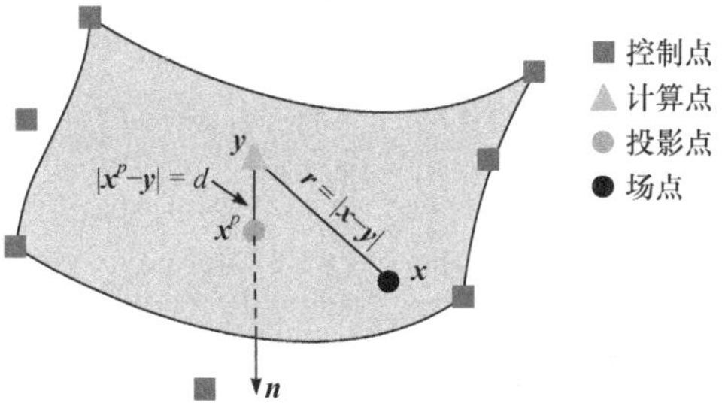

图 6.1　计算点到单元的最小距离 $d(\boldsymbol{x}^p \in \Gamma_e)$

其中，$k=1,2,3$；$n_k(\xi_p,\eta_p)$ 是曲面上过投影点 $\boldsymbol{x}^p$ 处的单位外法线分量。最小距离 d 和投影点参数坐标 ξ_p 和 η_p 可以通过 Newton-Raphson 迭代法求出。

利用双参数泰勒展开公式，可以将场点 $\boldsymbol{x}$ 在投影点 $\boldsymbol{x}^p(\xi_p,\eta_p)$ 参数空间邻域内展开，因此，x_k-y_k 可以进一步表示为

$$\begin{aligned}x_k-y_k&=x_k-x_k^p+x_k^p-y_k\\&=d\cdot n_k+\left(g\frac{\partial}{\partial\xi}+h\frac{\partial}{\partial\eta}\right)x_k(\xi_p,\eta_p)+\frac{1}{2}\left(g\frac{\partial}{\partial\xi}+h\frac{\partial}{\partial\eta}\right)^2x_k(\xi_p,\eta_p)+\cdots\\&\quad+\frac{1}{n!}\left(g\frac{\partial}{\partial\xi}+h\frac{\partial}{\partial\eta}\right)^n x_k(\xi_p,\eta_p)+\text{HOT}\end{aligned}\tag{6.25}$$

其中，$k=1,2,3$，$\boldsymbol{x}=(x_1,x_2,x_3)$，$\boldsymbol{y}=(y_1,y_2,y_3)$，$\boldsymbol{x}^p=(x_1^p,x_2^p,x_3^p)$，$g=\xi-\xi_p$，$h=\eta-\eta_p$ 和

$$\left(g\frac{\partial}{\partial\xi}+h\frac{\partial}{\partial\eta}\right)^n x_k(\xi_p,\eta_p)=\sum_{l=0}^{n}\mathrm{C}_n^l\frac{\partial^n}{\partial\xi^l\partial\eta^{n-l}}x_k(\xi_p,\eta_p)g^l h^{n-l}\tag{6.26}$$

式中，n 是泰勒展开式的阶数；HOT 表示高阶项，是“Higher Order Terms”的缩写。上式中偏导数可以通过对 NURBS 基函数求导获得，即

$$\frac{\partial^n x_k(\xi,\eta)}{\partial\xi^l\partial\eta^{n-l}}=\sum_{a=1}^{p+1}\sum_{b=1}^{q+1}\frac{\partial^n R_{ab}(\xi,\eta)}{\partial\xi^l\partial\eta^{n-l}}\boldsymbol{P}_{ab}^k\tag{6.27}$$

其中，$\boldsymbol{P}_{ab}^k$ 是第 ab 个控制点的第 k 个坐标分量。

NURBS 基函数的高阶导数可以用低一阶的导数递推表示[19]

$$\begin{aligned}R_{ab}^{(l,m)}=\frac{1}{W^{(0,0)}}&\left(A_{ab}^{(l,m)}-\sum_{i=1}^{l}\binom{l}{i}W^{(i,0)}R_{ab}^{(l-i,m)}-\sum_{j=1}^{m}\binom{m}{j}W^{(0,j)}R_{ab}^{(l,m-j)}\right.\\&\left.-\sum_{i=1}^{l}\binom{l}{i}\sum_{j=1}^{m}\binom{m}{j}W^{(i,j)}R_{ab}^{(l-i,m-j)}\right)\end{aligned}\tag{6.28}$$

其中，

$$\binom{l}{i}=\frac{l!}{i!(l-i)!} \tag{6.29}$$

$$A_{ab}^{(l,m)}=\frac{\mathrm{d}^l N_{a,p}(\xi)}{\mathrm{d}\xi^l}\frac{\mathrm{d}^m N_{b,q}(\eta)}{\mathrm{d}\eta^m} \tag{6.30}$$

和

$$W^{(i,j)}=\frac{\mathrm{d}^{i+j}W(\xi,\eta)}{\mathrm{d}\xi^i\mathrm{d}\eta^j}=\sum_{a=1}^{p+1}\sum_{b=1}^{q+1}\frac{\mathrm{d}^i N_{a,p}(\xi)}{\mathrm{d}\xi^i}\frac{\mathrm{d}^j N_{b,q}(\eta)}{\mathrm{d}\eta^j}w_{ab} \tag{6.31}$$

为了方便描述与理解，令

$$D_k^n=\frac{1}{2}\left(g\frac{\partial}{\partial\xi}+h\frac{\partial}{\partial\eta}\right)^2 x_k(\xi_p,\eta_p)+\cdots+\frac{1}{n!}\left(g\frac{\partial}{\partial\xi}+h\frac{\partial}{\partial\eta}\right)^n x_k(\xi_p,\eta_p) \tag{6.32}$$

其中，n是式(6.25)中给出的泰勒展开式的阶数。因此，式(6.25)可以简化为

$$x_k-y_k=d\cdot n_k+h\frac{\partial x_k}{\partial\xi}+g\frac{\partial x_k}{\partial\eta}+D_k^n+\mathrm{HOT} \tag{6.33}$$

根据几何关系，曲面上投影点$\boldsymbol{x}^p$处的单位外法向量$\boldsymbol{n}$与切平面存在下列关系

$$n_k\cdot\frac{\partial x_k}{\partial\xi}=n_k\cdot\frac{\partial x_k}{\partial\eta}=0 \tag{6.34}$$

利用式(6.33)和(6.34)，场点和源点距离的平方r^2可以表示为

$$\begin{aligned}r^2(\xi,\eta)&=(x_k-y_k)(x_k-y_k)\\&=d^2+\left((\xi-\xi_p)\frac{\partial x_k}{\partial\xi}+(\eta-\eta_p)\frac{\partial x_k}{\partial\eta}\right)\left((\xi-\xi_p)\frac{\partial x_k}{\partial\xi}+(\eta-\eta_p)\frac{\partial x_k}{\partial\eta}\right)\\&\quad+2\left(d\cdot n_k+(\xi-\xi_p)\frac{\partial x_k}{\partial\xi}+(\eta-\eta_p)\frac{\partial x_k}{\partial\eta}\right)D_k^n+D_k^nD_k^n+E_{\mathrm{trun}}\end{aligned} \tag{6.35}$$

其中，E_{trun}表示泰勒展开式(6.33)中由于忽略高阶项产生的截断误差。需要注意的是上式中求和法则应用于指标$k=1,2,3$。

用等几何边界元法分析薄体和涂层结构时，厚度较小区域，计算点$\boldsymbol{y}$会非常靠近积分边界。考虑任意一个等几何单元Γ_e上的积分，其对应的节点区间为$[\xi_i,\xi_{i+1}]\times[\eta_j,\eta_{j+1}]$。拟奇异积分的表达式如下

$$I^e=\int_{\Gamma_e}\frac{\bar{f}(\boldsymbol{y},\boldsymbol{x})}{r^\beta}\mathrm{d}\Gamma(\boldsymbol{x}) \tag{6.36}$$

其中，β是实常数；$\bar{f}$为一个规则化函数。为了简化积分的表示形式，将距离表

达式 r 写为 r^2(避免平方根出现在积分中)，因此

$$I^e = \int_{\Gamma_e} \frac{f(\boldsymbol{y},\boldsymbol{x})}{(r^2)^{\beta}} \mathrm{d}\Gamma(\boldsymbol{x}) \tag{6.37}$$

其中，$f(\boldsymbol{y},\boldsymbol{x}) = r^{\beta}\bar{f}(\boldsymbol{y},\boldsymbol{x})$。

根据投影点参数坐标与节点区间端点的关系，节点区间分为四个子区间 $[\xi_i,\xi_p]\times[\eta_j,\eta_p]$、$[\xi_p,\xi_{i+1}]\times[\eta_j,\eta_p]$、$[\xi_i,\xi_p]\times[\eta_p,\eta_{j+1}]$ 和 $[\xi_p,\xi_{i+1}]\times[\eta_p,\eta_{j+1}]$，故数值积分可以表示为四个子区间的和，即 $I^e = I_1^e + I_2^e + I_3^e + I_4^e$，其中

$$I_1^e = \int_{\xi_i}^{\xi_p}\int_{\eta_j}^{\eta_p} \frac{f(\xi,\eta)}{(r^2)^{\beta}} \mathrm{d}\xi \mathrm{d}\eta \tag{6.38}$$

$$I_2^e = \int_{\xi_p}^{\xi_{i+1}}\int_{\eta_j}^{\eta_p} \frac{f(\xi,\eta)}{(r^2)^{\beta}} \mathrm{d}\xi \mathrm{d}\eta \tag{6.39}$$

$$I_3^e = \int_{\xi_i}^{\xi_p}\int_{\eta_p}^{\eta_{j+1}} \frac{f(\xi,\eta)}{(r^2)^{\beta}} \mathrm{d}\xi \mathrm{d}\eta \tag{6.40}$$

$$I_4^e = \int_{\xi_p}^{\xi_{i+1}}\int_{\eta_p}^{\eta_{j+1}} \frac{f(\xi,\eta)}{(r^2)^{\beta}} \mathrm{d}\xi \mathrm{d}\eta \tag{6.41}$$

以计算积分 I_1^e 为例，介绍 sinh 变换法计算拟奇异积分的过程。等几何单元上的数值积分需要将参数 $(\xi,\eta)\in[\xi_i,\xi_p]\times[\eta_j,\eta_p]$ 转换到 $[-1,1]\times[-1,1]$ 中，令

$$\begin{aligned} \xi &= \xi_p + d\cdot\sinh[a(s-1)] \\ \eta &= \eta_p + d\cdot\sinh[b(t-1)] \end{aligned} \tag{6.42}$$

其中

$$a = \frac{1}{2}\operatorname{arcsinh}\left(\frac{\xi_p - \xi_i}{d}\right) \tag{6.43}$$

$$b = \frac{1}{2}\operatorname{arcsinh}\left(\frac{\eta_p - \eta_j}{d}\right) \tag{6.44}$$

变换雅可比可以表示为

$$J = d\cdot a\cdot b\cdot\cosh[a(s-1)]\cosh[b(t-1)] \tag{6.45}$$

将变换公式(6.42)代入距离函数 r^2，得

$$r^2 = d^2\left[1 + F_k(s,t)F_k(s,t) + 2F_k(s,t)G_k^n(s,t) + G_k^n(s,t)G_k^n(s,t)\right] + E_{\text{trun}} \tag{6.46}$$

其中，$F_k(s,t) = \left(\sinh[a(s-1)]\dfrac{\partial x_k}{\partial\xi} + \sinh[b(t-1)]\dfrac{\partial x_k}{\partial\eta}\right)$，$G_k^n(s,t) = D_k^n(s,t)/d$。

将式(6.42)和式(6.46)代入式(6.38)，积分 I_1^e 变为

$$I_1^e = \frac{1}{d^{2\beta}} \int_{-1}^{1} \int_{-1}^{1} \frac{d \cdot a \cdot b \cdot \cosh[a(s-1)]\cosh[b(t-1)] f(s,t)}{(1 + F_k(s,t)F_k(s,t) + 2F_k(s,t)G_k^n(s,t) + G_k^n(s,t)G_k^n(s,t))^\beta} \mathrm{d}s\mathrm{d}t \tag{6.47}$$

通过上述处理，积分核函数的分母位置变为大于 1 的形式。因此，上述拟奇异积分被规则化，且变换后的积分可以直接采用标准的高斯积分进行求解。利用类似的处理方法，积分 I_2^e、I_3^e 和 I_4^e 可以表示为

$$I_2^e = \frac{1}{d^{2\beta}} \int_{1}^{-1} \int_{-1}^{1} \frac{d \cdot a \cdot b \cdot \cosh[a(s-1)]\cosh[b(t-1)] f(s,t)}{(1 + F_k(s,t)F_k(s,t) + 2F_k(s,t)G_k^n(s,t) + G_k^n(s,t)G_k^n(s,t))^\beta} \mathrm{d}s\mathrm{d}t \tag{6.48}$$

$$I_3^e = \frac{1}{d^{2\beta}} \int_{-1}^{1} \int_{1}^{-1} \frac{d \cdot a \cdot b \cdot \cosh[a(s-1)]\cosh[b(t-1)] f(s,t)}{(1 + F_k(s,t)F_k(s,t) + 2F_k(s,t)G_k^n(s,t) + G_k^n(s,t)G_k^n(s,t))^\beta} \mathrm{d}s\mathrm{d}t \tag{6.49}$$

$$I_4^e = \frac{1}{d^{2\beta}} \int_{1}^{-1} \int_{1}^{-1} \frac{d \cdot a \cdot b \cdot \cosh[a(s-1)]\cosh[b(t-1)] f(s,t)}{(1 + F_k(s,t)F_k(s,t) + 2F_k(s,t)G_k^n(s,t) + G_k^n(s,t)G_k^n(s,t))^\beta} \mathrm{d}s\mathrm{d}t \tag{6.50}$$

其中，参数 a 和 b 是与节点向量有关的数值，不同子域的数值稍有不同，其具体表达式在表 6.1 中给出。

表 6.1　sinh 变换中参数 a 和 b 的取值及参数空间

积分	a	b	(ξ,η)	(s,t)
1	$\frac{1}{2}\mathrm{arcsinh}\left(\frac{\xi_p-\xi_i}{d}\right)$	$\frac{1}{2}\mathrm{arcsinh}\left(\frac{\eta_p-\eta_j}{d}\right)$	$[\xi_i,\xi_p]\times[\eta_j,\eta_p]$	$[-1,1]\times[-1,1]$
2	$\frac{1}{2}\mathrm{arcsinh}\left(\frac{\xi_p-\xi_{i+1}}{d}\right)$	$\frac{1}{2}\mathrm{arcsinh}\left(\frac{\eta_p-\eta_j}{d}\right)$	$[\xi_p,\xi_{i+1}]\times[\eta_j,\eta_p]$	$[1,-1]\times[-1,1]$
3	$\frac{1}{2}\mathrm{arcsinh}\left(\frac{\xi_p-\xi_i}{d}\right)$	$\frac{1}{2}\mathrm{arcsinh}\left(\frac{\eta_p-\eta_{j+1}}{d}\right)$	$[\xi_i,\xi_p]\times[\eta_p,\eta_{j+1}]$	$[-1,1]\times[1,-1]$
4	$\frac{1}{2}\mathrm{arcsinh}\left(\frac{\xi_p-\xi_{i+1}}{d}\right)$	$\frac{1}{2}\mathrm{arcsinh}\left(\frac{\eta_p-\eta_{j+1}}{d}\right)$	$[\xi_p,\xi_{i+1}]\times[\eta_p,\eta_{j+1}]$	$[1,-1]\times[1,-1]$

6.4.2　其他拟奇异计算方法

到目前为止，针对传统边界元法中的拟奇异积分，学者们已经提出了多种解决方法。解析法是一种精度很高的拟奇异积分计算方法，然而该方法只针对于简单问题有效，对于一般问题的处理解析法很难实现。Telles 方法通过一个非线性变换使

得积分雅可比在奇异位置为 0，从而降低被积函数的奇异性[21]。Sladek 及其合作者提出一种半解析积分方法处理二维边界元法中的拟奇异积分[22]。在文献[23]中，拟奇异积分通过线积分法被转化为弱奇异积分与规则化积分的和，并将该方法应用于薄体问题的分析。拟奇异积分的处理方法还有很多，例如核函数消去法[24]、参数化高斯积分法[25]、刚体位移法[26]、特解法[27]、自适应积分法[28,29]、规则化法[30]、域补偿法[31]、距离变换法[32]、指数变换法[33,34]、球单元分割法[35]等。近年来，Han 及合作者给出了一种半解析法来解决等几何边界元法中的拟奇异积分[36]。

6.5　拟奇异积分计算方法误差分析

考虑如图 6.2 所示的曲面单元，其中 $\theta = 90°$ ，$R = 1$ 和 $l = 2$ 。该二次曲面单元所用的节点向量为 $\Xi = \{0,0,0,1,1,1\}$ 和 $\mathcal{H} = \{0,0,0,1,1,1\}$ 。该单元的控制点位置和权值的描述在表 6.2 中。

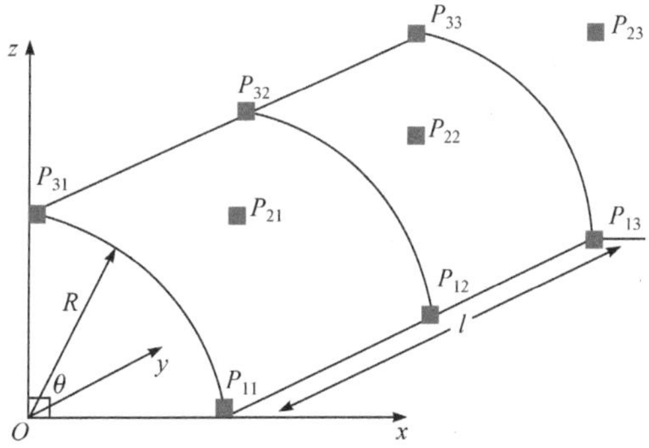

图 6.2　等几何柱面单元

表 6.2　等几何柱面单元的控制点和权值

控制点编号	(x, y, z)	权值
1	(1, 0, 0)	1.0
2	(1, 1, 0)	1.0
3	(1, 2, 0)	1.0
4	(1, 0, 1)	$\sqrt{2}/2$
5	(1, 1, 1)	$\sqrt{2}/2$
6	(1, 2, 1)	$\sqrt{2}/2$
7	(0, 0, 1)	1.0
8	(0, 1, 1)	1.0
9	(0, 2, 1)	1.0

由于考虑的积分解析解比较复杂,采用 Matlab 中的 $\mathrm{int}(\mathrm{int}(I,v_1,a_1,b_1),v_2,a_2,b_2)$ 函数获得一个参考解,函数中 I 是关于参数 $v_1\in[a_1,b_1]$ 和 $v_2\in[a_2,b_2]$ 的积分表达式。

取源点 $\boldsymbol{y}$ 坐标为 $((R-d)\cos(\pi/4),1.0,(R-d)\sin(\pi/4))$，其中 d 是计算点到边界的距离。为衡量点到单元的距离及接近程度，引入无量纲距离比 d^*，其表达式为

$$d^*=\frac{d}{\max(L_1,L_2)} \tag{6.51}$$

其中，L_1 和 L_2 是四边形面单元长度。

为描述拟奇异积分奇异性的强度，根据式(6.36)中 β 的取值，定义

(i) 当 $\beta=0$ 时，I^e 为规则化积分；

(ii) 当 $\beta=1$ 时，I^e 为弱拟奇异积分；

(iii) 当 $\beta=2$ 时，I^e 为强拟奇异积分。

从等几何边界元法的边界积分中分别取弱拟奇异积分和强拟奇异积分为例，在式(6.6)和(6.7)中，令 $i=j=1$，得

$$\int_{\Gamma_e}\frac{1}{16\pi\mu(1-\nu)r}[(3-4\nu)+(r_{,1})^2]\mathrm{d}\Gamma(\boldsymbol{x}) \tag{6.52}$$

$$\int_{\Gamma_e}\frac{-1}{8\pi\mu(1-\nu)r^2}\left\{\frac{\partial r}{\partial n}[(1-2\nu)+3(r_{,1})^2]\right\}\mathrm{d}\Gamma(\boldsymbol{x}) \tag{6.53}$$

上式中取弹性模量和泊松比分别为 $\mu=1$ 和 $\nu=0.3$。

图 6.3 给出了等几何柱面单元上，几种积分处理方法在计算弱拟奇异性积分(见式(6.52))时相对误差(见式(6.61))的比较情况。对于弱拟奇异积分，采用 8 × 8 个高斯点进行数值积分。自适应积分法中给定的误差限为 $\overline{e}=10^{-8}$。从图 6.3 可以看出，当距离比 $d^*>0.4$ 时，所有的方法都能得到理想的结果 $\varepsilon_{\mathrm{r}}<10^{-3}$。但是随着距离比 d^* 的减小，高斯积分法和 Telles 法将无法得到满意的结果，如图 6.3 所示，其结果分别稳定在 10%和 6%位置。显然，Telles 方法通过引入一个三阶多项式，使计算结果比高斯积分法有所提高，但采用 8 × 8 高斯点时，计算结果仍然不能满足需求。相反，当用相同数量的高斯点时，即使距离比非常小，sinh 变换法的相对误差也能保持在低于 10^{-3} (<1%)。当增加高斯点数量时，sinh 变换法的误差会进一步减小。高斯点数量与 sinh 变换法误差的关系在后面有更详细的讨论。需要说明的是，由于泰勒展开式(6.46)中省去了截断误差 E_{trun}，使得 sinh 变换法在计算较大距离比的积分时，其误差要比高斯积分法与 Telles 积分法的误差大。从图 6.3 中可以发现，由于自适应积分法采用细分的方法减小距离比，使得计算误差低于 10^{-5} (<0.001%)。但随着距离比的减小，需要划分子单元数目急剧增加，使得计算时间增加，故只有 $d^*\geqslant 5\times10^{-5}$ 的结果展示在图 6.3 中。

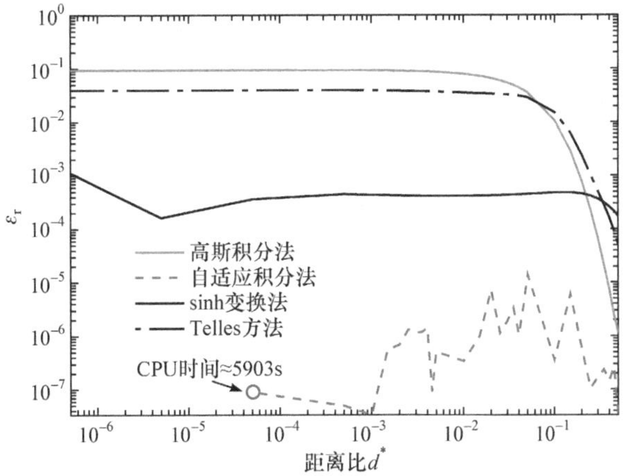

图 6.3　针对柱面单元上的弱拟奇异积分，几种积分计算方法的误差比较

下面用这几种积分方法，计算式(6.53)所示的强拟奇异积分。图 6.4 给出了不同距离比时，几种积分方法结果的相对误差比较。由于积分拟奇异性的增强，我们将高斯积分点数增加到 20 × 20。从图 6.4 可以看出，当距离比 $d^* > 0.3$ 时，所有积分方法均可以得到精确的结果。当距离比 $d^* < 0.3$ 时，高斯积分法与 Telles 方法的相对误差开始增大。相反，即使距离比达到 10^{-6} 时，sinh 变换法依然可以保证相对误差 $\varepsilon_r < 10^{-3}$。我们可以看到几种方法中，自适应积分法仍然可以得到最高的计算精度，其相对误差 ε_r 保持在 10^{-5} 左右(计算误差比 sinh 变换法的误差低 1～2 个数量级)。如图 6.4 所示，当 $d^* = 5\times10^{-5}$ 时，自适应积分法所需要的计算时间为 7658s(与计算弱奇异积分所用的时间比，增加了约 30%)。

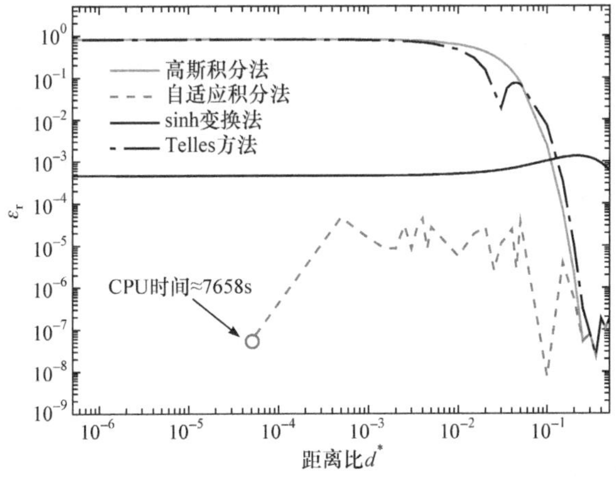

图 6.4　针对柱面单元上的强拟奇异积分，几种积分计算方法的误差比较

从图 6.5(a)和(b)中的计算结果可以看到，sinh 变换法的计算精度受高斯点数影响较大。从图 6.5(a)可以看到，当高斯点数小于6×6时，数值结果的误差波动较大。当高斯点数增加到10×10时，相对误差值达到4×10^{-4}且保持稳定。从图 6.5(b)可以看到，对于强拟奇异积分，当高斯点数达到25×25时，相对误差稳定在5×10^{-4}。

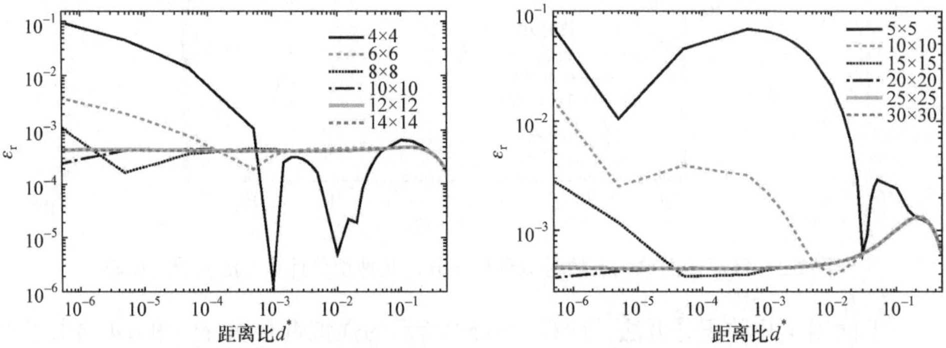

(a) 高斯点数对弱拟奇异积分精度的影响　　(b) 高斯点数对强拟奇异积分精度的影响

图 6.5　不同高斯点数与拟奇异积分精度的关系

通过上述精度的分析，可以得出下面结论：①自适应积分法可以达到很高的计算精度($\varepsilon_r<1.0\times10^{-5}$)，但计算时间随着奇异性增加而增加；②利用固定数目的高斯积分点，sinh 变换法可以得到令人满意的计算结果($\varepsilon_r<1.0\times10^{-3}$)。

6.6　拟奇异积分计算方法效率比较

对于实际工程问题，工程师往往希望用最少的时间获得最高的计算精度，但不同的积分方法，计算效率也各不相同，并且往往精度和效率不可兼得。

从上述误差分析可以看出，曲面单元自适应积分法和 sinh 变换法在精度上有优势。下面我们将进一步讨论这两种方法在计算效率方面的比较。仍然以图 6.2 所示的曲面单元为例，分别比较两种方法在弱拟奇异积分(见式(6.52))和强拟奇异积分(见式(6.53))的计算效率。与上述误差分析类似，分别用8×8和20×20高斯点数计算弱拟奇异积分和强拟奇异积分，这也是导致图 6.6(a)和(b)中，弱拟奇异积分的计算时间少于强拟奇异积分的主要原因。在 sinh 变换法中，采用固定数量的高斯点，所以 CPU 时间是一条直线。对于自适应积分法分别选取了三个不同的误差限$\bar{e}=10^{-6}$、10^{-8}和10^{-10}，图 6.6(a)和(b)分别列出了计算时间。需要指出的是，由于曲面积分有两个参数方向，数值计算中两个方向采用了相同的误差限，即$\bar{e}_1=\bar{e}_2=\bar{e}$。从图 6.6(a)和(b)可以看出，减小误差限会导致计算时间增加。当固定误差限时，自适应积分法的计算时间与距离比d^*具有线性关系。因此，自适应积分法的计算时间与 sinh 变换法的时间会产生一个‘交点’。由于交点前后两种方法的 CPU 时间大小会发生改变,我们可以通过在交点附近取值来控制拟奇异积分的计算效率。

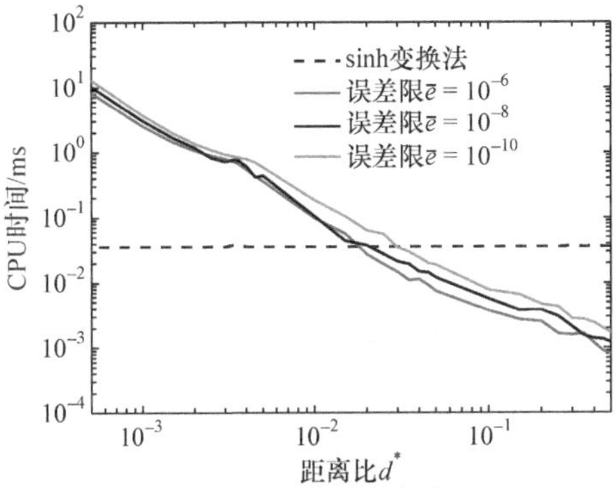

(a) 弱拟奇异积分

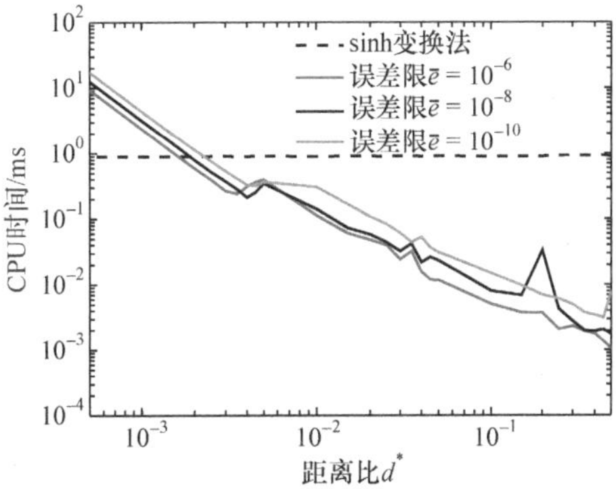

(b) 强拟奇异积分

图 6.6　自适应积分法与 sinh 变换法计算效率比较

表 6.3 给出了计算弱拟奇异积分时产生的子单元数目和所用高斯点数目。如表 6.3 所示，当$d^*=0.5$时，单元不需要细分。随着距离比d^*减小到 0.0005，为保证子单元的计算精度，算法会生成大量子单元，导致计算时间急剧增加。可以看到,误差限$\bar{e}$降低两个数量级,子单元数和高斯点数将增加约 26%。图 6.7(a)、(b)、(c)和(d)展示了自适应积分法中参数域内高斯点的分布情况。自适应积分法中，为了控制子单元的距离比L_i/d,需要将单元进行细分导致大量高斯点聚集在投影点附近。

表 6.3　自适应积分法计算弱拟奇异积分时，需要的子单元数及高斯点数

距离比 d^*	误差限 $\bar{e}$					
	10^{-6}		10^{-8}		10^{-10}	
	子单元数	高斯点数	子单元数	高斯点数	子单元数	高斯点数
5.0×10^{-1}	1	60	1	112	1	170
3.5×10^{-1}	1	180	2	143	2	229
2.0×10^{-1}	4	210	4	359	6	419
5.0×10^{-2}	40	391	54	873	60	1654
3.5×10^{-2}	77	482	96	1416	126	2149
2.0×10^{-2}	228	1194	294	2147	360	4166
5.0×10^{-3}	3431	13888	4346	18238	5580	26054

续表

距离比 d^*	误差限 $\bar{e}$					
	10^{-6}		10^{-8}		10^{-10}	
	子单元数	高斯点数	子单元数	高斯点数	子单元数	高斯点数
3.5×10^{-3}	6968	28054	8892	8892	11220	48522
2.0×10^{-3}	21294	85358	27060	27060	34419	141268
5.0×10^{-4}	340704	1363329	431613	431613	548262	2196730

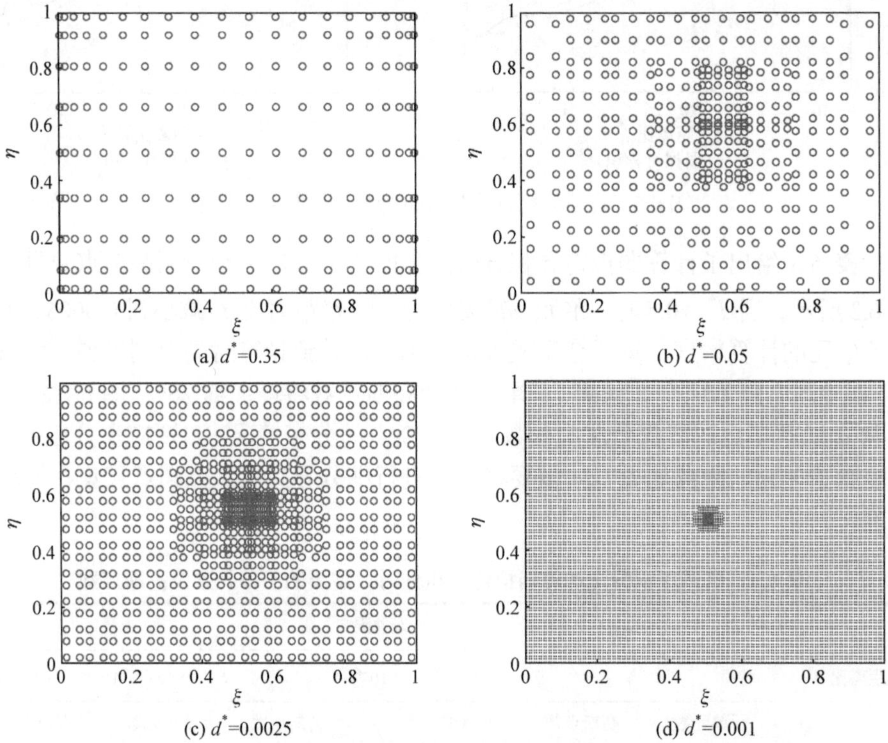

(a) d^*=0.35　(b) d^*=0.05　(c) d^*=0.0025　(d) d^*=0.001

图 6.7　当投影点在参数域中心时，自适应积分法中高斯点分布情况

6.7　拓展 sinh 变换法

根据计算点的位置，可以将拟奇异积分归纳为两类：一类是投影点在单元内部 $\boldsymbol{x}^p \in \Gamma_e$；另一类是计算点的投影点在单元外部，即 $\boldsymbol{x}^p \notin \Gamma_e$。前面已经介绍了投影点在单元内部的 sinh 变换。在工程问题中尤其是涂层或薄体结构会遇到计算点非常靠近计算单元，但投影点在计算单元外部。本节基于 NURBS 曲线的解析

延伸对 sinh 变换法进行完善。

对于三维涂层或薄体结构的分析，由于它们的厚度非常小，使得等几何边界元法分析此类问题时出现大量投影点在外部的积分，并且这类积分也存在拟奇异性。本节基于 NURBS 曲面的解析延拓对 sinh 变换法进行进一步完善，使其可以处理投影点在单元外部情况。为了区分单元内部投影点，将落在节点区间外部的投影点定义为 $\boldsymbol{x}^{p'}$ 。

以图 6.2 所示的二次等几何柱面为例。设柱面节点区间为 $[0,1]\times[0,1]$ 。对于该简单曲面，其 NURBS 基函数 $R_{ij}(\xi,\eta)=N_i(\xi)\cdot N_j(\eta)$ ($N_i(\xi)$ 和 $N_j(\eta)$ 是一组关于 $\xi,\eta\in\mathbb{R}^2$ 的连续函数)。因此，当参数 ξ 和 η 超出节点区间范围时，即 $(\xi,\eta)\notin[0,1]^2$ ，$R_{ij}(\xi,\eta)$ 仍然有函数值存在。图 6.8 给出了节点区 $(\xi,\eta)\in[0,1.2]^2$ 内的基函数 $N_i(\xi)$ 和 $N_j(\eta)$ 的曲线。图中白色区域为节点区间内的原始区域，即 $(\xi,\eta)\in[0,1.0]^2$ ，灰色区域为延拓区域，即 $(\xi,\eta)\in[1,1.2]^2$ 。在算法的数值实施过程中，当计算点的投

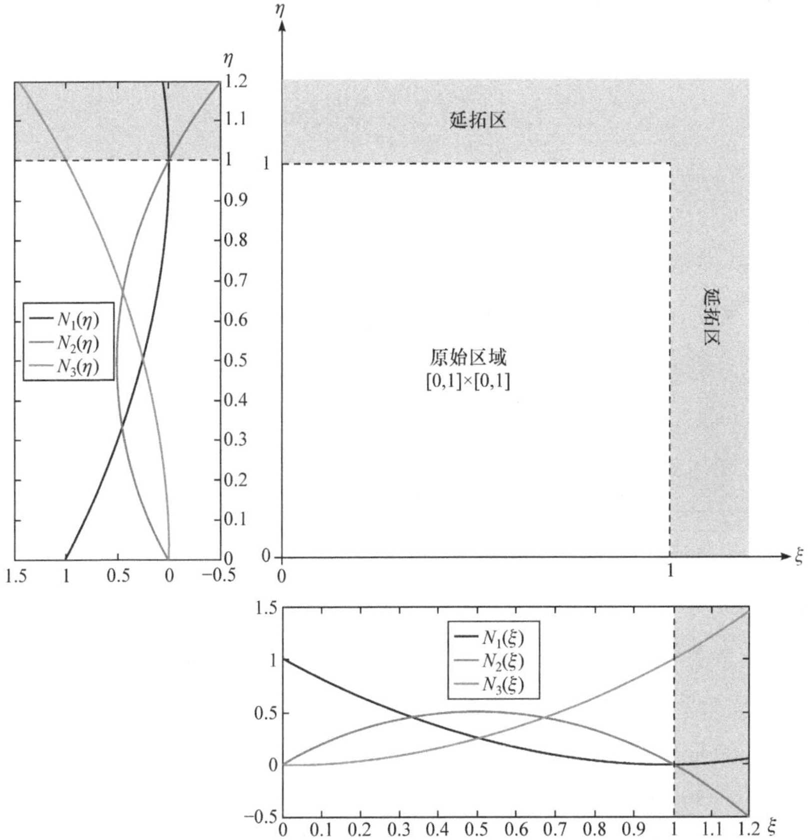

图 6.8　延拓后 ξ 方向和 η 方向的基函数

影点位于延拓区域时，则需用延拓的基函数 $N_i(\xi)$ 和 $N_j(\eta)$ 计算。

延拓后的等几何单元仍然可以用之前的插值形式表示

$$\boldsymbol{x}(\xi,\eta)=\sum_{a=1}^{p+1}\sum_{b=1}^{q+1}R_{ab}(\xi,\eta)\boldsymbol{P}_{ab} \tag{6.54}$$

其中，$\xi\in[0,\xi_{p'}]$，$\eta\in[0,\eta_{p'}]$。当投影点位于节点区间的相反方向，单元的表示形式不变，只是参数的取值发生变化，即 $\xi_{p'},\eta_{p'}<0$。延拓的等几何单元中，计算点到单元的最小距离仍然定义为 $d=|\boldsymbol{y}-\boldsymbol{x}^{p'}|$。投影点和参数坐标可以用 Newton-Raphson 方法计算。式(6.34)和(6.35)的方程仍然成立，但拟奇异积分的表示形式需要修改。对于一个节点区间为 $[\xi_i,\xi_{i+1}]\times[\eta_j,\eta_{j+1}]$ 的等几何单元，当 $\xi_{p'}>\xi_{i+1}$ 和 $\eta_{p'}>\eta_{j+1}$ 时(图 6.9 中的情况 1)，积分(6.37)可以表示为 $I^e=I_1^e-I_2^e-I_3^e+I_4^e$，其中

$$I_1^e=\int_{\xi_i}^{\xi_{p'}}\int_{\eta_j}^{\eta_{p'}}\frac{f(\xi,\eta)}{(r^2)^\alpha}\mathrm{d}\xi\mathrm{d}\eta \tag{6.55}$$

$$I_2^e=\int_{\xi_{i+1}}^{\xi_{p'}}\int_{\eta_j}^{\eta_{p'}}\frac{f(\xi,\eta)}{(r^2)^\alpha}\mathrm{d}\xi\mathrm{d}\eta \tag{6.56}$$

$$I_3^e=\int_{\xi_i}^{\xi_{p'}}\int_{\eta_{j+1}}^{\eta_{p'}}\frac{f(\xi,\eta)}{(r^2)^\alpha}\mathrm{d}\xi\mathrm{d}\eta \tag{6.57}$$

$$I_4^e=\int_{\xi_{i+1}}^{\xi_{p'}}\int_{\eta_{j+1}}^{\eta_{p'}}\frac{f(\xi,\eta)}{(r^2)^\alpha}\mathrm{d}\xi\mathrm{d}\eta \tag{6.58}$$

对于图 6.9 中的情况 2($\xi_{p'}>\xi_{i+1}$ 且 $\eta_j<\eta_{p'}<\eta_{j+1}$)和情况 3($\xi_i<\xi_{p'}<\xi_{i+1}$ 且 $\eta_{j+1}<\eta_{p'}$)，积分(6.37)仍然可以表示为 $I^e=I_1^e-I_2^e-I_3^e+I_4^e$，但此时 I_1^e、I_2^e、I_3^e 和 I_4^e 对应的符号需要注意。

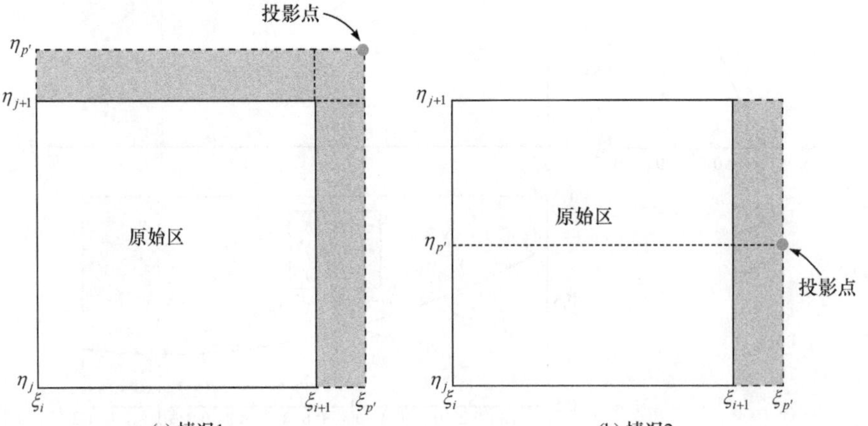

(a) 情况1　　(b) 情况2

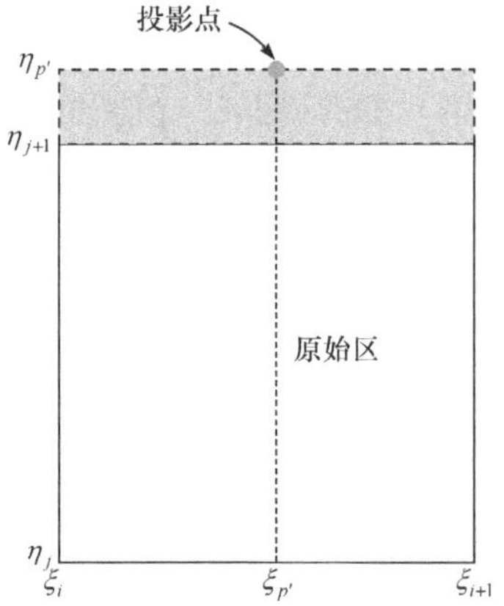

(c) 情况3

图 6.9　投影点在节点区间的不同位置

6.8　混合积分法

从前面分析可以看出，积分计算方法的误差和效率都与距离比 d^* 有关，并且仅用一种拟奇异积分计算方法(sinh 变换法和自适应积分法)无法同时获得高精度与高效率的结果。sinh 变换法采用固定数量的高斯积分点，即使距离比 d^* 非常小，计算效率也比较稳定，但是由于 sinh 变换法在泰勒展开时省去了高阶量，存在截断误差 E_{trun}，导致计算精度有所降低。自适应积分法虽然精度很高，但是分析涂层或薄体结构时，计算效率没法保证。因此，为了平衡精度和计算效率，可以将两种方法结合。首先选取 d^*_{crit} 作为方法选择的分界点。当 $d^* < d^*_{\text{crit}}$ 时，积分的拟奇异性变强，用自适应积分法虽然可以得到较高的计算精度，但是计算时间将急剧增加，故采用 sinh 变换法来提高计算效率。当距离比 $d^* > d^*_{\text{crit}}$ 时，采用自适应积分，精度和效率可以保证。当计算点的投影点在单元外部时($\boldsymbol{x}^{p'} \notin \Gamma_e$)，可以采用延拓 sinh 变换法处理。由于等几何单元的几何区域较大，导致泰勒展开精度不稳定。为进一步提高精度，我们将提出一种 sinh⁺法来处理拟奇异积分。

等几何边界元法采用 NURBS 插值函数来描述模型的几何参数，这使得泰勒展开式和距离函数中存在截断误差项 E_{trun}。下面我们将研究泰勒展开式中截断误差对结果的影响，以及如何处理 E_{trun} 以提高计算精度，最终给出 sinh⁺方案。

根据式(6.46)，截断误差 E_{trun} 可以表示为

$$E_{\text{trun}} = \left| r_{\text{exact}}^2 - d^2\left[1 + F_k(s,t)F_k(s,t) + 2F_k(s,t)G_k^n(s,t) + G_k^n(s,t)G_k^n(s,t)\right]\right| \tag{6.59}$$

其中，r_{exact}^2 是场点(高斯点)和源点之间的距离平方。计算时场点和源点的坐标均

为已知量，故可以精确求得 r^2_{exact}。式(6.59)后面项是略去泰勒展开截断误差的距离近似值。因此，距离平方(r^2)的泰勒展开精度可以通过下面的相对误差来描述：

$$\varepsilon_{\text{r}} = \left| \frac{r^2_{\text{exact}} - d^2 \left[1 + F_k(s,t) F_k(s,t) + 2 F_k(s,t) G^n_k(s,t) + G^n_k(s,t) G^n_k(s,t) \right]}{r^2_{\text{exact}}} \right| \tag{6.60}$$

如式(6.25)所示，在等几何曲面中，泰勒展开式有 2 个参数 ξ 和 η。以图 6.2 所示的柱面为例，研究不同参数位置对距离平方 r^2 的计算结果影响。图 6.10(a)和(b)展示了当投影点在单元中心位置时($\xi_p = \eta_p = 0.5$)，不同泰勒展开阶数下，沿 ξ 和 η 方向相对误差 ε_{r} 的比较。从图中可以看出，奇数阶和偶数阶泰勒展开项数可以得到相似的误差形式。图 6.11(a)和(b)展示了当投影点在边界的角点($\xi_p = 0, \eta_p = 1$)位置时的相对误差比较。投影点在边界的中心位置($\xi_p = 0.5, \eta_p = 0$)时的误差在图 6.12(a)和(b)中给出。从图中可以发现，随着场点和投影点间距离的

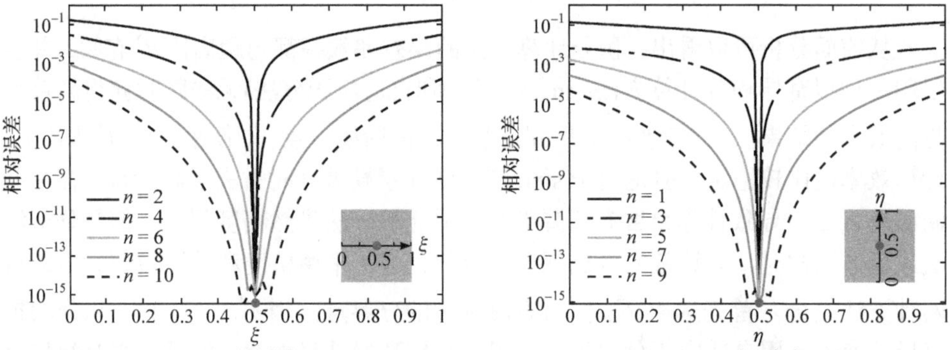

(a) 沿ξ方向　　(b) 沿η方向

图 6.10　投影点在中心时，计算 r^2 时的相对误差随 ξ 和 η 的变化

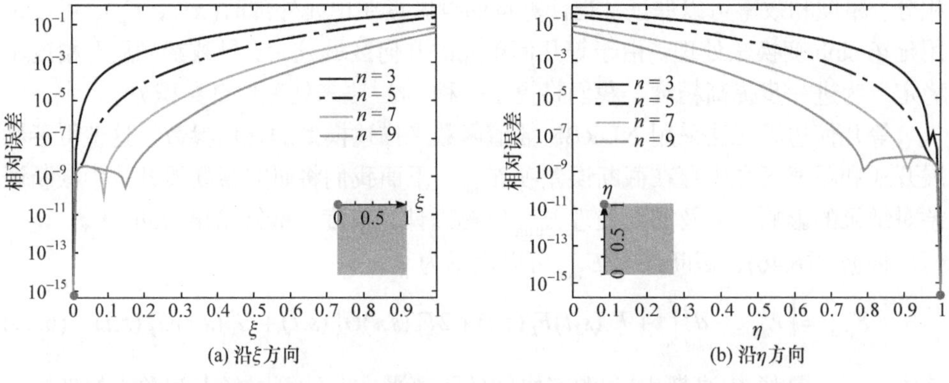

(a) 沿ξ方向　　(b) 沿η方向

图 6.11　投影点在边界角点时，计算 r^2 时的相对误差随 ξ 和 η 的变化

增加，截断误差也增加。图中阶数表示泰勒展开式(6.25)、(6.35)和(6.46)中的项数 n。

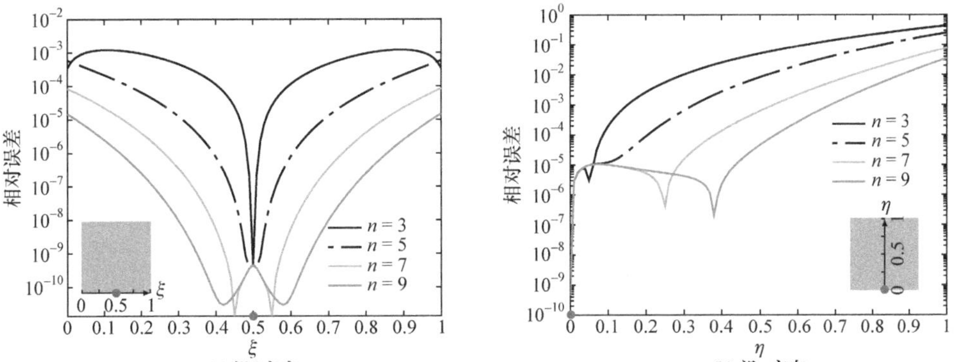

(a) 沿ξ方向　　(b) 沿η方向

图 6.12　投影点在边界中点时，计算 r^2 时的相对误差随 ξ 和 η 的变化

基于对上述距离平方 r^2 的分析，可以给出 sinh$^+$的实施方案。对于节点区间为 $[\xi_i,\xi_{i+1}]\times[\eta_j,\eta_{j+1}]$ 的等几何单元，首先通过式(6.60)计算出沿 ξ 和 η 方向上每个高斯点的相对误差。如果在某一个位置 $\xi=\xi_1'$，$\xi=\xi_2'$ 或 $\eta=\eta_1'$，$\eta=\eta_2'$，得出的相对误差大于或等于给定的误差阈值 eps，则需要在参数 ξ_1'、ξ_2'、η_1' 和 η_2' 处，将该单元进行分割。图 6.13 展示了投影点在中心位置时，单元的分割示意图。从图中

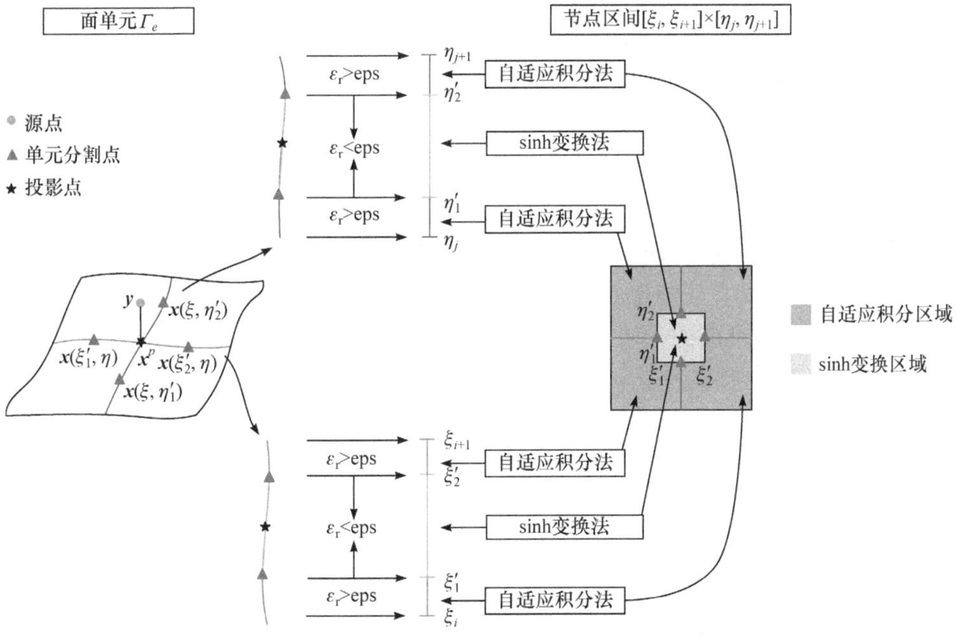

图 6.13　单元分割方案及积分方法选择(彩图请扫封底二维码)

可以看出，单元被分割成两部分：sinh 变换区域和自适应积分区域(见图 6.13 中的红色的中心区域($[\xi_1',\xi_2']\times[\eta_1',\eta_2']$)和灰色的其他区域)。由于中心区域中截断误差小于 eps，所以采用 sinh 变换法来计算拟奇异积分，这样精度和效率都可以提高。对于剩余的灰色区域，由于离投影点距离较大，所以采用自适应积分法，提高精度的同时效率得以保证。为便于积分，灰色区域可以进一步分割为图 6.14 所示的形式。图 6.13 和图 6.14 均展示了投影点在单元中心位置时的情况。当投影点在参数域边界位置时，一些灰色的子域将会消失。

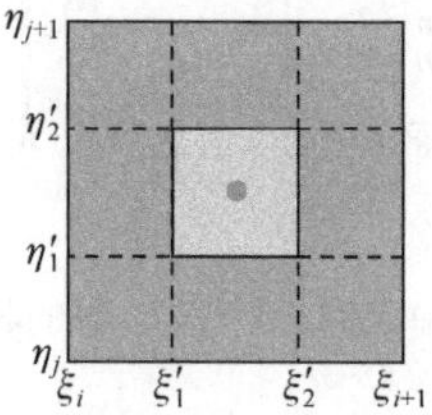

图 6.14　区域 $[\xi_i,\xi_{i+1}]\times[\eta_j,\eta_{j+1}]-[\xi_1',\xi_2']\times[\eta_1',\eta_2']$ 的细分方案

由于本节给出的混合方案中出现了多种积分方法，下面将对这些方法在等几何边界元法中的应用做进一步总结和梳理。

(1) 奇异积分：算法中采用幂级数展开法计算奇异积分。

(2) 非奇异积分：这类积分可以分为两类，一类是规则化积分，另一类是拟奇异积分。

a. 当 $d^* \geqslant d_{\text{crit}}^*$ 时(建议取 $d_{\text{crit}}^* = 0.6$)，采用自适应积分法。该种情况包含了所有的规则化积分以及距离比较大的拟奇异积分。当图 6.13 所示的拟奇异区域趋近于 0 时，也用自适应积分法计算。

b. 当 $d^* < d_{\text{crit}}^*$ 时，采用 sinh 变换法计算拟奇异积分。计算单元会根据截断误差 E_{trun} 和误差限 eps 对单元进行分割。如果投影点在单元内部，采用传统 sinh 变换法。当投影点在单元外部，采用延拓 sinh 变换法进行计算。

(i) 对于分割形成的子域，如果 $E_{\text{trun}} \geqslant \text{eps}$，采用自适应积分法。

(ii) 对于分割形成的子域，如果 $E_{\text{trun}} < \text{eps}$，将采用 sinh 变换法进行计算。

6.9 数值算例

为验证本章算法的精度和计算效率，接下来用 sinh 变换法和基于该算法的等几何边界元法研究具有薄体和涂层结构的工程问题。对于所有的算例，零应力温度为 0。为验证算法的精度和收敛性，采用两种误差来进行分析：一种是式(6.61)中的相对误差；

$$\varepsilon_{\mathrm{r}} = \left| \frac{f_{\mathrm{num}} - f_{\mathrm{ref}}}{f_{\mathrm{ref}}} \right| \tag{6.61}$$

其中，f_{num} (f 表示感兴趣的物理量，如温度、应力和位移等)是本章算法求得的数值解，f_{ref} 是参考解。另外一种是关于参考解 f_{ref} 的 L_2 相对误差范数 E_2，定义如下：

$$E_2(f_{\mathrm{num}};\Gamma) = \frac{\left\| f_{\mathrm{num}} - f_{\mathrm{ref}} \right\|_{L_2(\Gamma)}}{\left\| f_{\mathrm{ref}} \right\|_{L_2(\Gamma)}} \tag{6.62}$$

其中，Γ 是取范数的边界面；f_{num} 是物理量(温度、位移、应力和热流等)的数值解。L_2 范数 $\|\cdot\|_{L_2(\Gamma)}$ 的定义如下：

$$\|g\|_{L_2(\Gamma)} = \sqrt{\int_{\Gamma} g^2 \mathrm{d}\Gamma} \tag{6.63}$$

6.9.1　sinh$^+$法在柱面单元上的应用

为了测试 sinh$^+$积分方案，用该方法计算式(6.52)和(6.53)给出的拟奇异积分。仍然以图 6.2 所示柱面单元为例，其控制点信息在表 6.2 中给出。源点的坐标可以用下式表示

$$x = (1-d)\sin(\pi/4), \quad y = 1, \quad z = (1-d)\cos(\pi/4) \tag{6.64}$$

其中，距离 d 的取值范围为 1 到 0.000001(柱面的半径为 1)。

图 6.15(a)和(b)给出了 sinh$^+$变换法与传统 sinh 变换法、高斯积分法和自适应积分法的相对误差的比较情况。计算中，弱奇异积分采用的高斯数目为 20 × 20，强奇异积分使用的高斯积分数目为 25 × 25。自适应积分法中误差阈值 $\overline{e} = 10^{-8}$。从图中可以看出 sinh$^+$方案计算的相对误差 ε_{r} 保持在 10^{-5} 以下。比传统 sinh 变换

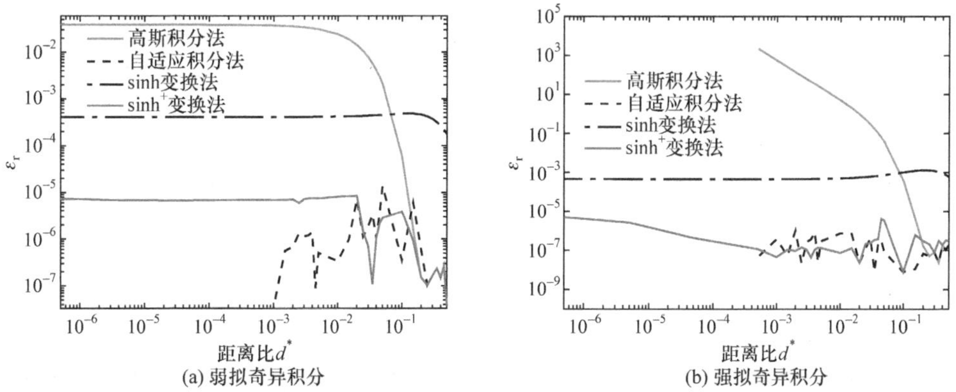

图 6.15　sinh$^+$变换法与传统 sinh 变换法、高斯积分法、自适应积分法的相对误差比较

法的相对误差小 1～4 个数量级。

如图 6.13 所示，$\sinh^+$方案中截断误差阈值 eps 是一个关键参数。图 6.16(a)和(b)展示了不同 eps 对不同积分计算精度的影响。可以发现，减小阈值 eps 的值可以显著提高 $\sinh^+$方法的计算精度。

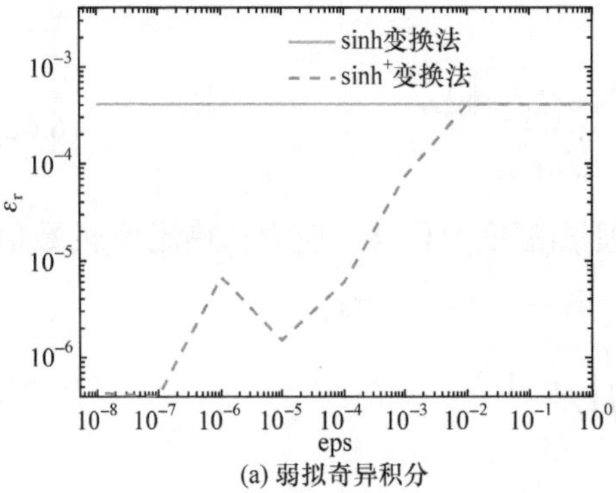

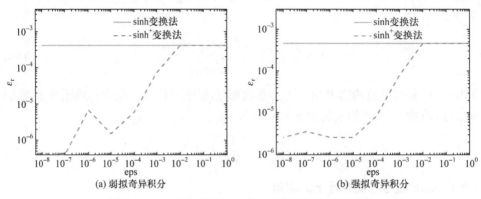

图 6.16　eps 取值对不同拟奇异积分计算结果的影响

图 6.17(a)和(b)给出了自适应积分法、$\sinh^+$方法及传统 sinh 变换法在计算不同拟奇异积分时需要的 CPU 计算时间。当 $d^* > d^*_{\text{crit}}$ 时，由于需要计算参数 ξ_1'、ξ_2'、η_1' 和 η_2'，使得 $\sinh^+$变换法的计算时间比自适应积分法稍微大一些；当 $d^* < d^*_{\text{crit}}$ 时，自适应积分法的计算时间急剧增加。但是 $\sinh^+$方案的计算时间稳定在 0.5s 左右。

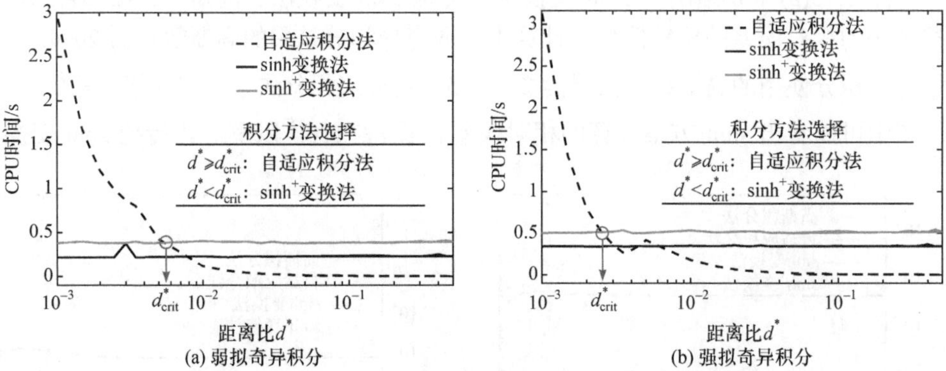

图 6.17　不同拟奇异积分计算方法的 CPU 时间比较

6.9.2　延拓 $\sinh^+$法在柱面单元上的应用

以图 6.2 所示的柱面曲面为例，其节点区间为$[0,1]\times[0,1]$。如图 6.18 所示，源点位于曲面延拓区域且非常靠近计算单元。源点的坐标可以表示为

$$x=(1-d)\cos(\theta+\theta_0),\quad y=1.0,\quad z=(1-d)\sin(\theta+\theta_0) \tag{6.65}$$

如图 6.18 所示，$\theta=\pi/2$，$\theta_0=\pi/180$，$\pi/1800$，$\pi/18000$ 是一组半径为 1 且弧度很小的圆弧。计算时距离 d 的取值范围为 0.9 到 0.000001。显然，源点的投影点在单元外部，因此需要采用延拓 sinh$^+$处理。如图 6.19 所示，计算时将节点区间$[\xi_i,\xi_{i+1}]\times[\eta_j,\eta_{j+1}]$分为两部分：浅灰色区域和深灰色区域。浅灰色区域内(节点区间$[\xi_1',\xi_2']\times[\eta_1',\eta_p]$)，由于$\varepsilon_r<\text{eps}$，将采用 sinh$^+$处理，精度和效率均能保证。深灰色区域内由于$\varepsilon_r>\text{eps}$，故采用自适应积分法即可。

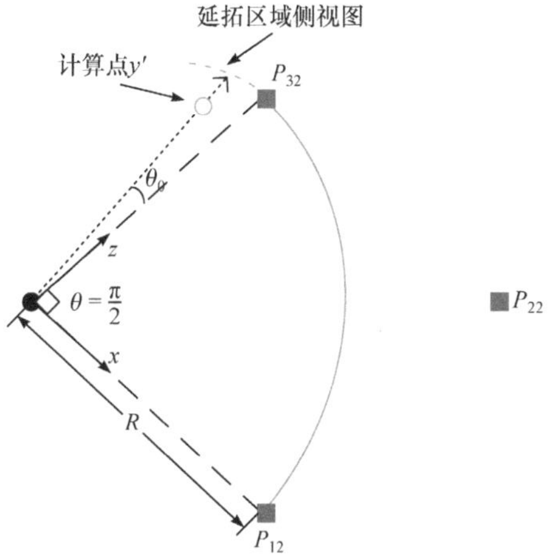

图 6.18　延拓单元侧视图

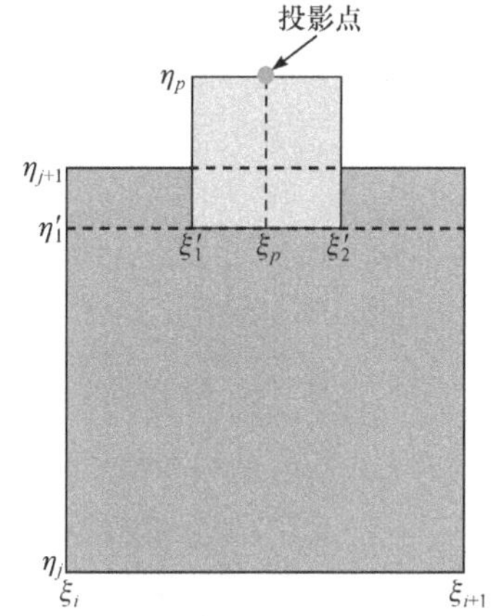

图 6.19　延拓 sinh$^+$方案的分割方案

图 6.20 给出了延拓 sinh$^+$变换法计算弱拟奇异积分时的相对误差。从图中可以看出，该方法数值结果的相对误差 ε_r 非常小，即使距离比 d^* 达到10^{-6}，相对误差也能稳定在低于10^{-5} 的水平。

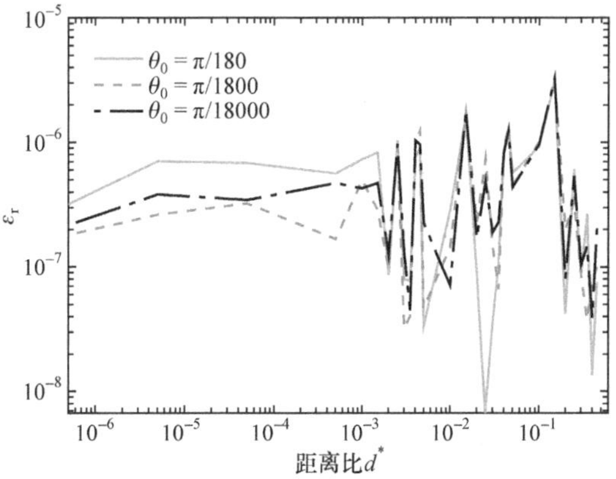

图 6.20　延拓 sinh$^+$变换法在计算弱拟奇异积分时的相对误差

6.9.3 内部覆盖涂层的圆筒对流热传导模型

在实际热传导问题中经常遇到对流边界条件的处理。例如，涡轮叶片一些结构的边界温度无法测量，但与其接触的环境温度却容易获得，这就是一个典型的对流热传导问题。本算例利用一个圆管内部覆盖涂层的对流热传导模型(图 6.21)来验证算法的有效性。模型内部涂层上施加如下形式的对流边界条件：

$$k\frac{\partial T}{\partial n}=-h(T_{\mathrm{f}}-T) \tag{6.66}$$

其中，T_{f} 是模型内部流体的温度，h 是热传导系数。

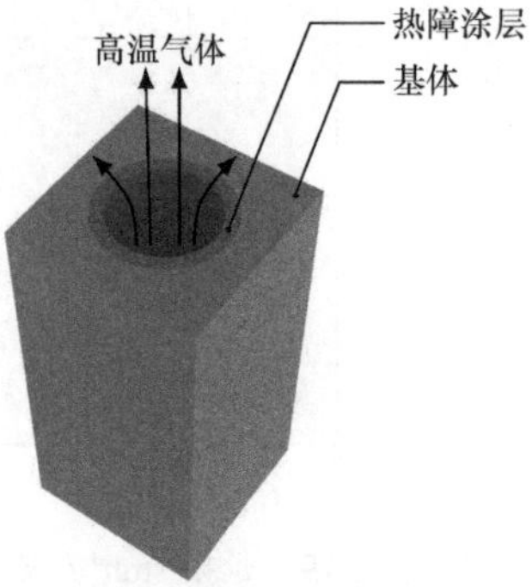

(a) 内部覆盖涂层的圆筒对流热传导模型

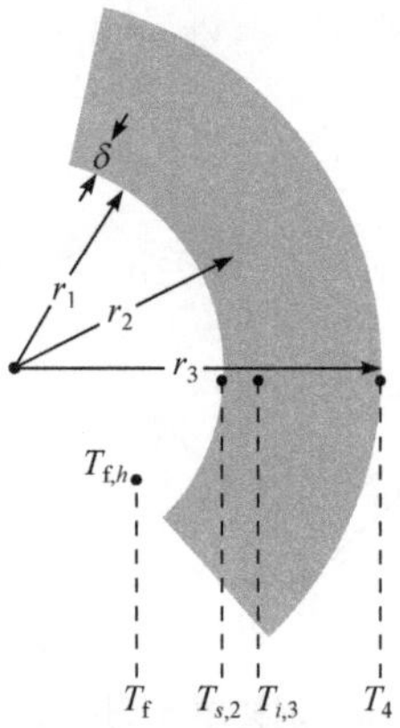

(b) 对流热传导模型横截面

图 6.21　对流热传导模型

如图 6.21(a)所示，合金基体的内外半径分别为 2m 和 3m。基体内表面覆盖一层厚度为 δ 的涂层，其热传导系数为 $2.3\mathrm{W/(m\cdot K)}$。基体热传导系数为 $22\mathrm{W/(m\cdot K)}$，基体外表面的温度为 $T_4=800℃$。内部热障涂层暴露在温度为 $T_{\mathrm{f}}=1700℃$ 的高温气体中，且气体的热传导系数为 $h=1000\mathrm{W/(m^2\cdot K)}$。为验证算法对不同厚度涂层的有效性，基体内部涂层的厚度 δ 从 0.5m 变化到 $10^{-7}\mathrm{m}$。

图 6.22 给出了不同涂层厚度 δ 的 L_2 误差范数 $E_2(T_{\mathrm{num}};\Gamma_{\mathrm{int}})$。从图中可以看出，sinh$^+$法的精度优于传统的高斯积分法。即使涂层厚度达到 $10^{-7}\mathrm{m}$，32 个自由度就可以获得非常理想的计算结果。自由度从 32 增加到 64 时，误差会明显降低。

$$S_1=\{(x,y);x=r_0\cos\theta,\ y=r_0\sin\theta,\ \theta\in[0,2\pi),\ r_0=2.5\mathrm{m}\} \tag{6.67}$$

为进一步验证算法的计算精度，在基体内部沿曲线 S_1 (式(6.67))取一组计算点。图 6.23 给出了基于传统高斯积分法和 sinh$^+$方法的 IGABEM 求解计算点处温度的相对误差。从图中可以看出，虽然相对误差都存在波动，但 sinh$^+$法计算的结果要比传统高斯积分法精度高。此外，从图 6.23 还可以看出，随着涂层厚度的降低(从10^{-5}m 降到10^{-7}m)，相对误差保持稳定。

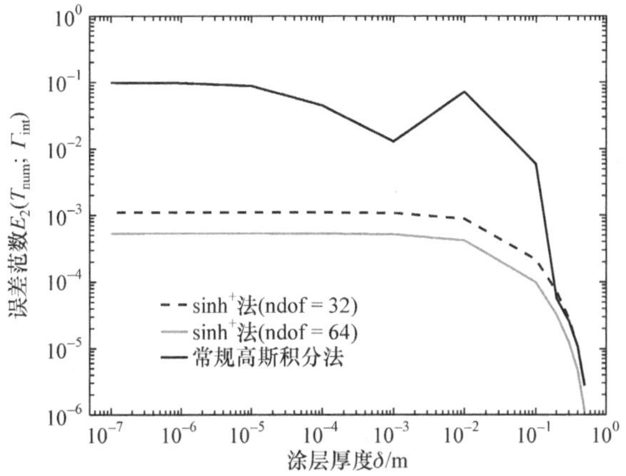

图 6.22 不同涂层厚度δ下，L_2误差范数$E_2(T_{\text{num}};\Gamma_{\text{int}})$

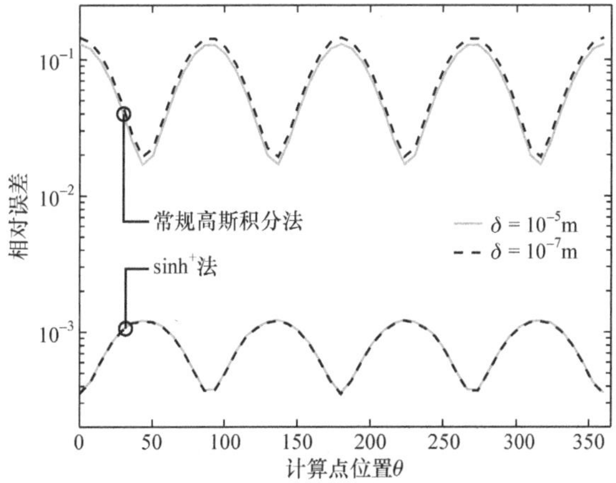

图 6.23 涂层厚度$\delta=10^{-5}$m 和10^{-7}m 时，沿曲线S_1上计算点温度的相对误差

图 6.24 对基于本节算法的 IGABEM 进行了收敛性分析。从图中可以看出，对于固定的涂层厚度δ，随着自由度的增加算法收敛性很好。同时还能看出，随着涂层厚度的降低，计算误差有所增加。误差增加的主要原因是采用 sinh 变换法时距离函数存在截断误差导致。

图 6.25 给出了不同厚度及不同材料的涂层绝热效果比较。图中考虑了四种常用的涂层材料，分别为$BaLa_2Ti_3O_{10}$($k=0.7$W / (m·K))、$La_2Zr_2O_7$($k=1.56$W / (m·K))、YSZ($k=2.3$W / (m·K))和$BaZrO_3$($k=3.42$W / (m·K))。从图 6.25 可以看到不同厚度的涂层两侧温度差$|T_{\text{f}}-T_{i,3}|$。可以得出结论：涂层热传导系数越小，隔热效果越强。但随着涂层厚度的减小($\delta<10^{-5}$)，四种材料的隔热效果几乎相同。

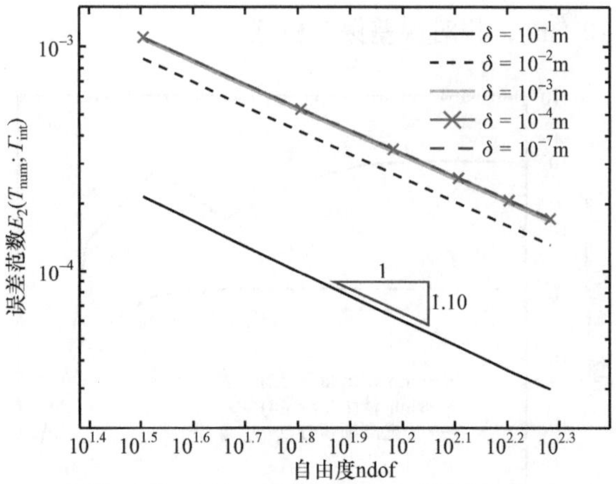

图 6.24　不同涂层厚度 δ 下，算法的收敛性

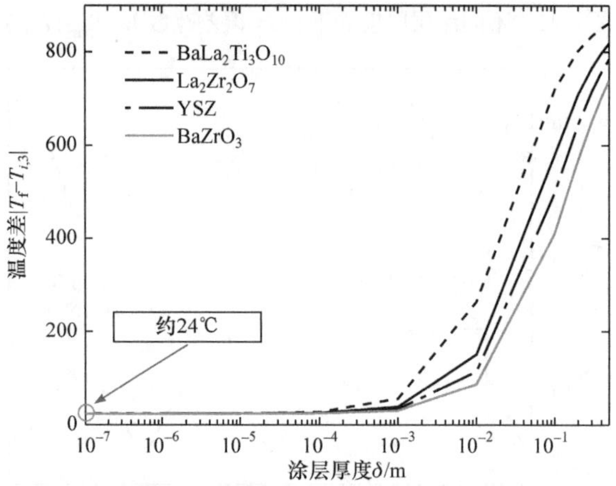

图 6.25　不同材料的涂层，厚度不同时隔热效果比较

6.9.4　立方体上的热应力分析

为了进一步研究算法在等几何边界元法中的精度和效率，利用基于混合积分法的等几何边界元算法研究尺寸为 $2\text{m}\times2\text{m}\times2\text{m}$ 的立方体的应力问题。立方体的 6 个面沿法向方向固定。杨氏模量 $E=4.0\text{GPa}$，泊松比 $\nu=0.34$，热膨胀系数取值为 $\alpha=1.0\times10^{-5}℃^{-1}$。该立方体处于温差为 $\Delta T=100℃$ 的环境下，该问题的解析解可以表示为

$$\sigma_x=\sigma_y=\sigma_z=-\frac{E\alpha\Delta T}{1-2\nu}=-12.5\text{ MPa} \tag{6.68}$$

该立方体用 6 个等几何单元表示，每个面为一个单元。为研究方法的精度，在内部取一组点集，这些点位于一个立方体表面，且立方体从内部逐渐膨胀，使

得各个面逐渐靠近立方体边界，因此拟奇异积分的奇异性逐渐增强。设 δ 为计算点到立方体边界的最小距离。定义如下的平均相对误差(ε_{are})来描述 sinh⁺方法的计算精度。

$$\varepsilon_{\text{are}} = \frac{1}{N}\sum_{i=1}^{N}\left|\frac{\sigma_{\text{num}}^{i} - \sigma_{\text{ref}}^{i}}{\sigma_{\text{ref}}^{i}}\right| \tag{6.69}$$

其中，N 是计算点的数量；σ_{num}^{i} (或 σ_{ref}^{i})表示第 i 个点的数值解(或参考解)。本算例需要计算模型内部任一点处应力，应力解析解在文献[13]中给出。这里以超拟奇异积分为研究对象，即核函数中有 $1/r^3$ 形式。

计算时涂层厚度 δ 从 0.5m 降到 1.0×10^{-6}m，因此距离比 d^* 从 0.25 变化为 0.5×10^{-6} 。图 6.26 展示了计算点处的几种计算方法的正应力数值解的相对误差。显然，当 $d^* > 10^{-3}$ 时，所有方法的结果精度都很高。当 d^* 减小到 1.0×10^{-7} 时，sinh⁺法和 sinh 法均能得到相同精度的解。由于该模型几何是平面单元，NURBS 基函数会退化为 B 样条基函数导致式(6.25)和(6.35)中没有截断误差。因此，在平面单元上，sinh⁺法和 sinh 法可以获得相同精度的数值解。

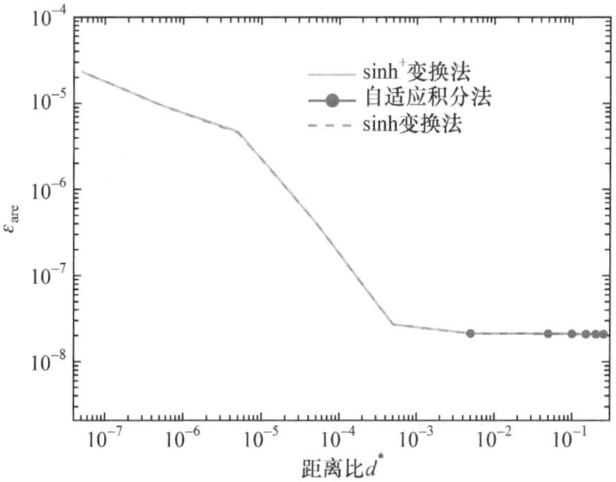

图 6.26　计算点处的正应力 σ_x 的相对误差

图 6.27 给出了 sinh⁺法、sinh 法和自适应积分法的计算时间比较。当距离比 d^* 较大时，由于拟奇异性较弱或者没有奇异性，因此主要用自适应积分法计算三种算法的计算时间差别很小。随着距离比 d^* 的减小，自适应积分法的计算时间急剧增加。因此，对自适应积分法只给出了 $d^* > 0.005$ 部分的计算时间。由于采用固定数目的高斯点，sinh⁺变换法的计算时间稳定在 130s 左右。此外，由于 sinh⁺变换法需要通过计算误差以及计算单元分割点(图 6.13)来选择合适的积分方案，导致 sinh⁺的计算时间比传统 sinh 变换法高出 15%。

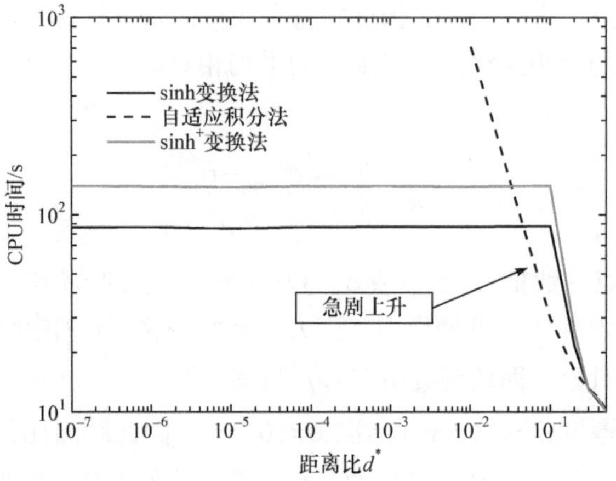

图 6.27　不同方法的 CPU 时间比较

6.9.5　厚壁圆筒模型

为了进一步研究基于 sinh$^+$变换法的等几何边界元法在曲面模型中的精度和效率。研究如图 6.28(a)所示的厚壁圆筒结构的热弹性问题。该模型材料为高温合金(GH4033)，其弹性模量为 $E = 220\text{GPa}$，泊松比为 $\nu = 0.3$，热传导系数为 $k = 10.9\text{W}/(\text{m}\cdot\text{K})$，热膨胀系数为 $\alpha = 11.56\times10^{-6}℃^{-1}$。如图 6.28 所示，模型内、外表面的温度已知，分别为 θ_i 和 θ_e。为保证温度沿径向分布，模型的上下两个端面设为绝缘条件，即 $\nabla\theta\cdot\boldsymbol{n} = 0$。如图 6.28(b)所示，模型的几何参数为 $R^{(0)} = 2.0\text{m}$、$R^{(1)} = 4.0\text{m}$ 和 $h = 6.0\text{m}$。如图 6.28(b)中的虚线所示，在模型内部沿虚线均匀取一组内点集，计算点到模型边界的距离为 δ。所取内部的参数坐标为

$$x = (R^{(0)} + \delta)\cos(\psi);\quad y = (R^{(0)} + \delta)\sin(\psi);\quad z = t \tag{6.70}$$

其中，$0 < \psi < \pi/2$，$0 < t < 6\text{m}$；涂层厚度 δ 从 0.5m 下降到 10^{-7}m。内、外表面的温度分别为 $\theta_\text{i} = 100℃$ 和 $\theta_\text{e} = 70℃$。为了降低计算量，根据对称条件将模型简化为图 6.28(a)所示的 1/4 模型。模型的边界条件如图 6.28(b)所示。该模型用 6 个等几何单元描述，每个面为一个单元。该问题为平面应变问题，其解析解可以查阅文献[13]。

图 6.29 给出了所计算的内点逐渐靠近边界时(δ 逐渐变小)，径向位移 u_r 数值解的平均相对误差。对应的计算时间在图 6.30 中给出。与上面算例不同，在曲面单元内，式(6.25)和(6.35)中的截断误差不为 0，导致 sinh$^+$变换法和传统 sinh 变换法的误差不一致。从图中可以看出，当 δ 较大时，三种方法均能得到精确的计算结果。由于 $\delta < 10^{-2}\text{m}$ 时，自适应积分法的计算时间急剧增加，因此，图 6.29 只给出了一部分自适应积分法的计算误差($\delta > 10^{-2}$)。此外，当涂层厚度达到 $\delta =$

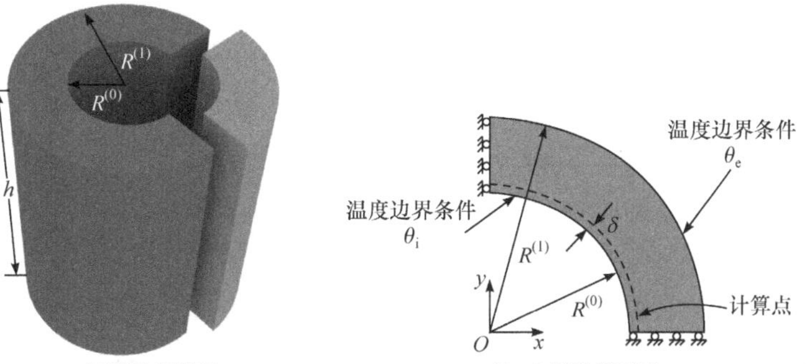

(a) 厚壁圆筒模型　　(b) 1/4模型截面图

图 6.28　厚壁圆筒模型及边界条件

10^{-7} m 时，sinh⁺变换法的误差可以稳定在10^{-3}上下。对于传统 sinh 变换法，由于截断误差的存在使得数值结果的相对误差稳定在10^{-2}。由于采用固定数目的高斯积分点，sinh⁺变换法和传统 sinh 变换法即使涂层厚度 $\delta = 10^{-7}$ m 时，他们的计算时间仍然保持稳定。从图 6.29 中可以看出，虽然 sinh⁺变换法的计算时间比传统 sinh 变换法稍微高一点，但 sinh⁺变换法的精度提高了 1 个数量级。

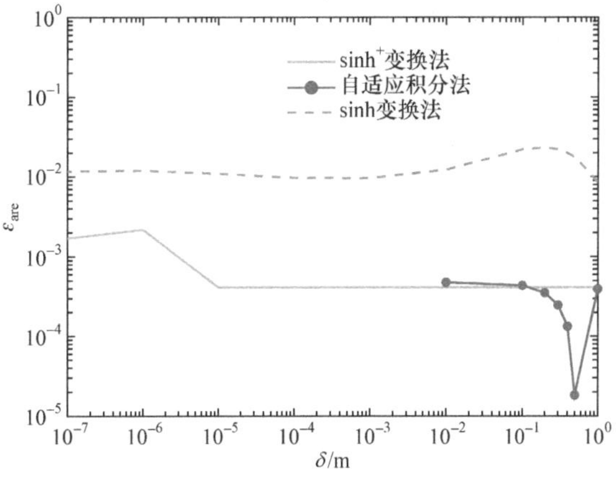

图 6.29　内点位移 u_r 的相对误差

6.9.6　内外覆盖涂层的圆管结构中的热弹性问题

如图 6.31 所示，研究一个内外覆盖涂层且存在温差的圆柱模型。内、外半径分别为 $r_1 = 2\text{m}$ 和 $r_2 = 3\text{m}$，基体是由金属合金(GH4033)构成。基体内、外两侧覆盖一层厚度为 δ 的热障涂层。基体的杨氏模量为 $E = 220\text{GPa}$，泊松比为 $\nu = 0.3$，热传导系数为 $k = 10.9\text{W}/(\text{m}\cdot\text{K})$ 以及热膨胀系数为 $\alpha = 11.56\times10^{-6}℃^{-1}$。热障涂层是由 YSZ 构成，其弹性模量为 $E = 48\text{GPa}$，泊松比 $\nu = 0.25$，热传导系数 $k = 2.3\text{W}/(\text{m}\cdot\text{K})$ 以及热膨胀系数为 $\alpha = 11\times10^{-6}℃^{-1}$。如图 6.31(a)所示，为降低计算

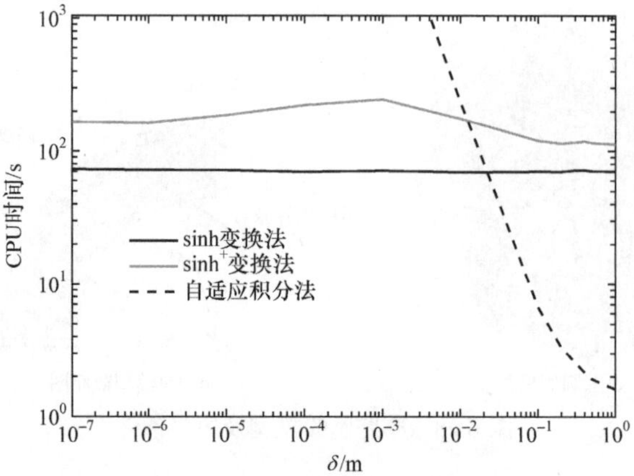

图 6.30　不同方法 CPU 时间比较

量，仍然将模型简化为 1/4 模型，该模型的边界条件在图 6.31(b)中给出。模型的上下两个端面仍然为绝热条件 $\nabla\theta\cdot\boldsymbol{n}=0$，且不能沿法向 z 方向移动。

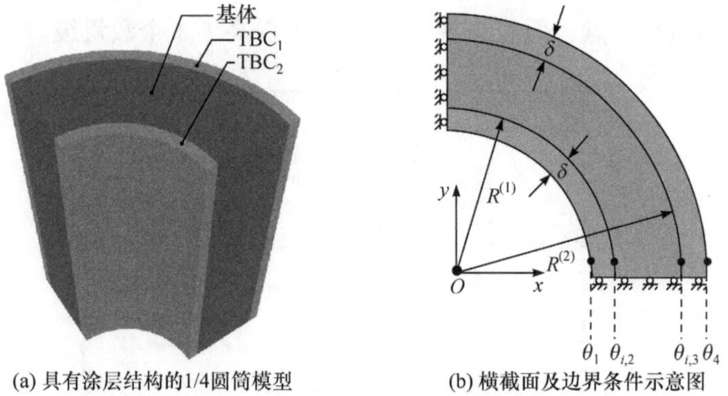

图 6.31　内外有涂层的多层结构模型

数值计算中，涂层厚度 δ 从 0.5m 降低到 10^{-7}m。模型内、外温度已知，分别为 $\theta_1=120$℃ 和 $\theta_4=80$℃。考虑模型为平面应变问题，位移和温度解析解可以查阅文献[13]。

图 6.32(a)和(b)给出了当涂层厚度逐渐减小到 10^{-7}m 时，径向位移 u_r 和温度的 L_2 相对误差范数 $E_2(u_r;\varGamma_{\text{int1}})$ 和 $E_2(\theta;\varGamma_{\text{int2}})$。需要说明的是，$\varGamma_{\text{int1}}$ 表示热障涂层 TBC_1 与基体的接触面，$\varGamma_{\text{int2}}$ 表示热障涂层 TBC_2 与基体的接触面。从图中可以看出，与传统 sinh 变换法相比，即使 sinh^+ 仅用 6 个单元且涂层厚度非常小也可以得到很高的计算精度。图 6.33 给出了 eps 对 L_2 误差范数的影响(式(6.25)中泰勒展开式中取 6 项)。从图中可以看到 eps 的变化对误差范数的影响。

图 6.34(a)和(b)分别给出了初始参数下(6 个等几何单元)，涂层厚度为 $\delta=10^{-6}$m

时，基体内部曲面($z = 4$)的温度分布和对应的相对误差。

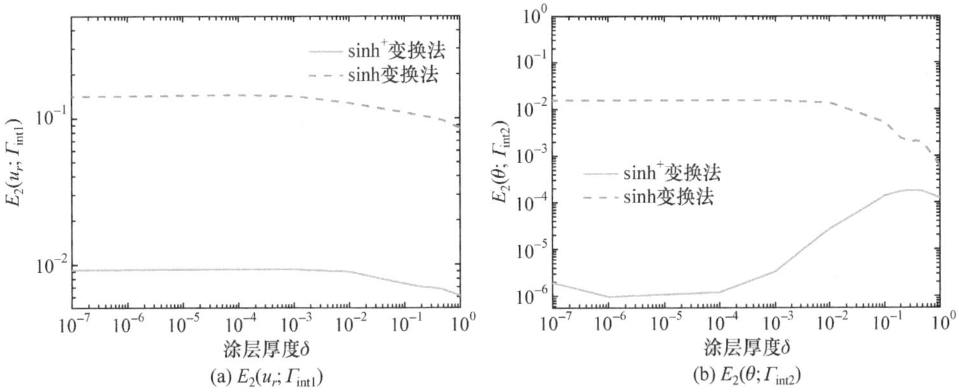

(a) $E_2(u_r;\Gamma_{int1})$　(b) $E_2(\theta;\Gamma_{int2})$

图 6.32　界面上位移和温度的 L_2 误差范数

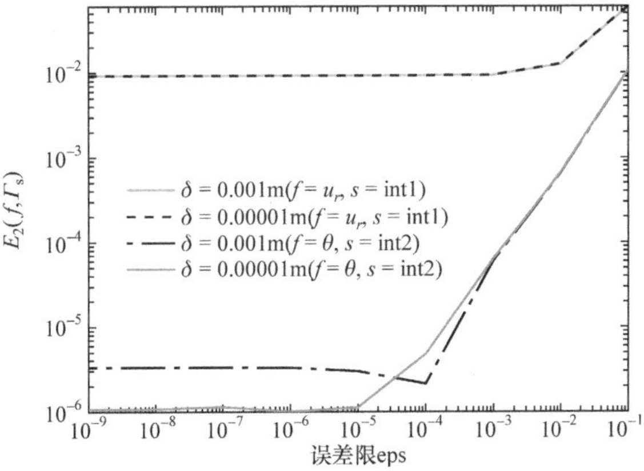

图 6.33　sinh⁺中不同 eps，对 L_2 误差范数 $E_2(f;\Gamma_s)$ 的影响

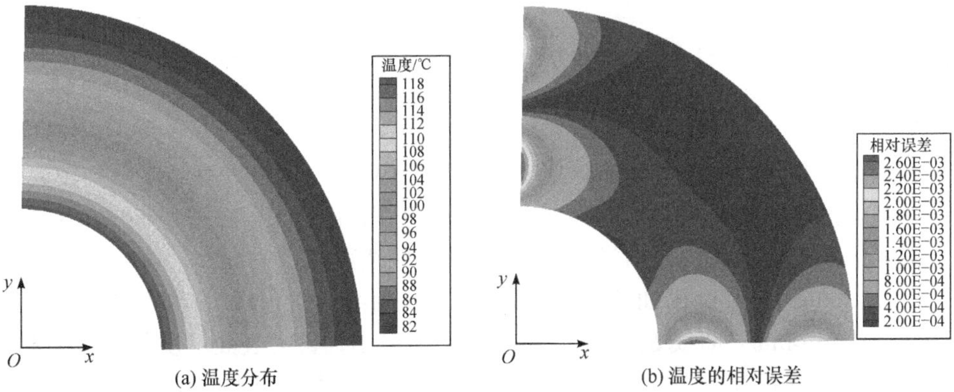

(a) 温度分布　(b) 温度的相对误差

图 6.34　涂层厚度为 $\delta = 10^{-6}$m 时，温度分布和对应的相对误差(彩图请扫封底二维码)

6.9.7 喷嘴模型

如图 6.35 所示，本算例以一个厚度不均匀的 1/4 喷嘴模型为例。该模型是工程中的常见结构，但由于尺度差异较大给传统边界元法、有限元法和等几何边界元法带来很大困难。模型底面的内、外径分别为 $R^{(0)}=2\text{mm}$ 和 $R^{(1)}=6\text{mm}$，模型高度为 $L=6\text{mm}$。该模型上表面内径固定为 $R^{(0)}$，外径的尺寸从底面到顶面逐渐变小，上表面厚度用 δ 表示。数值计算中，上表面厚度 δ 从 0.5mm 逐渐降低到 10^{-7}mm。模型内外表面温度已知，满足函数 $\theta=10^6(x+y)$，x 和 y 为位置坐标。

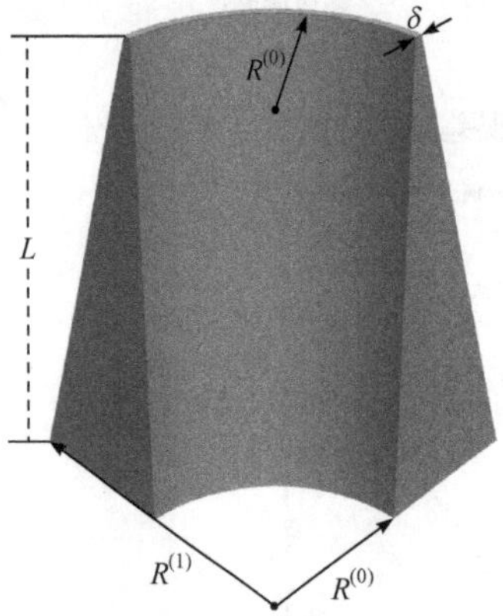

(a) 厚度不均匀的喷嘴模型

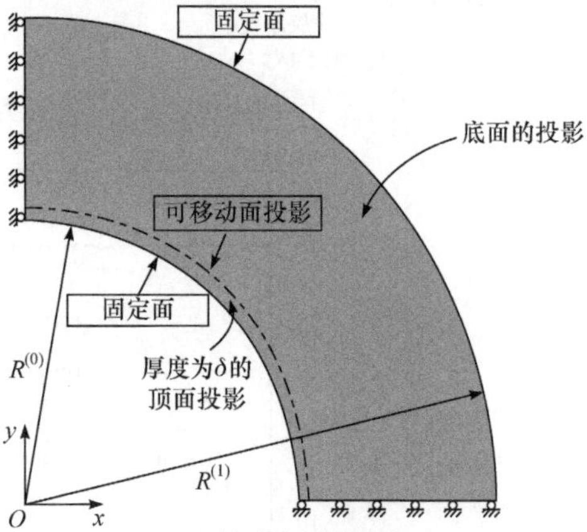

(b) 剖面图及边界条件

图 6.35　喷嘴模型及施加的边界条件

图 6.36 展示了当 $\delta=8.0\times10^{-5}\text{mm}$ 时，沿曲线 S_2 的温度分布。图 6.36 给出了三种不同自由度的计算结果。曲线的参数方程 S_2 为

$$S_2=\left\{(x,y,z):x=\left(R^{(0)}+\frac{\delta}{2}\right)\cos\phi,y=\left(R^{(0)}+\frac{\delta}{2}\right)\sin\phi,z=0.6\text{mm},\phi\in\left(0,\frac{\pi}{2}\right)\right\}\tag{6.71}$$

从图 6.36 可以看出，当 ndof = 26 时，由于网格太粗糙计算结果误差较大，但是当自由度增加到 98 时，温度结果已经稳定。尽管上表面厚度为 0.08μm (内点到边界的距离为 0.04μm)，计算结果的收敛性依然很好。

图 6.37 给出了，沿曲线 S_3 的温度分布。曲线 S_3 的参数 x 和 y 与式(6.71)一致，$z=5.4\text{mm}$。曲线 S_3 到模型上表面距离很小，且上表面厚度很小，因此，会存在拟奇异积分。从图 6.37 可以看出，随着自由度的增加，数值解逐渐趋于稳定。

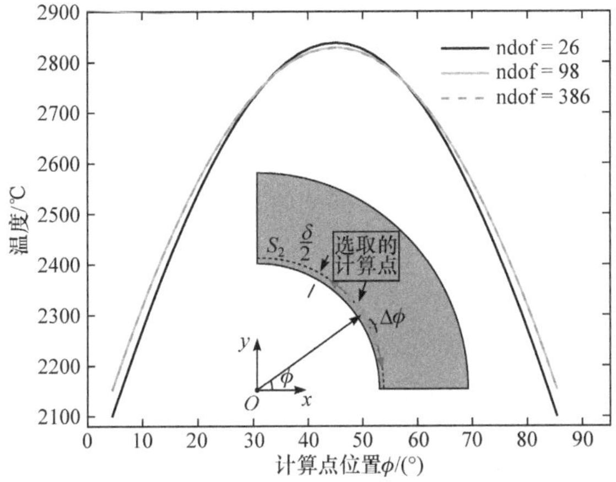

图 6.36　不同自由度(ndof)下，沿曲线 S_2 的温度分布

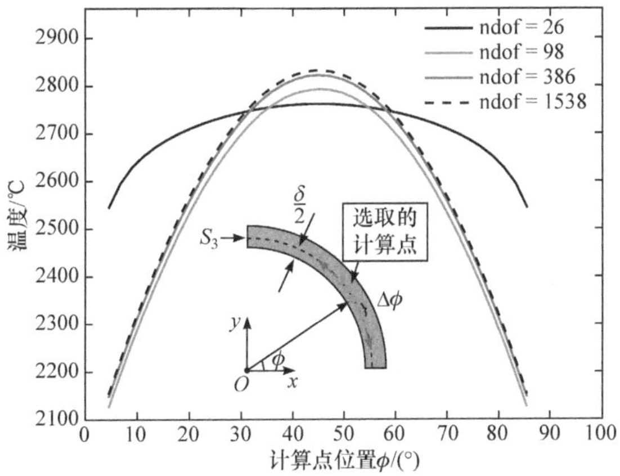

图 6.37　不同自由度(ndof)下，沿曲线 S_3 的温度分布

6.10　小　　结

本章用等几何边界元法研究了具有涂层和薄体结构的热传导及热弹性问题。由于等几何边界元法只需要模型的边界信息，且可以精确模拟模型几何边界，使得等几何边界元法在分析超薄的涂层和薄体结构时有优势，但该方法在分析超薄结构时会出现大量拟奇异积分，影响分析结果的精度和效率。本章给出了一种适用于三维等几何边界元法的拟奇异积分处理方法，使等几何边界元法可以高效率和高精度地分析涂层和薄体结构。

首先，将常用的拟奇异积分处理方法应用到等几何边界元法中。然后，从精度与计算效率方面比较几种拟奇异积分计算方法。在单个等几何单元的拟奇异积分计算与比较中发现，仅用一种方法很难同时保证积分的计算精度与计算效率。当积分拟奇异性较弱或者没有拟奇异性时，自适应积分法是一种精度高、计算快的方法；当拟奇异性较强时，sinh 变换法虽然精度比自适应积分法要低一些，但是计算效率高。为发挥两种方法的优势，本章将两种方法结合，形成了一种混合拟奇异积分法：用自适应积分法计算弱拟奇异积分和常规积分；而用 sinh 变换法计算拟奇异性强的积分。基于 NURBS 基函数的解析延展，将 sinh 变换法进行完善，使其可以处理源点的投影位于计算单元物理区域外部的情形。为进一步提高拟奇异积分的计算精度，根据泰勒展开中的截断误差，将拟奇异区间进行分割。对于截断误差小的区域用 sinh 变换法，而截断误差较大的区域采用自适应积分法。本章介绍的方法最大的优点是可以根据工程师对效率和精度的需求，对算法进行适当调整以达到工程需要。

参 考 文 献

[1] Padture N P, Gell M, Jordan E H. Thermal barrier coatings for gas-turbine engine applications[J]. Science, 2002, 296(5566): 280-284.

[2] Evans A G, Hutchinson J W. The mechanics of coating delamination in thermal gradients[J]. Surface and Coatings Technology, 2007, 201(18): 7905-7916.

[3] Pindera M J, Aboudi J, Arnold S M. Analysis of spallation mechanism in thermal barrier coatings with graded bond coats using the higher-order theory for FGMs[J]. Engineering Fracture Mechanics, 2002, 69(14): 1587-1606.

[4] Skalka P, Slámečka K, Pokluda J, et al. Stability of plasma-sprayed thermal barrier coatings: The role of the waviness of the bond coat and the thickness of the thermally grown oxide layer[J]. Surface and Coatings Technology, 2015, 274: 26-36.

[5] Yang L, Liu Q X, Zhou Y C, et al. Finite element simulation on thermal fatigue of a turbine blade with thermal barrier coatings[J]. Journal of Materials Science & Technology, 2014, 30(4): 371-380.

[6] 姚振汉, 王海涛. 边界元法[M]. 北京：高等教育出版社, 2010.

[7] 高效伟, 彭海峰, 杨凯, 等. 高等边界元法：理论与程序[M]. 北京：科学出版社, 2015.

[8] 程长征. 涂层结构和 V 形切口界面强度的边界元法分析研究[M]. 合肥：合肥工业大学出版社, 2012.

[9] Beer G, Marussig B, Duenser C. The Isogeometric Boundary Element Method[M]. Switzerland: Springer, 2020.

[10] Gong Y P, Dong C Y. An isogeometric boundary element method using adaptive integral method for 3D potential problems[J]. Journal of Computational and Applied Mathematics, 2017, 319: 141-158.

[11] Gong Y P, Dong C Y, Bai Y. Evaluation of nearly singular integrals in isogeometric boundary element method[J]. Engineering Analysis with Boundary Elements, 2017, 75: 21-35.

[12] Gong Y P, Trevelyan J, Hattori G, et al. Hybrid nearly singular integration for isogeometric

boundary element analysis of coatings and other thin 2D structures[J]. Computer Methods in Applied Mechanics and Engineering, 2019, 346: 642-673.

[13] Gong Y P, Dong C Y, Qin F, et al. Hybrid nearly singular integration for three-dimensional isogeometric boundary element analysis of coatings and other thin structures[J]. Computer Methods in Applied Mechanics and Engineering, 2020, 367: 113099.

[14] Gong Y P, Qin F, Dong C, et al. An isogeometric boundary element method for heat transfer problems of multiscale structures in electronic packaging with arbitrary heat sources[J]. Applied Mathematical Modelling, 2022, 109: 161-185.

[15] Wrobel L C, Brebbia C A. Boundary Element Methods in Heat Transfer[M]. Dordrecht: Springer, 1992.

[16] Becker A A. The Boundary Element Method in Engineering: A Complete Course[M]. Cambridge: McGraw-Hill Companies, 1992.

[17] Gao X W. The radial integration method for evaluation of domain integrals with boundary-only discretization[J]. Engineering Analysis with Boundary Elements, 2002, 26(10): 905-916.

[18] Partridge P W, Brebbia C A, Wrobel L C. The Dual Reciprocity Boundary Element Method[M]. Southampton Boston: Springer, Dordrecht, 1992.

[19] Piegl L, Tiller W. The NURBS Book[M]. Berlin Heidelberg: Springer, 1997.

[20] Keuchel S, Hagelstein N C, Zaleski O, et al. Evaluation of hypersingular and nearly singular integrals in the isogeometric boundary element method for acoustics[J]. Computer Methods in Applied Mechanics & Engineering, 2017, 325: 488-504.

[21] Telles J C F. A self-adaptive co-ordinate transformation for efficient numerical evaluation of general boundary element integrals[J]. International Journal for Numerical Methods in Engineering, 1987, 24(5): 959-973.

[22] Sladek V, Sladek J, Tanaka M. Numerical integration of logarithmic and nearly logarithmic singularity in BEMs[J]. Applied Mathematical Modelling, 2001, 25(11): 901-922.

[23] Liu Y. Analysis of shell-like structures by the boundary element method based on 3-D elasticity: formulation and verification[J]. International Journal for Numerical Methods in Engineering, 1998, 41(3): 541-558.

[24] Liu Y J, Zhang D M, Rizzo F J. Nearly singular and hypersingular integrals in the boundary element method[C]. Brebbia C A, Rencis J J, ed. WIT Transactions on Modelling and Simulation, 1993: 453-468.

[25] Lutz E. Exact Gaussian quadrature methods for near-singular integrals in the boundary element method[J]. Engineering Analysis with Boundary Elements, 1992, 9(3): 233-245.

[26] Chen H B, Lu P, Huang M G, et al. An effective method for finding values on and near boundaries in the elastic BEM[J]. Computers & Structures, 1998, 69(4): 421-431.

[27] Wang Y C, Li H Q, Chen H B, et al. Particular solutions method to adjust singularity for the calculation of stress and displacement at arbitrary point[J]. Acta Mechanica Sinica, 1994, 26(2): 222-232.

[28] Gao X W, Davies T G. Adaptive integration in elasto-plastic boundary element analysis[J]. Journal of the Chinese Institute of Engineers, 2000, 23(3): 349-356.

[29] Gao X W, Davies T G. Boundary Element Programming in Mechanics[M]. New York: Cambridge University Press, 2002.
[30] Luo J F, Liu Y J, Berger E J. Analysis of two-dimensional thin structures (from micro-to nano-scales) using the boundary element method[J]. Computational Mechanics, 1998, 22(5): 404-412.
[31] Ma H, Kamiya N. Domain supplemental approach to avoid boundary layer effect of BEM in elasticity[J]. Engineering Analysis with Boundary Elements, 1999, 23(23): 281-284.
[32] Ma H, Kamiya N. A general algorithm for the numerical evaluation of nearly singular boundary integrals of various orders for two-and three-dimensional elasticity[J]. Computational Mechanics, 2002, 29(4-5): 277-288.
[33] Zhang Y, Gu Y, Chen J T. Boundary element analysis of the thermal behaviour in thin-coated cutting tools[J]. Engineering Analysis with Boundary Elements, 2010, 34(9): 775-784.
[34] Xie G, Zhang J, Dong Y, et al. An improved exponential transformation for nearly singular boundary element integrals in elasticity problems[J]. International Journal of Solids & Structures, 2014, 51(6): 1322-1329.
[35] Zhang J, Wang P, Lu C, et al. A spherical element subdivision method for the numerical evaluation of nearly singular integrals in 3D BEM[J]. Engineering Computations, 2017, 34(6): 2074-2087.
[36] Han Z, Huang Y, Cheng C, et al. The semianalytical analysis of nearly singular integrals in 2D potential problem by isogeometric boundary element method[J]. International Journal for Numerical Methods in Engineering, 2020, 121(16):3560-3583.

第 7 章　裂纹问题的等几何边界元法

7.1　引　　言

在受载结构中确定含有缺陷的应力分布多年来一直受到学术界的广泛关注。基于对材料行为和结构几何的简化假设，我们可以进行详细的理论分析，并能够获得准确的应力状态。对于复杂的结构或载荷情况，理论分析不再适用，人们需要借助于实验或数值方法来进行研究。在获得应力分析结果后，我们就可以选择一个合适的破坏准则来评估结构构件的强度和完整性[1]。断裂力学的一个主要目标是研究存在初始缺陷结构的承载能力，它能够确定载荷参数和准则来定量地评估材料和构件在静态、动态或循环载荷作用下的裂纹行为[2]。除了断裂力学的理论分析方法外，应用力学中的数值方法已经被用于断裂力学应力分析。其中，有限元法是现代工程设计和应力分析的最普遍、也是最有效的数值分析工具。但是，有限元法在处理裂纹扩展问题时存在不断重新构造网格以及在裂纹尖端附近需要划分密集网格等缺陷。为了克服这些问题，Beytschko 等[3,4]提出了扩展有限元法，其基本思想是用扩展的具有不连续性的形函数代替计算域内的不间断。在这种处理方法中，不连续场的描述完全独立于网格边界，特别适用于含有缺陷问题的研究。有关扩展有限元法的详细内容还可参见专著[5-10]。相对于有限元法，边界元法[11]在研究断裂力学问题时具有一定的优势，其原因在于其只对问题的几何边界进行离散，特别适用于裂纹扩展问题的研究。但是，边界元法在求解裂纹问题时，由于裂纹的两个面重合，导致当配点位于裂纹面上时形成的系数矩阵是病态的，即未知量的个数多于方程的个数[12-14]。为克服此问题，人们相继提出了多种数值技术，如子域边界元法[15,16]、对偶边界元法[17]和位移不连续法[18-20]。在研究裂纹扩展问题时，我们可以使用应力强度因子来确定裂纹扩展所需的参数，比如裂纹扩展的方向和扩展步的大小。因此，应力强度因子的精确计算对研究裂纹扩展至关重要。由于应力强度因子依赖于裂纹尖端附近的应力值和位移值，而在裂纹尖端处存在应力奇异性，为了得到裂纹尖端附近精确的应力场和位移场，需要借助于一些特殊的处理技术，如四分之一单元法[15,21]、杂交裂纹单元法[22,23]和单位分解扩展法[24]。其中，在单位分解扩展法的数值实施中，需要通过引入额外的自由度才能取得有效的数值结果，而且附加配点所在位置的选取也会影响数值结果的准确性。

传统的有限元法、扩展有限元法和边界元法等计算技术使用插值基函数，如拉格朗日插值基函数，模拟物体的几何构型和物理场，导致分析时产生几何离散误差，最终影响数值分析的精度。Hughes 等[25]提出的等几何分析方法直接使用非均匀有理 B 样条(NURBS)基函数同时模拟物体几何和物理场，因此避免了几何误差，能够给出高精度的数值解。这一先进的计算技术已被应用于多个领域，比如势问题[26]、弹性力学问题[27]、夹杂问题[28]、声学问题[29]和板壳动力学问题[30,31]等。基于标准 NURBS 的近似可以通过单位分解方法[32]使用合适的富集函数得到增强。这一改进的技术已在断裂力学领域里得到了广泛的应用[33-36]。

本章首先给出求解裂纹-夹杂问题的位移和面力边界积分方程[37]，接着给出该问题边界积分方程的等几何离散形式，然后给出三维裂纹扩展分析的方法，最后展示了一些数值算例[13,14]。

7.2　裂纹-夹杂问题的等几何边界元法

7.2.1　裂纹-夹杂相互作用的边界积分方程

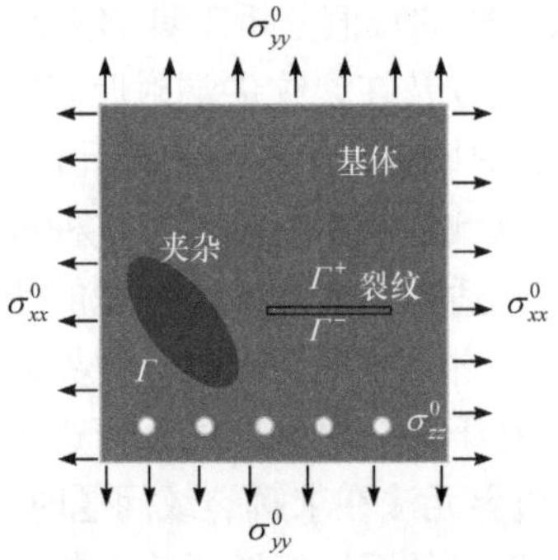

图 7.1　夹杂-裂纹相互作用模型

一个裂纹和一个夹杂嵌入在无限大弹性域中，如图 7.1 所示，且承受着远场载荷作用。假设夹杂和基体理想粘接在一起。下面分两种情况进行介绍。

7.2.1.1　夹杂与基体的泊松比相同

针对夹杂和基体的泊松比相同的情况，作者和 Lee[37]给出了如下的边界积分方程。

当源点 $\boldsymbol{y}$ 位于夹杂-基体界面 Γ 时，位移边界积分方程可以表示为如下形式：

$$c_{ij}\left(1+\frac{G^{\mathrm{I}}}{G}\right)u_j(\boldsymbol{y})=u_i^0(\boldsymbol{y})-\int_{\Gamma}\left(1-\frac{G^{\mathrm{I}}}{G}\right)T_{ij}(\boldsymbol{y},\boldsymbol{x})u_j(\boldsymbol{x})\mathrm{d}\Gamma(\boldsymbol{x})$$
$$-\int_{\Gamma^-}T_{ij}(\boldsymbol{y},\boldsymbol{x})\Delta u_j(\boldsymbol{x})\mathrm{d}\Gamma(\boldsymbol{x}) \tag{7.1}$$

其中，c_{ij} 是一个与边界点局部几何形状有关的参数分量；$\boldsymbol{x}$ 表示夹杂-基体交界面 Γ 上的场点；$u_i^0(\boldsymbol{y})$ 表示在夹杂材料和基体材料相同的情况下远场载荷在源点 $\boldsymbol{y}$ 处产生的位移分量；场点 $\boldsymbol{x}$ 处的不连续位移分量为 $\Delta u_k(\boldsymbol{x})=u_k^-(\boldsymbol{x})-u_k^+(\boldsymbol{x})$，$u_k^+(\boldsymbol{x})$ 和 $u_k^-(\boldsymbol{x})$ 分别是裂纹上、下表面(Γ^+ 和 Γ^-)$\boldsymbol{x}$ 处的位移分量；G 和 G^{I} 分别是基体和夹杂的剪切模量；T_{ij} 是基体材料的基本解，其形式如下[38]：

$$T_{ij}=-\frac{2}{8\pi\alpha(1-\nu)r^{\alpha}}\left[\frac{\partial r}{\partial n}\left\{(1-2\nu)\delta_{ij}+\beta r_{,j}r_{,i}\right\}-(1-2\nu)\left(r_{,j}n_i-r_{,i}n_j\right)\right] \tag{7.2}$$

式中，对于二维问题，$\alpha=1$，$\beta=2$，$i,j=1,2$；对于三维问题，$\alpha=2$，$\beta=3$，$i,j=1,2,3$；$r=\sqrt{\sum_{i=1}^{\beta}\left(x_i(\boldsymbol{x})-x_i(\boldsymbol{y})\right)^2}$；$r_{,i}=\left(x_i(\boldsymbol{x})-x_i(\boldsymbol{y})\right)/r$；对于平面应力问题，式中的泊松比$\nu$应被$\nu/(1+\nu)$取代。

当源点 $\boldsymbol{y}$ 位于裂纹下表面 Γ^- 时，应力边界积分方程可以表示为如下形式：

$$\begin{aligned}\sigma_{ij}(\boldsymbol{y})=\sigma_{ij}^0(\boldsymbol{y})&-\int_{\Gamma}\left(1-\frac{G^{\mathrm{I}}}{G}\right)T_{ijk}(\boldsymbol{y},\boldsymbol{x})u_k(\boldsymbol{x})\mathrm{d}\Gamma(\boldsymbol{x})\\&-\int_{\Gamma^-}T_{ijk}(\boldsymbol{y},\boldsymbol{x})\Delta u_k(\boldsymbol{x})\mathrm{d}\Gamma(\boldsymbol{x})\end{aligned} \tag{7.3}$$

式中，$\sigma_{ij}^0(\boldsymbol{y})$表示在夹杂材料和基体材料相同的情况下远场载荷在源点 $\boldsymbol{y}$ 处产生的应力分量，$T_{ijk}(\boldsymbol{y},\boldsymbol{x})$ 的表达式为[38]

$$\begin{aligned}T_{ijk}=\frac{G}{2\pi\alpha(1-\nu)r^{\alpha}}\Big\{&\beta\frac{\partial r}{\partial n}\left[(1-2\nu)\delta_{ij}r_{,k}+\nu(\delta_{ik}r_{,j}+\delta_{jk}r_{,i})-(\beta+2)r_{,i}r_{,j}r_{,k}\right]\\&+\beta\nu(r_{,i}r_{,k}n_j+r_{,j}r_{,k}n_i)+(1-2\nu)(\delta_{ik}n_j+\delta_{jk}n_i+\beta r_{,i}r_{,j}n_k)\\&-(1-4\nu)\delta_{ij}n_k\Big\}\end{aligned} \tag{7.4}$$

在方程(7.3)的等号两侧乘以点 $\boldsymbol{y}\in\Gamma^-$ 处的外法线向量 $\boldsymbol{n}(\boldsymbol{y})$，可得裂纹面上的面力边界积分方程，即

$$\begin{aligned}t_i(\boldsymbol{y})=t_i^0(\boldsymbol{y})&-n_j(\boldsymbol{y})\int_{\Gamma}\left(1-\frac{G^{\mathrm{I}}}{G}\right)T_{ijk}(\boldsymbol{y},\boldsymbol{x})u_k(\boldsymbol{x})\mathrm{d}\Gamma(\boldsymbol{x})\\&-n_j(\boldsymbol{y})\int_{\Gamma^-}T_{ijk}(\boldsymbol{y},\boldsymbol{x})\Delta u_k(\boldsymbol{x})\mathrm{d}\Gamma(\boldsymbol{x})\end{aligned} \tag{7.5}$$

配点 $\boldsymbol{y}\in\Gamma$ 的位移边界积分方程(7.1)和配点 $\boldsymbol{y}\in\Gamma^-$ 的面力边界积分方程(7.5)结合在一起就可以求解无限域中夹杂-裂纹之间相互作用的问题。对于有界域，式(7.1)和(7.5)修改后可用于有界域问题中夹杂和裂纹相互作用的研究，即

对于 $\boldsymbol{y}\in\Gamma$，

$$\begin{aligned}c_{ij}\left(1+\frac{G^{\mathrm{I}}}{G}\right)u_j(\boldsymbol{y})=&\int_{\Gamma^0}U_{ij}(\boldsymbol{y},\boldsymbol{x})t_j(\boldsymbol{x})\mathrm{d}\Gamma(\boldsymbol{x})-\int_{\Gamma^0}T_{ij}(\boldsymbol{y},\boldsymbol{x})u_j(\boldsymbol{x})\mathrm{d}\Gamma(\boldsymbol{x})\\&-\int_{\Gamma}\left(1-\frac{G^{\mathrm{I}}}{G}\right)T_{ij}(\boldsymbol{y},\boldsymbol{x})u_j(\boldsymbol{x})\mathrm{d}\Gamma(\boldsymbol{x})-\int_{\Gamma^-}T_{ij}(\boldsymbol{y},\boldsymbol{x})\Delta u_j(\boldsymbol{x})\mathrm{d}\Gamma(\boldsymbol{x})\end{aligned} \tag{7.6}$$

其中，Γ^0 表示有限域的外边界，$U_{ij}(\boldsymbol{y},\boldsymbol{x})$ 的表达式为[38]

$$U_{ij}(\boldsymbol{x},\boldsymbol{y})=\frac{1}{16\pi G(1-\nu)r}\left[(3-4\nu)\delta_{ij}+r_{,i}r_{,j}\right] \tag{7.7}$$

对于二维平面应变问题，$U_{ij}(\boldsymbol{y},\boldsymbol{x})$ 的表达式为[38]

$$U_{ij}(\boldsymbol{x},\boldsymbol{y})=\frac{1}{8\pi G(1-\nu)}\left[(3-4\nu)\delta_{ij}\ln\frac{1}{r}+r_{,i}r_{,j}\right] \tag{7.8}$$

对于 $\boldsymbol{y}\in\Gamma^{-}$，

$$\begin{aligned}t_i(\boldsymbol{y})=&n_j(\boldsymbol{y})\int_{\Gamma^0}U_{ijk}(\boldsymbol{y},\boldsymbol{x})t_j(\boldsymbol{x})\mathrm{d}\Gamma(\boldsymbol{x})-n_j(\boldsymbol{y})\int_{\Gamma^0}T_{ijk}(\boldsymbol{y},\boldsymbol{x})u_j(\boldsymbol{x})\mathrm{d}\Gamma(\boldsymbol{x})\\&-n_j(\boldsymbol{y})\int_{\Gamma}\left(1-\frac{G^{\mathrm{I}}}{G}\right)T_{ijk}(\boldsymbol{y},\boldsymbol{x})u_k(\boldsymbol{x})\mathrm{d}\Gamma(\boldsymbol{x})-n_j(\boldsymbol{y})\int_{\Gamma^-}T_{ijk}(\boldsymbol{y},\boldsymbol{x})\Delta u_k(\boldsymbol{x})\mathrm{d}\Gamma(\boldsymbol{x})\end{aligned} \tag{7.9}$$

其中，$U_{ijk}(\boldsymbol{y},\boldsymbol{x})$ 的表达式为[38]

$$U_{ijk}=\frac{1}{4\pi\alpha(1-\nu)r^{\alpha}}\{(1-2\nu)(\delta_{ik}r_{,j}+\delta_{jk}r_{,i}-\delta_{ij}r_{,k})+\beta r_{,i}r_{,j}n_k\} \tag{7.10}$$

对于 $\boldsymbol{y}\in\Gamma^{0}$，

$$\begin{aligned}c_{ij}u_j(\boldsymbol{y})=&\int_{\Gamma^0}U_{ij}(\boldsymbol{y},\boldsymbol{x})t_j(\boldsymbol{x})\mathrm{d}\Gamma(\boldsymbol{x})-\int_{\Gamma^0}T_{ij}(\boldsymbol{y},\boldsymbol{x})u_j(\boldsymbol{x})\mathrm{d}\Gamma(\boldsymbol{x})\\&-\int_{\Gamma}\left(1-\frac{G^{\mathrm{I}}}{G}\right)T_{ij}(\boldsymbol{y},\boldsymbol{x})u_j(\boldsymbol{x})\mathrm{d}\Gamma(\boldsymbol{x})-\int_{\Gamma^-}T_{ij}(\boldsymbol{y},\boldsymbol{x})\Delta u_j(\boldsymbol{x})\mathrm{d}\Gamma(\boldsymbol{x})\end{aligned} \tag{7.11}$$

对于无限域中只含有裂纹且其面上无面力的情况，面力边界积分方程(7.5)可以简化为

$$0=t_i^0(\boldsymbol{y})-n_j(\boldsymbol{y})\int_{\Gamma^-}T_{ijk}(\boldsymbol{y},\boldsymbol{x})\Delta u_k(\boldsymbol{x})\mathrm{d}\Gamma(\boldsymbol{x}) \tag{7.12}$$

注意，本节中介绍的边界积分方程易于推广应用于研究多夹杂和多裂纹之间的相互作用。

7.2.1.2　夹杂与基体的泊松比不相同

对于夹杂和基体泊松比不相同的情况，可以基于子域边界元法对之进行研究。当源点 $\boldsymbol{y}$ 位于夹杂-基体交界面 Γ 基体一侧时，位移边界积分方程可以表示为如下形式[37]

$$\begin{aligned}c_{ij}u_j(\boldsymbol{y})=&u_i^0(\boldsymbol{y})+\int_{\Gamma}U_{ij}(\boldsymbol{y},\boldsymbol{x})t_j(\boldsymbol{x})\mathrm{d}\Gamma(\boldsymbol{x})-\int_{\Gamma}T_{ij}(\boldsymbol{y},\boldsymbol{x})u_j(\boldsymbol{x})\mathrm{d}\Gamma(\boldsymbol{x})\\&-\int_{\Gamma^-}T_{ij}(\boldsymbol{y},\boldsymbol{x})\Delta u_j(\boldsymbol{x})\mathrm{d}\Gamma(\boldsymbol{x})\end{aligned} \tag{7.13}$$

当源点 $\boldsymbol{y}$ 位于裂纹下表面 Γ^- 上时，面力边界积分方程可以写为[13]

$$t_i(\boldsymbol{y}) = t_i^0(\boldsymbol{y}) + n_j(\boldsymbol{y})\int_{\Gamma} U_{ijk}(\boldsymbol{y},\boldsymbol{x})t_k(\boldsymbol{x})\mathrm{d}\Gamma(\boldsymbol{x}) \\ - n_j(\boldsymbol{y})\int_{\Gamma} T_{ijk}(\boldsymbol{y},\boldsymbol{x})u_k(\boldsymbol{x})\mathrm{d}\Gamma(\boldsymbol{x}) - n_j(\boldsymbol{y})\int_{\Gamma^-} T_{ijk}(\boldsymbol{y},\boldsymbol{x})\Delta u_k(\boldsymbol{x})\mathrm{d}\Gamma(\boldsymbol{x}) \quad (7.14)$$

对于外边界为 Γ^0 的有限域问题，类似于式(7.13)和(7.14)的边界积分方程应修改为

$$c_{ij}u_j(\boldsymbol{y}) = \int_{\Gamma^0} U_{ij}(\boldsymbol{y},\boldsymbol{x})t_j(\boldsymbol{x})\mathrm{d}\Gamma(\boldsymbol{x}) - \int_{\Gamma^0} T_{ij}(\boldsymbol{y},\boldsymbol{x})u_j(\boldsymbol{x})\mathrm{d}\Gamma(\boldsymbol{x}) \\ + \int_{\Gamma} U_{ij}(\boldsymbol{y},\boldsymbol{x})t_j(\boldsymbol{x})\mathrm{d}\Gamma(\boldsymbol{x}) - \int_{\Gamma} T_{ij}(\boldsymbol{y},\boldsymbol{x})u_j(\boldsymbol{x})\mathrm{d}\Gamma(\boldsymbol{x}) \\ - \int_{\Gamma^-} T_{ij}\left(\boldsymbol{y},\boldsymbol{x}\right)\Delta u_j(\boldsymbol{x})\mathrm{d}\Gamma(\boldsymbol{x}), \quad \boldsymbol{y} \in \Gamma^0 \cup \Gamma \quad (7.15)$$

$$t_i(\boldsymbol{y}) = n_j(\boldsymbol{y})\int_{\Gamma^0} U_{ijk}(\boldsymbol{y},\boldsymbol{x})t_j(\boldsymbol{x})\mathrm{d}\Gamma(\boldsymbol{x}) - n_j(\boldsymbol{y})\int_{\Gamma^0} T_{ijk}(\boldsymbol{y},\boldsymbol{x})u_j(\boldsymbol{x})\mathrm{d}\Gamma(\boldsymbol{x}) \\ + n_j(\boldsymbol{y})\int_{\Gamma} U_{ijk}(\boldsymbol{y},\boldsymbol{x})t_k(\boldsymbol{x})\mathrm{d}\Gamma(\boldsymbol{x}) - n_j(\boldsymbol{y})\int_{\Gamma} T_{ijk}(\boldsymbol{y},\boldsymbol{x})u_k(\boldsymbol{x})\mathrm{d}\Gamma(\boldsymbol{x}) \\ - n_j(\boldsymbol{y})\int_{\Gamma^-} T_{ijk}(\boldsymbol{y},\boldsymbol{x})\Delta u_k(\boldsymbol{x})\mathrm{d}\Gamma(\boldsymbol{x}), \quad \boldsymbol{y} \in \Gamma^- \quad (7.16)$$

对于夹杂表面，我们有其相应的边界积分方程，即

$$c_{ij}u_j(\boldsymbol{y}) = \int_{\Gamma} U_{ij}(\boldsymbol{y},\boldsymbol{x})t_j(\boldsymbol{x})\mathrm{d}\Gamma(\boldsymbol{x}) - \int_{\Gamma} T_{ij}(\boldsymbol{y},\boldsymbol{x})u_j(\boldsymbol{x})\mathrm{d}\Gamma(\boldsymbol{x}), \quad \boldsymbol{y} \in \Gamma \quad (7.17)$$

在数值实施过程中，应满足夹杂-基体界面上的位移连续和面力平衡条件。

7.2.2　裂纹-夹杂相互作用的边界积分方程的 NURBS 离散

以无限域中含有夹杂和裂纹的情况为例介绍边界积分方程(7.13)、(7.14)和(7.17)的 NURBS 离散。假设将夹杂-基体界面和裂纹面分别离散为 NE 和 ME 个单元，并且假设在裂纹面上面力为零。将方程(5.23)～(5.25)代入边界积分方程(7.13)、(7.14)和(7.17)中，可以得到其离散形式为

$$c_{ij}\sum_{a=1}^{(p+1)(q+1)} R_a^{\bar{e}}(\tilde{\xi}',\tilde{\eta}')\tilde{u}_j^{\bar{e}a} = u_i^0(\boldsymbol{y}) + \sum_{e=1}^{\mathrm{NE}}\sum_{\alpha=1}^{(p+1)(q+1)} U_{ij}^{e\alpha}(\boldsymbol{y},\boldsymbol{x})\tilde{t}_j^{e\alpha} \\ - \sum_{e=1}^{\mathrm{NE}}\sum_{\alpha=1}^{(p+1)(q+1)} T_{ij}^{e\alpha}(\boldsymbol{y},\boldsymbol{x})\tilde{u}_j^{e\alpha} - \sum_{e=1}^{\mathrm{ME}}\sum_{\alpha=1}^{(p+1)(q+1)} T_{ij}^{e\alpha}(\boldsymbol{y},\boldsymbol{x})\Delta\tilde{u}_j^{e\alpha} \quad (7.18)$$

$$0 = t_i^0(\boldsymbol{y}) + n_j(\boldsymbol{y})\sum_{e=1}^{\mathrm{NE}}\sum_{\alpha=1}^{(p+1)(q+1)} U_{ijk}^{e\alpha}(\boldsymbol{y},\boldsymbol{x})\tilde{t}_k^{e\alpha} \\ - n_j(\boldsymbol{y})\sum_{e=1}^{\mathrm{NE}}\sum_{\alpha=1}^{(p+1)(q+1)} T_{ijk}^{e\alpha}(\boldsymbol{y},\boldsymbol{x})\tilde{u}_k^{e\alpha} - n_i(\boldsymbol{y})\sum_{e=1}^{\mathrm{ME}}\sum_{\alpha=1}^{(p+1)(q+1)} T_{ijk}^{e\alpha}(\boldsymbol{y},\boldsymbol{x})\tilde{u}_k^{e\alpha} \quad (7.19)$$

$$c_{ij}\sum_{a=1}^{(p+1)(q+1)} R_a^{\bar{e}}(\tilde{\xi}',\tilde{\eta}')\tilde{u}_j^{\bar{e}a}=\sum_{e=1}^{\mathrm{NE}}\sum_{\alpha=1}^{(p+1)(q+1)} U_{ij}^{e\alpha}(\boldsymbol{y},\boldsymbol{x})\tilde{t}_j^{e\alpha}-\sum_{e=1}^{\mathrm{NE}}\sum_{\alpha=1}^{(p+1)(q+1)} T_{ij}^{e\alpha}(\boldsymbol{y},\boldsymbol{x})\tilde{u}_j^{e\alpha} \tag{7.20}$$

式中，

$$U_{ij}^{e\alpha}(\boldsymbol{y},\boldsymbol{x})=\int_{-1}^{1}\int_{-1}^{1}U_{ij}\left(\boldsymbol{y},\boldsymbol{x}\left(\tilde{\xi},\tilde{\eta}\right)\right)R_\alpha^e(\tilde{\xi},\tilde{\eta})J^e(\tilde{\xi},\tilde{\eta})\mathrm{d}\tilde{\xi}\mathrm{d}\tilde{\eta} \tag{7.21}$$

$$T_{ij}^{e\alpha}(\boldsymbol{y},\boldsymbol{x})=\int_{-1}^{1}\int_{-1}^{1}T_{ij}\left(\boldsymbol{y},\boldsymbol{x}\left(\tilde{\xi},\tilde{\eta}\right)\right)R_\alpha^e(\tilde{\xi},\tilde{\eta})J^e(\tilde{\xi},\tilde{\eta})\mathrm{d}\tilde{\xi}\mathrm{d}\tilde{\eta} \tag{7.22}$$

$$U_{ijk}^{e\alpha}(\boldsymbol{y},\boldsymbol{x})=\int_{-1}^{1}\int_{-1}^{1}U_{ijk}\left(\boldsymbol{y},\boldsymbol{x}\left(\tilde{\xi},\tilde{\eta}\right)\right)R_\alpha^e(\tilde{\xi},\tilde{\eta})J^e(\tilde{\xi},\tilde{\eta})\mathrm{d}\tilde{\xi}\mathrm{d}\tilde{\eta} \tag{7.23}$$

$$T_{ijk}^{e\alpha}(\boldsymbol{y},\boldsymbol{x})=\int_{-1}^{1}\int_{-1}^{1}T_{ijk}\left(\boldsymbol{y},\boldsymbol{x}\left(\tilde{\xi},\tilde{\eta}\right)\right)R_\alpha^e(\tilde{\xi},\tilde{\eta})J^e(\tilde{\xi},\tilde{\eta})\mathrm{d}\tilde{\xi}\mathrm{d}\tilde{\eta} \tag{7.24}$$

其中，局部坐标$\tilde{\xi},\tilde{\eta}\in\left[-1,1\right]$，$\bar{e}$是配点$\boldsymbol{y}$所在的单元，$\tilde{\xi}'$和$\tilde{\eta}'$表示配点的局部坐标，$\tilde{u}_j^{e\alpha}$、$\Delta\tilde{t}_j^{e\alpha}$和$\Delta\tilde{u}_j^{e\alpha}$分别代表第$e$个单元中第$\alpha$个节点处第$j$个位移、面力和不连续位移分量；$R_\alpha^e$是第$e$个单元中第$\alpha$个节点的NURBS基函数；$p$和$q$分别是$\xi$和$\eta$两个方向的曲线阶次；$J^e(\tilde{\xi},\tilde{\eta})$是单元的雅可比行列式，其计算公式见式(3.11)。

7.3 裂纹扩展分析

在裂纹扩展分析中，需要计算裂纹前端的应力强度因子，以便用于预测裂纹的扩展方向和裂纹扩展步的大小。本节介绍裂纹前端单元、应力强度因子的计算公式及裂纹扩展的方法。

7.3.1 裂纹前端单元

在计算应力强度因子时，在裂纹前端使用四分之一点单元[39]或者特殊裂纹前端形函数[40,41]可以得到精确的结果。四分之一点单元是通过调整四边形单元中中间一列的几何点到单元的四分之一处(图 7.2(a))而来的，这样就会在裂纹前端处产生不连续位移平方根的奇异性。特殊裂纹前端形函数是指形函数能够直接模拟裂纹前端附近不连续位移平方根的变化。上述两种方法已被广泛应用于求解裂纹前端的位移场，但离散裂纹引起的几何误差降低了应力强度因子计算的精度。特别是在裂纹扩展过程中，几何近似引起的误差会累积和放大，导致数值模拟结果不准确。在等几何边界元法中，NURBS 基函数既用于精确地描述裂纹面，又用于模拟物理量，从而能够精确地确定裂纹前端单元的应力强度因子。在等几何边界元法的数值实施中，裂纹前端的配点被移动到等几何单元内部(图 7.2(b))，从而能够确保物理量的连续性和光滑性[13,14]。

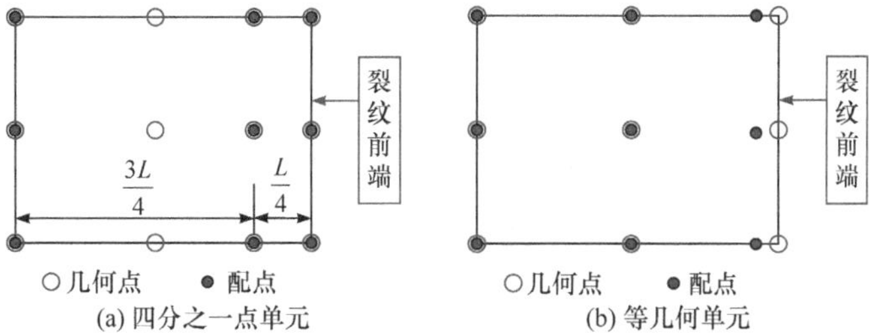

图 7.2　裂纹尖端单元

7.3.2　应力强度因子

图 7.3 显示的是一个裂纹前端 O 点处的局部坐标系，其中，$\boldsymbol{t}$ 是裂纹前端的切向单位向量；$\boldsymbol{b}$ 是裂纹前端的法向单位向量；$\boldsymbol{n}=\boldsymbol{b}\times\boldsymbol{t}/|\boldsymbol{b}\times\boldsymbol{t}|$。裂纹前端局部位移场可表示为[40]

$$u_n(\theta=\pm\pi)=\pm2\frac{1-\nu^2}{E}\sqrt{\frac{2r}{\pi}}K_{\text{II}} \tag{7.25}$$

$$u_b(\theta=\pm\pi)=\pm2\frac{1-\nu^2}{E}\sqrt{\frac{2r}{\pi}}K_{\text{I}} \tag{7.26}$$

$$u_t(\theta=\pm\pi)=\pm2\frac{1+\nu}{E}\sqrt{\frac{2r}{\pi}}K_{\text{III}} \tag{7.27}$$

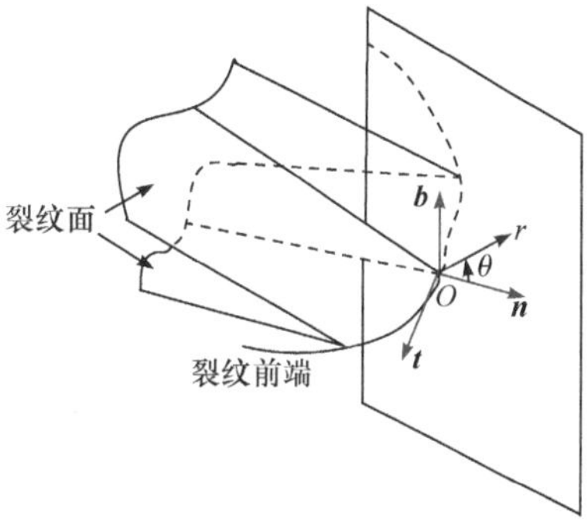

图 7.3　裂纹前端局部坐标系

其中，K_{I}、K_{II} 和 K_{III} 分别表示裂纹张开方式中的 I 型、II 型和 III 型应力强度因子。

由式(7.25)～(7.27)可以求得应力强度因子，其公式如下[40,42]：

$$K_{\text{I}}=\frac{E}{4(1-\nu^2)}\sqrt{\frac{\pi}{2r}}\left(u_b\big|_{\theta=\pi}-u_b\big|_{\theta=-\pi}\right) \tag{7.28}$$

$$K_{\text{II}}=\frac{E}{4(1-\nu^2)}\sqrt{\frac{\pi}{2r}}\left(u_n\big|_{\theta=\pi}-u_n\big|_{\theta=-\pi}\right) \tag{7.29}$$

$$K_{\text{III}}=\frac{E}{4(1+\nu)}\sqrt{\frac{\pi}{2r}}\left(u_t\big|_{\theta=\pi}-u_t\big|_{\theta=-\pi}\right) \tag{7.30}$$

上述计算应力强度因子的方法称为单点位移法，只需要一点位移即可计算应力强度因子。由此可见，单点位移法对单点位移计算精度的依赖性很大，具有一定的局限性，但仍有许多研究人员采用该方法。因为单点位移法的后处理简单，尤其在裂纹扩展中不需要任何修改，可以直接用其在每一扩展步中求解所需的应力强度因子。

7.3.3 裂纹前端扩展公式

均匀各向同性线弹性材料的裂纹尖端局部应力场为[43]

$$\sigma_{\theta\theta}=\frac{1}{\sqrt{2\pi r}}\cos\frac{\theta}{2}\left(K_{\mathrm{I}}\cos^2\frac{\theta}{2}-\frac{3}{2}K_{\mathrm{II}}\sin\theta\right) \tag{7.31}$$

$$\sigma_{r\theta}=\frac{1}{2\sqrt{2\pi r}}\cos\frac{\theta}{2}\left[K_{\mathrm{I}}\sin\theta+K_{\mathrm{II}}\left(3\cos\theta-1\right)\right] \tag{7.32}$$

式中，r 和 θ 如图 7.3 所示。

利用条件 $\partial\sigma_{\theta\theta}/\partial\theta=0$ 或 $\sigma_{r\theta}=0$ 可以得到裂纹扩展的方向，即

$$\theta=2\arctan\left[\frac{-2(K_{\mathrm{II}}/K_{\mathrm{I}})}{1+\sqrt{1+8(K_{\mathrm{II}}/K_{\mathrm{I}})^2}}\right] \tag{7.33}$$

其中，裂纹扩展角 θ 是相对于裂纹平面进行测量的，$\theta=0$ 表示裂纹沿正前方扩展。如果 $K_{\mathrm{II}}>0$，则 $\theta<0$；相反，如果 $K_{\mathrm{II}}<0$，则 $\theta>0$。

对裂纹扩展的最大步长 $\Delta a_{\max}$，一方面希望其取值越小越好，这样可以保证数值实施的精度；另一方面又希望其取值尽可能大一些，这样可以提高求解效率。因此在裂纹扩展分析中，应该根据经验和前期的数值实验结果选择 $\Delta a_{\max}$ 的大小，同时需要计算最大裂纹扩展步 $\Delta a_{\max}$ 与裂纹前端每一点处扩展步 Δa 的关系。通常采用 Paris 定律[44]确定 $\Delta a_{\max}$ 与 Δa 之间的关系。Paris 定律可以用一个幂函数来描述[44]

$$\frac{\mathrm{d}a}{\mathrm{d}N}=C(\Delta K_{\mathrm{eq}})^m \tag{7.34}$$

其中，a 是裂纹长度；N 是疲劳循环数；$\mathrm{d}a/\mathrm{d}N$ 是裂纹扩展速率；C 和 m 是材料常数。在双对数坐标中，式(7.34)是一个直线关系，即 $\log(\mathrm{d}a/\mathrm{d}N)=\log(C)+m\log(\Delta K)$，$m$ 是直线的斜率。对于混合模式断裂，等效应力强度因子 K_{eq} 的定义如下[45]：

$$K_{\mathrm{eq}}=\sqrt{K_{\mathrm{I}}^2+K_{\mathrm{II}}^2+(1+\nu)K_{\mathrm{III}}^2} \tag{7.35}$$

在裂纹的每一扩展步中，其扩展增量 Δa 的大小随裂纹前端点的变化而变化。通常根据用户指定的最大裂纹扩展增量 $\Delta a_{\max}$ 对每个点的裂纹扩展进行正则化，具体的求解公式如下：

$$\Delta a^i=\Delta a_{\max}\left(\frac{\Delta K_{\mathrm{eq}}^i}{\Delta K_{\mathrm{eq}}^{\max}}\right)^m \tag{7.36}$$

其中，i 表示裂纹前端上的第 i 个点。

7.3.4 裂纹前端更新算法

在基于 NURBS 基函数的等几何边界元法中，改变计算模型几何形状的一种方法是找到满足约束条件的新控制点的位置。如果存在 N 个约束条件，即需要移动 N 个控制点，则采用文献[34-46]中的迭代算法实现裂纹扩展。

假设 $C_{\mathrm{old}}(\boldsymbol{\xi})$ 是定义在节点向量 $\boldsymbol{U}=\{\xi_1,\ \xi_2,\ \cdots,\ \xi_{n+p+1}\}$ 上旧的裂纹前端曲线，在曲线 $C_{\mathrm{old}}(\boldsymbol{\xi})$ 上选择 N 个样点，并使用式(7.33)和(7.36)得到相应的新 N 个样点。同时假设 $C_{\mathrm{new}}(\boldsymbol{\xi})$ 是新的曲线并且经过新的 N 个样点。令 $N=n$，$M_j^{\mathrm{old}}=C_{\mathrm{old}}(\xi_j)$ 表示曲线 $C_{\mathrm{old}}(\boldsymbol{\xi})$ 上的样点，$M_j^{\mathrm{new}}=C_{\mathrm{new}}(\xi_j)$ 表示曲线 $C_{\mathrm{new}}(\xi)$ 上的样点，$j=1,\ \cdots,\ N$。对于第 t 次迭代，定义误差向量为

$$e_{j,t}=\boldsymbol{M}_{j,t}^{\mathrm{old}}\boldsymbol{M}_{j,t}^{\mathrm{new}},\quad j=1,2,\cdots,N \tag{7.37}$$

假设 $t=0$，则 $e_{j,0}=\Delta a_j$。如果 $\|\boldsymbol{e}_t\|$ 小于给定的阈值，则迭代终止，获得最终的裂纹前端曲线。否则，利用 $e_{j,0}=\Delta a_j$ 作为初始迭代步，寻找新的裂纹前端曲线并更新曲线的控制点 $P_{i,t}$ 为

$$P_{i,t}=P_{i,t-1}+m_{i,t} \tag{7.38}$$

其中，$P_{i,0}=P_i$，P_i 为初始控制点，并且

$$m_{i,t}=\frac{1}{N}\sum_{j=1}^{N}R_i(\xi_j)e_{j,t-1} \tag{7.39}$$

其中，$R_i(\xi_j)$ 为相应的 NURBS 基函数。最终的误差向量可以用如下递归的方式求得

$$e_{j,t}=e_{j,t-1}-\frac{1}{N}\sum_{k=1}^{N}\sum_{j=1}^{N}R_i(\xi_j)R_i(\xi_k)e_{k,t-1} \tag{7.40}$$

重复上述过程直到 $\|\boldsymbol{e}_t\|$ 小于给定的阈值，所得到的控制点即为新的裂纹前端曲线的控制点。在每一个扩展步中，将新得到的裂纹前端曲线作为旧的裂纹前端曲线，并重复上述过程。同时，新得到的裂纹曲面还需要在另一个 NURBS 方向上，即 η 方向上，与旧的裂纹曲面相融合。

7.4 数 值 例 子

本节除非特殊说明，NURBS 基函数在 ξ 和 η 方向的阶数均为 2，即 $p=2$ 和 $q=2$。使用 h 细分法细化节点向量。除非特别说明，基体的弹性模量为 $E=1000$，

泊松比为$\nu=0.3$。使用最大环向应力准则确定裂纹扩展的方向，且使用单点位移法求解每一裂纹扩展步中裂纹前端的应力强度因子。在L_2范数下应力强度因子相对于解析解的相对误差的计算公式如下：

$$\mathrm{Re}=\sqrt{\left\|\boldsymbol{f}_{\mathrm{num}}-\boldsymbol{f}_{\mathrm{exact}}\right\|^2/\left\|\boldsymbol{f}_{\mathrm{exact}}\right\|^2}$$

其中，$\boldsymbol{f}_{\mathrm{num}}$和$\boldsymbol{f}_{\mathrm{exact}}$分别表示应力强度因子的数值解和解析解。

7.4.1　裂纹应力强度因子

考察在无限弹性域中一个椭圆形裂纹的应力强度因子。无限域承受远处z方向的单位应力σ_0，如图7.4所示。椭圆面的长半轴和短半轴分别用a和b表示，φ和θ分别表示椭圆面的倾斜角度和圆周角度。椭圆裂纹的应力强度因子的解析解为[35]

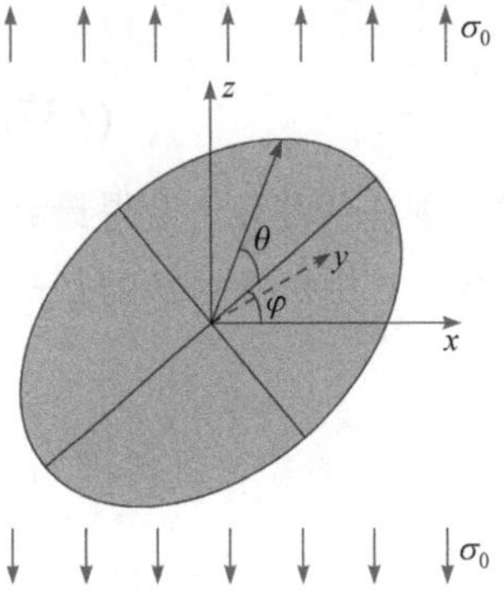

图7.4　椭圆形裂纹

$$K_{\mathrm{I}}=\frac{\sigma_0}{2}(1+\cos 2\varphi)\frac{\sqrt{b\pi}f}{A} \tag{7.41}$$

$$K_{\mathrm{II}}=\frac{\sigma_0}{2}\sin 2\varphi\frac{\sqrt{b\pi}k(b/a)\cos\theta}{Bf} \tag{7.42}$$

$$K_{\mathrm{III}}=\frac{\sigma_0}{2}\sin 2\varphi\frac{\sqrt{b\pi}k(1-\nu)\sin\theta}{Bf} \tag{7.43}$$

其中，$k=1-\dfrac{b^2}{a^2}$，$f=\left(\sin^2\theta+\dfrac{b^2}{a^2}\cos^2\theta\right)^{1/4}$，$B=(k-\nu)A+\nu\dfrac{b^2}{a^2}K$，$K=\int_0^{\pi/2}\left(\sqrt{1-k\sin^2\theta}\right)^{-1}\mathrm{d}\theta$，$A=\int_0^{\pi/2}\sqrt{1-k\sin^2\theta}\,\mathrm{d}\theta$。

针对图7.4，我们考虑三种不同情况来评估应力强度因子解的准确性：①圆裂纹，即$a=b=0.05$且$\varphi=0$；②斜裂纹，即$a=b=0.05$且$\varphi=30°$；③椭圆裂纹，即$a=0.05$和$b=0.025$且$\varphi=0$。在等几何分析中，以上三种情况都只需要使用一个NURBS片来描述裂纹面。

1) 圆裂纹

由于$\varphi=0$，则圆裂纹前端的K_{II}和K_{III}的值都为0，K_{I}的值为$2\sigma_0\sqrt{a\pi}/\pi$，其正则化的值为常数，即$K_{\mathrm{I}}/(\sigma_0\sqrt{a\pi})=2/\pi$。图7.5给出了圆裂纹的初始单元和控制点的分布情况，其中沿圆周角方向(ξ方向)的节点向量为$\boldsymbol{U}=\{0,0,0,0.25,0.25,0.5,0.5,0.75,0.75,1,1,1\}$，沿径向方向($\eta$方向)的节点向量为$\boldsymbol{V}=\{0,0,0,1,1,1\}$。从图7.5中可以看出，沿圆周角方向和径向方向分别有四个单元和一个单元。为了提高数值解的精度，使用h细分法对初始单元进行细化。图7.6(a)给出了第一种网格，即网格 1。网格 1 中单元的分布是沿圆周角方向和径向方向分别有 8 个单元和 4 个单元，共有 32 个等几何单元。图 7.6(b)是在网格 1 的基础上，沿圆周角方向再进行一次细分得到 16 个单元，共有 64 个等几何单元。图 7.7(a)和(b)分别给出了在网格 1 和网格 2 上配点的分布情况。从图 7.7 可以看出，在极点处和裂纹前端处，将配点进行了移动。在裂纹前端将配点移动到裂纹内部，是为了保证物理量的连续性。随着圆周角θ的变化，图 7.8(a)分别给出了在网格 1 和网格 2 下正则化应力强度因子 K_{I} 的数值解。从图 7.8(a)可以看出，以解析解作为参考解，在网格 2 下所得到的数值解和解析解吻合得更好。图 7.8(b)分别给出了在网格 1 和网格 2 下应力强度因子 K_{I} 与解析解的相对误差 Re(%)。从图 7.8 可以看出，随着单元数的增加，数值结果是收敛的。

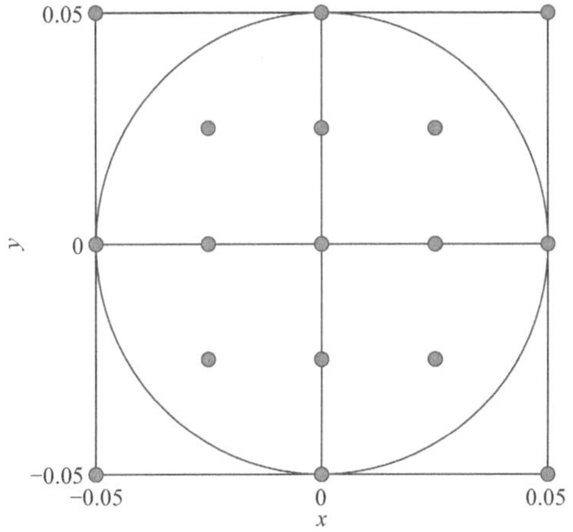

图 7.5 圆裂纹的初始单元和控制点分布

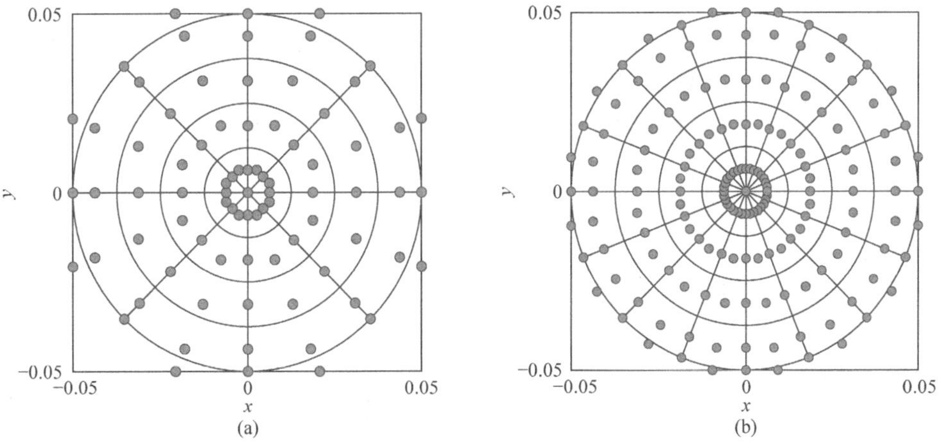

图 7.6 网格划分：(a)网格 1 沿ξ方向一次细化，η方向二次细化；(b)网格 2 沿ξ方向二次细化，η方向二次细化

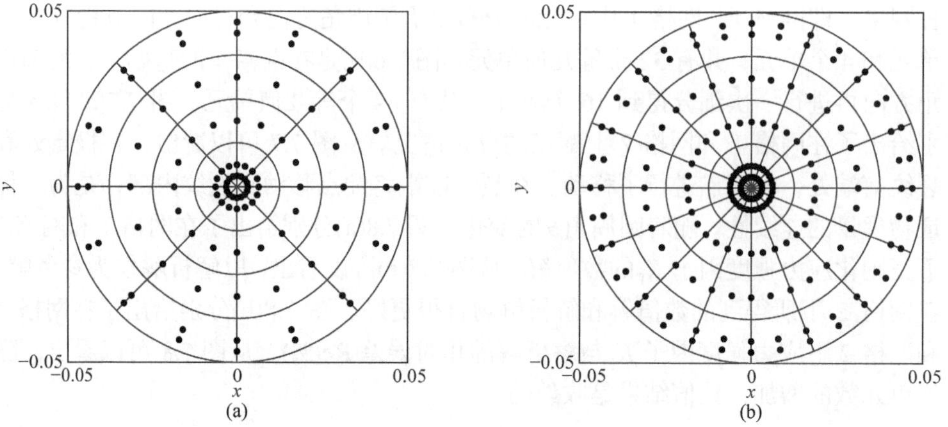

图 7.7　配点分布：(a)网格 1；(b)网格 2

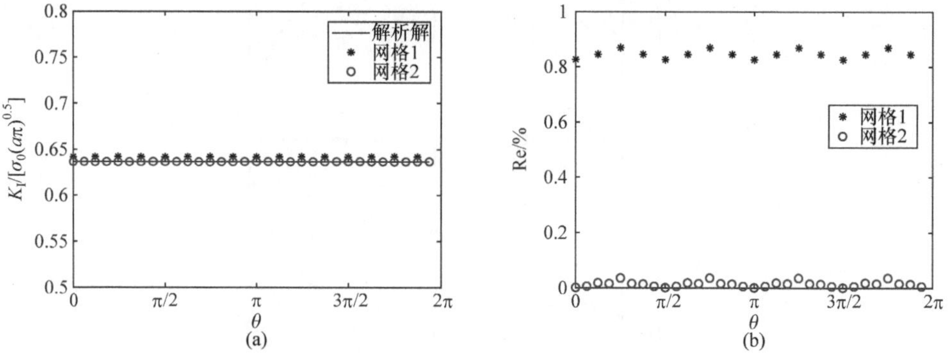

图 7.8　网格 1 和网格 2：(a)正则化应力强度因子(SIF)；(b)应力强度因子的相对误差

2) 斜裂纹

依然使用第一种情况下的网格 1 和网格 2。图 7.9 分别给出了正则化应力强度因子 $K_{\rm I}$、$K_{\rm II}$ 和 $K_{\rm III}$ 的数值解和解析解。从图 7.9 可以看出，在网格 2 下得到的数值解与解析解吻合得很好。当圆周角度 θ 分别取 0、π/4和π/2时，表 7.1 分别给出了对应角度下网格 1 和网格 2 下的数值解与解析解的相对误差。从表 7.1 可以看出，在裂纹的混合模型下，随着单元数的增加，数值解也是收敛的。其中在网格 2 下，应力强度因子 $K_{\rm I}$、$K_{\rm II}$ 和 $K_{\rm III}$ 的相对误差小于 0.2%。可以看出使用等几何边界元法求解裂纹问题，即使使用单点位移法求解应力强度因子也能得到精确的结果。表 7.1 也展示了文献[35]中使用虚拟裂纹闭合积分法(virtual crack closure integral，VCCI)和 M 积分法所得的应力强度因子相对误差的数值解。

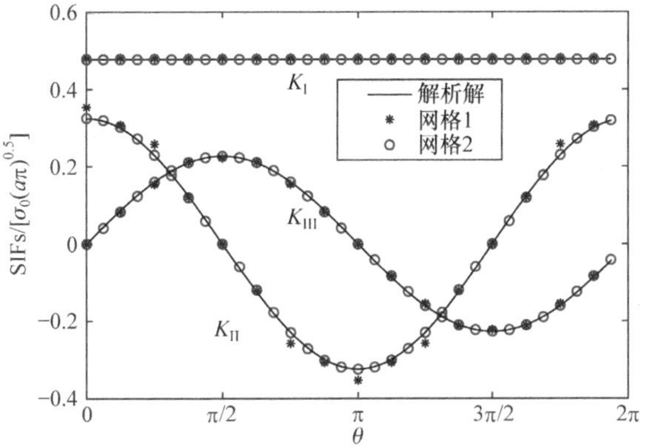

图 7.9　混合模型下的正则化应力强度因子(SIF)

表 7.1　网格 1 和网格 2 下应力强度因子的相对误差及其参考值

	$\theta=0$			$\theta=\pi/4$			$\theta=\pi/2$		
	K_{I}	K_{II}	K_{III}	K_{I}	K_{II}	K_{III}	K_{I}	K_{II}	K_{III}
网格 1	8.18E−3	8.20E−2	1.89E−8	8.19E−3	8.29E−2	3.76E−2	8.18E−3	2.52E−8	2.06E−2
网格 2	1.85E−5	1.44E−3	2.71E−8	3.72E−4	1.19E−3	2.13E−3	1.83E−5	1.79E−8	1.69E−3
VCCI[35]	2.87E−3	7.13E−3	2.90E−8	2.87E−3	7.17E−3	1.59E−4	2.87E−3	1.62E−8	2.01E−4
M 积分[35]	4.31E−3	2.01E−3	5.22E−9	4.31E−3	1.98E−3	6.24E−2	4.31E−3	1.23E−8	1.89E−2

3) 椭圆裂纹

图 7.10 给出了椭圆裂纹中的单元和控制点的分布，其中等几何单元总数为 64。在图 7.10 所示的网格下，图 7.11 显示了配点的分布情况。如同圆裂纹，在图 7.11 中，也将极点处的配点与裂纹前端的配点分别移动到单元内部。图 7.12 分别给出了正则化应力强度因子 K_{I} 的数值解和解析解，从中看到二者吻合得很好。

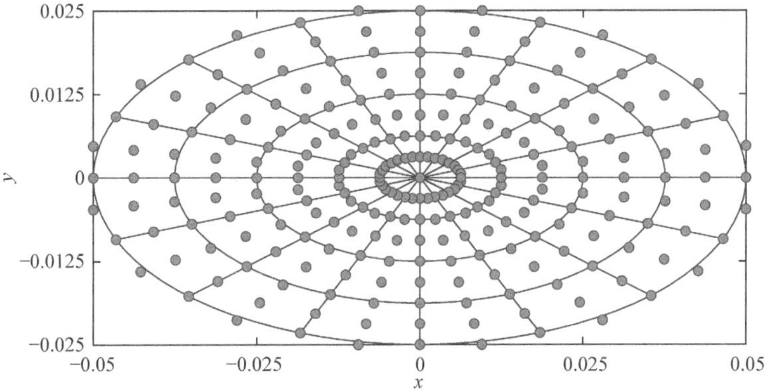

图 7.10　椭圆裂纹的单元和控制点分布

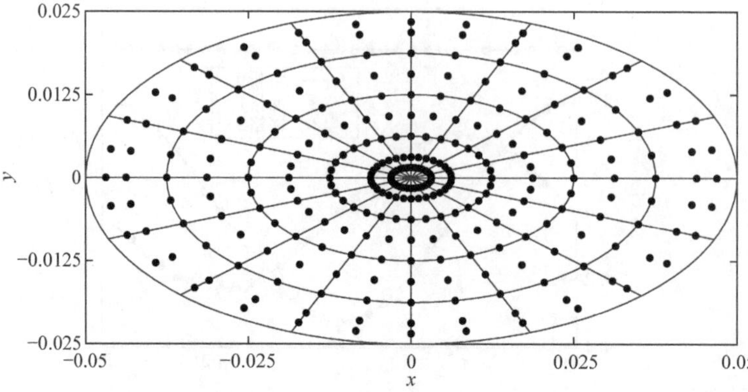

图 7.11　椭圆裂纹的配点分布

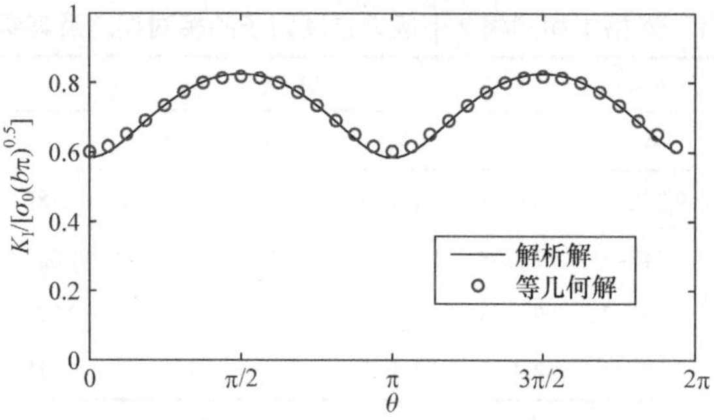

图 7.12　正则化应力强度因子 K_I 的数值解和解析解

7.4.2　裂纹扩展

本节考察两种形状裂纹的扩展，即①圆裂纹($a = b = 0.05$ 且 $\varphi = 0$)扩展；②椭圆裂纹($a = 0.05$ 和 $b = 0.025$ 且 $\varphi = 0$)扩展。其他参数参见算例 7.4.1。

1) 圆裂纹扩展

采用如图 7.6(b)所示的网格。初始裂纹的半径为 $a_0 = b_0 = 0.05$。将最大扩展步长设为常数 $\Delta a_{\max} = 0.2a_0$，利用方程(7.36)计算裂纹前端曲线上每个样点的扩展步长 Δa。在与解析解比较的前提下，裂纹扩展了 10 步。将疲劳参数 m 分别设置为 2.1 和 5，以考察等几何边界元法的稳定性和准确性。图 7.13(a)为疲劳参数 $m = 2.1$ 时的 10 步裂纹扩展路径。图 7.13(b)为疲劳参数 $m = 5$ 时的 10 步裂纹扩展路径。虽然从方程(7.36)可以发现，高指数 m 会放大数值解的误差，但是从图 7.13 可以看出，在疲劳参数 $m = 2.1$ 和 $m = 5$ 时得到的数值解(等几何边界元解)和解析解都吻合得很好。图 7.14(a)分别给出了疲劳参数 $m = 2.1$ 和 $m = 5$ 时的裂纹前端正则化应力强度因子 K_I 的数值解与解析解。从图 7.14(a)可以看出，在每一扩展步中都能得到准确的应力强度因子。此外，在图 7.14(a)中，从下往上为裂纹扩展的方向，可以看出在裂纹扩展的过程中应力强度因子均匀分布且为常数。图 7.14(b)分别给出了疲劳参数 $m = 2.1$ 和 $m = 5$ 时的裂纹前端应力强度因子的相对误差 Re(%)。尽管随着裂纹扩展步的增加，相对误差会累积，但从图 7.14(b)可以看出，在裂纹扩展 10 步以后裂纹前端应力强度因子的相对误差仍小于 0.4%。从图 7.14(a)和(b)还可以看出，对于疲劳参数 $m = 2.1$ 和 $m = 5$，等几何边界元法都能给出准确的数值解，而且两种参数下数值解之间几乎没有差别，因此等几何边界元法能够给出稳定的数值解。

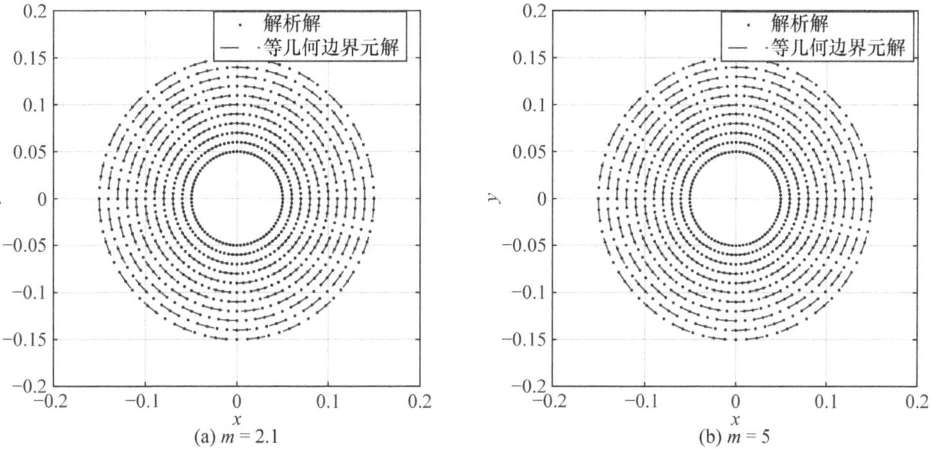

(a) $m = 2.1$　　(b) $m = 5$

图 7.13　裂纹扩展路径

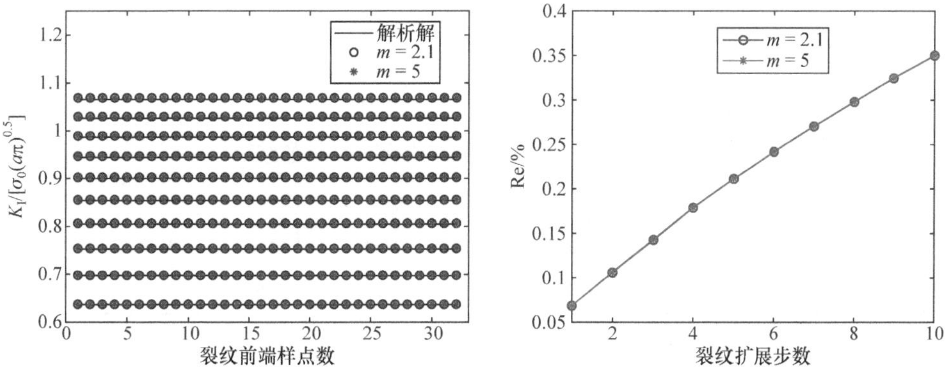

(a)　　(b)

图 7.14　(a)裂纹前端正则化应力强度因子；(b)裂纹前端应力强度因子的相对误差

2) 椭圆裂纹的扩展

椭圆裂纹采用如图 7.10 所示的网格。初始裂纹面的长短半轴分别为 $a_0 = 0.05$ 和 $b_0 = 0.025$，最大扩展步长设置为常数 $\Delta a_{\max} = 0.2a_0$。利用式(7.36)计算裂纹前端曲线上每个样点的扩展步长 Δa，疲劳参数 $m = 4$，裂纹扩展路径如图 7.15 所示。由图 7.15 可以看出，裂纹始终沿 I 型常应力强度因子的方向扩展，这与文献[40]

的结果一致。表 7.2 列出了裂纹扩展后长半轴与短半轴之比(图 7.15)的等几何边界元解及参考解[40]。由表 7.2 可知，随着裂纹扩展步数 i 的增大，b_i / a_i ($i=1$ 是指初始裂纹前端)的等几何边界元解更接近 1。图 7.16 为裂纹前端正则化应力强度因子 $K_{\mathrm{I}} / [J_0(a\pi)^{0.5}]$ 的等几何边界元解。在图 7.16 中，裂纹扩展方向为自下而上，可以看出应力强度因子的等几何边界元解的分布越来越均匀。从图 7.16 还可以看出，最大的扩展步长 Δa (对应着最大的应力强度因子)出现在椭圆裂纹的短半轴处，最小的扩展步长 Δa (对应着最小的应力强度因子)出现在椭圆裂纹的长半轴处。

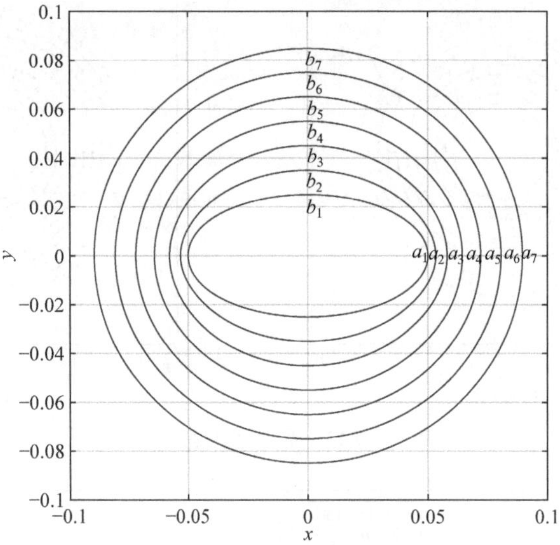

图 7.15　裂纹扩展路径

表 7.2　裂纹扩展后长半轴与短半轴之比的结果

	a_1/b_1	a_2/b_2	a_3/b_3	a_4/b_4	a_5/b_5	a_6/b_6	a_7/b_7
等几何边界元解	2.0	1.5230	1.2882	1.1694	1.1082	1.0730	1.0547
参考解[40]	2.0	1.5091	1.3043	1.1628	1.1089	1.0776	—

7.4.3　夹杂对裂纹前端应力强度因子的影响

本节考虑无限域弹性介质中含有一个球形夹杂和一个币形裂纹的情况，其中基体的弹性模量设为 $E=1$，而夹杂的弹性模量 E_{I} 可取不同的值，基体和夹杂的泊松比皆为 0.3。

在 z 向远端单轴加载条件下，考虑无限弹性域中一个球形夹杂对一个币形裂纹前端应力强度因子的影响。根据球形夹杂位置的不同，我们研究两种不同的情况：①球形夹杂中心截面和裂纹表面均位于 $z=0$ 平面(图 7.17)；②球

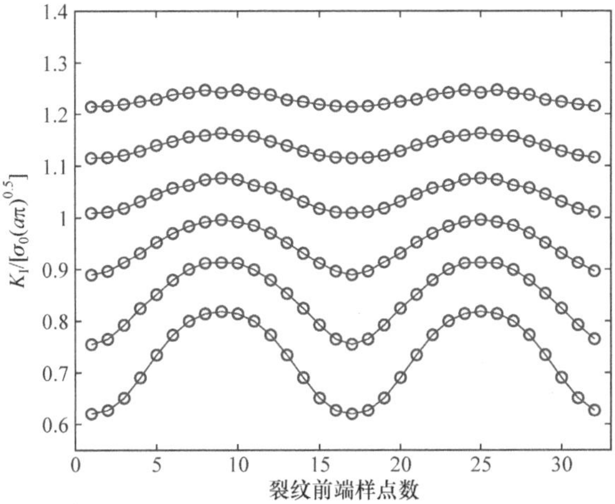

图 7.16　裂纹前端正则化应力强度因子 K_I 的等几何边界元解

形夹杂的中心截面平行于裂纹表面，中心位于 z 轴(图 7.18)。在图 7.17(b)中，A 点到 B 点的距离用 d 表示。在图 7.18(b)中，C 点到 D 点的距离用 h 表示。在图 7.17 中，币形裂纹和球形夹杂的半径分别为 0.05 和 0.1，它们中心坐标分别为(0,0,0)和(−0.2,0,0)，距离 d 等于 0.05。图 7.18 中币形裂纹半径、球夹杂半径及币形裂纹中心坐标与图 7.17 相同，球夹杂中心坐标为(0,0,0.15)，距离 h 为 0.05。

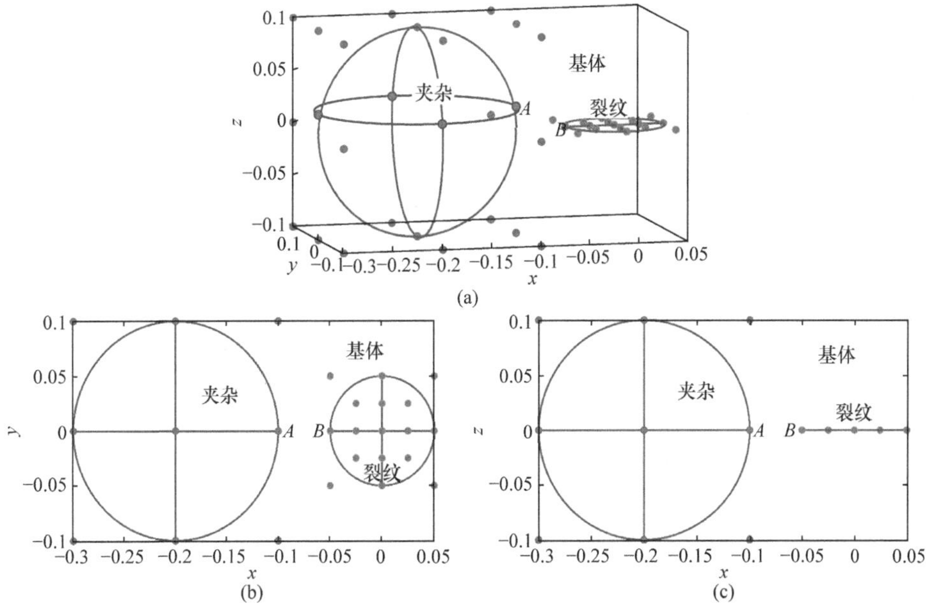

图 7.17　球形夹杂和币形裂纹的水平排布图：(a)初始单元和控制点；(b)俯视图；(c)正视图；圆点表示控制点

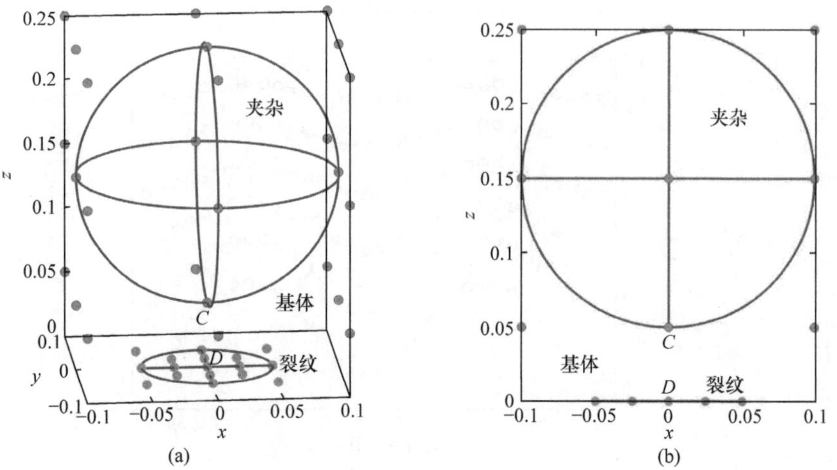

图 7.18　球形夹杂和币形裂纹的竖直排布图：(a)初始单元和控制点；(b)正视图；圆点表示控制点

币形裂纹采用与图 7.6(b)相同的网格，夹杂单元数为 32 个，且 h-细化 1 次。当球形夹杂位于如图 7.17 所示的位置且 $E_{\mathrm{I}}/E=2$ (硬夹杂)和 $E_{\mathrm{I}}/E=0.5$ (软夹杂)时，币形裂纹的正则化应力强度因子 $K_{\mathrm{I}}/(\sigma_0\sqrt{a\pi})$，如图 7.19 所示。从图 7.19 可以看出，由于硬夹杂的存在，币形裂纹前端的局部应力强度因子减小，而对于软夹杂，币形裂纹前端的局部应力强度因子增大。对于距离 d，其值越小，说明硬夹杂和软夹杂对应力强度因子的影响越大。当距离 $d=0.5$ 时，硬夹杂和软夹杂对应力强度因子的影响几乎消失。图 7.20 描述了当球形夹杂位于如图 7.18 所示的位置且 $E_{\mathrm{I}}/E=2$ (硬夹杂)和 $E_{\mathrm{I}}/E=0.5$ (软夹杂)时，币形裂纹的正则化应力强度因子 $K_{\mathrm{I}}/(\sigma_0\sqrt{a\pi})$，如图 7.20 所示。从图 7.20 可以看出，硬夹杂使全局应力强度因

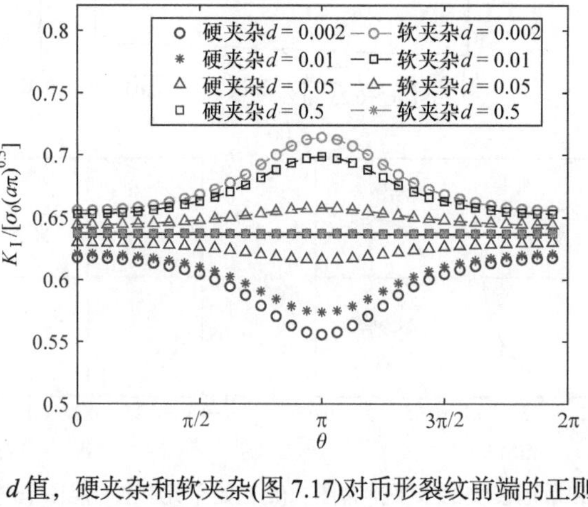

图 7.19　对于不同的 d 值，硬夹杂和软夹杂(图 7.17)对币形裂纹前端的正则化应力强度因子的影响

子 K_I 变大，而软夹杂使全局应力强度因子 K_I 变小。从图 7.20 还可以看出，夹杂对应力强度因子 K_I 的影响随着距离 h 的增加而减弱，当 $h=0.5$ 时，影响几乎消失。

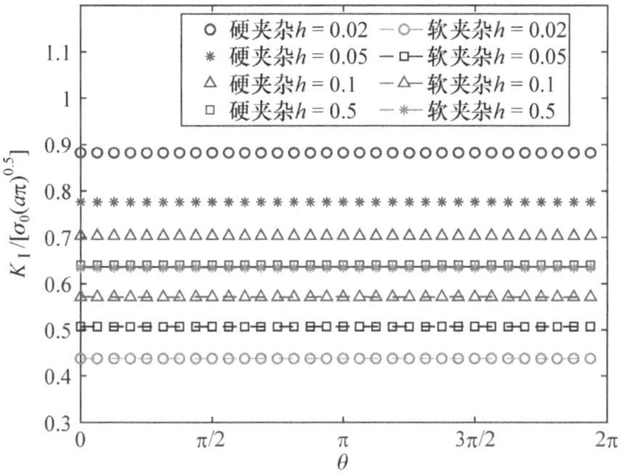

图 7.20　对于不同的 h 值，硬夹杂和软夹杂(图 7.18)对币形裂纹前端的正则化应力强度因子的影响

7.5　小　　结

本章首先介绍了裂纹-夹杂相互作用的边界积分方程，接着给出了该方程的 NURBS 离散形式，然后介绍了三维断裂力学问题中裂纹前端单元的处理方法。基于单点位移法，给出了三维裂纹问题的应力强度因子公式，并进一步模拟了三维裂纹扩展的问题。最后，介绍了球形夹杂对裂纹前端应力强度因子的影响。

参 考 文 献

[1] Gdoutos E E. Fracture Mechanics-An Introduction[M]. Switzerland: Springer, 2020.
[2] Kuna M. Finite Element in Fracture Mechnics: Theory-Numerics-Applications[M]. Dordrecht: Springer, 2013.
[3] Belytschko T, Black T. Elastic crack growth in finite elements with minimal remeshing[J]. International Journal for Numerical Methods in Engineering, 1999, 45(5): 601-620.
[4] Moës N, Dolbow J, Belytschko T. A finite element method for crack growth without remeshing[J]. International Journal for Numerical Methods in Engineering, 1999, 46(1): 131-150.
[5] Pommier S, Gravouil A, Comnescure A, et al. Extended Finite Element Method for Crack Propagation[M]. Hoboken: Wiley, 2011.
[6] 庄茁，柳占立，成斌斌，等. 扩展有限元法[M]. 北京：清华大学出版社, 2012.
[7] 余天堂. 扩展有限元法-理论、应用及程序[M]. 北京：科学出版社, 2013.
[8] Khoei A R. Extended Finite Element Method-Theory and Applications[M]. Hoboken: Wiley, 2015.
[9] 王志勇. 裂尖局部网格替代的扩展有限元法及其应用[M]. 北京：化学工业出版社, 2019.

[10] Rabczuk T, Song J H, Zhuang X, et al. Extended Finite Element and Meshfree Methods[M]. Hoboken: Elsevier, 2020.
[11] 姚振汉, 王海涛. 边界元法[M]. 北京: 高等教育出版社, 2010.
[12] Cruse T A. Two-dimensional BIE fracture mechanics analysis[J]. Applied Mathematical Modelling, 1978, 2(4): 287-293.
[13] 孙芳玲. 等几何边界元快速直接解法研究及其应用[D]. 北京: 北京理工大学, 2020.
[14] Sun F L, Dong C Y. Three-dimensional crack propagation and inclusion-crack interaction based on IGABEM[J]. Engineering Analysis with Boundary Elements, 2021, 131: 1-14.
[15] Blandford G E, Ingraffea A R, Liggett J A. Two-dimensional stress intensity factor computations using the boundary element method[J]. International Journal for Numerical Methods in Engineering, 1981, 17(3): 387-404.
[16] 董春迎, 谢志成. 用子域边界元法分析各向异性材料中的界面裂纹[J]. 固体力学学报, 1995, 16(4): 366-372.
[17] Hong H, Chen J. Derivations of integral equations of elasticity[J]. Journal of Engineering Mechanics, 1988, 114(6): 1028-1044.
[18] Crouch S L. Solution of plane elasticity problems by the displacement discontinuity method. I. Infinite body solution[J]. International Journal for Numerical Methods in Engineering, 2010, 10(2): 301-343.
[19] Domínguez J, Ariza M P. A direct traction BIE approach for three-dimensional crack problems[J]. Engineering Analysis with Boundary Elements, 2000, 24(10):727-738.
[20] Dong C Y, de Pater C J. Numerical implementation of displacement discontinuity method and its application in hydraulic fracturing[J]. Computer Methods in Applied Mechanics and Engineering, 2001, 191(8-10): 745-760.
[21] Henshell R D, Shaw K G. Crack tip elements are unnecessary[J]. International Journal for Numerical Methods in Engineering, 1975, 9(3): 495-507.
[22] Zamani N G, Sun W. A direct method for calculating the stress intensity factor in BEM[J]. Engineering Analysis with Boundary Elements, 1993, 11(4): 285-292.
[23] Karihaloo B L, Xiao Q Z. Accurate determination of the coefficients of elastic crack tip asymptotic field by a hybrid crack element with p-adaptivity[J]. Engineering Fracture Mechanics, 2001, 68(15): 1609-1630.
[24] Simpson R, Trevelyan J. A partition of unity enriched dual boundary element method for accurate computations in fracture mechanics[J]. Computer Methods in Applied Mechanics and Engineering, 2011, 200(1-4): 1-10.
[25] Hughes T J R, Cottrell J A, Bazilevs Y. Isogeometric analysis: CAD, finite elements, NURBS, exact geometry and mesh refinement[J]. Computer Methods in Applied Mechanics and Engineering, 2005, 194(39): 4135-4195.
[26] Gong Y P, Dong C Y, Qin X C. An isogeometric boundary element method for three dimensional potential problems[J]. Journal of Computational and Applied Mathematics, 2017, 313: 454-468.
[27] Simpson R N, Bordas S P A, Trevelyan J, et al. A two-dimensional Isogeometric Boundary Element Method for elastostatic analysis[J]. Computer Methods in Applied Mechanics and Engineering, 2012, 209-212: 87-100.
[28] Bai Y, Dong C Y, Liu Z Y. Effective elastic properties and stress states of doubly periodic array

of inclusions with complex shapes by isogeometric boundary element method[J]. Composite Structures, 2015, 128: 54-69.

[29] Wu Y H, Dong C Y, Yang H S. Isogeometric indirect boundary element method for solving the 3D acoustic problems[J]. Journal of Computational and Applied Mathematics, 2020, 363: 273-299.

[30] Qin X C, Dong C Y, Wang F, et al. Free vibration analysis of isogeometric curvilinearly stiffened shells[J]. Thin-Walled Structures, 2017, 116: 124-135.

[31] Qin X C, Dong C Y, Yang H S. Vibration and buckling analyses of functionally graded plates with curvilinear stiffeners and cutouts[J]. AIAA Journal, 2019, 57(12): 5475-5490.

[32] Melenk J M, Babuska I. The partition of unity finite element method: Basic theory and applications[J]. Computer Methods in Applied Mechanics and Engineering, 1996, 199: 289-314.

[33] De Luycker E, Benson D J, Belytschko T, et al. X-FEM in isogeometric analysis for linear fracture mechanics[J]. International Journal for Numerical Methods in Engineering, 2011, 87: 541-565.

[34] Ghorashi S S, Valizadeh N, Mohammadi S. Extended isogeometric analysis for simulation of stationary and propagating cracks[J]. International Journal for Numerical Methods in Engineering, 2011, 89:1069-1101.

[35] Peng X, Atroshchenko E, Kerfriden P, et al. Linear elastic fracture simulation directly from CAD: 2D NURBS-based implementation and role of tip enrichment[J]. International Journal of Fracture, 2017, 204: 55-78.

[36] Jameela A, Harmainb G A. Extended iso-geometric analysis for modeling three-dimensional cracks[J]. Mechanics of Advanced Materials and Structures, 2019, 26: 915-923.

[37] Dong C Y, Lee K Y. A new integral equation formulation of two-dimensional inclusion-crack problems[J]. International Journal of Solids and Structures, 2005, 42 (18-19): 5010-5020.

[38] 高效伟, 彭海峰, 杨恺, 等. 高等边界元法–理论与程序[M]. 北京: 科学出版社, 2015.

[39] Ariza M P, Sáez A, Domínguez J. A singular element for three-dimensional fracture mechanics analysis[J]. Engineering Analysis with Boundary Elements, 1997, 20: 275-285.

[40] Mi Y. Three-Dimensional Analysis of Crack Growth[M]. Southampton: Computational Mechanics Publications, 1996.

[41] Lo S H, Dong C Y, Cheung Y K. Integral equation approach for 3D multiple-crack problems[J]. Engineering Fracture Mechanics, 2005, 72: 1830-1840.

[42] Cordeiro S G F, Leonel E D. Mechanical modelling of three-dimensional cracked structural components using the isogeometric dual boundary element method[J]. Applied Mathematical Modelling, 2018, 63: 415-444.

[43] Erdogen F, Sih G C. On the crack extension in plates under plane loading and transverse shear[J]. Journal of Basic Engineering, 1963, 85(4): 519-525.

[44] Paris P C, Erdogan F. A critical analysis of crack propagation laws[J]. Journal of Basic Engineering, 1963, 85: 528-535.

[45] Maligno A R, Rajaratnam S, Leen S B, et al. A three-dimensional (3D) numerical study of fatigue crack growth using remeshing techniques[J]. Engineering Fracture Mechanics, 2010, 77 (1): 94-111.

[46] La Greca R, Daniel M, Bac A. Local deformation of NURBS curves[C]//Daehlen K M M, Schumaker L L. ed. Mathematical Methods for Curves and Surfaces: Tromso 2004. Brentwood (TN): Nashboro Press, 2005: 243-252.

第 8 章　弹性动力学问题的等几何边界元法

8.1　引　　言

功能梯度材料在航空航天、能源、电子和化工等领域的广泛应用引起了多国研究人员的关注[1]。此外，其力学性能在优选方向上的平滑连续变化，使其在材料研究中占据了前沿地位[2]。从设备的安全使用和结构优化设计的角度来看，了解由这类材料制成的构件的动力学特性是至关重要的。

由于上述原因，人们对功能梯度板壳的振动特性和行为进行了大量的研究[3-7]。相对于有限元法，边界元法在动力学问题分析中具有明显的优势[8]。然而，传统边界元法无法避免离散边界时的几何误差。Hughes 等[9]于 2005 年提出的等几何分析方法旨在将 CAD 和 CAE 直接联系在一起，避免了有限元网格划分的过程，提高了计算精度和效率。2012 年 Simpson 等[10]将等几何分析的概念引入到边界元法中，提出了等几何边界元法。和传统边界元法比较，等几何边界元法具有一些明显的优点：①CAD 模型直接用于边界元分析，避免了单元网格的划分过程；②无需与 CAD 系统沟通，通过标准的节点插入和阶次升高方法，即可很容易地对等几何网格进行细化；③等几何分析的基函数具有高阶连续性。基于这些优点，等几何边界元法已被应用于势问题[11]、弹性力学[10,12]、断裂力学[13,14]及声学[15,16]等领域。与有限元法不同，由边界元法或等几何边界元法形成的求解矩阵是非对称满秩的。这一事实不仅会导致计算时间的延长，还会导致高频谱区出现复频率，而复频率容易造成数值不稳定。对于一些复杂的几何模型，等几何边界元法只需要少量的单元就可以精确描述。理论上，该方法比传统边界元方法更稳定[17]。

对于时域问题或功能梯度材料问题，已经存在相应的基本解[8,18]，但对于大多数复杂问题，基本解难以获得。为此，一些学者根据均质材料问题的基本解建立时域问题[19]或功能梯度材料[20]的边界积分方程，但所建立的积分方程中存在域积分，域积分的出现摧毁了边界元法只是离散问题边界的优点。针对域积分，一些学者提出了将其转换为边界积分的方法，比如双重互易法[21]和径向积分法[22]。到目前为止，由于径向积分法具有将任意域积分转换为边界积分的优点，其已经在多个领域得到了应用[23-25]。

离散的动力学积分方程可以写成二阶常微分方程(ODE)的形式。一般来说，ODE 可以用标准方法进行求解，如龙格-库塔方法[26]。但随着自由度的增加，用标准方法求解 ODE 是不经济的。在有限元和边界元动力学分析中，有几种有效的方法可以用于求解 ODE，这些方法一般可以分为三类：①拉普拉斯或傅里叶变换法[27-30]；②直接积分法[31-33]；③模态叠加法[34,35]。第一种方法是通过傅里叶变换或拉普拉斯变换将 ODE 转换为频域内的代数方程求解，再通过逆变换获得时域问题的解。该方法运算复杂，计算量大。第二种方法应用在边界元法时需要时域基本解，但对于复杂动力学问题，其基本解要么很复杂，要么不可利用。第三种方法利用系统的自然模态将方程转化为 n 个非耦合方程，然后对这些方程进行解析或数值积分，得到各模态的响应，最后将各模态的响应叠加得到系统响应，这种方法主要应用在有限元法中。本章将着重讨论直接积分法求解等几何边界元的二阶微分方程。值得注意的是，边界元法和等几何边界元法最终形成的矩阵都是非对称满秩的，因此计算高阶振型不够精确。然而，对于一般的动力学问题，系统的响应主要由低阶模态控制，而高阶模态的贡献很小。如果在直接积分中不能有效地滤除这些虚假的高阶分量，将会降低计算结果的精度。Newmark 方法[36]和精细积分方法[37]都具有二阶精度，但它们不能控制数值耗散分布，且在低频区域耗散太大，因此在一定程度上不适用于边界元法求解动态问题。广义 α 法[38]可以很好地解决这个问题，它是对 Wilson-θ[39]以及 Bazzi 和 Anderheggen[40]方法的改进。此外，当广义 α 方法中的参数设置为特定值时，可以简化为著名的 HHT-α[41]或 WBZ-α[42]方法。该方法不仅是一种具有二阶精度的无条件稳定算法，而且能有效滤除高频虚假响应，最大限度地减小低频响应的衰减。需要强调的是，该方法通过调整谱半径来控制高频数值耗散。这种方法在等几何有限元法中得到了广泛的应用[43,44]。

本章介绍作者课题组在弹性动力学方面的部分工作[17]，即介绍一种基于广义 α 方法的径向积分等几何边界元法(RI-IGABEM)，并用之求解三维均质和非均质材料的弹性动力学问题。首先，基于弹性静力学问题基本解推导弹性动力学问题的边界积分方程，其中由非均质材料及惯性项引起的域积分通过径向积分法转换为边界积分。之后，通过简单变换法，可以利用刚体位移法间接计算等几何边界元法中的强奇异积分以及利用幂级数展开法计算弱奇异积分。然后，采用广义 α 方法求解时域问题。此方法能够有效滤除高频的虚假响应，减小低频响应的衰减，最终提高数值结果的稳定性。最后，介绍了一些数值例子来显示等几何边界元法求解弹性动力学问题的能力。

8.2　动力学分析

本节将详细介绍如何将广义 α 方法与 RI-IGABEM 相结合来解决均匀和非均匀材料的三维弹性动力学问题，其中利用弹性静力学的基本解推导动力学问题的边界域积分方程。

8.2.1 动力学控制方程

时域线性动态问题的控制方程为[45]

$$\sigma_{ij,j}(\boldsymbol{x},t)+b_i(\boldsymbol{x},t)=\rho\ddot{u}_i(\boldsymbol{x},t)+c\dot{u}_i(\boldsymbol{x},t) \tag{8.1}$$

$$\varepsilon_{ij}=\frac{1}{2}(u_{i,j}+u_{j,i}) \tag{8.2}$$

$$\sigma_{ij}=D_{ijkl}u_{k,l}(\boldsymbol{x},t) \tag{8.3}$$

其中，σ_{ij}、ε_{ij}和u_i分别是空间中任意一点$\boldsymbol{x}$在时刻t时的应力分量、应变分量和位移分量；b_i是体力；ρ是材料密度；$\ddot{u}_i=\partial^2 u_i/\partial t^2$是加速度；$\dot{u}_i=\partial u_i/\partial t$是速度；$c$是阻尼系数；$D_{ijkl}$是弹性矩阵分量。值得注意的是，各向同性非均匀梯度材料的材料性质在空间坐标中是连续变化的，因此弹性本构张量不再是常量，可表示为

$$D_{ijkl}(\boldsymbol{x})=\mu(\boldsymbol{x})D_{ijkl}^0 \tag{8.4}$$

式中，剪切模量为$\mu(\boldsymbol{x})=E(\boldsymbol{x})/[2(1+\nu)]$，$D_{ijkl}^0=[2\nu/(1-2\nu)]\delta_{ij}\delta_{kl}+\delta_{ik}\delta_{jl}+\delta_{il}\delta_{jk}$，其中，$E$是随$\boldsymbol{x}$连续变化的弹性模量，$\nu$是泊松比，假设它是常数。

控制方程的边界条件为

$$u_i(\boldsymbol{x},t)=\overline{u}_i(\boldsymbol{x},t),\quad \boldsymbol{x}\in\Gamma_u \tag{8.5}$$

$$t_i(\boldsymbol{x},t)=\overline{t}_i(\boldsymbol{x},t),\quad \boldsymbol{x}\in\Gamma_t \tag{8.6}$$

其中，问题域边界为$\Gamma=\Gamma_u\cup\Gamma_t$，$\overline{u}_i$和$\overline{t}_i$分别是给定位移边界$\Gamma_u$上的位移和给定面力$\Gamma_t$边界上的面力，初始条件如下：

$$u_i(\boldsymbol{x},t_0)=u_i^0(\boldsymbol{x}) \tag{8.7}$$

$$\dot{u}_i(\boldsymbol{x},t_0)=v_i^0(\boldsymbol{x}) \tag{8.8}$$

其中，u_i^0和v_i^0分别是初始位移和初始速度。

8.2.2 边界域积分方程

考虑均质材料结构，忽略阻尼和体积力，利用加权余量法和高斯散度定理，得到以下关于面力$\boldsymbol{t}$和位移$\boldsymbol{u}$的内点$\boldsymbol{y}$处的边界域积分方程[8]

$$\begin{aligned}u_i(\boldsymbol{y},t)=&\int_\Gamma U_{ij}(\boldsymbol{y},\boldsymbol{x})t_j(\boldsymbol{x},t)\mathrm{d}\Gamma(\boldsymbol{x})-\int_\Gamma T_{ij}(\boldsymbol{y},\boldsymbol{x})u_j(\boldsymbol{x},t)\mathrm{d}\Gamma(\boldsymbol{x})\\&-\int_\Omega \rho U_{ij}(\boldsymbol{y},\boldsymbol{X})\ddot{u}_j(\boldsymbol{X},t)\mathrm{d}\Omega(\boldsymbol{X})\end{aligned} \tag{8.9}$$

其中，$\boldsymbol{x}$ 和 $\boldsymbol{y}$ 分别是场点和源点，$\boldsymbol{X}$ 是域内场点，U_{ij} 和 T_{ij} 是三维弹性静力学的基本解，有以下形式[46]

$$U_{ij}=\frac{1}{16\pi\mu(1-\nu)r}[(3-4\nu)\delta_{ij}+r_{,i}r_{,j}] \tag{8.10}$$

$$T_{ij}=-\frac{1}{8\pi(1-\nu)r^2}\left\{\frac{\partial r}{\partial n}[(1-2\nu)\delta_{ij}+3r_{,i}r_{,j}]+(1-2\nu)(-r_{,j}n_i+r_{,i}n_j)\right\} \tag{8.11}$$

其中，r 表示源点 $\boldsymbol{y}$ 到场点 $\boldsymbol{x}$ 的距离，$\dfrac{\partial r}{\partial n}=r_{,i}n_i$，$r_{,i}=\partial r/\partial x_i=(x_i^{\boldsymbol{x}}-x_i^{\boldsymbol{y}})/r(\boldsymbol{x},\boldsymbol{y})$，$n_i$ 是场点处的外法线分量，δ_{ij} 为 Kronecker Delta 函数。式(8.9)适用于内点情况，即 $\boldsymbol{y}\in\Omega$。对于边界点 $\boldsymbol{y}\in\Gamma$，可以像传统边界元法一样，通过推导得到其边界域积分方程为

$$\begin{aligned}c_{ij}(\boldsymbol{y})u_j(\boldsymbol{y},t)=&\int_\Gamma U_{ij}(\boldsymbol{y},\boldsymbol{x})t_j(\boldsymbol{x},t)\mathrm{d}\Gamma(\boldsymbol{x})-\int_\Gamma T_{ij}(\boldsymbol{y},\boldsymbol{x})u_j(\boldsymbol{x},t)\mathrm{d}\Gamma(\boldsymbol{x})\\&-\int_\Omega\rho U_{ij}(\boldsymbol{y},\boldsymbol{X})\ddot{u}_j(\boldsymbol{X},t)\mathrm{d}\Omega(\boldsymbol{X})\end{aligned} \tag{8.12}$$

式中，c_{ij} 是与源点 $\boldsymbol{y}\in\Gamma$ 处的几何形状有关的矩阵分量。

对于梯度功能材料，用面力 $\boldsymbol{t}$ 和归一化位移 $\tilde{\boldsymbol{u}}$ 表示的归一化边界域积分方程如下：

$$\begin{aligned}\tilde{u}_i(\boldsymbol{y},t)=&\int_\Gamma\tilde{U}_{ij}(\boldsymbol{y},\boldsymbol{x})t_j(\boldsymbol{x},t)\mathrm{d}\Gamma(\boldsymbol{x})-\int_\Gamma T_{ij}(\boldsymbol{y},\boldsymbol{x})\tilde{u}_j(\boldsymbol{x},t)\mathrm{d}\Gamma(\boldsymbol{x})\\&-\int_\Omega W_{ij}(\boldsymbol{y},\boldsymbol{X})\tilde{u}_j(\boldsymbol{X},t)\mathrm{d}\Omega(\boldsymbol{X})-\int_\Omega\frac{\rho}{\mu(\boldsymbol{X})}\tilde{U}_{ij}(\boldsymbol{y},\boldsymbol{X})\ddot{\tilde{u}}_j(\boldsymbol{X},t)\mathrm{d}\Omega(\boldsymbol{X})\end{aligned} \tag{8.13}$$

其中，$\tilde{u}_j=\mu u_j$。需要指出的是，$\tilde{U}_{ij}$ 由均质、各向同性和线弹性体的 Kelvin 位移基本解给出，其形式可以写成

$$\tilde{U}_{ij}=\frac{1}{16\pi(1-\nu)r}[(3-4\nu)\delta_{ij}+r_{,i}r_{,j}] \tag{8.14}$$

式(8.13)中的 W_{ij} 表达式为

$$W_{ij}=\frac{-1}{8\pi(1-\nu)r^2}\left\{\tilde{\mu}_{,k}r_{,k}\left[(1-2\nu)\delta_{ij}+3r_{,i}r_{,j}\right]+(1-2\nu)(\tilde{\mu}_{,i}r_{,j}-\tilde{\mu}_{,j}r_{,i})\right\} \tag{8.15}$$

其中，$\tilde{\mu}=\ln\mu$。与式(8.12)相似，边界点 $\boldsymbol{y}$ 处的归一化边界域方程可以写成

$$\begin{aligned}c_{ij}(\boldsymbol{y})\tilde{u}_j(\boldsymbol{y},t)=&\int_\Gamma\tilde{U}_{ij}(\boldsymbol{y},\boldsymbol{x})t_j(\boldsymbol{x},t)\mathrm{d}\Gamma(\boldsymbol{x})-\int_\Gamma T_{ij}(\boldsymbol{y},\boldsymbol{x})\tilde{u}_j(\boldsymbol{x},t)\mathrm{d}\Gamma(\boldsymbol{x})\\&-\int_\Omega W_{ij}(\boldsymbol{y},\boldsymbol{X})\tilde{u}_j(\boldsymbol{X},t)\mathrm{d}\Omega(\boldsymbol{X})-\int_\Omega\frac{\rho}{\mu(\boldsymbol{X})}\tilde{U}_{ij}(\boldsymbol{y},\boldsymbol{X})\ddot{\tilde{u}}_j(\boldsymbol{X},t)\mathrm{d}\Omega(\boldsymbol{X})\end{aligned}$$

(8.16)

8.2.3 域积分变换为边界积分

对于三种域积分 $\int_{\Omega}\rho U_{ij}(\boldsymbol{y},\boldsymbol{X})\ddot{u}_j(\boldsymbol{X},t)\mathrm{d}\Omega(\boldsymbol{X})$、$\int_{\Omega}W_{ij}(\boldsymbol{y},\boldsymbol{X})\tilde{u}_j(\boldsymbol{X},t)\mathrm{d}\Omega(\boldsymbol{X})$ 和 $\int_{\Omega}\frac{\rho}{\mu(\boldsymbol{X})}\tilde{U}_{ij}(\boldsymbol{y},\boldsymbol{X})\ddot{\tilde{u}}_j(\boldsymbol{X},t)\mathrm{d}\Omega(\boldsymbol{X})$，其中的 $\ddot{u}_j(\boldsymbol{X},t)$、$\tilde{u}_j(\boldsymbol{X},t)$ 和 $\ddot{\tilde{u}}_j(\boldsymbol{X},t)$ 皆是未知的，因此在将域积分转换成边界积分之前，它们应该通过基函数来近似。这里采用扩展径向基函数近似 $\ddot{u}_j(\boldsymbol{X},t)$、$\tilde{u}_j(\boldsymbol{X},t)$ 和 $\ddot{\tilde{u}}_j(\boldsymbol{X},t)$，即

$$\ddot{u}_j=\sum_{A=1}^{N_A}\alpha_A^j\phi_A(R)+a_0^j+\sum_{i=1}^{k}a_i^j x_i^{\boldsymbol{X}}+\sum_{i=1}^{k}\sum_{l=1}^{k}a_{il}^j x_i^{\boldsymbol{X}}x_l^{\boldsymbol{X}},\quad k=3 \tag{8.17}$$

$$\tilde{u}_j=\sum_{A=1}^{N_A}\beta_A^j\phi_A(R)+b_0^j+\sum_{i=1}^{k}b_i^j x_i^{\boldsymbol{X}}+\sum_{i=1}^{k}\sum_{l=1}^{k}b_{il}^j x_i^{\boldsymbol{X}}x_l^{\boldsymbol{X}},\quad k=3 \tag{8.18}$$

$$\ddot{\tilde{u}}_j=\sum_{A=1}^{N_A}\chi_A^j\phi_A(R)+c_0^j+\sum_{i=1}^{k}c_i^j x_i^{\boldsymbol{X}}+\sum_{i=1}^{k}\sum_{l=1}^{k}c_{il}^j x_i^{\boldsymbol{X}}x_l^{\boldsymbol{X}},\quad k=3 \tag{8.19}$$

其中，α_A^j、β_A^j 和 χ_A^j 满足以下关系[22]：

$$\sum_{A=1}^{N_A}\alpha_A^j=\sum_{A=1}^{N_A}\alpha_A^j x_i^A=\sum_{A=1}^{N_A}\alpha_A^j x_i^A x_l^A=0,\quad i,l=1,2,3 \tag{8.20}$$

$$\sum_{A=1}^{N_A}\beta_A^j=\sum_{A=1}^{N_A}\beta_A^j x_i^A=\sum_{A=1}^{N_A}\beta_A^j x_i^A x_l^A=0,\quad i,l=1,2,3 \tag{8.21}$$

$$\sum_{A=1}^{N_A}\chi_A^j=\sum_{A=1}^{N_A}\chi_A^j x_i^A=\sum_{A=1}^{N_A}\chi_A^j x_i^A x_j^A=0,\quad i,l=1,2,3 \tag{8.22}$$

式中，N_A 表示所有边界点和内部点的总数，即 $N_\mathrm{A}=N_\mathrm{b}+N_\mathrm{I}$，其中 N_b 和 N_I 分别是边界点和内部点个数。将每一点 $\boldsymbol{y}_A$ 应用于式(8.17)～(8.19)中即可确定待定系数 α_A^j、β_A^j、χ_A^j、a_0^j、b_0^j、c_0^j、a_i^j、b_i^j、c_i^j、a_{il}^j、b_{il}^j 和 c_{il}^j。$R=\|\boldsymbol{x}-\boldsymbol{y}_A\|$ 是场点 $\boldsymbol{x}$ 到施加点 $\boldsymbol{y}_A$ 的距离。为了平衡数值结果的准确性和稳定性，采用四阶样条型径向基函数，其表达式如下[47]

$$\phi_A(R)=\begin{cases}1-6(R/d_A)^2+8(R/d_A)^3-3(R/d_A)^4, & 0\leqslant R\leqslant d_A\\ 0, & d_A\leqslant R\end{cases} \tag{8.23}$$

其中，d_A 是点 $\boldsymbol{y}_A$ 支撑域的半径。由式(8.17)和(8.20)，将每一个点 $\boldsymbol{y}_A$ 取为配点，可得

$$\begin{Bmatrix}\ddot{\boldsymbol{u}}_j\\ \boldsymbol{0}\end{Bmatrix}=\boldsymbol{\Phi}\begin{Bmatrix}\boldsymbol{\alpha}^j\\ \boldsymbol{a}^j\end{Bmatrix} \tag{8.24}$$

其中，$\mathbf{0}$ 是由 0 元素组成的10 阶列矢量，$\ddot{\boldsymbol{u}}_j$ 为由所有配点 $\boldsymbol{y}_A$ 处的加速度 $\ddot{u}_j(\boldsymbol{y}_A)$ 所组成的 N_{A} 阶列矢量，$\boldsymbol{\Phi}$ 是一个 $(N_{\mathrm{A}}+10)\times(N_{\mathrm{A}}+10)$ 阶系数矩阵，$\boldsymbol{\alpha}^j$ 和 $\boldsymbol{a}^j$ 分别是 N_{A} 和 10 阶列矢量，其形式分别为

$$\boldsymbol{\alpha}^j=\begin{bmatrix}\alpha_1^j & \alpha_2^j & \cdots & \alpha_{N_A}^j\end{bmatrix}^{\mathrm{T}},\quad \boldsymbol{a}^j=\begin{bmatrix}a_0^j & a_1^j & a_2^j & a_3^j & a_{11}^j & a_{22}^j & a_{33}^j & a_{12}^j & a_{23}^j & a_{31}^j\end{bmatrix}^{\mathrm{T}}$$

如果没有两个节点共享相同的坐标，则矩阵 $\boldsymbol{\Phi}$ 是可逆的，因此有

$$\begin{Bmatrix}\boldsymbol{\alpha}^j\\ \boldsymbol{a}^j\end{Bmatrix}=\boldsymbol{\Phi}^{-1}\begin{Bmatrix}\ddot{\boldsymbol{u}}_j\\ \mathbf{0}\end{Bmatrix} \tag{8.25}$$

同样的方法也可用于域积分中的其他未知量($\tilde{u}_j$ 和 $\dddot{u}_j$)。将式(8.17)代入域积分 $\int_\Omega \rho U_{ij}(\boldsymbol{y},\boldsymbol{X})\ddot{u}_j(\boldsymbol{X},t)\mathrm{d}\Omega(\boldsymbol{X})$，可得

$$\begin{aligned}\int_\Omega \rho U_{ij}(\boldsymbol{y},\boldsymbol{X})\ddot{u}_j(\boldsymbol{X},t)\mathrm{d}\Omega(\boldsymbol{X})=&\ \alpha^{jA}\int_\Gamma \frac{1}{r^2(\boldsymbol{y},\boldsymbol{x})}\frac{\partial r}{\partial n}F_{ijA}^{\alpha}(\boldsymbol{y},\boldsymbol{X})\mathrm{d}\Gamma(\boldsymbol{x})\\ &+a_0^j\int_\Gamma \frac{1}{r^2(\boldsymbol{y},\boldsymbol{x})}\frac{\partial r}{\partial n}F_{ij0}(\boldsymbol{y},\boldsymbol{X})\mathrm{d}\Gamma(\boldsymbol{x})\\ &+a_l^j\int_\Gamma \frac{1}{r^2(\boldsymbol{y},\boldsymbol{x})}\frac{\partial r}{\partial n}F_{ijl}(\boldsymbol{y},\boldsymbol{X})\mathrm{d}\Gamma(\boldsymbol{x})\\ &+a_{lm}^j\int_\Gamma \frac{1}{r^2(\boldsymbol{y},\boldsymbol{x})}\frac{\partial r}{\partial n}F_{ijlm}(\boldsymbol{y},\boldsymbol{X})\mathrm{d}\Gamma(\boldsymbol{x})\end{aligned} \tag{8.26}$$

其中，

$$F_{ijA}^{\alpha}(\boldsymbol{y},\boldsymbol{X})=\int_0^{r(\boldsymbol{y},\boldsymbol{x})}\rho U_{ij}(\boldsymbol{y},\boldsymbol{X})\phi_A(R)r^2(\boldsymbol{y},\boldsymbol{X})\mathrm{d}r(\boldsymbol{X}) \tag{8.27}$$

$$F_{ij0}^{\alpha}(\boldsymbol{y},\boldsymbol{X})=\int_0^{r(\boldsymbol{y},\boldsymbol{x})}\rho U_{ij}(\boldsymbol{y},\boldsymbol{X})r^2(\boldsymbol{y},\boldsymbol{X})\mathrm{d}r(\boldsymbol{X}) \tag{8.28}$$

$$F_{ijl}^{\alpha}(\boldsymbol{y},\boldsymbol{X})=\int_0^{r(\boldsymbol{y},\boldsymbol{x})}\rho U_{ij}(\boldsymbol{y},\boldsymbol{X})\left(x_l^{\boldsymbol{y}}+r_{,l}r\right)r^2(\boldsymbol{y},\boldsymbol{X})\mathrm{d}r(\boldsymbol{X}) \tag{8.29}$$

$$F_{ijlm}^{\alpha}(\boldsymbol{y},\boldsymbol{X})=\int_0^{r(\boldsymbol{y},\boldsymbol{x})}\rho U_{ij}(\boldsymbol{y},\boldsymbol{X})\left(x_l^{\boldsymbol{y}}+r_{,l}r\right)\left(x_m^{\boldsymbol{y}}+r_{,m}r\right)r^2(\boldsymbol{y},\boldsymbol{X})\mathrm{d}r(\boldsymbol{X}) \tag{8.30}$$

为了求式(8.27)～(8.30)的径向积分，可以使用下列关系

$$\begin{cases}R=\sqrt{r^2+2sr+\bar{R}^2}\\ \bar{R}=\sqrt{\bar{R}_i\bar{R}_i}\\ \bar{R}_i=x_i^{\boldsymbol{y}}-x_i^A\\ s=r_{,i}\bar{R}_i\end{cases} \tag{8.31}$$

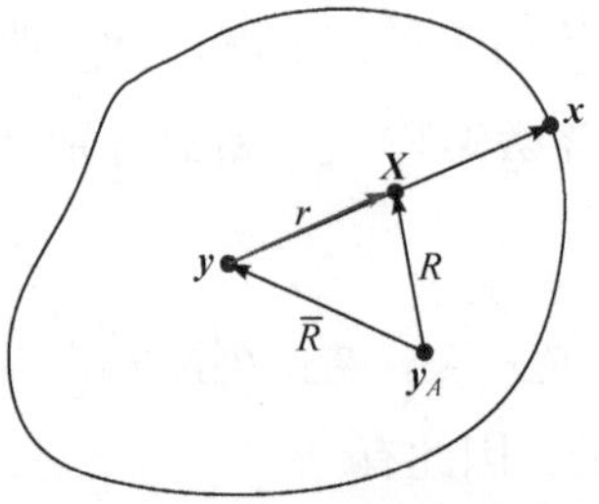

图 8.1 r, R 和 $\bar{R}$ 之间的关系图

其中，$\bar{R}$ 是源点 $\boldsymbol{y}$ 与施加点 $\boldsymbol{y}_A$ 之间的距离，如图 8.1 所示。为了使用径向积分法，R 应该由 r 和 $\bar{R}$ 表示，这个变换关系可以在文献[22]中找到。

8.2.4 边界积分方程的等几何边界元法的实施

本章采用 NURBS 基函数精确描述弹性动力学问题的几何模型，并近似其相关的未知量，更多的细节可参考文献[48]或者第 3 章的相关内容。

对于内点 $\boldsymbol{y}\in\Omega$ 和边界点 $\boldsymbol{y}\in\Gamma$，均质材料的三维弹性动力学积分方程可以离散为以下形式

$$
\begin{aligned}
u_i(\boldsymbol{y},t)=&\sum_{e=1}^{N_e}\sum_{l=1}^{(p+1)(q+1)}\left[\int_{-1}^{1}\int_{-1}^{1}U_{ij}(\boldsymbol{y},\boldsymbol{x}(\tilde{\xi},\tilde{\eta}))R_l^e(\tilde{\xi},\tilde{\eta})J^e(\tilde{\xi},\tilde{\eta})\mathrm{d}\tilde{\xi}\mathrm{d}\tilde{\eta}\right]\hat{t}_j^{el}(t)\\
&-\sum_{e=1}^{N_e}\sum_{l=1}^{(p+1)(q+1)}\left[\int_{-1}^{1}\int_{-1}^{1}T_{ij}(\boldsymbol{y},\boldsymbol{x}(\tilde{\xi},\tilde{\eta}))R_l^e(\tilde{\xi},\tilde{\eta})J^e(\tilde{\xi},\tilde{\eta})\mathrm{d}\tilde{\xi}\mathrm{d}\tilde{\eta}\right]\hat{u}_j^{el}(t)\\
&-M_{ijA}(\boldsymbol{y})\ddot{\hat{u}}_j(\boldsymbol{y}_A,t)
\end{aligned}\tag{8.32}
$$

$$
\begin{aligned}
&c_{ij}(\boldsymbol{y})\sum_{a=1}^{(p+1)\times(q+1)}R_a^{\bar{e}}(\tilde{\xi}',\tilde{\eta}')\hat{u}_j^{\bar{e}a}\\
&=\sum_{e=1}^{N_e}\sum_{l=1}^{(p+1)(q+1)}\left[\int_{-1}^{1}\int_{-1}^{1}U_{ij}(\boldsymbol{y},\boldsymbol{x}(\tilde{\xi},\tilde{\eta}))R_l^e(\tilde{\xi},\tilde{\eta})J^e(\tilde{\xi},\tilde{\eta})\mathrm{d}\tilde{\xi}\mathrm{d}\tilde{\eta}\right]\hat{t}_j^{el}(t)\\
&\quad-\sum_{e=1}^{N_e}\sum_{l=1}^{(p+1)(q+1)}\left[\int_{-1}^{1}\int_{-1}^{1}T_{ij}(\boldsymbol{y},\boldsymbol{x}(\tilde{\xi},\tilde{\eta}))R_l^e(\tilde{\xi},\tilde{\eta})J^e(\tilde{\xi},\tilde{\eta})\mathrm{d}\tilde{\xi}\mathrm{d}\tilde{\eta}\right]\hat{u}_j^{el}(t)\\
&\quad-M_{ijA}(\boldsymbol{y})\ddot{\hat{u}}_j(\boldsymbol{y}_A,t)
\end{aligned}\tag{8.33}
$$

其中，p 和 q 分别是 ξ 和 η 两个方向的曲线阶次；R_l^e 是单元 e 中第 l 个节点的 NURBS 基函数；N_e 是离散的单元数；局部坐标 $\tilde{\xi},\tilde{\eta}\in[-1,1]$，$\bar{e}$ 是配点 $\boldsymbol{y}$ 所在的单元，$\tilde{\xi}'$ 和 $\tilde{\eta}'$ 表示配点的局部坐标，$\hat{u}_j^{el}$ 和 $\hat{t}_j^{el}$ 分别代表第 e 个单元中第 l 个控制点的第 j 个位移和面力分量；$A=1,\cdots,N_{\mathrm{A}}$；$J^e(\tilde{\xi},\tilde{\eta})$ 是单元的雅可比行列式，其计算公式参见式(3.11)。

式(8.32)和(8.33)中的 M_{ijA} 所组成的行矢量 $\boldsymbol{M}=\begin{bmatrix}M_{ij1} & M_{ij2} & \cdots & M_{ijN_A}\end{bmatrix}$ 为

$$
\boldsymbol{M}_{1\times N_{\mathrm{A}}}=\bar{\boldsymbol{M}}_{1\times N_{\mathrm{A}}}\begin{bmatrix}\boldsymbol{\Psi}_{N_{\mathrm{b}}\times N_{\mathrm{b}}} & \boldsymbol{0}_{N_{\mathrm{b}}\times N_{\mathrm{I}}}\\ \boldsymbol{0}_{N_{\mathrm{I}}\times N_{\mathrm{b}}} & \boldsymbol{I}_{N_{\mathrm{I}}\times N_{\mathrm{I}}}\end{bmatrix}_{N_{\mathrm{A}}\times N_{\mathrm{A}}}\tag{8.34}
$$

式中，$\boldsymbol{I}$ 是单位矩阵，$\boldsymbol{\Psi}$ 是 NURBS 基函数矩阵，即 $\boldsymbol{u}=\boldsymbol{\Psi}\hat{\boldsymbol{u}}$。$\bar{\boldsymbol{M}}=$

$\left[\bar{M}_{ij1}\quad \bar{M}_{ij2}\quad \cdots\quad \bar{M}_{ijN_{\mathrm{A}}}\right]$是一个行向量，其中的第 m 个元素为

$$\begin{aligned}\bar{M}_{ijm}=&\Phi_{1m}^{-1}\int_{\Gamma}\frac{1}{r^2}\frac{\partial r}{\partial n}F_{ij1}^{\alpha}\mathrm{d}\Gamma+\Phi_{2m}^{-1}\int_{\Gamma}\frac{1}{r^2}\frac{\partial r}{\partial n}F_{ij2}^{\alpha}\mathrm{d}\Gamma+\cdots+\Phi_{N_{\mathrm{A}}m}^{-1}\int_{\Gamma}\frac{1}{r^2}\frac{\partial r}{\partial n}F_{ijN_{\mathrm{A}}}^{\alpha}\mathrm{d}\Gamma\\&+\Phi_{(N_{\mathrm{A}}+1)m}^{-1}\int_{\Gamma}\frac{1}{r^2}\frac{\partial r}{\partial n}F_{ij0}^{\alpha}\mathrm{d}\Gamma+\Phi_{(N_{\mathrm{A}}+2)m}^{-1}\int_{\Gamma}\frac{1}{r^2}\frac{\partial r}{\partial n}F_{ij1}^{\alpha}\mathrm{d}\Gamma\\&+\Phi_{(N_{\mathrm{A}}+3)m}^{-1}\int_{\Gamma}\frac{1}{r^2}\frac{\partial r}{\partial n}F_{ij2}^{\alpha}\mathrm{d}\Gamma+\Phi_{(N_{\mathrm{A}}+4)m}^{-1}\int_{\Gamma}\frac{1}{r^2}\frac{\partial r}{\partial n}F_{ij3}^{\alpha}\mathrm{d}\Gamma+\Phi_{(N_{\mathrm{A}}+5)m}^{-1}\int_{\Gamma}\frac{1}{r^2}\frac{\partial r}{\partial n}F_{ij11}^{\alpha}\mathrm{d}\Gamma\\&+\Phi_{(N_{\mathrm{A}}+6)m}^{-1}\int_{\Gamma}\frac{1}{r^2}\frac{\partial r}{\partial n}F_{ij22}^{\alpha}\mathrm{d}\Gamma+\Phi_{(N_{\mathrm{A}}+7)m}^{-1}\int_{\Gamma}\frac{1}{r^2}\frac{\partial r}{\partial n}F_{ij33}^{\alpha}\mathrm{d}\Gamma+\Phi_{(N_{\mathrm{A}}+8)m}^{-1}\int_{\Gamma}\frac{1}{r^2}\frac{\partial r}{\partial n}F_{ij12}^{\alpha}\mathrm{d}\Gamma\\&+\Phi_{(N_{\mathrm{A}}+9)m}^{-1}\int_{\Gamma}\frac{1}{r^2}\frac{\partial r}{\partial n}F_{ij23}^{\alpha}\mathrm{d}\Gamma+\Phi_{(N_{\mathrm{A}}+10)m}^{-1}\int_{\Gamma}\frac{1}{r^2}\frac{\partial r}{\partial n}F_{ij31}^{\alpha}\mathrm{d}\Gamma\end{aligned}\tag{8.35}$$

对于内点 $\boldsymbol{y}\in\Omega$ 和边界点 $\boldsymbol{y}\in\Gamma$，功能梯度材料的三维弹性动力学积分方程可以离散为以下形式

$$\begin{aligned}\tilde{u}_i(\boldsymbol{y},t)=&\sum_{e=1}^{N_e}\sum_{l=1}^{(p+1)(q+1)}\left[\int_{-1}^{1}\int_{-1}^{1}\tilde{U}_{ij}(\boldsymbol{y},\boldsymbol{x}(\tilde{\xi},\tilde{\eta}))R_l^e(\tilde{\xi},\tilde{\eta})J^e(\tilde{\xi},\tilde{\eta})\mathrm{d}\tilde{\xi}\mathrm{d}\tilde{\eta}\right]\hat{t}_j^{el}(t)\\&-\sum_{e=1}^{N_e}\sum_{l=1}^{(p+1)(q+1)}\left[\int_{-1}^{1}\int_{-1}^{1}T_{ij}(\boldsymbol{y},\boldsymbol{x}(\tilde{\xi},\tilde{\eta}))R_l^e(\tilde{\xi},\tilde{\eta})J^e(\tilde{\xi},\tilde{\eta})\mathrm{d}\tilde{\xi}\mathrm{d}\tilde{\eta}\right]\hat{\tilde{u}}_j^{el}(t)\\&+W_{ijA}(\boldsymbol{y})\hat{\tilde{u}}_j(\boldsymbol{y}_A,t)-M_{ijA}(\boldsymbol{y})\ddot{\hat{\tilde{u}}}_j(\boldsymbol{y}_A,t)\end{aligned}\tag{8.36}$$

$$\begin{aligned}&c_{ij}(\boldsymbol{y})\sum_{a=1}^{(p+1)\times(q+1)}R_a^{\bar{e}}(\tilde{\xi}',\tilde{\eta}')\hat{\tilde{u}}_j^{\bar{e}a}\\=&\sum_{e=1}^{N_e}\sum_{l=1}^{(p+1)(q+1)}\left[\int_{-1}^{1}\int_{-1}^{1}\tilde{U}_{ij}(\boldsymbol{y},\boldsymbol{x}(\tilde{\xi},\tilde{\eta}))R_l^e(\tilde{\xi},\tilde{\eta})J^e(\tilde{\xi},\tilde{\eta})\mathrm{d}\tilde{\xi}\mathrm{d}\tilde{\eta}\right]\hat{t}_j^{el}(t)\\&-\sum_{e=1}^{N_e}\sum_{l=1}^{(p+1)(q+1)}\left[\int_{-1}^{1}\int_{-1}^{1}T_{ij}(\boldsymbol{y},\boldsymbol{x}(\tilde{\xi},\tilde{\eta}))R_l^e(\tilde{\xi},\tilde{\eta})J^e(\tilde{\xi},\tilde{\eta})\mathrm{d}\tilde{\xi}\mathrm{d}\tilde{\eta}\right]\hat{\tilde{u}}_j^{el}(t)\\&+W_{ijA}(\boldsymbol{y})\hat{\tilde{u}}_j(\boldsymbol{y}_A,t)-M_{ijA}(\boldsymbol{y})\ddot{\hat{\tilde{u}}}_j(\boldsymbol{y}_A,t)\end{aligned}\tag{8.37}$$

其中

$$\boldsymbol{W}_{1\times N_{\mathrm{A}}}=\bar{\boldsymbol{W}}_{1\times N_{\mathrm{A}}}\begin{bmatrix}\boldsymbol{\Psi}_{N_{\mathrm{b}}\times N_{\mathrm{b}}} & \boldsymbol{0}_{N_{\mathrm{b}}\times N_{\mathrm{I}}}\\ \boldsymbol{0}_{N_{\mathrm{I}}\times N_{\mathrm{b}}} & \boldsymbol{I}_{N_{\mathrm{I}}\times N_{\mathrm{I}}}\end{bmatrix}_{N_{\mathrm{A}}\times N_{\mathrm{A}}}\tag{8.38}$$

$$M_{1\times N_{\mathrm{A}}}=\widehat{M}_{1\times N_{\mathrm{A}}}\begin{bmatrix}\boldsymbol{\Psi}_{N_{\mathrm{b}}\times N_{\mathrm{b}}} & \mathbf{0}_{N_{\mathrm{b}}\times N_{\mathrm{I}}}\\ \mathbf{0}_{N_{\mathrm{I}}\times N_{\mathrm{b}}} & \boldsymbol{I}_{N_{\mathrm{I}}\times N_{\mathrm{I}}}\end{bmatrix}_{N_{\mathrm{A}}\times N_{\mathrm{A}}} \tag{8.39}$$

其中

$$\begin{aligned}\overline{W}_{ijm}=&\varPhi_{1m}^{-1}\int_\Gamma\frac{1}{r^2}\frac{\partial r}{\partial n}F_{ij1}^{\beta}\mathrm{d}\Gamma+\varPhi_{2m}^{-1}\int_\Gamma\frac{1}{r^2}\frac{\partial r}{\partial n}F_{ij2}^{\beta}\mathrm{d}\Gamma+\cdots+\varPhi_{N_{\mathrm{A}}m}^{-1}\int_\Gamma\frac{1}{r^2}\frac{\partial r}{\partial n}F_{ijN_{\mathrm{A}}}^{\beta}\mathrm{d}\Gamma\\&+\varPhi_{(N_{\mathrm{A}}+1)m}^{-1}\int_\Gamma\frac{1}{r^2}\frac{\partial r}{\partial n}F_{ij0}^{\beta}\mathrm{d}\Gamma+\varPhi_{(N_{\mathrm{A}}+2)m}^{-1}\int_\Gamma\frac{1}{r^2}\frac{\partial r}{\partial n}F_{ij1}^{\beta}\mathrm{d}\Gamma\\&+\varPhi_{(N_{\mathrm{A}}+3)m}^{-1}\int_\Gamma\frac{1}{r^2}\frac{\partial r}{\partial n}F_{ij2}^{\beta}\mathrm{d}\Gamma+\varPhi_{(N_{\mathrm{A}}+4)m}^{-1}\int_\Gamma\frac{1}{r^2}\frac{\partial r}{\partial n}F_{ij3}^{\beta}\mathrm{d}\Gamma+\varPhi_{(N_{\mathrm{A}}+5)m}^{-1}\int_\Gamma\frac{1}{r^2}\frac{\partial r}{\partial n}F_{ij11}^{\beta}\mathrm{d}\Gamma\\&+\varPhi_{(N_{\mathrm{A}}+6)m}^{-1}\int_\Gamma\frac{1}{r^2}\frac{\partial r}{\partial n}F_{ij22}^{\beta}\mathrm{d}\Gamma+\varPhi_{(N_{\mathrm{A}}+7)m}^{-1}\int_\Gamma\frac{1}{r^2}\frac{\partial r}{\partial n}F_{ij33}^{\beta}\mathrm{d}\Gamma+\varPhi_{(N_{\mathrm{A}}+8)m}^{-1}\int_\Gamma\frac{1}{r^2}\frac{\partial r}{\partial n}F_{ij12}^{\beta}\mathrm{d}\Gamma\\&+\varPhi_{(N_{\mathrm{A}}+9)m}^{-1}\int_\Gamma\frac{1}{r^2}\frac{\partial r}{\partial n}F_{ij23}^{\beta}\mathrm{d}\Gamma+\varPhi_{(N_{\mathrm{A}}+10)m}^{-1}\int_\Gamma\frac{1}{r^2}\frac{\partial r}{\partial n}F_{ij31}^{\beta}\mathrm{d}\Gamma\end{aligned} \tag{8.40}$$

$$\begin{aligned}\widehat{M}_{ijm}=&\varPhi_{1m}^{-1}\int_\Gamma\frac{1}{r^2}\frac{\partial r}{\partial n}F_{ij1}^{\chi}\mathrm{d}\Gamma+\varPhi_{2m}^{-1}\int_\Gamma\frac{1}{r^2}\frac{\partial r}{\partial n}F_{ij2}^{\chi}\mathrm{d}\Gamma+\cdots+\varPhi_{N_{\mathrm{A}}m}^{-1}\int_\Gamma\frac{1}{r^2}\frac{\partial r}{\partial n}F_{ijN_{\mathrm{A}}}^{\chi}\mathrm{d}\Gamma\\&+\varPhi_{(N_{\mathrm{A}}+1)m}^{-1}\int_\Gamma\frac{1}{r^2}\frac{\partial r}{\partial n}F_{ij0}^{\chi}\mathrm{d}\Gamma+\varPhi_{(N_{\mathrm{A}}+2)m}^{-1}\int_\Gamma\frac{1}{r^2}\frac{\partial r}{\partial n}F_{ij1}^{\chi}\mathrm{d}\Gamma\\&+\varPhi_{(N_{\mathrm{A}}+3)m}^{-1}\int_\Gamma\frac{1}{r^2}\frac{\partial r}{\partial n}F_{ij2}^{\chi}\mathrm{d}\Gamma+\varPhi_{(N_{\mathrm{A}}+4)m}^{-1}\int_\Gamma\frac{1}{r^2}\frac{\partial r}{\partial n}F_{ij3}^{\chi}\mathrm{d}\Gamma+\varPhi_{(N_{\mathrm{A}}+5)m}^{-1}\int_\Gamma\frac{1}{r^2}\frac{\partial r}{\partial n}F_{ij11}^{\chi}\mathrm{d}\Gamma\\&+\varPhi_{(N_{\mathrm{A}}+6)m}^{-1}\int_\Gamma\frac{1}{r^2}\frac{\partial r}{\partial n}F_{ij22}^{\chi}\mathrm{d}\Gamma+\varPhi_{(N_{\mathrm{A}}+7)m}^{-1}\int_\Gamma\frac{1}{r^2}\frac{\partial r}{\partial n}F_{ij33}^{\chi}\mathrm{d}\Gamma+\varPhi_{(N_{\mathrm{A}}+8)m}^{-1}\int_\Gamma\frac{1}{r^2}\frac{\partial r}{\partial n}F_{ij12}^{\chi}\mathrm{d}\Gamma\\&+\varPhi_{(N_{\mathrm{A}}+9)m}^{-1}\int_\Gamma\frac{1}{r^2}\frac{\partial r}{\partial n}F_{ij23}^{\chi}\mathrm{d}\Gamma+\varPhi_{(N_{\mathrm{A}}+10)m}^{-1}\int_\Gamma\frac{1}{r^2}\frac{\partial r}{\partial n}F_{ij31}^{\chi}\mathrm{d}\Gamma\end{aligned} \tag{8.41}$$

式(8.40)和(8.41)中的 F^{β} 和 F^{χ} 的表达式类似于式(8.27)和(8.30)。但需要注意的是，其中的 βU_{ij} 须分别用 W_{ij} 和 $\dfrac{\rho}{\mu(\boldsymbol{X})}\tilde{U}_{ij}$ 来取代。

8.2.5　求解方程组

使用数值积分，三维弹性动力学问题的离散边界积分方程可以写成矩阵形式。通过引入已知的边界条件，将矩阵和向量划分为块，以便更清晰地描述。最后，得到了统一的常微分方程组。考虑到不同材料的矩阵和矢量不同，本节分为三个部分。

1. 均质材料结构的动力学求解方程

将式(8.32)与(8.33)结合，可得如下矩阵方程

$$\begin{bmatrix} \boldsymbol{H}_{\mathrm{b}} & \boldsymbol{0} \\ \boldsymbol{H}_{\mathrm{I}} & \boldsymbol{I} \end{bmatrix} \begin{Bmatrix} \hat{\boldsymbol{u}}_{\mathrm{b}} \\ \hat{\boldsymbol{u}}_{\mathrm{I}} \end{Bmatrix} + \begin{bmatrix} \boldsymbol{M}_{\mathrm{b}} \\ \boldsymbol{M}_{\mathrm{I}} \end{bmatrix} \begin{Bmatrix} \ddot{\hat{\boldsymbol{u}}}_{\mathrm{b}} \\ \ddot{\hat{\boldsymbol{u}}}_{\mathrm{I}} \end{Bmatrix} = \begin{bmatrix} \boldsymbol{G}_{\mathrm{b}} \\ \boldsymbol{G}_{\mathrm{I}} \end{bmatrix} \{\hat{\boldsymbol{t}}_{\mathrm{b}}\} \tag{8.42}$$

上式可以写成下面更紧凑的形式

$$\boldsymbol{M}\ddot{\hat{\boldsymbol{u}}} + \boldsymbol{K}\hat{\boldsymbol{u}} = \boldsymbol{F} \tag{8.43}$$

其中，$\hat{\boldsymbol{u}}_{\mathrm{I}} = \boldsymbol{u}_{\mathrm{I}}$，$\ddot{\hat{\boldsymbol{u}}}_{\mathrm{I}} = \ddot{\boldsymbol{u}}_{\mathrm{I}}$。上述方程中忽略了阻尼力的影响。在工程实际中，阻尼的影响往往是不可忽视的。如式(8.1)所示，阻尼项和惯性项具有相同的结构形式，因此它们的域积分是相似的。将两个域积分离散后，阻尼项的系数矩阵 $\boldsymbol{C}$ 与惯性项的系数矩阵 $\boldsymbol{M}$ 成正比。考虑阻尼项的结构动力学离散系统的微分方程为

$$\boldsymbol{M}\ddot{\hat{\boldsymbol{u}}} + \boldsymbol{C}\dot{\hat{\boldsymbol{u}}} + \boldsymbol{K}\hat{\boldsymbol{u}} = \boldsymbol{F} \tag{8.44}$$

其中，$\boldsymbol{C} = \tilde{\varepsilon}\boldsymbol{M}$，$\tilde{\varepsilon} = c / \rho$，$c$ 是阻尼系数。将边界条件代入式(8.44)，可得

$$\begin{bmatrix} \boldsymbol{M}_{11} & \boldsymbol{M}_{12} \\ \boldsymbol{M}_{21} & \boldsymbol{M}_{22} \end{bmatrix} \begin{Bmatrix} \ddot{\hat{\boldsymbol{u}}}_k \\ \ddot{\hat{\boldsymbol{u}}}_u \end{Bmatrix} + \begin{bmatrix} \boldsymbol{C}_{11} & \boldsymbol{C}_{12} \\ \boldsymbol{C}_{21} & \boldsymbol{C}_{22} \end{bmatrix} \begin{Bmatrix} \dot{\hat{\boldsymbol{u}}}_k \\ \dot{\hat{\boldsymbol{u}}}_u \end{Bmatrix} + \begin{bmatrix} \bar{\boldsymbol{K}}_{11} & \bar{\boldsymbol{K}}_{12} \\ \bar{\boldsymbol{K}}_{21} & \bar{\boldsymbol{K}}_{22} \end{bmatrix} \begin{Bmatrix} \hat{\boldsymbol{t}}_u \\ \hat{\boldsymbol{u}}_u \end{Bmatrix} = \begin{Bmatrix} \bar{\boldsymbol{F}}_k \\ \bar{\boldsymbol{F}}_u \end{Bmatrix} \tag{8.45}$$

其中，下标 k 和 u 分别表示已知值和未知值。另外，向量 $\bar{\boldsymbol{F}}_k$ 和 $\bar{\boldsymbol{F}}_u$ 如下式所示：

$$\begin{cases} \bar{\boldsymbol{F}}_k = \begin{bmatrix} -\boldsymbol{H}_{11} & \boldsymbol{G}_{12} \end{bmatrix} \begin{Bmatrix} \hat{\boldsymbol{u}}_k \\ \hat{\boldsymbol{t}}_k \end{Bmatrix} \\ \bar{\boldsymbol{F}}_u = \begin{bmatrix} -\boldsymbol{H}_{21} & \boldsymbol{G}_{22} \end{bmatrix} \begin{Bmatrix} \hat{\boldsymbol{u}}_k \\ \hat{\boldsymbol{t}}_k \end{Bmatrix} \end{cases} \tag{8.46}$$

对于式(8.45)，且 $\ddot{\hat{\boldsymbol{u}}}_k = \dot{\hat{\boldsymbol{u}}}_k = \boldsymbol{0}$，则其可以简化为

$$\boldsymbol{M}_{12}\ddot{\hat{\boldsymbol{u}}}_u + \boldsymbol{C}_{12}\dot{\hat{\boldsymbol{u}}}_u + \bar{\boldsymbol{K}}_{11}\hat{\boldsymbol{t}}_u + \bar{\boldsymbol{K}}_{12}\hat{\boldsymbol{u}}_u = \bar{\boldsymbol{F}}_k \tag{8.47}$$

$$\boldsymbol{M}_{22}\ddot{\hat{\boldsymbol{u}}}_u + \boldsymbol{C}_{22}\dot{\hat{\boldsymbol{u}}}_u + \bar{\boldsymbol{K}}_{21}\hat{\boldsymbol{t}}_u + \bar{\boldsymbol{K}}_{22}\hat{\boldsymbol{u}}_u = \bar{\boldsymbol{F}}_u \tag{8.48}$$

$\hat{\boldsymbol{t}}_u$ 的表达式由式(8.47)可得

$$\hat{\boldsymbol{t}}_u = (\bar{\boldsymbol{K}}_{11})^{-1}(\bar{\boldsymbol{F}}_k - \boldsymbol{M}_{12}\ddot{\hat{\boldsymbol{u}}}_u - \boldsymbol{C}_{12}\dot{\hat{\boldsymbol{u}}}_u - \bar{\boldsymbol{K}}_{12}\hat{\boldsymbol{u}}_u) \tag{8.49}$$

将式(8.49)代入式(8.48)，得到如下的方程组：

$$\tilde{\boldsymbol{M}}\ddot{\hat{\boldsymbol{u}}}_u + \tilde{\boldsymbol{C}}\dot{\hat{\boldsymbol{u}}}_u + \tilde{\boldsymbol{K}}\hat{\boldsymbol{u}}_u = \tilde{\boldsymbol{F}}_u \tag{8.50}$$

其中

$$\tilde{\boldsymbol{M}}=\boldsymbol{M}_{22}-\bar{\boldsymbol{K}}_{21}(\bar{\boldsymbol{K}}_{11})^{-1}\boldsymbol{M}_{12},\quad \tilde{\boldsymbol{C}}=\boldsymbol{C}_{22}-\bar{\boldsymbol{K}}_{21}(\bar{\boldsymbol{K}}_{11})^{-1}\boldsymbol{C}_{12},\quad \tilde{\boldsymbol{F}}_u=\bar{\boldsymbol{F}}_u-\bar{\boldsymbol{K}}_{21}(\bar{\boldsymbol{K}}_{11})^{-1}\bar{\boldsymbol{F}}_k \tag{8.51}$$

2. 非均质材料结构的动力学求解方程

为了简化描述，我们以图 8.2 所示的单个夹杂模型为例来推导公式。基体和夹杂的离散边界域积分方程可以写成以下形式：

$$\begin{bmatrix} \boldsymbol{H}_{\rm bb11}^{\rm A} & \boldsymbol{H}_{\rm bb12}^{\rm A} & \boldsymbol{H}_{\rm bb2}^{\rm A} & \boldsymbol{0} \\ \boldsymbol{H}_{\rm Ib11}^{\rm A} & \boldsymbol{H}_{\rm Ib12}^{\rm A} & \boldsymbol{H}_{\rm Ib2}^{\rm A} & \boldsymbol{I}^{\rm A} \end{bmatrix}\begin{Bmatrix} \hat{\boldsymbol{u}}_{\rm b11}^{\rm A} \\ \hat{\boldsymbol{u}}_{\rm b12}^{\rm A} \\ \hat{\boldsymbol{u}}_{\rm b2}^{\rm A} \\ \hat{\boldsymbol{u}}_{\rm I}^{\rm A} \end{Bmatrix}=\begin{bmatrix} \boldsymbol{G}_{\rm bb11}^{\rm A} & \boldsymbol{G}_{\rm bb12}^{\rm A} & \boldsymbol{G}_{\rm bb2}^{\rm A} \\ \boldsymbol{G}_{\rm Ib11}^{\rm A} & \boldsymbol{G}_{\rm Ib12}^{\rm A} & \boldsymbol{G}_{\rm Ib2}^{\rm A} \end{bmatrix}\begin{Bmatrix} \hat{\boldsymbol{t}}_{\rm b11}^{\rm A} \\ \hat{\boldsymbol{t}}_{\rm b12}^{\rm A} \\ \hat{\boldsymbol{t}}_{\rm b2}^{\rm A} \end{Bmatrix}$$

$$-\begin{bmatrix} \boldsymbol{M}_{\rm bb11}^{\rm A} & \boldsymbol{M}_{\rm bb12}^{\rm A} & \boldsymbol{M}_{\rm bb2}^{\rm A} & \boldsymbol{M}_{\rm bI}^{\rm A} \\ \boldsymbol{M}_{\rm Ib11}^{\rm A} & \boldsymbol{M}_{\rm Ib12}^{\rm A} & \boldsymbol{M}_{\rm Ib2}^{\rm A} & \boldsymbol{M}_{\rm II}^{\rm A} \end{bmatrix}\begin{Bmatrix} \ddot{\hat{\boldsymbol{u}}}_{\rm b11}^{\rm A} \\ \ddot{\hat{\boldsymbol{u}}}_{\rm b12}^{\rm A} \\ \ddot{\hat{\boldsymbol{u}}}_{\rm b2}^{\rm A} \\ \ddot{\hat{\boldsymbol{u}}}_{\rm I}^{\rm A} \end{Bmatrix} \tag{8.52}$$

$$\begin{bmatrix} \boldsymbol{H}_{\rm b}^{\rm B} & \boldsymbol{0} \\ \boldsymbol{H}_{\rm I}^{\rm B} & \boldsymbol{I}^{\rm B} \end{bmatrix}\begin{Bmatrix} \hat{\boldsymbol{u}}_{\rm b}^{\rm B} \\ \hat{\boldsymbol{u}}_{\rm I}^{\rm B} \end{Bmatrix}=\begin{bmatrix} \boldsymbol{G}_{\rm b}^{\rm B} \\ \boldsymbol{G}_{\rm I}^{\rm B} \end{bmatrix}\hat{\boldsymbol{t}}_{\rm b}^{\rm B}-\begin{bmatrix} \boldsymbol{M}_{\rm bb}^{\rm B} & \boldsymbol{M}_{\rm bI}^{\rm B} \\ \boldsymbol{M}_{\rm Ib}^{\rm B} & \boldsymbol{M}_{\rm II}^{\rm B} \end{bmatrix}\begin{Bmatrix} \ddot{\hat{\boldsymbol{u}}}_{\rm b}^{\rm B} \\ \ddot{\hat{\boldsymbol{u}}}_{\rm I}^{\rm B} \end{Bmatrix} \tag{8.53}$$

其中，上标 A 和 B 分别表示基体和夹杂，下标 I 为域中的内部点，下标 b 则为边界点。$\Gamma_{\rm b11}^{\rm A}$ 和 $\Gamma_{\rm b12}^{\rm A}$ 分别表示基体表面上给定的位移边界和面力边界，$\Gamma_{\rm b2}^{\rm A}$ 为基体的内表面，也即基体与夹杂的界面，$\Gamma_{\rm b}^{\rm B}$ 为夹杂的表面，且与 $\Gamma_{\rm b2}^{\rm A}$ 重合。考虑到基体与夹杂界面处的位移和面力关系，即 $\hat{\boldsymbol{u}}_{\rm b}^{\rm B}=\hat{\boldsymbol{u}}_{\rm b2}^{\rm A}$ 和 $\hat{\boldsymbol{t}}_{\rm b}^{\rm B}=-\hat{\boldsymbol{t}}_{\rm b2}^{\rm A}$，式(8.52)和(8.53)可以结合成以下关系

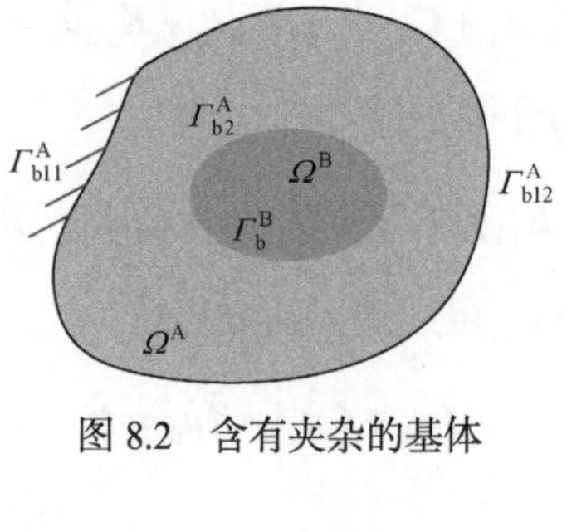

图 8.2　含有夹杂的基体

$$\begin{bmatrix} \boldsymbol{M}_{\mathrm{bb11}}^{\mathrm{A}} & \boldsymbol{M}_{\mathrm{bb12}}^{\mathrm{A}} & \boldsymbol{M}_{\mathrm{bb2}}^{\mathrm{A}} & \boldsymbol{M}_{\mathrm{bI}}^{\mathrm{A}} & \boldsymbol{0} & \boldsymbol{0} \\ \boldsymbol{M}_{\mathrm{Ib11}}^{\mathrm{A}} & \boldsymbol{M}_{\mathrm{Ib12}}^{\mathrm{A}} & \boldsymbol{M}_{\mathrm{Ib2}}^{\mathrm{A}} & \boldsymbol{M}_{\mathrm{II}}^{\mathrm{A}} & \boldsymbol{0} & \boldsymbol{0} \\ \boldsymbol{0} & \boldsymbol{0} & \boldsymbol{0} & \boldsymbol{0} & \boldsymbol{M}_{\mathrm{bb}}^{\mathrm{B}} & \boldsymbol{M}_{\mathrm{bI}}^{\mathrm{B}} \\ \boldsymbol{0} & \boldsymbol{0} & \boldsymbol{0} & \boldsymbol{0} & \boldsymbol{M}_{\mathrm{Ib}}^{\mathrm{B}} & \boldsymbol{M}_{\mathrm{II}}^{\mathrm{B}} \end{bmatrix} \begin{Bmatrix} \ddot{\hat{\boldsymbol{u}}}_{\mathrm{b11}}^{\mathrm{A}} \\ \ddot{\hat{\boldsymbol{u}}}_{\mathrm{b12}}^{\mathrm{A}} \\ \ddot{\hat{\boldsymbol{u}}}_{\mathrm{b2}}^{\mathrm{A}} \\ \ddot{\hat{\boldsymbol{u}}}_{\mathrm{I}}^{\mathrm{A}} \\ \ddot{\hat{\boldsymbol{u}}}_{\mathrm{b}}^{\mathrm{B}} \\ \ddot{\hat{\boldsymbol{u}}}_{\mathrm{I}}^{\mathrm{B}} \end{Bmatrix} + \begin{bmatrix} \boldsymbol{H}_{\mathrm{bb11}}^{\mathrm{A}} & \boldsymbol{H}_{\mathrm{bb12}}^{\mathrm{A}} & \boldsymbol{H}_{\mathrm{bb2}}^{\mathrm{A}} & \boldsymbol{0} & \boldsymbol{0} \\ \boldsymbol{H}_{\mathrm{Ib11}}^{\mathrm{A}} & \boldsymbol{H}_{\mathrm{Ib12}}^{\mathrm{A}} & \boldsymbol{H}_{\mathrm{Ib2}}^{\mathrm{A}} & \boldsymbol{I} & \boldsymbol{0} \\ \boldsymbol{0} & \boldsymbol{0} & \boldsymbol{H}_{\mathrm{b}}^{\mathrm{B}} & \boldsymbol{0} & \boldsymbol{0} \\ \boldsymbol{0} & \boldsymbol{0} & \boldsymbol{H}_{\mathrm{I}}^{\mathrm{B}} & \boldsymbol{0} & \boldsymbol{I} \end{bmatrix} \begin{Bmatrix} \hat{\boldsymbol{u}}_{\mathrm{b11}}^{\mathrm{A}} \\ \hat{\boldsymbol{u}}_{\mathrm{b12}}^{\mathrm{A}} \\ \hat{\boldsymbol{u}}_{\mathrm{b2}}^{\mathrm{A}} \\ \hat{\boldsymbol{u}}_{\mathrm{I}}^{\mathrm{A}} \\ \hat{\boldsymbol{u}}_{\mathrm{I}}^{\mathrm{B}} \end{Bmatrix}$$

$$= \begin{bmatrix} \boldsymbol{G}_{\mathrm{bb11}}^{\mathrm{A}} & \boldsymbol{G}_{\mathrm{bb12}}^{\mathrm{A}} & \boldsymbol{G}_{\mathrm{bb2}}^{\mathrm{A}} \\ \boldsymbol{G}_{\mathrm{Ib11}}^{\mathrm{A}} & \boldsymbol{G}_{\mathrm{Ib12}}^{\mathrm{A}} & \boldsymbol{G}_{\mathrm{Ib2}}^{\mathrm{A}} \\ \boldsymbol{0} & \boldsymbol{0} & -\boldsymbol{G}_{\mathrm{b}}^{\mathrm{B}} \\ \boldsymbol{0} & \boldsymbol{0} & -\boldsymbol{G}_{\mathrm{I}}^{\mathrm{B}} \end{bmatrix} \begin{Bmatrix} \hat{\boldsymbol{t}}_{\mathrm{b11}}^{\mathrm{A}} \\ \hat{\boldsymbol{t}}_{\mathrm{b12}}^{\mathrm{A}} \\ \hat{\boldsymbol{t}}_{\mathrm{b2}}^{\mathrm{A}} \end{Bmatrix} \tag{8.54}$$

上式可以写成下面的简化矩阵形式

$$\mathbb{M}\ddot{\hat{\boldsymbol{u}}} + \mathbb{K}\hat{\boldsymbol{u}} = \mathbb{F} \tag{8.55}$$

类似于式(8.44)，考虑阻尼时的结构动力学离散系统的微分方程可以写为

$$\mathbb{M}\ddot{\hat{\boldsymbol{u}}} + \mathbb{C}\dot{\hat{\boldsymbol{u}}} + \mathbb{K}\hat{\boldsymbol{u}} = \mathbb{F} \tag{8.56}$$

与式(8.45)～(8.51)相似，通过对式(8.56)进行分组，并引入关系 $\ddot{\hat{\boldsymbol{u}}}_{\mathrm{b}}^{\mathrm{B}} = \ddot{\hat{\boldsymbol{u}}}_{\mathrm{b2}}^{\mathrm{A}}$ 和 $\dot{\hat{\boldsymbol{u}}}_{\mathrm{b}}^{\mathrm{B}} = \dot{\hat{\boldsymbol{u}}}_{\mathrm{b2}}^{\mathrm{A}}$，可以得到以下方程

$$\tilde{\mathbb{M}}\ddot{\hat{\boldsymbol{u}}}_u + \tilde{\mathbb{C}}\dot{\hat{\boldsymbol{u}}}_u + \tilde{\mathbb{K}}\hat{\boldsymbol{u}}_u = \tilde{\mathbb{F}}_u \tag{8.57}$$

3. 功能梯度材料结构的动力学求解方程

将式(8.36)和(8.37)组合在一起，可得以下矩阵方程：

$$\begin{bmatrix} \boldsymbol{H}_{\mathrm{b}} & \boldsymbol{0} \\ \boldsymbol{H}_{\mathrm{I}} & \boldsymbol{I} \end{bmatrix} \begin{Bmatrix} \hat{\hat{\boldsymbol{u}}}_{\mathrm{b}} \\ \hat{\hat{\boldsymbol{u}}}_{\mathrm{I}} \end{Bmatrix} - \begin{bmatrix} \boldsymbol{W}_{\mathrm{b}} \\ \boldsymbol{W}_{\mathrm{I}} \end{bmatrix} \begin{Bmatrix} \hat{\hat{\boldsymbol{u}}}_{\mathrm{b}} \\ \hat{\hat{\boldsymbol{u}}}_{\mathrm{I}} \end{Bmatrix} + \begin{bmatrix} \boldsymbol{M}_{\mathrm{b}} \\ \boldsymbol{M}_{\mathrm{I}} \end{bmatrix} \begin{Bmatrix} \ddot{\hat{\hat{\boldsymbol{u}}}}_{\mathrm{b}} \\ \ddot{\hat{\hat{\boldsymbol{u}}}}_{\mathrm{I}} \end{Bmatrix} = \begin{bmatrix} \boldsymbol{G}_{\mathrm{b}} \\ \boldsymbol{G}_{\mathrm{I}} \end{bmatrix} \left\{ \hat{\boldsymbol{t}}_{\mathrm{b}} \right\} \tag{8.58}$$

上式可以写成下面的简化矩阵形式：

$$\mathcal{M}\ddot{\hat{\hat{\boldsymbol{u}}}} + \mathcal{K}\hat{\hat{\boldsymbol{u}}} = \mathcal{F} \tag{8.59}$$

另外，考虑阻尼时的结构动力学离散系统的微分方程可以写为

$$\mathcal{M}\ddot{\hat{\hat{\boldsymbol{u}}}} + \mathcal{C}\dot{\hat{\hat{\boldsymbol{u}}}} + \mathcal{K}\hat{\hat{\boldsymbol{u}}} = \mathcal{F} \tag{8.60}$$

与式(8.45)～(8.51)相似，通过对式(8.60)进行分组，可得

$$\tilde{\mathcal{M}}\ddot{\hat{\hat{\boldsymbol{u}}}}_u + \tilde{\mathcal{C}}\dot{\hat{\hat{\boldsymbol{u}}}}_u + \tilde{\mathcal{K}}\hat{\hat{\boldsymbol{u}}}_u = \tilde{\mathcal{F}}_u \tag{8.61}$$

8.2.6 积分实施

与传统边界元法相似，在等几何边界元法的实施中，当场点接近源点时，基本解也将趋于无穷大。对于一个有限域问题，如果我们假设它在笛卡儿坐标方向上受到一个刚体位移，那么由此产生的面力必然为零。通过这种处理方法，我们可以间接地求解传统边界积分方程中的 $\boldsymbol{c}$ 矩阵。然而，这种方法不能直接应用于等几何边界元法中。为了克服这一局限性，徐闯等[49]通过一个简单的变换法将均匀温度场应用于瞬态热传导的等几何边界元法中，求解了瞬态热传导边界积分方程中的 $\boldsymbol{c}$ 矩阵。在求解弹性动力学问题的等几何边界元法[17]中也采用了类似的方法。

通过应用常位移场，可将式(8.33)写为

$$\left[\boldsymbol{c}(\boldsymbol{y})_{3N_\text{b}\times 3N_\text{b}}\boldsymbol{\Psi}_{3N_\text{b}\times 3N_\text{b}}+\left[\hat{\boldsymbol{H}}_\text{b}\right]_{3N_\text{b}\times 3N_\text{b}}\right]\hat{\boldsymbol{u}}(t)_{3N_\text{b}\times 1}=\boldsymbol{0}_{3N_\text{b}\times 1} \tag{8.62}$$

其中，$\hat{\boldsymbol{u}}$ 是一个列向量。对于所有节点，其沿 $d(d=1,2,3)$方向有单位位移，而在其他方向则为零位移。此外，令

$$[\boldsymbol{H}_\text{b}]_{3N_\text{b}\times 3N_\text{b}}=\boldsymbol{c}(\boldsymbol{y})_{3N_\text{b}\times 3N_\text{b}}\boldsymbol{\Psi}_{3N_\text{b}\times 3N_\text{b}}+\left[\hat{\boldsymbol{H}}_\text{b}\right]_{3N_\text{b}\times 3N_\text{b}} \tag{8.63}$$

其中，$\boldsymbol{c}$ 是与配点处的几何形状有关的矩阵；$\boldsymbol{\Psi}$ 是形函数变换矩阵，且通常不是单位矩阵。由于矩阵 $\hat{\boldsymbol{H}}_\text{b}$ 的奇异项不是对角分布的，所以即使 $\boldsymbol{H}_\text{b}$ 满足每一行所有项的和等于零，我们仍然不能精确计算 $\boldsymbol{H}_\text{b}$ 。为此，将式(8.62)改写为

$$\left[\bar{\boldsymbol{H}}_\text{b}\right]_{3N_\text{b}\times 3N_\text{b}}\boldsymbol{u}(t)_{3N_\text{b}\times 1}=\boldsymbol{0}_{3N_\text{b}\times 1} \tag{8.64}$$

其中，$\left[\bar{\boldsymbol{H}}_\text{b}\right]_{3N_\text{b}\times 3N_\text{b}}=\boldsymbol{c}(\boldsymbol{y})_{3N_\text{b}\times 3N_\text{b}}+\left[\hat{\hat{\boldsymbol{H}}}_\text{b}\right]_{3N_\text{b}\times 3N_\text{b}}$，$\hat{\hat{\boldsymbol{H}}}_\text{b}=\hat{\boldsymbol{H}}_\text{b}\boldsymbol{\Psi}^{-1}$，$\boldsymbol{u}(t)=\boldsymbol{\Psi}\hat{\boldsymbol{u}}(t)$。

式(8.64)具有与传统边界元相同的形式。此外，这种变换不仅消除了 $\boldsymbol{c}(\boldsymbol{y})\boldsymbol{\Psi}$ 中非对角矩阵 $\boldsymbol{\Psi}$，而且使矩阵 $\hat{\hat{\boldsymbol{H}}}_\text{b}$ 的奇异项对角分布。因此，我们可以求解 $\bar{\boldsymbol{H}}_\text{b}$，这与传统边界元法相似。然后，我们可以由下式求解矩阵 $\boldsymbol{H}_\text{b}$

$$\boldsymbol{H}_\text{b}=\bar{\boldsymbol{H}}_\text{b}\boldsymbol{\Psi} \tag{8.65}$$

8.2.7 时间积分方法

本章应用广义 α 法[38]求解方程(8.50)、(8.57)和(8.61)。广义 α 法的基本形式如下：

$$\dot{\hat{\boldsymbol{u}}}_{u(t_k+\Delta t)}=\dot{\hat{\boldsymbol{u}}}_{u(t_k)}+(1-\bar{\gamma})\ddot{\hat{\boldsymbol{u}}}_{u(t_k)}\Delta t+\bar{\gamma}\ddot{\hat{\boldsymbol{u}}}_{u(t_k+\Delta t)}\Delta t \tag{8.66}$$

$$\hat{\boldsymbol{u}}_{u(t_k+\Delta t)}=\hat{\boldsymbol{u}}_{u(t_k)}+\dot{\hat{\boldsymbol{u}}}_{u(t_k)}\Delta t+(\frac{1}{2}-\overline{\beta})\ddot{\hat{\boldsymbol{u}}}_{u(t_k)}(\Delta t)^2+\overline{\beta}\ddot{\hat{\boldsymbol{u}}}_{u(t_k+\Delta t)}(\Delta t)^2 \tag{8.67}$$

$$\begin{aligned}&\tilde{\boldsymbol{M}}[(1-\alpha_m)\ddot{\hat{\boldsymbol{u}}}_{u(t_k+\Delta t)}+\alpha_m\ddot{\hat{\boldsymbol{u}}}_{u(t_k)}]+\tilde{\boldsymbol{C}}[(1-\alpha_f)\dot{\hat{\boldsymbol{u}}}_{u(t_k+\Delta t)}+\alpha_f\dot{\hat{\boldsymbol{u}}}_{u(t_k)}]\\&+\tilde{\boldsymbol{K}}[(1-\alpha_f)\hat{\boldsymbol{u}}_{u(t_k+\Delta t)}+\alpha_f\hat{\boldsymbol{u}}_{u(t_k)}]=\tilde{\boldsymbol{F}}_{u(t_k+(1-\alpha_f)\Delta t)}\end{aligned} \tag{8.68}$$

其中，Δt 是时间步，参数 $\overline{\gamma}$ 、$\overline{\beta}$ 、α_f 和 α_m 如下式所示

$$\begin{cases}\overline{\gamma}=\dfrac{1}{2}-\alpha_m-\alpha_f\\ \overline{\beta}=\dfrac{(1-\alpha_m+\alpha_f)^2}{4}\\ \alpha_f=\dfrac{\rho_\infty}{\rho_\infty+1}\\ \alpha_m=\dfrac{2\rho_\infty-1}{\rho_\infty+1}\end{cases} \tag{8.69}$$

上述参数的选择决定了时间积分方法的准确性和稳定性。重要的是，通过适当调整这些参数可以控制高频耗散，同时保持二阶精度和无条件稳定性。$\rho_\infty\in[0,1]$ 为放大矩阵在最高模态时的谱半径。本章中 ρ_∞ 取值为 0.5。用广义 α 方法求解二阶常微分方程的步骤可总结如下。

步骤 1：形成等效刚度矩阵

$$\hat{\boldsymbol{K}}=e_k\tilde{\boldsymbol{K}}+e_0\tilde{\boldsymbol{M}}+e_1\tilde{\boldsymbol{C}} \tag{8.70}$$

步骤 2：计算在 $t+\Delta t$ 时的等效力

$$\begin{aligned}\hat{\boldsymbol{F}}_{u(t_k+\Delta t)}=&\tilde{\boldsymbol{F}}_{u(t_k+(1-\alpha_f)\Delta t)}-\alpha_f\tilde{\boldsymbol{K}}\hat{\boldsymbol{u}}_{u(t_k)}+\tilde{\boldsymbol{M}}(e_0\hat{\boldsymbol{u}}_{u(t_k)}+e_2\dot{\hat{\boldsymbol{u}}}_{u(t_k)}+e_3\ddot{\hat{\boldsymbol{u}}}_{u(t_k)})\\&+\tilde{\boldsymbol{C}}(e_1\hat{\boldsymbol{u}}_{u(t_k)}+e_4\dot{\hat{\boldsymbol{u}}}_{u(t_k)}+e_5\ddot{\hat{\boldsymbol{u}}}_{u(t_k)})\end{aligned} \tag{8.71}$$

步骤 3：计算在 $t+\Delta t$ 时的位移

$$\hat{\boldsymbol{u}}_{u(t_k+\Delta t)}=(\hat{\boldsymbol{K}})^{-1}\hat{\boldsymbol{F}}_{u(t_k+\Delta t)} \tag{8.72}$$

步骤 4：计算在 $t+\Delta t$ 时的加速度和速度

$$\ddot{\hat{\boldsymbol{u}}}_u(t_{k+1})=e_0(\hat{\boldsymbol{u}}_{u(t_{k+1})}-\hat{\boldsymbol{u}}_{u(t_k)})-e_2\dot{\hat{\boldsymbol{u}}}_{u(t_k)}-e_3\ddot{\hat{\boldsymbol{u}}}_{u(t_k)} \tag{8.73}$$

$$\dot{\hat{\boldsymbol{u}}}_{u(t_{k+1})}=\dot{\hat{\boldsymbol{u}}}_{u(t_k)}+e_6(\ddot{\hat{\boldsymbol{u}}}_{u(t_k)})+e_7(\ddot{\hat{\boldsymbol{u}}}_{u(t_{k+1})}) \tag{8.74}$$

式中

$$e_k = 1-\alpha_f, \qquad e_0 = \frac{1-\alpha_m}{\bar{\beta}\Delta t^2}, \quad e_1 = \frac{e_k\bar{\gamma}}{\bar{\beta}\Delta t}$$

$$e_2 = \Delta t e_0, \qquad e_3 = \frac{e_2\Delta t}{2}-1, \quad e_4 = e_k\frac{\bar{\gamma}}{\bar{\beta}}-1 \tag{8.75}$$

$$e_5 = e_k\Delta t\left(\frac{\bar{\gamma}}{2\bar{\beta}}-1\right), \quad e_6 = \Delta t(1-\bar{\gamma}), \quad e_7 = \bar{\gamma}\Delta t$$

需要注意的是，等几何边界元法求出的是控制点处的位移、速度和加速度，还需要通过 NURBS 基函数进行插值才能获得所需要的边界点处的真实位移、速度和加速度。

8.3 数 值 例 子

本节将通过 4 个三维数值例子说明基于径向积分法的等几何边界元法在求解均质和非均匀材料弹性动力学问题时的有效性。采用解析解、均质材料和非均质材料的有限元解以及课题组自行编制的梯度功能材料的 Matlab 程序对本章给出的弹性动力学等几何边界元法的计算结果进行了检验。所有例子的初始条件皆为 $\boldsymbol{u}(t_0)=\dot{\boldsymbol{u}}(t_0)=0$。

8.3.1 圆柱体的三维动力学模型

考虑如图 8.3 所示的圆柱体模型。模型底面固定，上表面施加均匀面力 $t_3=400\text{Pa}$ 并保持不变，杨氏模量为 $E=8\times10^5\text{Pa}$，密度为 $\rho=2450\text{kg}/\text{m}^3$，泊松比为 $\nu=0$，点 A 的坐标是(0,0,3)。

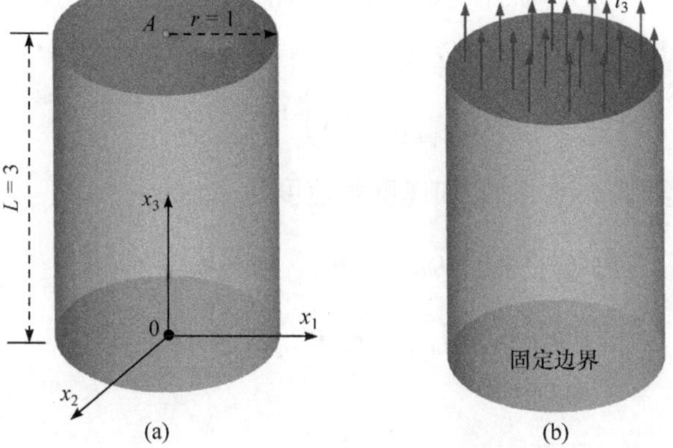

图 8.3　圆柱体模型：(a)模型尺寸；(b)模型的边界条件

我们使用 6 个片描述几何形状。等几何边界元法的 6 个相容 NURBS 片对应的控制点和节点向量分别如图 8.4(a)和表 8.1 所示。等几何边界元网格包含 26 个控制点，有限元网格如图 8.4(b)所示，包含 9000 个六面体单元和 29853 个位移自由度。

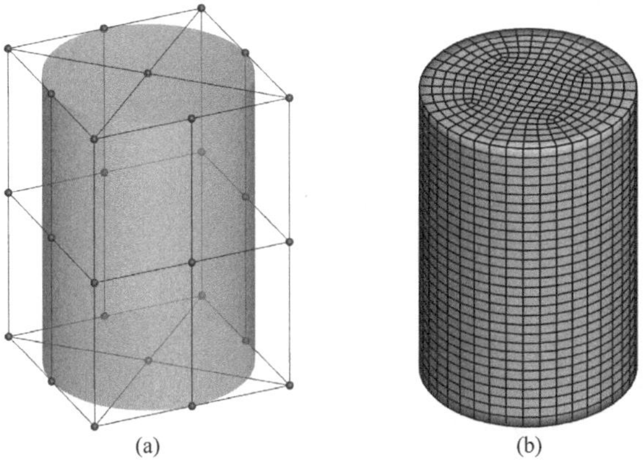

图 8.4　模型网格划分：(a)等几何边界元模型；(b)有限元模型

表 8.1　模型中每一个片的初始节点向量

片	方向	节点向量
1～6	ξ	$\boldsymbol{U}=\{0,0,0,1,1,1\}$
	η	$\boldsymbol{V}=\{0,0,0,1,1,1\}$

本例讨论内部点的数量对结果的影响。如图 8.5 所示，在相同控制点和不同的内部点数量(3, 9, 27)情况下，对 3 个计算模型进行研究。

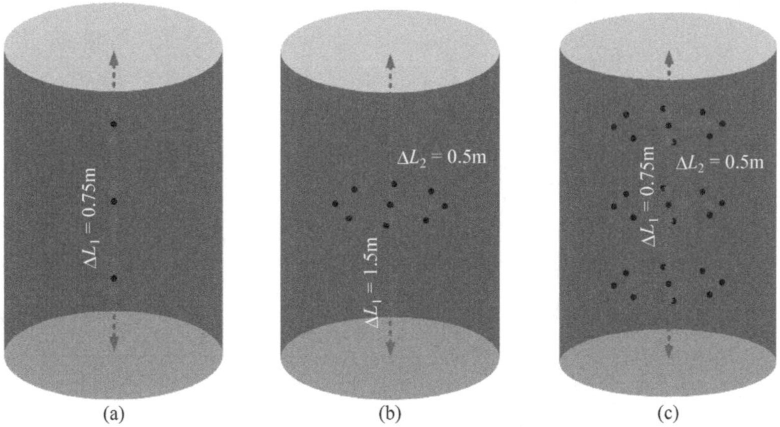

图 8.5　不同数量的内部点下的计算模型：(a) $N_{\mathrm{I}}=3$；(b) $N_{\mathrm{I}}=9$；(c) $N_{\mathrm{I}}=27$

时间步长为 $\Delta t = 0.05\text{s}$ 。图 8.6 给出了在不同数量的内部点情况下的等几何边界元法和有限元法计算 A 点处 x_3 方向位移 u 随时间的变化。结果表明，即使只选取 9 个内部点，等几何边界元法的结果也与 ANSYS 20.0 的计算结果吻合得较好。此外，我们还可以看到，随着内部点数量的增加，等几何边界元法结果变得更加准确。

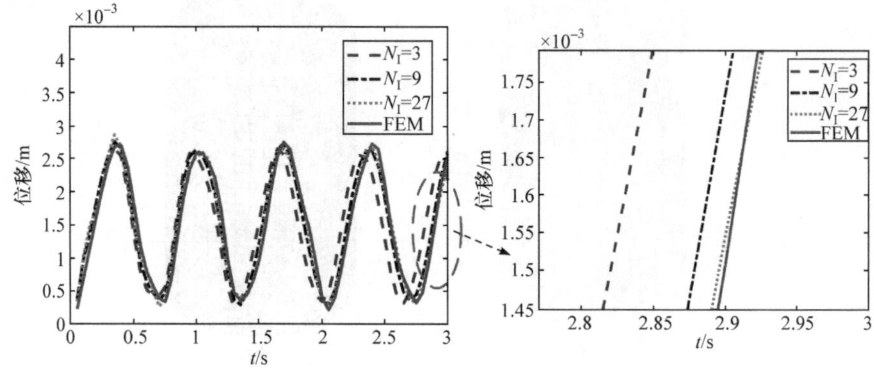

图 8.6　采用等几何边界元法和有限元法计算不同数量内部点情况下 A 点处 x_3 方向位移 u 随时间的变化

8.3.2　1/4 空心圆柱的三维动力学模型

本例研究功能梯度材料 1/4 中空圆柱体(图 8.7)，其杨氏模量只沿 x_3 方向连续变化，且服从指数定律，即杨氏模量为 $E(\boldsymbol{x}) = 8\times10^6 \exp(x_3/3)\text{Pa}$ ，密度为 $\rho = 2450\text{kg}/\text{m}^3$ ，泊松比为 $\nu = 0$ 。圆柱体底面固定，上表面初始时刻施加均匀分布面力 $t_3 = 400\text{Pa}$ ，并保持不变。

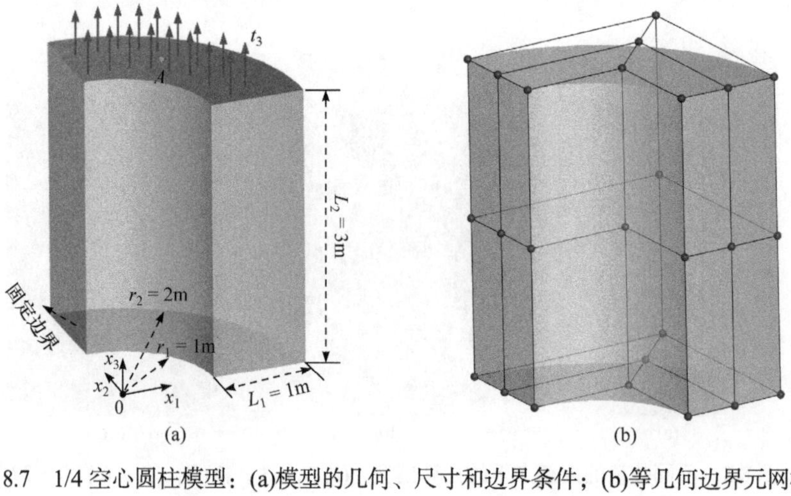

图 8.7　1/4 空心圆柱模型：(a)模型的几何、尺寸和边界条件；(b)等几何边界元网格

为了描述几何形状，我们使用 6 个 NURBS 片，对应的节点向量如表 8.1 所示。控制点和内部点分别如图 8.7(b)和图 8.8 所示。本例中使用了 26 个控制点和 159 个位移自由度。

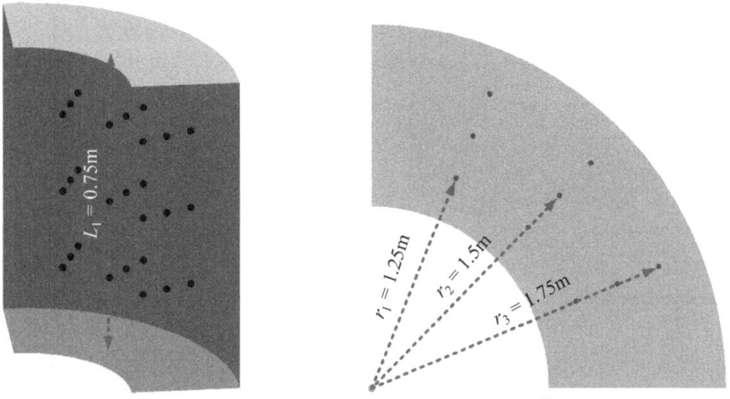

图 8.8 内点分布：(a)空间图；(b)俯视图

选取时间步长 $\Delta t = 0.02$s，并考虑阻尼 $\tilde{\varepsilon} = 0.4$。等几何边界元法的结果如图 8.9 所示。可以看出，模型的位移幅值不断随时间减小，最终趋向于一个稳定值，即模型在给定载荷作用下的静态位移值。当考虑阻尼时，振动过程中动能不断耗散，只留下变形的内能。当 $t = 20$s 时，x_3 方向的弹性动力学位移云图和静态位移云图如图 8.10 所示。

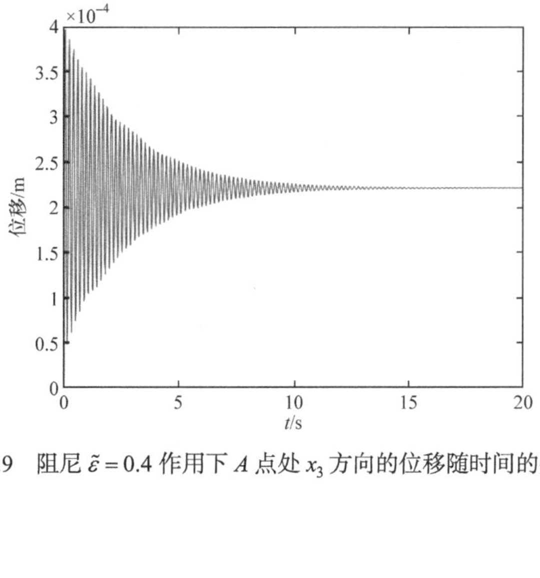

图 8.9 阻尼 $\tilde{\varepsilon} = 0.4$ 作用下 A 点处 x_3 方向的位移随时间的变化

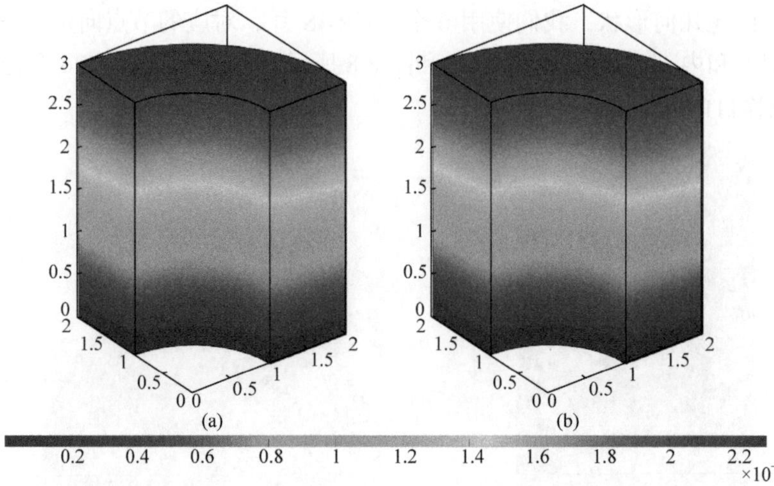

图 8.10　x_3 方向的位移云图：(a)$t = 20$s 时弹性动力学解；(b)静力学解(彩图请扫封底二维码)

8.3.3　含有球形孔洞立方体的三维动力学模型

本例研究球形孔洞对立方体动力学响应的影响。几何尺寸和边界条件如图 8.11(a)所示，与时间相关的面力为 $t_3 = 400\sin(10t)\text{Pa}$ 。内部点在曲面 S_1 、S_2 和

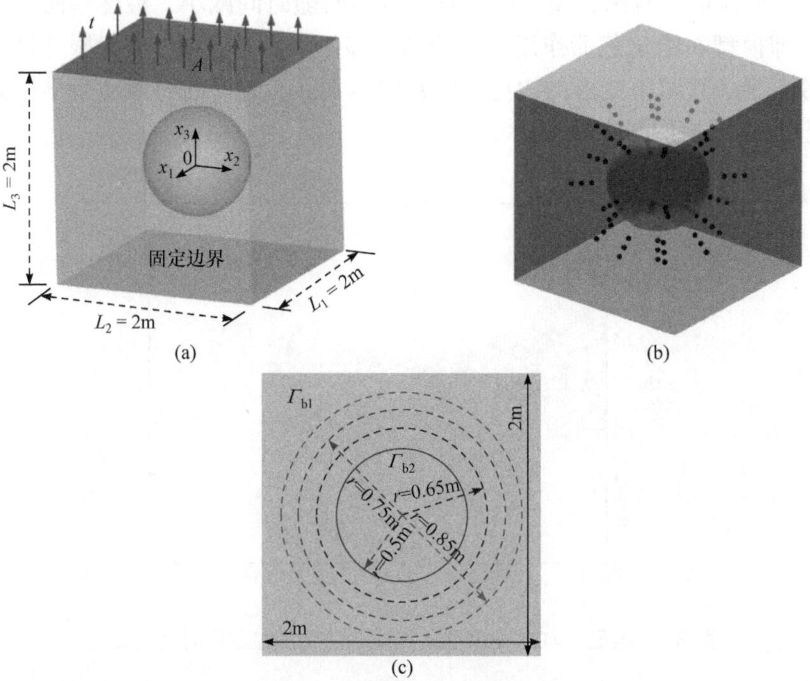

图 8.11　含有球洞的立方体：(a)模型的几何形状、尺寸和边界条件；(b)内点分布；(c)外表面 Γ_{b1} 、曲面 Γ_{b2} 、 S_1 、 S_2 和 S_3 的子午截面

S_3 上的分布如图 8.11(b)所示，外表面 Γ_{b1}、曲面 Γ_{b2}、S_1、S_2 和 S_3 的子午截面如图 8.11(c)所示，点 A 的坐标为(0,0,1)。材料性质为：杨氏模量 $E(\boldsymbol{x})=8\times 10^6\exp(x_3/3)\mathrm{Pa}$、密度 $\rho=2450\mathrm{kg/m^3}$ 和泊松比 $\nu=0$。

等几何边界元和有限元网格如图 8.12 所示。为了描述几何形状，等几何边界元法中使用了 7 个片，其中立方体表面由 6 个片组成，这些片的节点向量如表 8.1 所示，而内部球体表面由第 7 个片描述，其节点向量如表 8.2 所示。等几何边界元法采用 52 个控制点和 390 个位移自由度，而有限元法采用 298836 个四面体单元和 161538 个位移自由度。

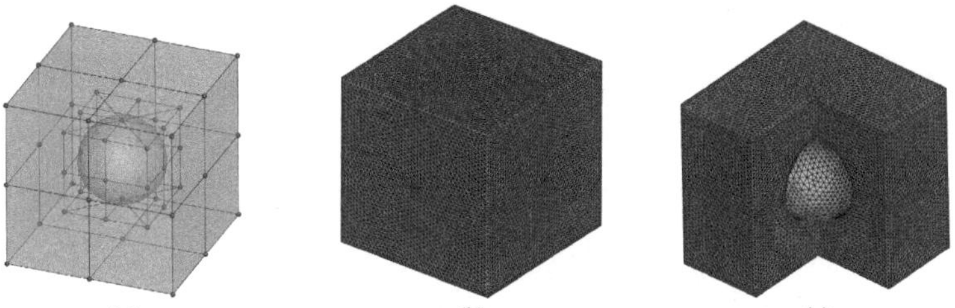

图 8.12　等几何边界元和有限元网格：(a)等几何边界元网格；(b)有限元网格；(c)有限元网格的局部视图

表 8.2　模型第 7 片的初始节点向量

片	方向	节点向量
7th	ξ	$\boldsymbol{U}=\{0,0,0,1/4,1/4,1/2,1/2,3/4,3/4,1,1,1\}$
	η	$\boldsymbol{V}=\{0,0,0,1/2,1/2,1,1,1\}$

选择时间步长 $\Delta t=0.02\mathrm{s}$。图 8.13 给出了等几何边界元法和 ANSYS 20.0 计算

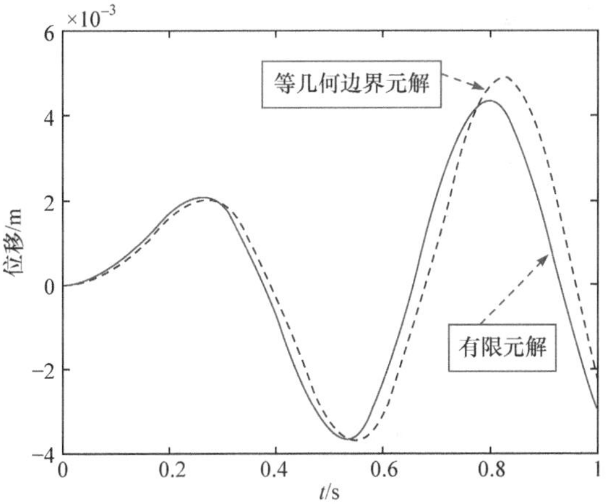

图 8.13　球形孔洞模型中随时间变化的 A 点处 x_3 方向的位移 u 的等几何边界元和有限元解

的 A 点处 x_3 方向的位移随时间的变化图。此外，为了更清晰地展示等几何边界元法的结果，图 8.14 给出了不同时刻的 x_3 方向的位移分布，其中虚线为原始轮廓，实线则是缩放系数为 150 的变形轮廓。

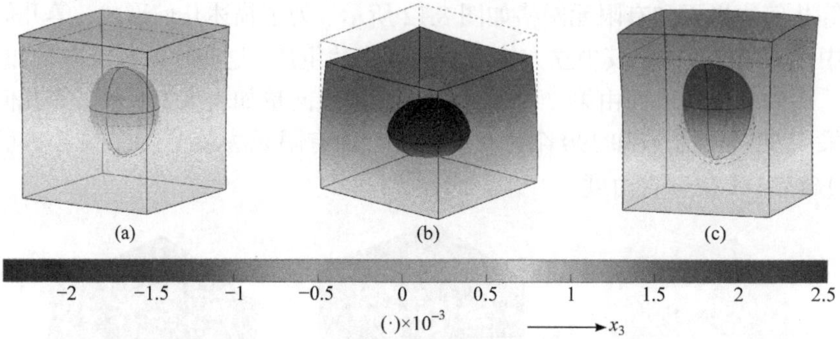

图 8.14　球形孔洞模型在不同时间点的位移分布：(a) $t=0.3\text{s}$；(b) $t=0.6\text{s}$；(c) $t=0.9\text{s}$

(彩图请扫封底二维码)

8.3.4　含有球形夹杂立方体的三维动力学模型

本例研究包含球形夹杂的立方体，其基体几何形状、材料常数、内部点分布与算例 8.3.3 相同，而夹杂的材料常数为：$E=8\times10^7\,\text{Pa}$、$\rho=2450\text{kg}/\text{m}^3$ 和 $\nu=0$。夹杂内点的分布如图 8.15 所示，有限元网格的局部视图如图 8.16 所示。点 A 在基体上的坐标为(0,0,1)，其位置如图 8.11(a)所示。

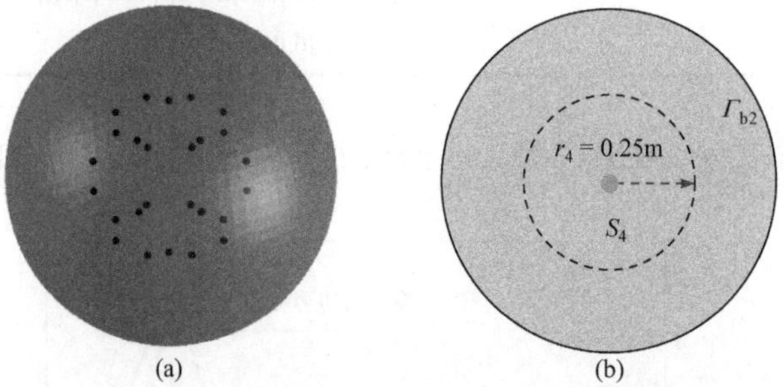

图 8.15　夹杂内点的分布：(a)内点在表面 S_4 上的分布；(b)球面 S_4 和 Γ_{b2} 子午截面尺寸

等几何边界元网格包含 52 个控制点和 498 个位移自由度，有限元网格包含 373543 个四面体单元和 201924 个位移自由度。选择时间步长 $\Delta t=0.02\text{s}$。由等几何边界元法和 ANSYS 20.0 计算得到的 A 点处沿方向 x_3 位移随时间变化情况如图 8.17 所示。与图 8.13 相比，我们可以很容易地发现，由于夹杂刚度较高，A 点的振幅减小。图 8.18 给出了不同时间点 x_3 方向的位移分布，其中虚线为夹杂原始轮廓线，实线则是缩放系数为 150 的变形轮廓线。对比图 8.14 可以发现，不同时刻的夹杂轮廓基本没有发生变形，如图 8.18 所示。

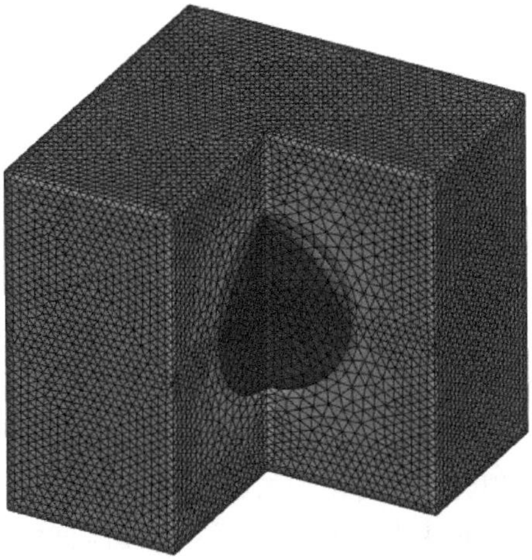

图 8.16　有限元网格的局部视图

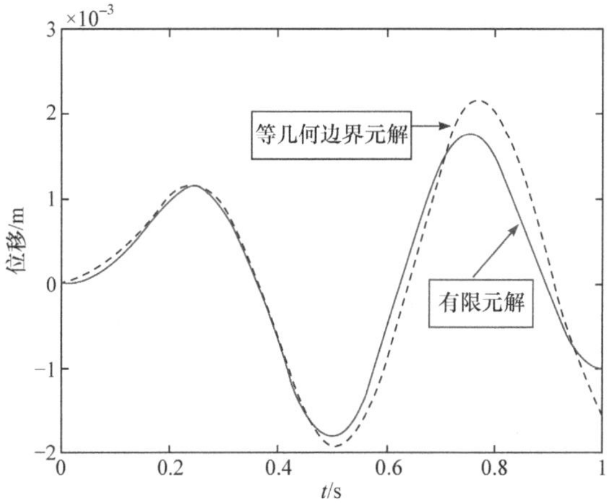

图 8.17　球形夹杂模型中随时间变化的 A 点处 x_3 方向的位移 u 的等几何边界元和有限元解

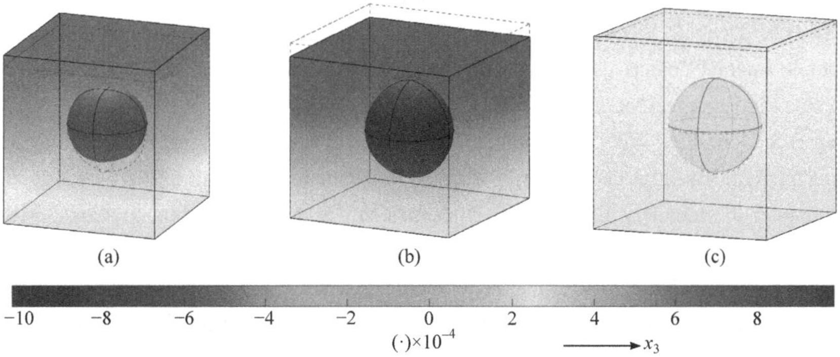

图 8.18　球形夹杂模型在不同时间点的位移分布：(a) $t = 0.3\text{s}$；(b) $t = 0.6\text{s}$；(c) $t = 0.9\text{s}$

(彩图请扫封底二维码)

8.4 小　　结

本章给读者展示了一种新的基于广义-α方法的径向积分等几何边界元法，它适用于求解均质和非均质材料的弹性动力学问题。该方法不仅保留了半解析性和边界离散化的特点，而且具有精确的几何描述、易于细化和 NURBS 的高阶连续性等优点。对于功能梯度材料问题，边界域积分方程是用归一化位移来表示的，因此在展示的公式中不存在位移梯度。此外，应用径向积分法求解了边界域积分公式中存在的域积分。采用刚体位移技术，通过简单的变换方法求解了等几何边界元法中存在的强奇异积分，既简化了求解过程，又易于编程。用广义-α方法求解了径向积分等几何边界元法中的时域问题。与其他直接积分方法相比，等几何边界元法更适合求解弹性动力学问题，因为它能有效地滤除高频的虚假响应，使低频响应的衰减较小。通过一些数值算例验证了本章给出的弹性动力学等几何边界元法的有效性。

参 考 文 献

[1] Hirai T, Chen L. Recent and prospective development of functionally graded materials in Japan[J]. Materials Science Forum, 1999, 308-311: 509-514.

[2] GulshanTaj M A N, Anupam C . Dynamic response of functionally graded skew shell panel[J]. Latin American Journal of Solids and Structures, 2013, 10(6):1243-1266.

[3] 沈惠申. 功能梯度复合材料板壳结构的弯曲、屈曲和振动[J]. 力学进展, 2004, 34: 53-60.

[4] Vimal J, Srivastava R K, Bhatt A D, et al. Free vibration analysis of moderately thick functionally graded plates with multiple circular and square cutouts using finite element method[J]. Journal of Solid Mechanics, 2015, 7: 83-95.

[5] Qin X C, Dong C Y, Yang H S. Vibration and buckling analyses of functionally graded plates with curvilinear stiffeners and cutouts[J]. AIAA Journal, 2019, 57: 5475-5490.

[6] Yang H S, Dong C Y, Qin X C, et al. Vibration and buckling analyses of FGM plates with multiple internal defects using XIGA-PHT and FCM under thermal and mechanical loads[J]. Applied Mathematical Modelling, 2020, 78: 433-481.

[7] Yang H S, Dong C Y, Wu Y H. Postbuckling analysis of multi-directional perforated FGM plates using NURBS-based IGA and FCM[J]. Applied Mathematical Modelling, 2020, 84: 466-500.

[8] Dominguez J. Boundary Elements in Dynamics[M]. Southampton: Computational Mechanics Publications, Elsevier Applied Science, 1993.

[9] Hughes T J, Cottrell J A, Bazilevs Y. Isogeometric analysis: CAD, finite elements, NURBS, exact geometry and mesh refinement[J]. Computer Methods in Applied Mechanics and Engineering, 2005, 194: 4135-4195.

[10] Simpson R N, Bordas S P A, Trevelyan J, et al. A two-dimensional isogeometric boundary element method for elastostatic analysis[J]. Computer Methods in Applied Mechanics and

Engineering, 2012, 209-212: 87-100.

[11] Gong Y P, Dong C Y, Qin X C. An isogeometric boundary element method for three dimensional potential problems[J]. Journal of Computational and Applied Mathematics, 2017, 313: 454-468.

[12] Sun D Y, Dong C Y. Isogeometric analysis of the new integral formula for elastic energy change of heterogeneous materials[J]. Journal of Computational and Applied Mathematics, 2021, 382: 113106.

[13] Nguyena B H, Trana H D, Anitescub C, et al. An isogeometric symmetric Galerkin boundary element method for two-dimensional crack problems[J]. Computer Methods in Applied Mechanics and Engineering, 2016, 306: 252-275.

[14] Sun F L, Dong C Y, Yang H S. Isogeometric boundary element method for crack propagation based on Bézier extraction of NURBS[J]. Engineering Analysis with Boundary Elements, 2019, 99: 76-88.

[15] Simpson R N, Scott M A, Taus M, et al. Acoustic isogeometric boundary element analysis[J]. Computer Methods in Applied Mechanics and Engineering, 2014, 269: 265-290.

[16] Wu Y H, Dong C Y, Yang H S. Isogeometric indirect boundary element method for solving the 3D acoustic problems[J]. Journal of Computational and Applied Mathematics, 2020, 363: 273-299.

[17] Xu C, Dai R, Dong C Y, et al. RI-IGABEM based on generalized-αmethod in 2D and 3D elastodynamic problems[J]. Computer Methods in Applied Mechanics and Engineering, 2021, 383: 113890.

[18] Partridge P W, Brebbia C A, Wrobel L C. The Dual Reciprocity Boundary Element Method[M]. Southampton: Computational Mechanics Publications, 1992.

[19] 康庄. 径向积分法在弹性动力学中的应用[D]. 北京: 北京理工大学, 2007.

[20] 董春迎. 功能梯度涂层结构中的一个内点应力边界域积分方程[C]. 北京力学会 15 届学术年会论文集, 2009: 188-189.

[21] Nardini D, Brebbia C A. A new approach for free vibration analysis using boundary elements[J]. Applied Mathematical Modelling, 1983, 7(3): 157-162.

[22] Gao X W. The radial integration method for evaluation of domain integrals with boundary-only discretization[J]. Engineering Analysis with Boundary Elements, 2002, 26: 905-916.

[23] Dong C Y, Lo S H, Cheung Y K. Numerical solution for elastic inclusion problems by domain integral equation with integration by means of radial basis functions[J]. Engineering Analysis with Boundary Elements, 2004, 28: 623-632.

[24] Yang K, Gao X W. Radial integration BEM for transient heat conduction problems[J]. Engineering Analysis with Boundary Elements, 2010, 34: 557-563.

[25] Gao X W, Zheng B J, Yang K, et al. Radial integration BEM for dynamic coupled thermoelastic analysis under thermal shock loading[J]. Computers & Structures, 2015, 158: 140-147.

[26] Butcher J C. Numerical Methods for Ordinary Differential Equations[M]. Chichester: John Wiley & Sons Ltd, 2016.

[27] Beskos D E, Boley B A. Use of dynamic infiuence coefficients in forced vibration problems with the aid of Laplace transform[J]. Computers & Structures, 1975, 5: 263-269.

[28] Spyrakost C C, Beskos D E. Dynamic response of frameworks by fast fourier transform[J].

Computers & Structures, 1982, 15(5): 495-505.
[29] Doyle J M. Integration of the Laplace transformed equations of classical elastokinetics[J]. Journal of Mathematical Analysis and Applications, 1966, 13: 118-131.
[30] Cruse T A, Rizzo F J. A direct formulation and numerical solution of the general transient elastodynamic problem. I[J]. Journal of Mathematical Analysis and Applications, 1968, 22(2): 341-355.
[31] Subbaraj K, Dokainish M A. A survey of direct time-integration methods in computational structural dynamics-I. Explicit methods[J]. Computers & Structures, 1989, 32(6):1371-1386.
[32] Subbaraj K, Dokainish M A. A survey of direct time-integration methods in computational structural dynamics-II. Implicit methods[J]. Computers & Structures, 1989, 32(6):1387-1401.
[33] Dominguez J. Boundary Elements in Dynamics[M]. Southampton and Boston: Computational Mechanics Publications, 1993.
[34] Hansteen O E, Bell K. On the accuracy of mode superposition analysis in structural dynamics[J]. Earthquake Engineering & Structural Dynamics, 1979, 7(5): 405-411.
[35] Shah V N, Bohm G J, Nahavandi A N. Modal superposition method for computationally economical nonlinear structural analysis[J]. ASME Journal of Pressure Vessel Technology, 1979, 101(2):134-141.
[36] Newmark N M. A method of computation for stuctural dynamics[J]. Journal of the Engineering Mechanics Division ASCE, 1959, 85: 67-94.
[37] Zhong W X, Williams F W. A precise time step integration method[J]. Proceedings of the Institution of Mechanical Engineers, Part C: Journal of Mechanical Engineering Science, 1994, 208(6):427-430.
[38] Chung J, Hulbert G M. A time integration algorithm for structural dynamics with improved numerical dissipation: the generalized-α method[J]. Journal of Applied Mechanics, 1993, 60(2): 371-375.
[39] Wilson E L. A computer program for the dynamic stress analysis of underground structures[R]. Technical Report. Structures, SESM Report No. 68-1, Division of Structural Engineering and Structural Mechanics, University of California, Berkeley, CA, 1968.
[40] Bazzi G, Anderheggen E. The ρ-family of Algorithms for time-step integration with improved numerical dissipation[J]. Earthquake Engineering & Structural Dynamics, 1982, 10(4): 537-550.
[41] Hilber H M, Hughes T J R, Taylor R L. Improved numerical dissipation for time integration algorithms in structural dynamics[J]. Earthquake Engineering & Structural Dynamics, 2010, 5(3): 283-292.
[42] Wood W L, Bossak M, Zienkiewicz O C. An alpha modification of Newmark's method[J]. International Journal for Numerical Methods in Engineering, 2010, 15(10): 1562-1566.
[43] Espath L F R, Braun A L, Awruch A M, et al. A NURBS-based finite element model applied to geometrically nonlinear elastodynamics using a corotational approach[J]. International Journal for Numerical Methods in Engineering, 2015, 102(13): 1839-1868.
[44] Liu J, Marsden A L, Tao Z. An energy-stable mixed formulation for isogeometric analysis of incompressible hyperelastodynamics[J]. International Journal for Numerical Methods in Engineering, 2019, 120(8): 937-963.

[45] 徐斌, 高跃飞, 余龙. MATLAB 有限元结构动力学分析与工程应用[M]. 北京: 清华大学出版社, 2009.

[46] Brebbia C A, Dominguez J. Boundary Elements: An Introductory Course[M]. Southampton: Computational Mechanics Publications, 1989.

[47] Yao W A, Yu B, Gao X W, et al. A precise integration boundary element method for solving transient heat conduction problems[J]. International Journal of Heat and Mass Transfer, 2014, 78: 883-891.

[48] Piegl L, Tiller W. The NURBS Book[M]. 2nd ed. Berlin: Springer-Verlag, 1997.

[49] Xu C, Dong C Y, Dai R. RI-IGABEM based on PIM in transient heat conduction problems of FGMs[J]. Computer Methods in Applied Mechanics and Engineering, 2021, 374: 113601.

第 9 章　液体夹杂复合材料的等几何边界元法

9.1　引　　言

液体夹杂广泛存在于许多天然物质中，比如人体组织、凝胶、岩石和日常食物[1]。将这些液体夹杂渗入到基体材料中，可引起基体复合材料力学性能的显著变化，进而实现设计和开发具有优良新功能的先进复合材料[2]。液体夹杂复合材料的基体材料通常是超弹性材料，对其进行力学性能分析需要借助于非线性有限元方法[3]，由此模拟结果的质量依赖于人们扎实的有限元法理论和好的计算技术功底。鉴于此，许多学者借助液体夹杂的线弹性理论[4-7]对其开展了力学性能分析，得到的一些结果对液体夹杂复合材料的开发和设计具有一定的理论指导意义。考虑到解析方法通常需要采用一些特定的假设或限制，研究者自然会选择数值方法(比如有限元法、边界元法)来研究夹杂问题[3,8-11]。Hughes 等[12]提出的等几何分析方法消除了 CAD 和 CAE 之间的间隙，已经得到了很多学者的关注和应用[13-16]。

本章介绍作者课题组在液体夹杂等几何边界元法方面的一些基础性的工作[17,18]，其中液体夹杂是线性可压缩的，且忽略界面张力。在数值实施中采用幂级数展开法求解各种奇异积分[19]。

9.2　问 题 描 述

考虑在三维弹性基体中嵌入任意形状且随机分布的液体夹杂。我们首先基于等几何边界元法研究含单个液体夹杂的无限弹性基体中的弹性场，然后研究弹性基体中随机分布的液体夹杂的力学性质等问题。假设液体是线性可压缩的，且忽略液体-基体之间的界面效应。我们有如下的关系式[20]

$$-K\frac{\Delta V}{V}=p \tag{9.1}$$

式中，ΔV 和 V 分别为三维问题中液体夹杂的体积变化量和初始体积，K 为液体的体积模量，p 是加载后的液体压力。在液体-基体界面处，可以得到以下公式[21]

$$\boldsymbol{\sigma}\cdot\boldsymbol{n}=-p\boldsymbol{n} \tag{9.2}$$

其中，$\boldsymbol{\sigma}$ 和 $\boldsymbol{n}$ 为界面上应力张量和外法线矢量。

9.3　基体的基本公式

9.3.1　边界积分公式

考虑边界 Γ 所包围的有限域 Ω 中的弹性问题，忽略体积力，其边界积分方程为[22]

$$c_{ij}(\boldsymbol{y})u_j(\boldsymbol{y})=\int_\Gamma U_{ij}(\boldsymbol{y},\boldsymbol{x})t_j(\boldsymbol{x})\mathrm{d}\Gamma(\boldsymbol{x})-\int_\Gamma T_{ij}(\boldsymbol{y},\boldsymbol{x})u_j(\boldsymbol{x})\mathrm{d}\Gamma(\boldsymbol{x}) \tag{9.3}$$

其中，$c_{ij}(\boldsymbol{y})$依赖于源点 $\boldsymbol{y}$ 处的几何形状，$\boldsymbol{x}$ 表示边界 Γ 上的场点，$U_{ij}(\boldsymbol{y},\boldsymbol{x})$ 和 $T_{ij}(\boldsymbol{y},\boldsymbol{x})$ 是各向同性介质的基本解，其三维问题的形式为[22]

$$\begin{cases} U_{ij}=\dfrac{1}{16\pi\mu(1-\nu)r}\left[(3-4\nu)\delta_{ij}+r_{,j}r_{,i}\right] \\ T_{ij}=-\dfrac{1}{8\pi(1-\nu)r^2}\left\{\dfrac{\partial r}{\partial n}\left[(1-2\nu)\delta_{ij}+3r_{,j}r_{,i}\right]+(1-2\nu)\left(n_ir_{,j}-n_jr_{,i}\right)\right\} \end{cases} \tag{9.4}$$

式中，μ 是剪切模型，ν 是泊松比，n_i 和 n_j 是单位法线矢量 $\boldsymbol{n}$ 的分量，r 为场点和源点之间的距离，即 $r=\sqrt{(x_i(\boldsymbol{x})-x_i(\boldsymbol{y}))(x_i(\boldsymbol{x})-x_i(\boldsymbol{y}))}$，$r_{,i}=\partial r(\boldsymbol{y},\boldsymbol{x})/\partial x_i(\boldsymbol{x})$，$\delta_{ij}$ 是 Kronecker Delta 函数。对于含有内边界 Γ 的无限域弹性问题，式(9.3)变为[23]

$$c_{ij}(\boldsymbol{y})u_j(\boldsymbol{y})=u_i^0(\boldsymbol{y})+\int_\Gamma U_{ij}(\boldsymbol{y},\boldsymbol{x})t_j(\boldsymbol{x})\mathrm{d}\Gamma(\boldsymbol{x})-\int_\Gamma T_{ij}(\boldsymbol{y},\boldsymbol{x})u_j(\boldsymbol{x})\mathrm{d}\Gamma(\boldsymbol{x}) \tag{9.5}$$

式中，$u_i^0(\boldsymbol{y})$ 为远处载荷作用下引起的均匀弹性介质中所处界面 Γ 上 $\boldsymbol{y}$ 点的位移分量。

9.3.2　边界积分公式的等几何实施

在等几何边界元法中，使用相同的双变量 NURBS 基函数近似边界几何面和物理量。基于节点向量的概念，边界 Γ 被离散为一系列等几何单元。等几何单元不同于传统意义上的边界单元，它是指参数空间中的非零节点区间，即 $[\xi_i,\xi_{i+1}]\times[\eta_j,\eta_{j+1}]$，其中 ξ_i 和 η_j 分别是节点向量 $\boldsymbol{U}=\{\xi_1,\xi_2,\cdots,\xi_{n+p+1}\}$ 和 $\boldsymbol{V}=\{\eta_1,\eta_2,\cdots,\eta_{m+q+1}\}$（$n$ 和 m 分别是 ξ 和 η 方向的控制点个数，p 和 q 则是这两个方向上的曲线阶数）中的第 i 个和第 j 个节点，满足 $\xi_i\leqslant\xi_{i+1}(i=1,2,\cdots,n+p)$ 和 $\eta_j\leqslant\eta_{j+1}(j=1,2,\cdots,m+q)$。在边界单元 Γ_e 上的几何边界、位移分量和面力分量可以用下式表示

$$x(\xi,\eta)=\sum_{b=1}^{(p+1)(q+1)}R_b(\xi,\eta)x_b \tag{9.6a}$$

$$u_i(\xi,\eta)=\sum_{b=1}^{(p+1)(q+1)}R_b(\xi,\eta)d_i^b \tag{9.6b}$$

$$t_i(\xi,\eta)=\sum_{b=1}^{(p+1)(q+1)}R_b(\xi,\eta)q_i^b \tag{9.6c}$$

其中，R_b 是单元 Γ_e 上第 b 个控制点 $\boldsymbol{x}_b$ 的 NURBS 基函数，d_i^b 和 q_i^b 是单元 Γ_e 上第 b 个控制点 $\boldsymbol{x}_b$ 处的位移分量和面力分量系数，注意它们并不是真正的位移分量和面力分量。

将式(9.6)代入式(9.3)中，考虑到一般采用高斯积分法计算式(9.3)中的积分，因此需要将 NURBS 参数空间 $(\xi,\eta)\in[\xi_i,\xi_{i+1}]\times[\eta_j,\eta_{j+1}]$ 转换到自然坐标空间 $(\tilde{\xi},\tilde{\eta})\in[-1,1]\times[-1,1]$ 上(见图 3.1)，这样我们就可以得到式(9.3)的离散形式为

$$\begin{aligned}c_{ij}(\boldsymbol{y})\sum_{k=1}^{(p+1)\times(q+1)}R_k^{\bar{e}}(\tilde{\xi}',\tilde{\eta}')d_j^{k\bar{e}}=&\sum_{e=1}^{\mathrm{NE}}\sum_{k=1}^{(p+1)\times(q+1)}\left[\int_{-1}^{1}\int_{-1}^{1}U_{ij}\left(\boldsymbol{y},\boldsymbol{x}(\tilde{\xi},\tilde{\eta})\right)R_k^e(\tilde{\xi},\tilde{\eta})J^e(\tilde{\xi},\tilde{\eta})\mathrm{d}\tilde{\xi}\mathrm{d}\tilde{\eta}\right]q_i^{ke}\\&-\sum_{e=1}^{\mathrm{NE}}\sum_{k=1}^{(p+1)\times(q+1)}\left[\int_{-1}^{1}\int_{-1}^{1}T_{ij}\left(\boldsymbol{y},\boldsymbol{x}(\tilde{\xi},\tilde{\eta})\right)R_k^e(\tilde{\xi},\tilde{\eta})J^e(\tilde{\xi},\tilde{\eta})\mathrm{d}\tilde{\xi}\mathrm{d}\tilde{\eta}\right]d_i^{ke}\end{aligned} \tag{9.7}$$

式中，$\bar{e}$ 是配点 $\boldsymbol{y}$ 所在的单元，$\tilde{\xi}'$ 和 $\tilde{\eta}'$ 表示配点的局部坐标，e 是单元的整体编号，NE 是问题的单元数，d_i^{ke} 和 q_i^{ke} 分别代表第 e 个单元中第 k 个控制点处的位移分量和面力分量系数，$J^e(\tilde{\xi},\tilde{\eta})$ 是单元的雅可比行列式，其计算公式参见式(3.11)。

为了得到求解方程，需要在边界上循环每一个配点，而配点的取法可参见第 3 章中的式(3.13)。这样，式(9.7)可转化为矩阵形式，即

$$\boldsymbol{Hd}=\boldsymbol{Gq} \tag{9.8}$$

式中，$\boldsymbol{d}$ 和 $\boldsymbol{q}$ 是所有控制点处的位移分量和面力分量系数，$\boldsymbol{H}$ 和 $\boldsymbol{G}$ 是相关的系数矩阵。对这组方程重新排列，将所有未知分量放在等号左边，已知分量放在等号右边，可得

$$\boldsymbol{Ax}=\boldsymbol{b} \tag{9.9}$$

其中，向量 $\boldsymbol{x}$ 包含所有未知的位移和面力系数，使用适当的求解器求解式(9.9)。在数值实现过程中，采用幂级数展开法求解各种奇异积分[19]。

9.3.3 内点位移及应力

求解式(9.9)后，可以计算内点 $\boldsymbol{y}$ 的位移和应力，其具体表达式分别为[22]

$$u_i(\boldsymbol{y})=\int_\Gamma U_{ij}(\boldsymbol{y},\boldsymbol{x})t_j(\boldsymbol{x})\mathrm{d}\Gamma(\boldsymbol{x})-\int_\Gamma T_{ij}(\boldsymbol{y},\boldsymbol{x})u_j(\boldsymbol{x})\mathrm{d}\Gamma(\boldsymbol{x}) \tag{9.10}$$

$$\sigma_{ij}(\boldsymbol{y})=\int_\Gamma D_{kij}(\boldsymbol{y},\boldsymbol{x})t_k(\boldsymbol{x})\mathrm{d}\Gamma(\boldsymbol{x})-\int_\Gamma S_{kij}(\boldsymbol{y},\boldsymbol{x})u_k(\boldsymbol{x})\mathrm{d}\Gamma(\boldsymbol{x}) \tag{9.11}$$

式中，U_{ij} 和 T_{ij} 的表达式参见式(9.4)，而 D_{kij} 和 S_{kij} 的表达式如下：

$$D_{kij}=\frac{1}{8\pi(1-\nu)r^2}\left[(1-2\nu)\left(\delta_{ik}r_{,j}+\delta_{jk}r_{,i}-\delta_{ij}r_{,k}\right)+3r_{,i}r_{,j}r_{,k}\right] \tag{9.12}$$

$$\begin{aligned}S_{kij}=&\frac{\mu}{4\pi(1-\nu)r^3}\left\{3\frac{\partial r}{\partial n}\left[(1-2\nu)\delta_{ij}r_{,k}+\nu\left(r_{,j}\delta_{ik}+r_{,i}\delta_{jk}\right)-5r_{,i}r_{,j}r_{,k}\right]\right\}\\&+\frac{\mu}{4\pi(1-\nu)r^3}\left\{3\nu\left(n_ir_{,j}r_{,k}+n_jr_{,i}r_{,k}\right)\right\}\\&+\frac{\mu}{4\pi(1-\nu)r^3}\left\{(1-2\nu)\left(3n_kr_{,i}r_{,j}+n_j\delta_{ik}+n_i\delta_{jk}\right)-(1-4\nu)n_k\delta_{ij}\right\}\end{aligned} \tag{9.13}$$

基于式(9.6)，可以分别得到式(9.10)和(9.11)的离散形式为

$$\begin{aligned}u_i(\boldsymbol{y})=&\sum_{e=1}^{\mathrm{NE}}\sum_{k=1}^{(p+1)\times(q+1)}\left[\int_{-1}^{1}\int_{-1}^{1}U_{ij}\left(\boldsymbol{y},\boldsymbol{x}\left(\tilde{\xi},\tilde{\eta}\right)\right)R_k^e\left(\tilde{\xi},\tilde{\eta}\right)J^e\left(\tilde{\xi},\tilde{\eta}\right)\mathrm{d}\tilde{\xi}\mathrm{d}\tilde{\eta}\right]q_i^{ke}\\&-\sum_{e=1}^{\mathrm{NE}}\sum_{k=1}^{(p+1)\times(q+1)}\left[\int_{-1}^{1}\int_{-1}^{1}T_{ij}\left(\boldsymbol{y},\boldsymbol{x}\left(\tilde{\xi},\tilde{\eta}\right)\right)R_k^e\left(\tilde{\xi},\tilde{\eta}\right)J^e\left(\tilde{\xi},\tilde{\eta}\right)\mathrm{d}\tilde{\xi}\mathrm{d}\tilde{\eta}\right]d_i^{ke}\end{aligned} \tag{9.14}$$

$$\begin{aligned}\sigma_{ij}(\boldsymbol{y})=&\sum_{e=1}^{\mathrm{NE}}\sum_{k=1}^{(p+1)\times(q+1)}\left[\int_{-1}^{1}\int_{-1}^{1}D_{ijl}\left(\boldsymbol{y},\boldsymbol{x}\left(\tilde{\xi},\tilde{\eta}\right)\right)R_k^e\left(\tilde{\xi},\tilde{\eta}\right)J^e\left(\tilde{\xi},\tilde{\eta}\right)\mathrm{d}\tilde{\xi}\mathrm{d}\tilde{\eta}\right]q_l^{ke}\\&-\sum_{e=1}^{\mathrm{NE}}\sum_{k=1}^{(p+1)\times(q+1)}\left[\int_{-1}^{1}\int_{-1}^{1}S_{ijl}\left(\boldsymbol{y},\boldsymbol{x}\left(\tilde{\xi},\tilde{\eta}\right)\right)R_k^e\left(\tilde{\xi},\tilde{\eta}\right)J^e\left(\tilde{\xi},\tilde{\eta}\right)\mathrm{d}\tilde{\xi}\mathrm{d}\tilde{\eta}\right]d_l^{ke}\end{aligned} \tag{9.15}$$

9.3.4　边界点应力

当源点到达边界时，式(9.15)中存在超奇异积分。为避免超奇异积分的计算，人们通常采用面力恢复法[15,24,25]，其求解过程如下。

如图 9.1 所示，引入局部坐标系 $\tilde{x}_i$，其中 $\tilde{x}_1$ 和 $\tilde{x}_2$ 与待求边界点处的表面相切，$\tilde{x}_3$ 则与表面垂直。待求点处沿两个参数方向 ξ 和 η 的矢量为

$$\boldsymbol{m}_1(\xi,\eta)=\frac{\partial\boldsymbol{r}(\xi,\eta)}{\partial\xi} \tag{9.16}$$

$$\boldsymbol{m}_2(\xi,\eta)=\frac{\partial\boldsymbol{r}(\xi,\eta)}{\partial\eta} \tag{9.17}$$

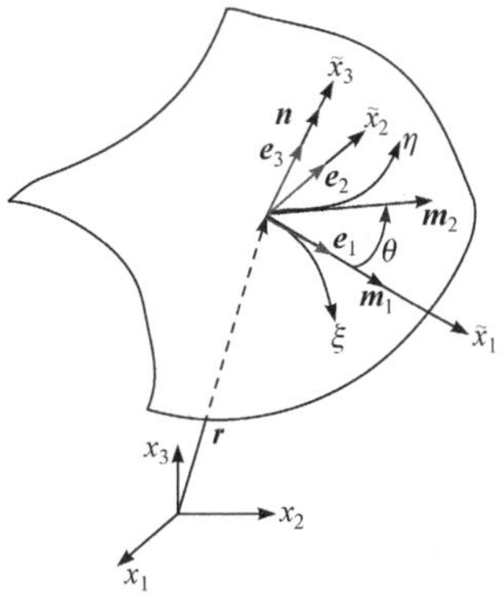

图 9.1　边界点处的局部坐标系

式中，$\boldsymbol{r}$ 是待求点到整体坐标系原点的距离矢量。

由式(9.16)和(9.17)可得法向矢量为

$$\boldsymbol{n}(\xi,\eta)=\boldsymbol{m}_1\times\boldsymbol{m}_2 \tag{9.18}$$

沿着局部坐标系的三个单位矢量可取为

$$\boldsymbol{e}_1=\frac{\boldsymbol{m}_1}{|\boldsymbol{m}_1|},\quad \boldsymbol{e}_3=\frac{\boldsymbol{n}}{|\boldsymbol{n}|},\quad \boldsymbol{e}_2=\boldsymbol{e}_3\times\boldsymbol{e}_1 \tag{9.19}$$

局部坐标到整体坐标的转换矩阵为

$$\boldsymbol{A}=\begin{bmatrix}\boldsymbol{e}_1\\ \boldsymbol{e}_2\\ \boldsymbol{e}_3\end{bmatrix} \tag{9.20}$$

参数坐标对局部坐标的导数为

$$\frac{\partial\xi_1}{\partial\hat{x}_1}=\frac{1}{|\boldsymbol{m}_1|},\quad \frac{\partial\xi_1}{\partial\hat{x}_2}=\frac{-\cos\theta}{|\boldsymbol{m}_1|\sin\theta},\quad \frac{\partial\xi_2}{\partial\hat{x}_1}=0,\quad \frac{\partial\xi_2}{\partial\hat{x}_2}=\frac{1}{|\boldsymbol{m}_2|}\sin\theta \tag{9.21}$$

其中，$|\boldsymbol{m}_k|=\sqrt{\left(\frac{\partial x_1}{\partial\xi_k}\right)^2+\left(\frac{\partial x_2}{\partial\xi_k}\right)^2+\left(\frac{\partial x_3}{\partial\xi_k}\right)^2}$，$k$=1,2；$\cos\theta=\frac{1}{m_1m_2}\frac{\partial x_i}{\partial\xi}\frac{\partial x_i}{\partial\eta}$。

局部坐标系平面内的应变由下式求出：

$$\begin{aligned}\tilde{\varepsilon}_{ij}&=\frac{1}{2}\left(\frac{\partial\tilde{u}_i}{\partial\tilde{x}_j}+\frac{\partial\tilde{u}_j}{\partial\tilde{x}_i}\right)\\&=\frac{1}{2}\left(\frac{\partial\tilde{u}_i}{\partial\xi_k}\frac{\partial\xi_k}{\partial\tilde{x}_j}+\frac{\partial\tilde{u}_j}{\partial\xi_k}\frac{\partial\xi_k}{\partial\tilde{x}_i}\right)\quad(i,j,k=1,2;\quad \xi_1=\xi;\quad \xi_2=\eta)\end{aligned} \tag{9.22}$$

式中的局部坐标分量导数由总体位移分量导数表示为

$$\frac{\partial\tilde{u}_i}{\partial\xi_k}=A_{il}\frac{\partial u_l}{\partial\xi_k}\quad(k=1,2;\quad i,l=1,2,3) \tag{9.23}$$

其中的位移分量通过 NURBS 基函数和控制点上的位移来表示，然后局部应力张量由下式求出：

$$\begin{cases}\tilde{\sigma}_{11}=\dfrac{E}{1-\nu^2}(\tilde{\varepsilon}_{11}+\nu\tilde{\varepsilon}_{22})+\dfrac{\nu}{1-\nu}\tilde{t}_1\\ \tilde{\sigma}_{12}=\dfrac{E}{1+\nu}\tilde{\varepsilon}_{12}\\ \tilde{\sigma}_{22}=\dfrac{E}{1-\nu^2}(\tilde{\varepsilon}_{22}+\nu\tilde{\varepsilon}_{11})+\dfrac{\nu}{1-\nu}\tilde{t}_3\end{cases} \tag{9.24}$$

与法线方向相关的应力分量为

$$\hat{\sigma}_{33}=\hat{t}_3,\quad \hat{\sigma}_{23}=\hat{t}_2,\quad \hat{\sigma}_{13}=\hat{t}_1 \tag{9.25}$$

最终，我们得到整体坐标系下待求点处的应力张量为

$$\sigma_{ij}=A_{ki}A_{nj}\tilde{\sigma}_{kn} \tag{9.26}$$

9.4　含液体夹杂基体的数值实施

如图 9.2 所示，随机分布的夹杂 $\Omega_1,\cdots,\Omega_n$ 嵌入在有限域 Ω 里，其中 $\Gamma_1,\cdots,\Gamma_n$ 为夹杂与基体的界面，Γ_u 和 Γ_t 分别为域 Ω 边界 $\Gamma=\Gamma_u\cup\Gamma_t$ 上给定的位移边界和面力边界。应用式(9.8)，可得针对此模型基体的方程组为

$$\begin{bmatrix}\boldsymbol{h}_{00} & \boldsymbol{h}_{01} & \cdots & \boldsymbol{h}_{0n}\\ \boldsymbol{h}_{10} & \boldsymbol{h}_{11} & \cdots & \boldsymbol{h}_{1n}\\ \vdots & \vdots & & \vdots\\ \boldsymbol{h}_{n0} & \boldsymbol{h}_{n1} & \cdots & \boldsymbol{h}_{nn}\end{bmatrix}\begin{Bmatrix}\boldsymbol{d}_0\\ \boldsymbol{d}_1\\ \vdots\\ \boldsymbol{d}_n\end{Bmatrix}=\begin{bmatrix}\boldsymbol{g}_{00} & \boldsymbol{g}_{01} & \cdots & \boldsymbol{g}_{0n}\\ \boldsymbol{g}_{10} & \boldsymbol{g}_{11} & \cdots & \boldsymbol{g}_{1n}\\ \vdots & \vdots & & \vdots\\ \boldsymbol{g}_{n0} & \boldsymbol{g}_{n1} & \cdots & \boldsymbol{g}_{nn}\end{bmatrix}\begin{Bmatrix}\boldsymbol{q}_0\\ \boldsymbol{q}_1\\ \vdots\\ \boldsymbol{q}_n\end{Bmatrix} \tag{9.27}$$

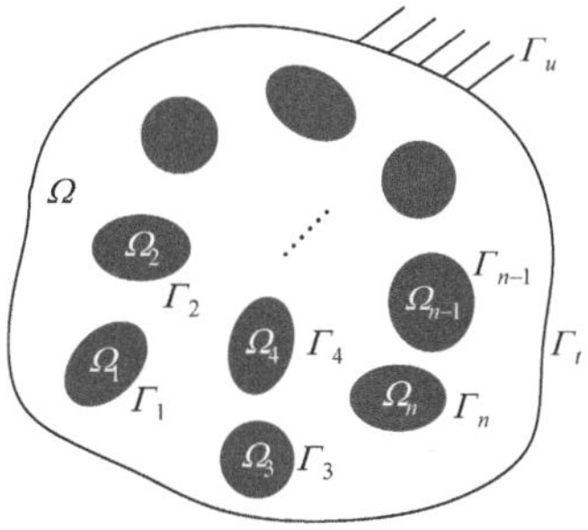

图 9.2　含随机分布夹杂的基体

其中，$\boldsymbol{d}_0,\boldsymbol{d}_1,\cdots,\boldsymbol{d}_n$ 和 $\boldsymbol{q}_0,\boldsymbol{q}_1,\cdots,\boldsymbol{q}_n$ 分别是面力和位移系数向量；下标 0 表示与域外边界 Γ 相关的量，其余下标则表示界面 $\Gamma_1,\cdots,\Gamma_n$ 上的量；$\boldsymbol{d}_0$ 和 $\boldsymbol{q}_0$ 中的一些分量为未知，其余的 $\boldsymbol{d}_1,\cdots,\boldsymbol{d}_n,\boldsymbol{q}_1,\cdots,\boldsymbol{q}_n$ 皆为未知，需要结合界面条件才能进行求解。

在液体-基体界面处，界面条件如式(9.2)所示，即应力与压力 p 的关系。压力 p 可由式(9.1)求得，其中小变形假设下针对某一个液体夹杂 Ω_i 的体积变化为

$$\Delta V_i=\int_{\Gamma_i}u_n\mathrm{d}\Gamma \tag{9.28}$$

其中，

$$u_n=u_kn_k \tag{9.29}$$

式中，n_k 和 u_k 分别为夹杂边界 Γ_i 上的单位外法向量分量和位移向量分量。由式(9.6)和(9.29)，并离散液体夹杂与基体界面 Γ_i 之后，我们得到式(9.28)的离散形式为

$$\begin{aligned}\Delta V_i&=\sum_{e=1}^{\mathrm{NE}(i)}\sum_{k=1}^{(p+1)(q+1)}\int_{-1}^{1}\int_{-1}^{1}R_k\left(\tilde{\xi},\tilde{\eta}\right)n_j\left(\tilde{\xi},\tilde{\eta}\right)J^e\left(\tilde{\xi},\tilde{\eta}\right)\mathrm{d}\tilde{\xi}\mathrm{d}\tilde{\eta}\,d_j^{ke}\\&=\sum_{e=1}^{\mathrm{NE}(i)}\sum_{k=1}^{(p+1)(q+1)}\int_{-1}^{1}\int_{-1}^{1}\boldsymbol{n}^{\mathrm{T}}\boldsymbol{N}_kJ^e\left(\tilde{\xi},\tilde{\eta}\right)\mathrm{d}\tilde{\xi}\mathrm{d}\tilde{\eta}\,\boldsymbol{d}^{ke}\end{aligned} \tag{9.30}$$

其中，NE(i)表示第 i 个夹杂-基体界面上的等几何单元个数，$\boldsymbol{n}=\begin{bmatrix}n_1 & n_2 & n_3\end{bmatrix}^{\mathrm{T}}$，

$\boldsymbol{d}^{ke}=\left[d_1^{ke}\quad d_2^{ke}\quad d_3^{ke}\right]^{\mathrm{T}}$，$\boldsymbol{N}_k=\begin{bmatrix} R_k & & \\ & R_k & \\ & & R_k \end{bmatrix}$。式(9.30)可以简写为

$$\Delta V_i=\boldsymbol{M}_{(i)}\boldsymbol{d}_{(i)} \tag{9.31}$$

其中，重复下标(i)不求和，它只是表示液体夹杂–基体界面$\varGamma_i$，$\boldsymbol{d}_{(i)}$是一个列向量，其包含第i个液体夹杂–基体界面$\varGamma_i$控制点上的位移系数，$\boldsymbol{M}_{(i)}$是一个行向量，其表达式为

$$\boldsymbol{M}_{(i)}=\sum_{e=1}^{\mathrm{NE}(i)}\sum_{k=1}^{(p+1)(q+1)}\int_{-1}^{1}\int_{-1}^{1}\boldsymbol{n}^{\mathrm{T}}\boldsymbol{N}_k J^e\left(\tilde{\xi},\tilde{\eta}\right)\mathrm{d}\tilde{\xi}\mathrm{d}\tilde{\eta} \tag{9.32}$$

由式(9.1)、(9.2)和(9.31)，可得液体夹杂–基体界面$\varGamma_i$上的任意一点处的面力分量为

$$\bar{\boldsymbol{t}}^{\mathrm{M}}=\left[t_1\quad t_2\quad t_3\right]^{\mathrm{T}}=\boldsymbol{\sigma}\bar{\boldsymbol{n}}^{\mathrm{M}}=\boldsymbol{n}^{\mathrm{M}}\cdot\frac{K}{V}\boldsymbol{M}\boldsymbol{d}^{\mathrm{I}} \tag{9.33}$$

为清晰起见，上式中的下标i被省略。$(\cdot)^{\mathrm{M}}$为界面基体一侧的量，而$(\cdot)^{\mathrm{I}}$为界面夹杂一侧的量，$\bar{\cdot}$为界面上任意一点的量。对所有配点都可以列出类似于式(9.33)的方程，组装这些方程得到界面上的面力表达式为

$$\boldsymbol{t}^{\mathrm{M}}=\frac{K}{V}\boldsymbol{n}^{\mathrm{M}}\boldsymbol{M}\boldsymbol{d}^{\mathrm{I}} \tag{9.34}$$

其中，$\boldsymbol{t}^{\mathrm{M}}$和$\boldsymbol{d}^{\mathrm{I}}$是界面上所有配点处面力和位移组成的列矢量，$\boldsymbol{n}^{\mathrm{M}}$则为界面上所有配点处外法线矢量组成的列矢量。界面上任意一点的位移和面力满足下面的关系式：

$$\boldsymbol{u}^{\mathrm{M}}=\boldsymbol{u}^{\mathrm{I}} \tag{9.35}$$

$$\boldsymbol{t}^{\mathrm{M}}=-\boldsymbol{t}^{\mathrm{I}} \tag{9.36}$$

由式(9.6c)得到

$$\bar{\boldsymbol{t}}=\sum_{k=1}^{(p+1)(q+1)}\boldsymbol{N}_k(\xi,\eta)\bar{\boldsymbol{q}}_k \tag{9.37}$$

其中，$\bar{\boldsymbol{q}}_k=\left[q_1^k\quad q_2^k\quad q_3^k\right]^{\mathrm{T}}$，$\boldsymbol{N}_k$与式(9.30)中的$\boldsymbol{N}_k$相同。由所有配点得到的类似式(9.37)的方程可以组合成如下形式：

$$\boldsymbol{t}^{\mathrm{M}}=\boldsymbol{T}\boldsymbol{q}^{\mathrm{M}} \tag{9.38}$$

将式(9.38)代入式(9.34)，并利用$\boldsymbol{d}^{\mathrm{I}}=\boldsymbol{d}^{\mathrm{M}}$，可得

$$\boldsymbol{T}\boldsymbol{q}^{\mathrm{M}}=\frac{K}{V}\boldsymbol{n}^{\mathrm{M}}\boldsymbol{M}\boldsymbol{d}^{\mathrm{M}} \tag{9.39}$$

由式(9.39)可得

$$\boldsymbol{q}^{\mathrm{M}}=\boldsymbol{D}^{\mathrm{M}}\boldsymbol{d}^{\mathrm{M}} \tag{9.40}$$

其中，$\boldsymbol{D}^{\mathrm{M}}=\frac{K}{V}\boldsymbol{T}^{-1}\boldsymbol{n}^{\mathrm{M}}\mathbf{M}$。对每一个界面 Γ_i，都可以写出类似于式(9.40)的形式，即

$$\boldsymbol{q}_i=\boldsymbol{D}_i\boldsymbol{d}_i,\quad i=1,\cdots,n \tag{9.41}$$

将式(9.41)代入式(9.27)，考虑域边界条件，将未知量移到等号左边，已知量移到等号右边，最终形成的求解方程为

$$\begin{bmatrix} \boldsymbol{a}_{00} & \boldsymbol{h}_{01}-\boldsymbol{g}_{01}\boldsymbol{D}_1 & \cdots & \boldsymbol{h}_{0n}-\boldsymbol{g}_{0n}\boldsymbol{D}_n \\ \boldsymbol{a}_{10} & \boldsymbol{h}_{11}-\boldsymbol{g}_{11}\boldsymbol{D}_1 & \cdots & \boldsymbol{h}_{1n}-\boldsymbol{g}_{1n}\boldsymbol{D}_n \\ \vdots & \vdots & & \vdots \\ \boldsymbol{a}_{n0} & \boldsymbol{h}_{n1}-\boldsymbol{g}_{n1}\boldsymbol{D}_1 & \cdots & \boldsymbol{h}_{nn}-\boldsymbol{g}_{nn}\boldsymbol{D}_n \end{bmatrix}\begin{Bmatrix} \boldsymbol{x} \\ \boldsymbol{d}_1 \\ \vdots \\ \boldsymbol{d}_n \end{Bmatrix}=\boldsymbol{b} \tag{9.42}$$

其中，$\boldsymbol{x}$ 包含 $\boldsymbol{d}_0$ 和 $\boldsymbol{q}_0$ 中未知的位移和面力系数，$\boldsymbol{b}$ 是由 $\boldsymbol{d}_0$ 和 $\boldsymbol{q}_0$ 中给定的值结合相关的矩阵系数得到的列向量。通过求解式(9.42)，我们可以得到所有的未知数。液体压力可由式(9.1)求得。如果需要，还可以用 9.2 节介绍的方法计算边界上和域内各点的应力。

9.5　数值算例

在本节中，我们首先验证等几何边界元法对于球状液体夹杂问题的有效性。然后研究单个液体椭球状夹杂在远处单轴载荷作用下的弹性场。最后，基于代表性体积单元计算含有随机分布的椭球状液体夹杂基体的有效力学参数。

9.5.1　球状液体夹杂

考虑一个弹性无限域中含有一个球状液体夹杂，且承受无限远处的静水压力载荷 p_0 的情况。此问题的液体-基体界面处的压力、径向位移及径向应力的解析表达式为[17]

$$p=\frac{\dfrac{3K(1+\nu)}{E}\left(\dfrac{1}{2}+\dfrac{1-2\nu}{1+\nu}\right)}{1+\dfrac{3K(1+\nu)}{2E}}p_0$$

$$u_r=\frac{(1+\nu)r}{E}\left\{\frac{a^3}{2r^3}p-\left(\frac{a^3}{2r^3}+\frac{1-2\nu}{1+\nu}\right)p_0\right\}$$

$$\sigma_r = -\frac{a^3}{r^3}p - \left(1 - \frac{a^3}{r^3}\right)p_0$$

其中，K 和 a 为球形夹杂的体积模量和半径；弹性基体的杨氏模量和泊松比分别为 $E = 10^4$ MPa 和 $\nu = 0.3$；球状液体夹杂(半径 a 为 1mm)的几何形状和初始控制点如图 9.3 所示，沿着ξ和η方向的节点向量及相应的权值如表 9.1 所示；无限远处的静水压力 p_0 假设为 1MPa。

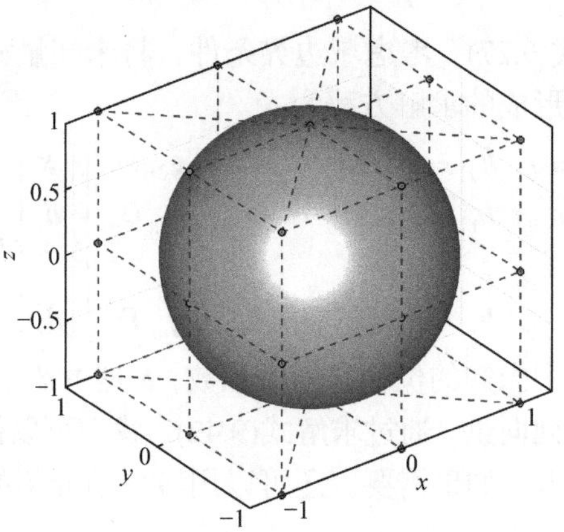

图 9.3　液体夹杂的几何形状和初始控制点

表 9.1　球状/椭球状边界参数方向、次数、节点向量和权值信息

方向	次数	节点向量	权值
ξ	$p=2$	$U=\{0,0,0,1/4,1/4,1/2,1/2,3/4,3/4,1,1,1\}$	$w_U=\{1,\sqrt{2}/2,1,\sqrt{2}/2,1,\sqrt{2}/2,1,\sqrt{2}/2,1\}$
η	$q=2$	$V=\{0,0,0,1/2,1/2,1,1,1\}$	$w_V=\{1,\sqrt{2}/2,1,\sqrt{2}/2,1\}$

针对具有不同体积模量 K 的液体夹杂，分析应力σ_r沿径向(x 轴正方向)的分布情况。采用 h 细分技术分别在初始几何模型的ξ和η方向细分 4 次，计算结果如图 9.4 所示。从图中可以看出，解析解和等几何边界元解吻合较好，验证了等几何边界元法计算结果的准确性。液体体积模量 K 对 σ_r 影响明显，随着 K 的增加，$|\sigma_r|$不断增大。当 $r\in[1,3]$ 时，σ_r 的变化梯度较大。对于不同体积模量 K，随着半径 r 的增加，σ_r 均逐渐趋近于−1，表明液体夹杂对基体应力场仅在局部范围产生较大影响。图 9.5 为 $K/E=1$时，基体在平面 $z=0$ 处 Mises 应力分布云图。可以看出，液体夹杂只在界面附近影响基体的应力分布。

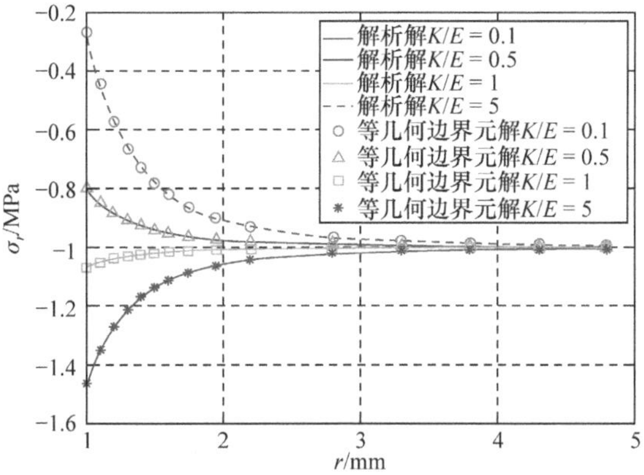

图 9.4　对于不同液体体积模量 K，应力 σ_r 沿径向(x 轴正方向)的分布

图 9.5　在远场载荷作用下，基体在 $z=0$ 平面上的 Mises 应力分布云图(液体体积模量 $K/E=1$)(彩图请扫封底二维码)

9.5.2　椭球状液体夹杂

本算例考虑一个弹性无限域中含有一个椭球状液体夹杂，且承受无限远处沿 z 方向的压力载荷 $p_0=1\text{MPa}$ 。椭球状液体夹杂的几何形状和初始控制点如图 9.6 所示，沿着ξ和η方向的节点向量及相应的权值如表 9.1 所示。算例模型的几何中心与坐标原点重合，三个方向的半轴长与方程 $\dfrac{x^2}{a^2}+\dfrac{y^2}{b^2}+\dfrac{z^2}{c^2}=1$ 中 a、b 和 c 相对应。杨氏模量 E 和泊松比 ν 分别设为 $E=10^4\text{MPa}$ 和 0.3，液体夹杂体积模量 $K=E$ 。

在 IGABEM 实施过程中，采用 h 细分技术对初始的几何模型细化了 4 次。固-液界面处 x,y,z 方向的应力云图分别如图 9.7(a)、(b)和(c)所示。结果显示 x,y 方向的最大应力出现在长度为 $2c$ 的轴两端，即图 9.6 中的点 B。从图 9.7(c)可以看出，z 方向最大应力出现在 $z=0$ 的圆周处。

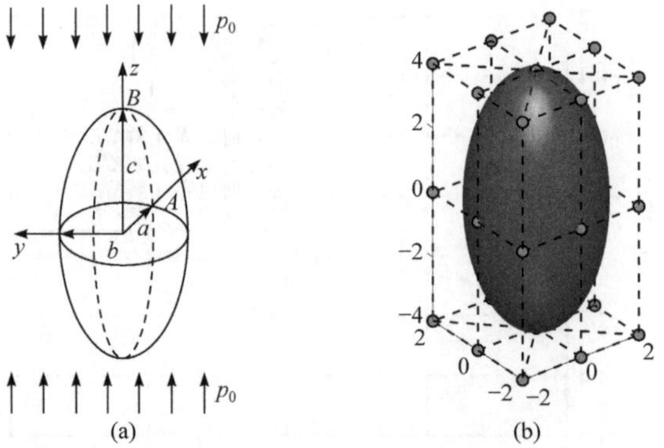

图 9.6　椭球状液体夹杂：(a)几何模型；(b)初始控制点($a=b=2\text{mm}, c=4\text{mm}$)

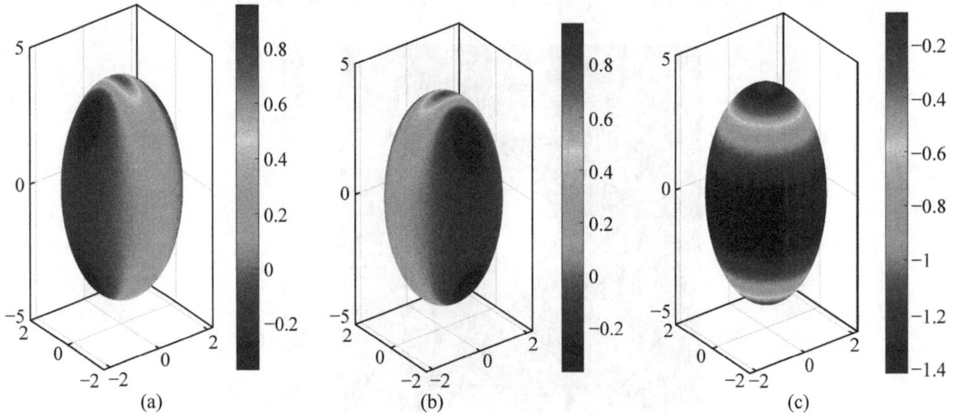

图 9.7　在远处 z 方向压力载荷作用下的椭球状液体夹杂表面应力分布：(a) σ_{xx}；(b) σ_{yy}；(c) σ_{zz} (彩图请扫封底二维码)

9.5.3　随机分布的椭球状液体夹杂

本算例旨在利用代表性体积单元研究含有随机分布的液体夹杂基体的有效弹性模量。利用宋来忠等[26]的方法生成三维随机分布的液体夹杂模型，如图 9.8 所示。该模型的代表体积单元为正方体，其边长为 $L=10\text{mm}$，中心点为坐标原点，内部含有 21 个椭球状液体夹杂，夹杂形状满足下式：

$$\frac{(x-x_0)^2}{a^2}+\frac{(y-y_0)^2}{b^2}+\frac{(z-z_0)^2}{c^2}=1$$

其中，(x_0,y_0,z_0) 表示椭球的中心点坐标，a、b 和 c 分别为椭球沿与 x 轴、y 轴和 z 轴平行的半轴长度。每个液体夹杂的中心点坐标及半轴长度 a、b 和 c 如表 9.2 所示。基体的弹性模量为 $E=10^4\text{MPa}$，泊松比为 $\nu=0.3$。边界条件如下：

$$\begin{cases} u_x = 0, & x = -L/2 \\ u_y = 0, & y = -L/2 \\ u_z = 0, & z = -L/2 \\ F_z = -1\text{MPa}, & z = L/2 \end{cases}$$

其中，F_z 表示作用于 $z = L/2$ 面上的均布载荷。

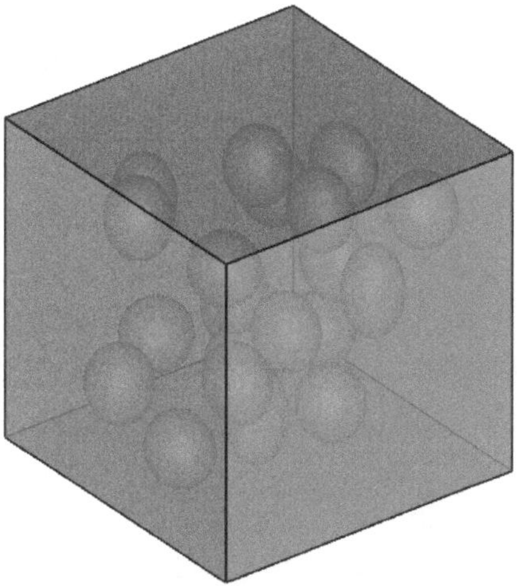

图 9.8　代表性体积单元中随机分布的椭球状液体夹杂

表 9.2　椭球状液体夹杂中心点坐标 (x_0, y_0, z_0) 及半轴长 a、b、c

序号	x_0/mm	y_0/mm	z_0/mm	a/mm	b/mm	c/mm
1	−3.6592	0.6999	3.3641	0.9634	1.0070	1.2304
2	−1.2623	−1.5318	−2.6342	0.8935	0.9006	1.4835
3	0.8034	−2.2027	−2.6601	1.0106	1.1271	1.0480
4	3.2591	0.4294	2.7426	0.8109	1.2154	1.2111
5	1.5005	3.1547	−2.2021	0.8951	0.9639	1.3836
6	−2.6506	−1.8674	2.5918	1.0283	1.0868	1.0681
7	−3.4164	1.8797	−2.4551	1.1901	1.0231	0.9803
8	0.9383	1.3033	3.1173	1.0428	1.2008	0.9533
9	2.5351	−1.8828	0.1031	0.9034	0.9264	1.4264
10	3.1120	−3.3586	3.1143	1.1123	1.0692	1.0037
11	−1.8027	2.9124	2.3148	0.9392	0.9299	1.3668
12	−3.3823	−3.3981	-0.0260	1.1848	1.1425	0.8819
13	−0.5677	0.4098	0.1520	0.9271	1.2692	1.0145
14	2.9188	0.4565	−0.0927	0.8145	1.1654	1.2576

续表

序号	x_0/mm	y_0/mm	z_0/mm	a/mm	b/mm	c/mm
15	−0.1535	0.6451	−2.3917	1.1183	1.0956	0.9742
16	−0.8179	3.5990	−2.5989	1.0580	1.0595	1.0649
17	3.2628	3.6562	0.6023	1.1714	0.9670	1.0538
18	3.7747	2.1988	−3.4265	1.0588	1.0386	1.0855
19	−0.7568	−2.2032	0.1073	0.9327	1.1573	1.1058
20	0.5354	−2.0516	3.4134	1.0994	1.2384	0.8767
21	−3.4290	−0.8599	−3.2489	1.1425	1.1012	0.9488

随机分布的椭球状液体夹杂模型的初始控制点如图 9.9 所示。正方体外边界通过分片的方式表示，其每个片的等几何信息如表 9.3 所示，内部的椭球状液体夹杂等几何信息如表 9.1 所示。由于正方体外边界每个面的初始单元个数只有 1 个，故在 IGABEM 实施过程中，采用 h 细分对正方体外边界细分 9 次，对椭球状液体夹杂细分 4 次。

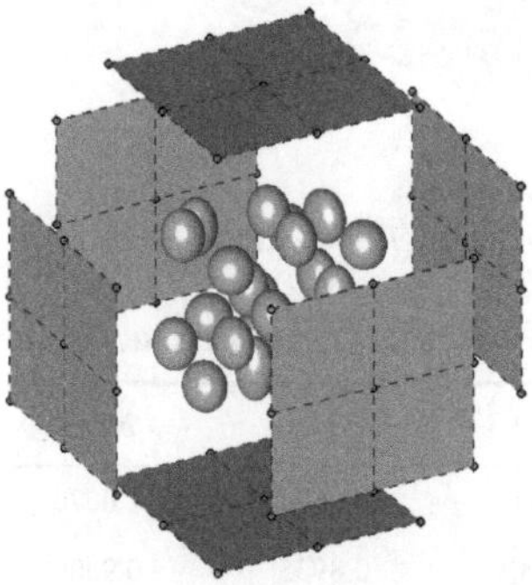

(a)

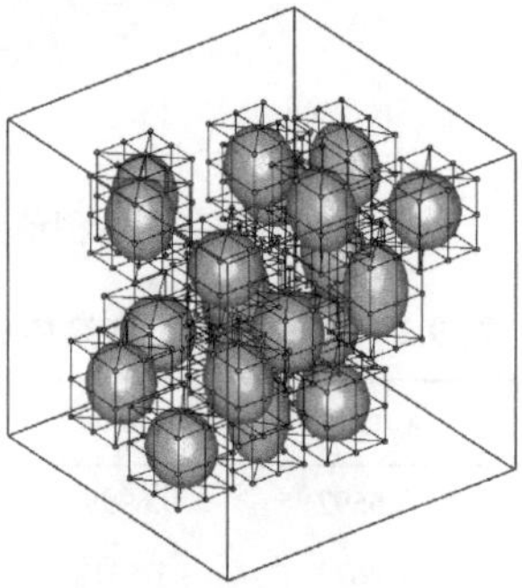

(b)

图 9.9　随机分布椭球状液体夹杂外边界及固-液界面处控制点示意图：(a)分片正方体表面控制点；(b)液体夹杂表面控制点

表 9.3　正方体每个表面片的参数方向、曲线次数、节点向量和权值信息

方向	次数	节点向量	权值
ξ	$p=2$	$\boldsymbol{U}=\{0,0,0,1,1,1\}$	$w_U=\{1,1,1\}$
η	$q=2$	$\boldsymbol{V}=\{0,0,0,1,1,1\}$	$w_V=\{1,1,1\}$

对于 $K/E=0$ 和 $K/E=100$，计算得到的椭球状液体夹杂表面处的 Mises 应力分布分别如图 9.10(a)和(b)所示，其中最大的 Mises 应力分别为 2.8307MPa 和 2.6399MPa。结果表明液体夹杂的存在降低了固-液界面处的 Mises 应力水平。

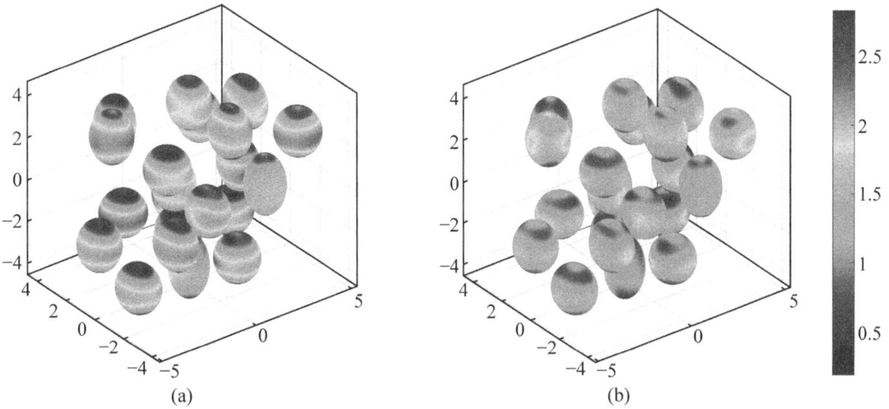

图 9.10　随机分布的椭球状液体夹杂在沿 z 轴方向载荷作用下，固-液界面 Mises 应力的分布：(a)$K/E = 0$；(b)$K/E = 100$(彩图请扫封底二维码)

下面基于代表体积单元对基体的等效弹性模量进行了计算，基体的形状大小和材料参数保持不变。等效弹性模量 $\bar{E}$ 定义如下：

$$E' = F_z / \bar{\varepsilon}$$

式中，$\bar{\varepsilon} = \bar{u}_z|_{z=L/2} / L$，$\bar{u}_z|_{z=L/2}$ 为立方体表面 $z = L/2$ 处 z 方向的平均位移。

当 $K/E = 0, 0.1, 1, 100$ 时，我们分别计算了在椭球状液体夹杂的不同体积分数下代表性体积单元的等效弹性模量，其结果如图 9.11 所示，从图中可以看出，随着液体夹杂体积分数的增加，等效弹性模量逐渐降低。通过与 $K/E = 0$(孔洞)时的结果对比可以发现，当体积分数相同时，等效弹性模量随着 K/E 的增大而增大，且 K/E 的值越大，等效弹性模量增加的效果越显著。根据以上结果可以得到如下结论：液体夹杂的存在会降低基体的等效模量，且体积分数越大，降低的效果越明显；与 $K/E = 0$(孔洞)的情况相比，等效模量随 K/E 的增加而增大。

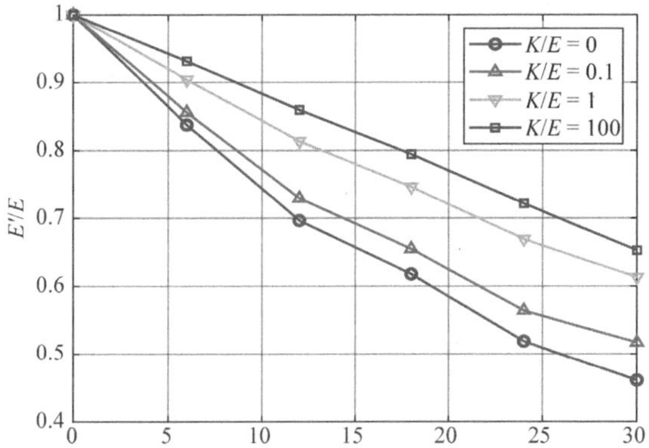

图 9.11　椭球状液体夹杂的等效模量随体积分数的变化，其中三个半轴长度满足 $a:b:c = 2:2:1$

9.6 小　结

本章给出了三维液体夹杂复合材料的等几何边界元解法，其中采用幂级数展开法求解各种奇异积分。在数值算例中，首先通过球状液体夹杂验证等几何边界元法的有效性，然后对椭球状液体夹杂进行了等几何边界元法研究，最后展示了含有随机分布的椭球状液体夹杂界面的 Mises 应力的分布及液体夹杂复合材料的等效弹性模量。

参 考 文 献

[1] Dai M, Hua J, Schiavone P. Compressible liquid/gas inclusion with high initial pressure in plane deformation: Modified boundary conditions and related analytical solutions[J]. European Journal of Mechanics / A Solids, 2020, 82: 104000.

[2] 李锡英, 王爽, 鲁璐, 等. 液相夹杂复合软材料的设计、制备与力学性能研究进展[J]. 复合材料学报, 2021, 38: 1-15.

[3] Wang Y, Henann D L. Finite-element modeling of soft solids with liquid inclusions[J]. Extreme Mechanics Letters, 2016, 9: 147-157.

[4] Style R W, Boltyanskiy R, Allen B, et al. Stiffening solids with liquid inclusions[J]. Nature Physics, 2015, 11: 82-87.

[5] Style R W, Wettlaufer J S, Dufresne E R. Surface tension and the mechanics of liquid inclusions in compliant solids[J]. Soft Matter, 2015, 11: 672-678.

[6] Mancarella F, Style R W, Wettlaufer J S. Interfacial tension and a three-phase generalized self-consistent theory of non-dilute soft composite solids[J]. Soft Matter, 2016, 12: 2744-2750.

[7] Mancarella F, Style R W, Wettlaufer J S. Surface tension and the Mori-Tanaka theory of non-dilute soft composite solids[J]. Proceedings of the Royal Society A - Mathematical Physical and Engineering Sciences, 2016, 472: 20150853.

[8] Burnley P C, Schmidt C. Finite element modeling of elastic volume changes in fluid inclusions: Comparison with experiment[J]. American Mineralogist, 2006, 91, 1807-1814.

[9] Huang Q, Zheng X, Yao Z. Boundary element method for 2D solids with fluid-filled pores[J]. Engineering Analysis with Boundary Elements, 2011, 35: 191-199.

[10] Ma H, Zhou J, He D. Eigenstrain formulation of boundary integral equations for modeling 2D solids with fluid-filled pores[J]. Engineering Analysis with Boundary Elements, 2019, 104: 160-169.

[11] He D, Ma H. Efficient solution of 3D solids with large numbers of fluid-filled pores using eigenstrain BIEs with iteration procedure[J]. Computer Modeling in Engineering & Sciences, 2019, 118: 15-40.

[12] Hughes T J R, Cottrell J A, Bazilevs Y. Isogeometric analysis: CAD, finite elements, NURBS, exact geometry and mesh refinement[J]. Computer Methods in Applied Mechanics and Engineering, 2005, 194(39): 4135-4195.

[13] Cottrell J A, Reali A, Bazilevs Y, et al. Isogeometric analysis of structural vibrations[J]. Computer Methods in Applied Mechanics and Engineering, 2006, 195(41-43): 5257-5296.

[14] Yang H S, Dong C Y, Wu Y H. Postbuckling analysis of multi-directional perforated FGM plates using NURBS-based IGA and FCM[J]. Applied Mathematical Modelling, 202, 84: 466-500.

[15] Lian H, Kerfriden P, Bordas S P A. Shape optimization directly from CAD: An isogeometric boundary element approach using T-splines[J]. Computer Methods in Applied Mechanics and Engineering, 2017, 317: 1-41.

[16] Simpson R N, Bordas S P A, Trevelyan J, et al. A two-dimensional isogeometric boundary element method for elastostatic analysis[J]. Computer Methods in Applied Mechanics and Engineering, 2012, 209-212: 87-100.

[17] Dai R, Dong C Y, Xu C, et al. IGABEM of 2D and 3D liquid inclusions[J]. Engineering Analysis with Boundary Elements, 2021, 132: 33-49.

[18] 戴锐. 液体夹杂问题与大规模计算的等几何边界元算法研究[D]. 北京: 北京理工大学, 2022.

[19] Gao X W. An effective method for numerical evaluation of general 2D and 3D high order singular boundary integrals[J]. Computer Methods in Applied Mechanics and Engineering, 2010, 199: 2856-2864.

[20] Shafiro B, Kachanov M. Materials with fluid-filled pores of various shapes: Effective elastic properties and fluid pressure polarization[J]. International Journal of Solids and Structures, 1997, 34 (27): 3517-3540.

[21] Chen X, Li M, Yang M, et al. The elastic fields of a compressible liquid inclusion[J]. Extreme Mechanics Letters, 2018, 22: 122-130.

[22] Brebbia C A, Dominguez J. Boundary Elements: An Introductory Course[M]. Boston: Computational Mechanics Publications, 1992.

[23] Dong C Y, Lo S H, Cheung Y K. Interaction between coated inclusions and cracks in an infinite isotropic elastic medium[J]. Engineering Analysis with Boundary Elements, 2003, 27: 871-884.

[24] Gao X W, Davies T G. Boundary Element Programming in Mechanics[M]. Cambridge: Cambridge University Press, 2002.

[25] 高效伟, 彭海峰, 杨恺, 等. 高等边界元法-理论与程序[M]. 北京: 科学出版社, 2015.

[26] 宋来忠, 周斌, 彭刚, 等. 混凝土三维参数化骨料模型的创建方法[J]. 固体力学学报, 2015, 36(03): 233-243.

第 10 章　声学问题的等几何边界元法

10.1　引　　言

声学是最能体现边界元法优势的领域之一。由于边界元法仅对物体边界进行离散，特别适用于无限域内的声传播，而且大多数声学方程都是线性的，因此它已成为一种理想的声学分析工具[1,2]。等几何边界元法直接采用计算机辅助设计(CAD)模型中的非均匀有理 B 样条(NURBS)、T 样条及具有局部细分特点的层次 T 样条上的多项式样条(PHT)等用于物理场的分析，避免了几何离散误差，已被应用于声学领域[3-6]。

本章介绍作者课题组在声学等几何边界元法方面的一些工作[5,6]。首先介绍基于 NUBRS 的等几何直接边界元法(IGDBEM)和等几何间接边界元法(IGIBEM)；然后对比研究传统直接边界元法(DBEM)、IGDBEM 以及 IGIBEM 算法的内外域声场问题中的计算精度、计算稳定性以及收敛率；最后介绍将 PHT 样条与 IGIBEM 结合在一起研究边界上局部细分对 IGIBEM 求解精度的影响。

10.2　声场问题的基本方程

我们考虑连续时谐声波在具有角频率为 ω 的三维流体域中的传播。声波传播的空间 Ω 充满了一种无黏性、静止、可压缩的均匀流体，这种流体只受到轻微的扰动。根据上述假设，将 t 时刻的位置矢量 $\boldsymbol{x}$ 处的声压描述为[1]

$$P(\boldsymbol{x},t)=p(\boldsymbol{x})\mathrm{e}^{\mathrm{j}\omega t} \tag{10.1}$$

其中，e 为欧拉常数，j 为虚数单位，$p(\boldsymbol{x})$为声波存在时位置 $\boldsymbol{x}$ 处的复振幅，其控制方程为著名的亥姆霍兹方程

$$\nabla^2 p(\boldsymbol{x})+k^2 p(\boldsymbol{x})=0 \tag{10.2}$$

式中，$k=\omega/c$ 为波数，c 为声波在流体介质中的传播速度，$\nabla^2(\cdot)=\dfrac{\partial^2(\cdot)}{\partial x^2}+\dfrac{\partial^2(\cdot)}{\partial y^2}+\dfrac{\partial^2(\cdot)}{\partial z^2}$ 是 Laplace 算子。

对于式(10.2)，应用相应的边界条件可以得到唯一解。在空间 Ω 边界 Γ 处，边界条件可以分为三种不相叠加的类型，即 Γ^p (Dirichlet 边界)，Γ^v (Neumann 边界)和 Γ^Z (Robin 边界)，而且 $\Gamma=\Gamma^p\cup\Gamma^v\cup\Gamma^Z$ 。这三类边界条件的具体形式如下：

$$p(\boldsymbol{x})=\bar{p}(\boldsymbol{x}),\qquad \boldsymbol{x}\in\Gamma^p \tag{10.3a}$$

$$-\frac{1}{\mathrm{j}\omega\rho}\frac{\partial p(\boldsymbol{x})}{\partial n}=\bar{v}_n(\boldsymbol{x}),\qquad \boldsymbol{x}\in\Gamma^v \tag{10.3b}$$

$$-\frac{1}{\mathrm{j}\omega\rho}\frac{\partial p(\boldsymbol{x})}{\partial n}=\frac{p(\boldsymbol{x})}{\bar{Z}_n(\boldsymbol{x})},\qquad \boldsymbol{x}\in\Gamma^Z \tag{10.3c}$$

式中，$\bar{p}(\boldsymbol{x})$ 为施加的声压，$\bar{v}_n(\boldsymbol{x})$ 为施加的法向振速幅值，$\bar{Z}_n(\boldsymbol{x})$ 为施加的法向阻抗，ρ 为流体密度。

对于外部问题，声场域 Ω 是无限的。为了保证辐射或散射声场在无限远处收敛为零，还需要 Sommerfeld 辐射条件[7]，即

$$\lim_{|\boldsymbol{x}|\to\infty}\left(\left|\frac{\partial p(\boldsymbol{x})}{\partial n}+\mathrm{j}kp(\boldsymbol{x})\right|\right)=0 \tag{10.4}$$

10.3　声场问题的 IGDBEM

声场问题的 Helmholtz 积分方程为[1]

$$C(\boldsymbol{y})p(\boldsymbol{y})=\int_\Gamma\left[\frac{\partial p(\boldsymbol{x})}{\partial n(\boldsymbol{x})}G(\boldsymbol{y},\boldsymbol{x})-p(\boldsymbol{x})\frac{\partial G(\boldsymbol{y},\boldsymbol{x})}{\partial n(\boldsymbol{x})}\right]\mathrm{d}\Gamma \tag{10.5}$$

其中，$\boldsymbol{y}$ 为源点，$\boldsymbol{x}$ 为场点；$G(\boldsymbol{y},\boldsymbol{x})=\dfrac{\mathrm{e}^{-\mathrm{j}k|\boldsymbol{y}-\boldsymbol{x}|}}{4\pi|\boldsymbol{y}-\boldsymbol{x}|}$ 为三维空间中 Helmholtz 积分方程的基本解；$n(\boldsymbol{x})$ 为场点 $\boldsymbol{x}$ 背离声场方向的单位法向；$p(\boldsymbol{x})$ 和 $\dfrac{\partial p(\boldsymbol{x})}{\partial n(\boldsymbol{x})}$ 是基本变量，定义在与流体域 Ω 接触的一侧；系数 $C(\boldsymbol{y})$ 与源点 $\boldsymbol{y}$ 位置的几何形状有关，其表达式为

$$C(\boldsymbol{y})=\begin{cases}0, & \boldsymbol{y}\notin(\Omega\cup\Gamma)\\ 1, & \boldsymbol{y}\in\Gamma\\ -\displaystyle\int_\Gamma\frac{\partial\psi_L}{\partial n}\mathrm{d}\Gamma, & \boldsymbol{y}\in\Gamma^-\\ 1-\displaystyle\int_\Gamma\frac{\partial\psi_L}{\partial n}\mathrm{d}\Gamma, & \boldsymbol{y}\in\Gamma^+\end{cases} \tag{10.6}$$

其中，$\psi_L=\dfrac{1}{4\pi|\boldsymbol{y}-\boldsymbol{x}|}$ 是 Laplace 方程的基本解，当源点处于光滑边界时，$C(\boldsymbol{y})=\dfrac{1}{2}$ 。

传统 DBEM 的基函数是 Lagrange 插值函数，该函数使用方便，其节点具有插值性，可以直接作为配点，但在描述曲面几何时会产生离散误差。以 NURBS 样条函数为基函数的 IGDBEM 可以准确地描述几何形状，不存在离散误差，但除了参数空间边界上的控制点外，NURBS 的其他控制点一般并不具有插值性，大部分控制点不落在参数空间边界上。因此，在 IGDBEM 中，控制点不能直接作为配点使用。在 IGDBEM 中，有许多选择配点的方法，例如 Cauchy-Galerkin 坐标[8]、Demko 坐标[9]及 Greville 坐标[10]，其中 Greville 坐标拥有较好的稳定性。因此，我们在参数空间坐标中选择 Greville 坐标作为配点来进行研究。Greville 坐标在参数空间两个方向上的表达式为

$$\begin{aligned}\xi_i' &= \left(\xi_{i+1}+\xi_{i+2}+\cdots+\xi_{i+p}\right)/p, \qquad i=1,2,\cdots,n \\ \eta_j' &= \left(\eta_{j+1}+\eta_{j+2}+\cdots+\eta_{j+q}\right)/q, \qquad j=1,2,\cdots,m\end{aligned} \tag{10.7}$$

其中，n 和 m 是沿着参数空间方向 ξ 和 η 的控制点个数，p 和 q 是这两个方向的阶次，$\left(\xi_i',\eta_j'\right)$ 是配点在参数空间上的坐标。

对于三维声学问题，以式(10.7)为配点，通过 NURBS 基函数离散边界积分方程(10.5)可以得到下式

$$\begin{aligned}C(\boldsymbol{y})p^{\mathrm{col}} &= \sum_{e=1}^{N}\sum_{i=1}^{n_e}\left[\int_{-1}^{1}\int_{-1}^{1} G\left(\boldsymbol{y},\boldsymbol{x}(\xi,\eta)\right)R_i^e(\xi,\eta)J^e(\xi,\eta)\,\mathrm{d}\xi\,\mathrm{d}\eta\right]\left(-\mathrm{j}\rho\omega v_n^{ie}\right) \\ &\quad+\sum_{e=1}^{N}\sum_{i=1}^{n_e}\left[\int_{-1}^{1}\int_{-1}^{1}\frac{\partial G\left(\boldsymbol{y},\boldsymbol{x}(\xi,\eta)\right)}{\partial n}R_i^e(\xi,\eta)J^e(\xi,\eta)\,\mathrm{d}\xi\,\mathrm{d}\eta\right]\left(-p^{ie}\right)\end{aligned} \tag{10.8}$$

其中，p^{col} 是参数空间配点坐标为 $\left(\xi_i',\eta_j'\right)$ 处的声压，N 是 NURBS 单元数目，n_e 是单元 e 上的控制点的个数，R_i^e 是双变量 NURBS 基函数，$J^e(\xi,\eta)$ 是单元的雅可比行列式，p^{ie} 和 v_n^{ie} 是单元 e 上的控制点 i 处的声压和法向速度幅值。

需要注意的是，配点处的声压 $\boldsymbol{p}^{\mathbf{col}}$ 是通过对相关单元上控制点的声压进行插值得到的，它们之间的关系为

$$\boldsymbol{p}^{\mathbf{col}} = \mathbf{Tr}\boldsymbol{p} \tag{10.9}$$

其中，$\boldsymbol{p}^{\mathbf{col}}$ 是配点处的声压矢量，$\boldsymbol{p}$ 是控制点上的声压矢量，$\mathbf{Tr}$ 是转换矩阵，它是由基函数组成的，特别是当基函数为 Lagrange 插值函数时，该矩阵为单位矩阵。

遍及所有的配点，并且将式(10.9)代入式(10.8)中，则式(10.8)转换为下式

$$\mathrm{diag}\left(C_1,C_2,\cdots,C_{\mathrm{no}}\right)\times\mathbf{Tr}\boldsymbol{p}+\tilde{\boldsymbol{H}}\boldsymbol{p} = -\mathrm{j}\rho\omega\boldsymbol{G}\boldsymbol{v}_n \tag{10.10}$$

其中，下标 no 表示配点个数

以上方程可以进一步简写为

$$\boldsymbol{Hp}=-\mathrm{j}\rho\omega\boldsymbol{G}\boldsymbol{v}_n \tag{10.11}$$

其中，$\boldsymbol{H}=\mathrm{diag}\left(C_1,C_2,\cdots,C_{\mathrm{no}}\right)\times\left[\mathbf{Tr}\right]+\tilde{\boldsymbol{H}}$。

10.4　声场问题的 IGIBEM

如图 10.1 所示，外域和内域问题的法线方向都规定为向外的，因此外域和内域问题的 Helmholtz 积分方程可以表示为

$$C^{+}(\boldsymbol{y})p^{+}(\boldsymbol{y})=\int_{\Gamma}\left[p^{+}(\boldsymbol{x})\frac{\partial G(\boldsymbol{y},\boldsymbol{x})}{\partial n(\boldsymbol{x})}-\frac{\partial p^{+}(\boldsymbol{x})}{\partial n(\boldsymbol{x})}G(\boldsymbol{y},\boldsymbol{x})\right]\mathrm{d}\Gamma \tag{10.12}$$

$$C^{-}(\boldsymbol{y})p^{-}(\boldsymbol{y})=\int_{\Gamma}\left[\frac{\partial p^{-}(\boldsymbol{x})}{\partial n(\boldsymbol{x})}G(\boldsymbol{y},\boldsymbol{x})-p^{-}(y)\frac{\partial G(\boldsymbol{y},\boldsymbol{x})}{\partial n(\boldsymbol{x})}\right]\mathrm{d}\Gamma \tag{10.13}$$

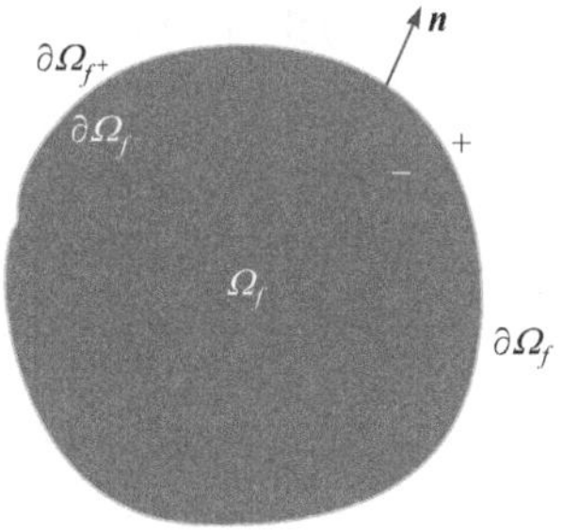

图 10.1　法线方向

将式(10.12)与(10.13)相加得到

$$\begin{aligned}&C^{+}(\boldsymbol{y})p^{+}(\boldsymbol{y})+C^{-}(\boldsymbol{y})p^{-}(\boldsymbol{y})\\&=\int_{\Gamma}\left[\left(p^{+}(\boldsymbol{x})-p^{-}(\boldsymbol{x})\right)\frac{\partial G(\boldsymbol{y},\boldsymbol{x})}{\partial n(\boldsymbol{x})}-\left(\frac{\partial p^{+}(\boldsymbol{x})}{\partial n(\boldsymbol{x})}-\frac{\partial p^{-}(\boldsymbol{x})}{\partial n(\boldsymbol{x})}\right)G(\boldsymbol{y},\boldsymbol{x})\right]\mathrm{d}\Gamma\end{aligned} \tag{10.14}$$

引入双层势 $\mu=p^{+}-p^{-}$，单层势 $\sigma=\dfrac{\partial p^{+}}{\partial n}-\dfrac{\partial p^{-}}{\partial n}$，则式(10.14)简写为

$$C^{+}(\boldsymbol{y})p^{+}(\boldsymbol{y})+C^{-}(\boldsymbol{y})p^{-}(\boldsymbol{y})=\int_{\Gamma}\left[\mu(\boldsymbol{x})\frac{\partial G(\boldsymbol{y},\boldsymbol{x})}{\partial n(\boldsymbol{x})}-\sigma(\boldsymbol{x})G(\boldsymbol{y},\boldsymbol{x})\right]\mathrm{d}\Gamma \tag{10.15}$$

当源点不在边界上时，公式(10.15)变为

$$p(\boldsymbol{y})=\int_{\Gamma}\left[\mu(\boldsymbol{x})\frac{\partial G(\boldsymbol{y},\boldsymbol{x})}{\partial n(\boldsymbol{x})}-\sigma(\boldsymbol{x})G(\boldsymbol{y},\boldsymbol{x})\right]\mathrm{d}\Gamma \tag{10.16}$$

当源点处于外边界和内边界时，由于 $C^{+}+C^{-}=1$，公式(10.15)则变为

$$p^{+}(\boldsymbol{y})=C^{-}(\boldsymbol{y})\mu(\boldsymbol{y})+\int_{\Gamma}\left[\mu(\boldsymbol{x})\frac{\partial G(\boldsymbol{y},\boldsymbol{x})}{\partial n(\boldsymbol{x})}-\sigma(\boldsymbol{x})G(\boldsymbol{y},\boldsymbol{x})\right]\mathrm{d}\Gamma \tag{10.17}$$

$$p^{-}(\boldsymbol{y})=-C^{+}(\boldsymbol{y})\mu(\boldsymbol{y})+\int_{\Gamma}\left[\mu(\boldsymbol{x})\frac{\partial G(\boldsymbol{y},\boldsymbol{x})}{\partial n(\boldsymbol{x})}-\sigma(\boldsymbol{x})G(\boldsymbol{y},\boldsymbol{x})\right]\mathrm{d}\Gamma \tag{10.18}$$

将式(10.16)、(10.17)和(10.18)分别对 $n(\boldsymbol{y})$ 求偏导，可得

$$\frac{\partial p(\boldsymbol{y})}{\partial n(\boldsymbol{y})}=\int_{\Gamma}\left[\mu(\boldsymbol{x})\frac{\partial^2 G(\boldsymbol{y},\boldsymbol{x})}{\partial n(\boldsymbol{x})\partial n(\boldsymbol{y})}-\sigma(\boldsymbol{x})\frac{\partial G(\boldsymbol{y},\boldsymbol{x})}{\partial n(\boldsymbol{y})}\right]\mathrm{d}\Gamma \tag{10.19}$$

$$\frac{\partial p^+(\boldsymbol{y})}{\partial n(\boldsymbol{y})}=C^-(\boldsymbol{y})\sigma(\boldsymbol{y})+\int_{\Gamma}\left[\mu(\boldsymbol{x})\frac{\partial^2 G(\boldsymbol{y},\boldsymbol{x})}{\partial n(\boldsymbol{x})\partial n(\boldsymbol{y})}-\sigma(\boldsymbol{x})\frac{\partial G(\boldsymbol{y},\boldsymbol{x})}{\partial n(\boldsymbol{y})}\right]\mathrm{d}\Gamma \tag{10.20}$$

$$\frac{\partial p^-(\boldsymbol{y})}{\partial n(\boldsymbol{y})}=-C^+(\boldsymbol{y})\sigma(\boldsymbol{y})+\int_{\Gamma}\left[\mu(\boldsymbol{x})\frac{\partial^2 G(\boldsymbol{y},\boldsymbol{x})}{\partial n(\boldsymbol{x})\partial n(\boldsymbol{y})}-\sigma(\boldsymbol{x})\frac{\partial G(\boldsymbol{y},\boldsymbol{x})}{\partial n(\boldsymbol{y})}\right]\mathrm{d}\Gamma \tag{10.21}$$

假设图 10.1 中的边界 Γ 是薄的[11]，那么边界上的变量是一致的，将 Dirichlet (式(10.3a))和 Neumann(式(10.3b))的边界条件转换为

$$p^+(\boldsymbol{x})=p^-(\boldsymbol{x})\Rightarrow\mu(\boldsymbol{x})=0,\quad \boldsymbol{x}\in\Gamma^p \tag{10.22a}$$

$$\frac{\partial p^+(\boldsymbol{x})}{\partial n}=\frac{\partial p^-(\boldsymbol{x})}{\partial n}\Rightarrow\sigma(\boldsymbol{x})=0,\quad \boldsymbol{x}\in\Gamma^\nu \tag{10.22b}$$

考虑单层势和双层势的定义，可将 Robin 边界条件(式(10.3c))转化为

$$\sigma(\boldsymbol{x})=-\frac{\mathrm{j}\omega\rho}{\overline{Z}_n}\mu(\boldsymbol{x}),\quad \boldsymbol{x}\in\Gamma^Z \tag{10.22c}$$

由式(10.22)可知，在边界 Γ^p 上仅存在单层势 σ，在边界 Γ^ν 和 Γ^Z 上仅存在双层势 μ。因此，式(10.16)～(10.18)的形式可统一写为

$$\begin{aligned}p(\boldsymbol{y})=&-\int_{\Gamma^p}\sigma(\boldsymbol{x})G(\boldsymbol{y},\boldsymbol{x})\mathrm{d}\Gamma+\int_{\Gamma^\nu}\mu(\boldsymbol{x})\frac{\partial G(\boldsymbol{y},\boldsymbol{x})}{\partial n(\boldsymbol{x})}\mathrm{d}\Gamma\\&+\int_{\Gamma^Z}\left(\frac{\partial G(\boldsymbol{y},\boldsymbol{x})}{\partial n(\boldsymbol{x})}+\frac{\mathrm{j}\omega\rho}{\overline{Z}_n}G(\boldsymbol{y},\boldsymbol{x})\right)\mu(\boldsymbol{x})\mathrm{d}\Gamma\end{aligned} \tag{10.23}$$

类似地，式(10.19)～(10.21)可统一写为

$$\begin{aligned}\frac{\partial p(\boldsymbol{y})}{\partial n(\boldsymbol{y})}=&-\int_{\Gamma^p}\sigma(\boldsymbol{x})\frac{\partial G(\boldsymbol{y},\boldsymbol{x})}{\partial n(\boldsymbol{y})}\mathrm{d}\Gamma+\int_{\Gamma^\nu}\mu(y)\frac{\partial^2 G(\boldsymbol{y},\boldsymbol{x})}{\partial n(\boldsymbol{x})\partial n(\boldsymbol{y})}\mathrm{d}\Gamma\\&+\int_{\Gamma^Z}\mu(\boldsymbol{x})\left(\frac{\partial^2 G(\boldsymbol{y},\boldsymbol{x})}{\partial n(\boldsymbol{x})\partial n(\boldsymbol{y})}+\frac{\mathrm{j}\omega\rho}{\overline{Z}_n}\frac{\partial G(\boldsymbol{y},\boldsymbol{x})}{\partial n(\boldsymbol{y})}\right)\mathrm{d}\Gamma\end{aligned} \tag{10.24}$$

IGDBEM 最终形成的是非对称解矩阵，而 IGIBEM 采用伽辽金式加权余量法，形成对称解矩阵。具体实施过程如下。

在边界 Γ^ν 和 Γ^Z 上定义变量 μ 的容许变分 $\delta\mu$，而在边界 Γ^p 上定义变量 σ 的容许变分 $\delta\sigma$，伽辽金加权余量法应用于式(10.23)和(10.24)后得到

$$\int_{\Gamma^p}R_p(\sigma,\mu,\boldsymbol{y})\delta\sigma\mathrm{d}\Gamma+\int_{\Gamma^\nu}R_\nu(\sigma,\mu,\boldsymbol{y})\delta\mu\mathrm{d}\Gamma+\int_{\Gamma^Z}R_Z(\sigma,\mu,\boldsymbol{y})\delta\mu\mathrm{d}\Gamma=0,\quad\forall(\delta\sigma,\delta\mu) \tag{10.25}$$

其中，R_p，R_ν 和 R_Z 分别是 Dirichlet 边界、Neumann 边界和 Robin 边界的边界余

量，其具体形式为

$$R_p = -p(\boldsymbol{y}) - \int_{\Gamma^p} \sigma(\boldsymbol{x}) G(\boldsymbol{y},\boldsymbol{x}) \mathrm{d}\Gamma + \int_{\Gamma^v} \mu(\boldsymbol{x}) \frac{\partial G(\boldsymbol{y},\boldsymbol{x})}{\partial n(\boldsymbol{x})} \mathrm{d}\Gamma + \int_{\Gamma^Z} \left(\frac{\partial G(\boldsymbol{y},\boldsymbol{x})}{\partial n(\boldsymbol{x})} + \frac{\mathrm{j}\omega\rho}{\overline{\overline{Z}}_n} G(\boldsymbol{y},\boldsymbol{x}) \right) \mu(\boldsymbol{x}) \mathrm{d}\Gamma \tag{10.26}$$

$$R_v = -\frac{\partial p(\boldsymbol{y})}{\partial n(\boldsymbol{y})} - \int_{\Gamma^p} \sigma(\boldsymbol{x}) \frac{\partial G(\boldsymbol{y},\boldsymbol{x})}{\partial n(\boldsymbol{y})} \mathrm{d}\Gamma + \int_{\Gamma^v} \mu(\boldsymbol{x}) \frac{\partial^2 G(\boldsymbol{y},\boldsymbol{x})}{\partial n(\boldsymbol{x}) \partial n(\boldsymbol{y})} \mathrm{d}\Gamma + \int_{\Gamma^Z} \mu(\boldsymbol{x}) \left(\frac{\partial^2 G(\boldsymbol{y},\boldsymbol{x})}{\partial n(\boldsymbol{x}) \partial n(\boldsymbol{y})} + \frac{\mathrm{j}\omega\rho}{\overline{\overline{Z}}_n} \frac{\partial G(\boldsymbol{y},\boldsymbol{x})}{\partial n(\boldsymbol{y})} \right) \mathrm{d}\Gamma \tag{10.27}$$

$$\begin{aligned} R_Z = & -\int_{\Gamma^p} \sigma(\boldsymbol{x}) \frac{\partial G(\boldsymbol{y},\boldsymbol{x})}{\partial n(\boldsymbol{y})} \mathrm{d}\Gamma + \int_{\Gamma^v} \mu(\boldsymbol{x}) \frac{\partial^2 G(\boldsymbol{y},\boldsymbol{x})}{\partial n(\boldsymbol{x}) \partial n(\boldsymbol{y})} \mathrm{d}\Gamma \\ & + \int_{\Gamma^Z} \mu(\boldsymbol{x}) \left(\frac{\partial^2 G(\boldsymbol{y},\boldsymbol{x})}{\partial n(\boldsymbol{x}) \partial n(\boldsymbol{y})} + \frac{\mathrm{j}\omega\rho}{\overline{\overline{Z}}_n} \frac{\partial G(\boldsymbol{y},\boldsymbol{x})}{\partial n(\boldsymbol{y})} \right) \mathrm{d}\Gamma \\ & - \int_{\Gamma^p} \frac{\mathrm{j}\omega\rho}{\overline{\overline{Z}}_n} \sigma(\boldsymbol{x}) G(\boldsymbol{y},\boldsymbol{x}) \mathrm{d}\Gamma + \int_{\Gamma^v} \frac{\mathrm{j}\omega\rho}{\overline{\overline{Z}}_n} \mu(\boldsymbol{x}) \frac{\partial G(\boldsymbol{y},\boldsymbol{x})}{\partial n(\boldsymbol{x})} \mathrm{d}\Gamma \\ & + \int_{\Gamma^Z} \frac{\mathrm{j}\omega\rho}{\overline{\overline{Z}}_n} \mu(\boldsymbol{x}) \left(\frac{\partial G(\boldsymbol{y},\boldsymbol{x})}{\partial n(\boldsymbol{x})} + \frac{\mathrm{j}\omega\rho}{\overline{\overline{Z}}_n} G(\boldsymbol{y},\boldsymbol{x}) \right) \mathrm{d}\Gamma \end{aligned} \tag{10.28}$$

当应用某一边界条件时，积分(10.25)中与其他边界条件相关的项将消失。例如，当只存在 Neumann 边界时，式(10.25)可简化为

$$\int_{\Gamma^v} \delta\mu \left(-\frac{\partial p(\boldsymbol{y})}{\partial n(\boldsymbol{y})} + \int_{\Gamma^v} \mu(\boldsymbol{x}) \frac{\partial^2 G(\boldsymbol{y},\boldsymbol{x})}{\partial n(\boldsymbol{x}) \partial n(\boldsymbol{y})} \mathrm{d}\Gamma(\boldsymbol{x}) \right) \mathrm{d}\Gamma(\boldsymbol{y}) = 0 \tag{10.29}$$

式中的超奇异积分 $\int_{\Gamma^v} \int_{\Gamma^v} \delta\mu \cdot \mu(\boldsymbol{x}) \frac{\partial^2 G(\boldsymbol{y},\boldsymbol{x})}{\partial n(\boldsymbol{x}) \partial n(\boldsymbol{y})} \mathrm{d}\Gamma(\boldsymbol{x}) \mathrm{d}\Gamma(\boldsymbol{y})$ 可以通过以下的公式转化为弱奇异积分[1,12]

$$\begin{aligned} & \int_{\Gamma^v} \int_{\Gamma^v} \delta\mu \cdot \mu(\boldsymbol{x}) \frac{\partial^2 G(\boldsymbol{y},\boldsymbol{x})}{\partial n(\boldsymbol{x}) \partial n(\boldsymbol{y})} \mathrm{d}\Gamma(\boldsymbol{x}) \mathrm{d}\Gamma(\boldsymbol{y}) \\ = & \int_{\Gamma^v} \int_{\Gamma^v} G(\boldsymbol{y},\boldsymbol{x}) \left[k^2 \delta\mu \cdot \mu(\boldsymbol{x}) (\boldsymbol{n}(\boldsymbol{x}) \cdot \boldsymbol{n}(\boldsymbol{y})) - (\boldsymbol{n}(\boldsymbol{x}) \times \nabla \delta\mu) \cdot (\boldsymbol{n}(\boldsymbol{y}) \times \nabla \mu) \right] \mathrm{d}\Gamma(\boldsymbol{x}) \mathrm{d}\Gamma(\boldsymbol{y}) \end{aligned} \tag{10.30}$$

10.5　基于 PHT 样条的 IGIBEM

为了求解式(10.25)，首先对边界 Γ^p，Γ^v 和 Γ^Z 进行离散，然后边界上的基

本变量$\sigma(\boldsymbol{y})$和$\mu(\boldsymbol{y})$用一系列 PHT 样条基函数(见第 2 章)表示为

$$\sigma(\boldsymbol{y})=\sum_{i=1}^{n} R_i \cdot d_{\sigma,i} \tag{10.31}$$

$$\mu(\boldsymbol{y})=\sum_{i=1}^{n} R_i \cdot d_{\mu,i} \tag{10.32}$$

其中，n 为基函数总数，$d_{\sigma,i}$ 和 $d_{\mu,i}$ 为与控制点相关联的控制变量。

为简单起见，这里只考虑 Neumann 边界。式(10.29)中的$\delta\mu$为试函数，将式(10.32)代入式(10.29)中，并保持试函数也采用相同的 PHT 样条基函数，则有

$$\int_{\Gamma^v} R_i \left(\int_{\Gamma^v} \left(\sum_{j=1}^{n} R_j \cdot d_{\mu,j} \right) \cdot \frac{\partial^2 G(\boldsymbol{y},\boldsymbol{x})}{\partial n(\boldsymbol{x}) \partial n(\boldsymbol{y})} \mathrm{d}\Gamma(\boldsymbol{x}) \right) \mathrm{d}\Gamma(\boldsymbol{y})$$
$$= -\int_{\Gamma^v} R_i \cdot \left(\mathrm{j}\rho\omega v_n(\boldsymbol{y}) \right) \mathrm{d}\Gamma(\boldsymbol{y}) \tag{10.33}$$

最终，可得到整体 IBEM 的求解方程组

$$\begin{pmatrix} A_{11} & A_{12} & \cdots & A_{1n} \\ A_{21} & A_{22} & \cdots & A_{2n} \\ \vdots & \vdots & & \vdots \\ A_{n1} & A_{n2} & \cdots & A_{nn} \end{pmatrix} \begin{pmatrix} d_{\mu,1} \\ d_{\mu,2} \\ \vdots \\ d_{\mu,n} \end{pmatrix} = \begin{pmatrix} b_1 \\ b_2 \\ \vdots \\ b_n \end{pmatrix} \tag{10.34}$$

其中，$A_{ij}=\int_{\Gamma^v} R_i \mathrm{d}\Gamma(\boldsymbol{y}) \int_{\Gamma^v} R_j \frac{\partial^2 G(\boldsymbol{y},\boldsymbol{x})}{\partial n(\boldsymbol{x}) \partial n(\boldsymbol{y})} \mathrm{d}\Gamma(\boldsymbol{x})$，$b_i=-\int_{\Gamma^v} R_i \cdot \left(\mathrm{j}\rho\omega v_n(\boldsymbol{y}) \right) \mathrm{d}\Gamma(\boldsymbol{y})$。显然，矩阵 $\boldsymbol{A}$ 是对称的。当求得控制变量$d_{\mu,i}$后，通过相应的边界积分方程可以得到整个域内任意一点的声压和振速。

10.6 数 值 算 例

为了探究本章中等几何方法的计算精度与稳定性，本节将对比研究等几何边界元法与传统的以 Lagrange 插值函数为基函数的边界元法。需要注意的是，无须特别说明，非奇异单元高斯积分点数为$(p+2)\times(q+2)$，奇异单元的高斯积分点数为$(p+4)\times(q+4)$。IGDBEM 中的奇异性问题可以通过正则化方法[11]处理后，再使用单元子分法[1,11]计算。IGIBEM 中的奇异积分都是弱奇异的，均采用单元子分法[1,11]计算。

10.6.1 六面体盒子中的一维平面波(IGDBEM)

考虑一个六面体盒子，其边长为$1\mathrm{m}\times1\mathrm{m}\times1\mathrm{m}$，在其中一个平面($x=0$)上施加

振动速度 $v_n = 1\mathrm{m/s}$，其对面(x=1)的阻抗设定为 $Z = \rho c$，剩下的四个表面设置为刚性面，即 $v_n = 0\mathrm{m/s}$，则盒子内部的声场为平面波，其形式为[1]

$$p(x) = \rho_f c \mathrm{e}^{-\mathrm{j}kx} \tag{10.35}$$

其中，$\rho_f = 1.21\mathrm{kg/m^3}$ 为流体密度，$c = 343\mathrm{m/s}$ 为声波传播速度，$k = \omega / c$ 是波数。

我们使用 Lagrange 模型和 NURBS 模型分别计算盒子内部的声场。传统的 DBEM 以 Lagrange 插值函数为基函数，它的单元是 8 节点 2 阶次单元。基于 NURBS 基函数的 IGDBEM 模型由 6 个独立片组成，片之间的单元为 C^0 连续，但在单个片的内部，单元之间存在 C^0 与 C^1 两种连续情况。图 10.2(a)是 24 个单元和 74 个节点(方块)的 Lagrange 模型。图 10.2(b)和 10.2(c)是两个单元间 C^0 连

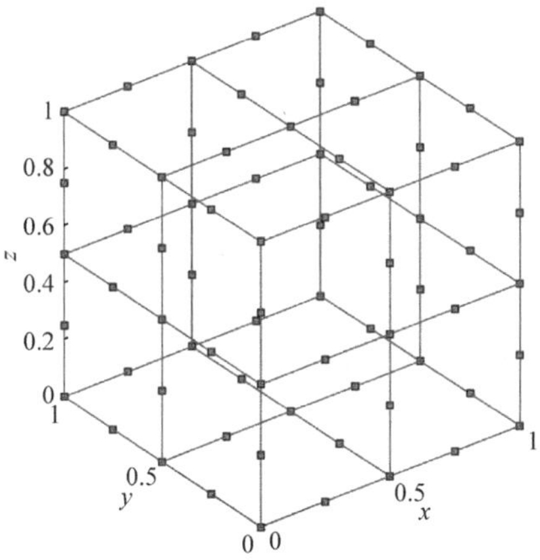

(a) Lagrange模型网格

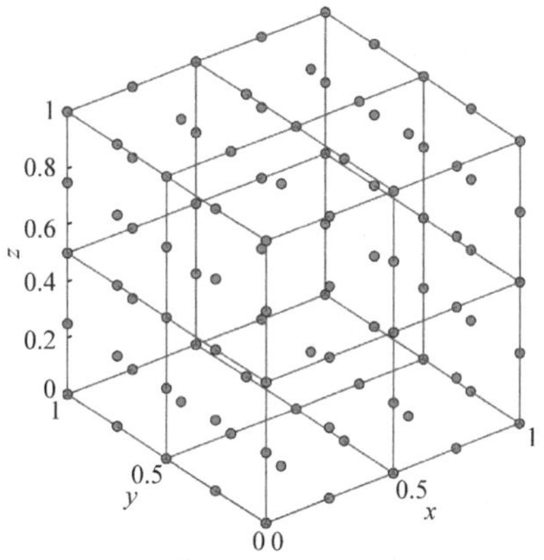

(b) C^0连续的NURBS网格

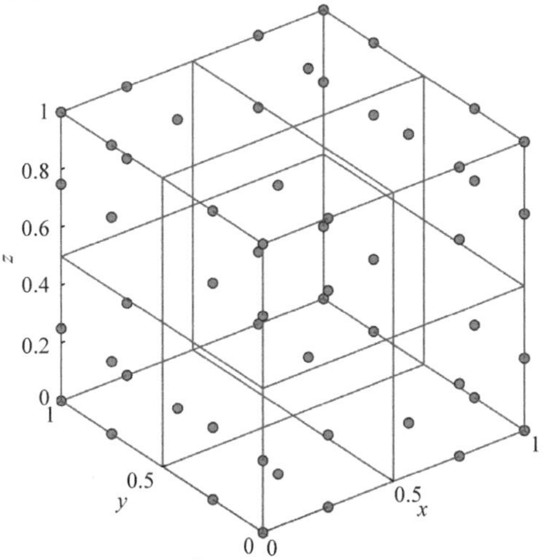

(c) C^1连续的NURBS网格

图 10.2　三种立方体模型的网格

续性和 C^1 连续性的 NURBS 模型，它们也包含 24 个单元，但是控制点的数量是 56 和 98(圆点)。

为了更好地评估传统 DBEM 和 IGDBEM 的计算精度，我们考虑三种数值模型(图 10.2)。在盒子内的三个面 $x=0.25$ 、$x=0.5$ 和 $x=0.75$ 上各选取 9 个均匀分布的参考点，通过三种数值模型计算这些参考点处的声压，并与解析解进行比较。参考点处的平均相对误差采用 L_2 范数进行计算，其形式为

$$\|\varepsilon\|_2=\frac{\|p-p_{\mathrm{ref}}\|_2}{\|p_{\mathrm{ref}}\|_2}=\frac{\sqrt{\int_{\partial\Omega_{\mathrm{ref}}}(p-p_{\mathrm{ref}})^2\mathrm{d}s}}{\sqrt{\int_{\partial\Omega_{\mathrm{ref}}}p_{\mathrm{ref}}^2\mathrm{d}s}}=\frac{\sqrt{\sum_{i=1}^{n}|p_i-p_{\mathrm{ref}}|^2}}{\sqrt{\sum_{i=1}^{n}|p_{\mathrm{ref}}|^2}} \tag{10.36}$$

其中，本算例中 $n=27$ ，p_{ref} 是来自式(10.35)的解析解。

三种数值模型计算的 L_2 范数误差如图 10.3 所示。随着逐步地进行 h 细分，可以看出，三种模型的计算精度都在稳步提高。C^1 连续的 NURBS 模型具有最高的计算精度和最快的收敛速度，而 Lagrange 模型和 C^0 连续的 NURBS 模型的收敛速度几乎相同，原因是两者的单元都是 2 阶 C^0 连续的，但 C^0 连续的 NURBS 模型的计算精度较其他两个模型差。两种 NURBS 模型的收敛曲线在最左端相交，这是因为当每个片上只有一个单元时，片之间的连续性为 C^0，此种情况下两种 NURBS 模型完全一致。图 10.4 从另一个角度比较了三种模型的计算精度，它的自变量是单元个数。可以看出，C^1 连续的 NURBS 模型仍有最高的计算精度和最

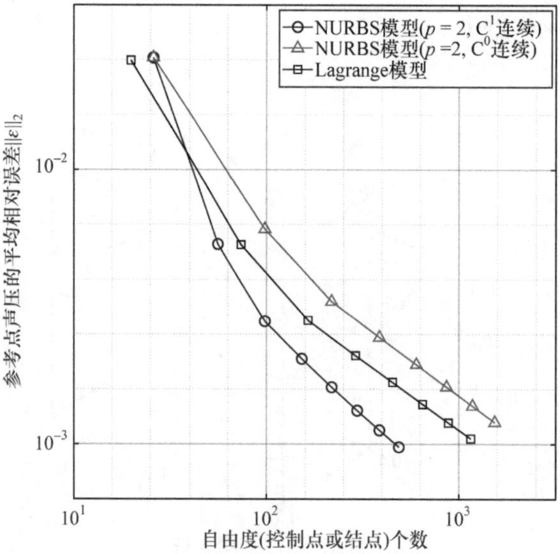

图 10.3 Lagrange 模型和两种 NURBS 模型的收敛曲线

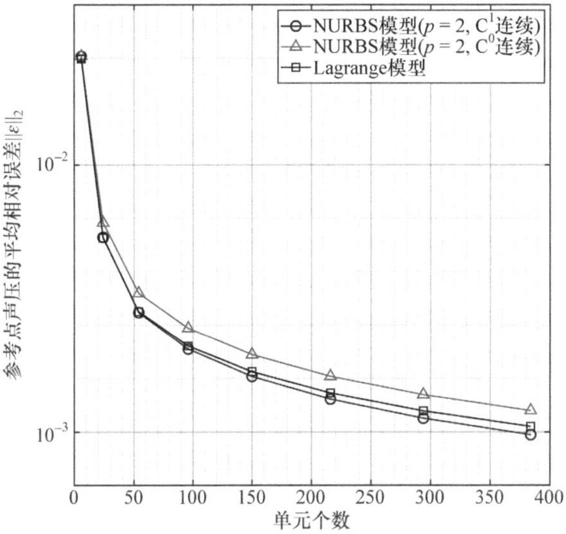

图 10.4　以单元数为自变量的收敛曲线

快的收敛速度。需要注意的是，对 C^1 连续的 NURBS 模型只执行重复的节点插入(h 细分)操作，这将减少单元之间的连续性，导致 C^0 模型的计算精度略有减少。

图 10.5 显示了频率变化对三种模型计算精度的影响。此图中三种模型的网格与图 10.2(a)、(b)和(c)的网格相同，每个片上有 4 个单元，共有 24 个单元。可以看出，随着频率的增加，三种模型的计算精度逐渐降低，这是因为边界元法在计

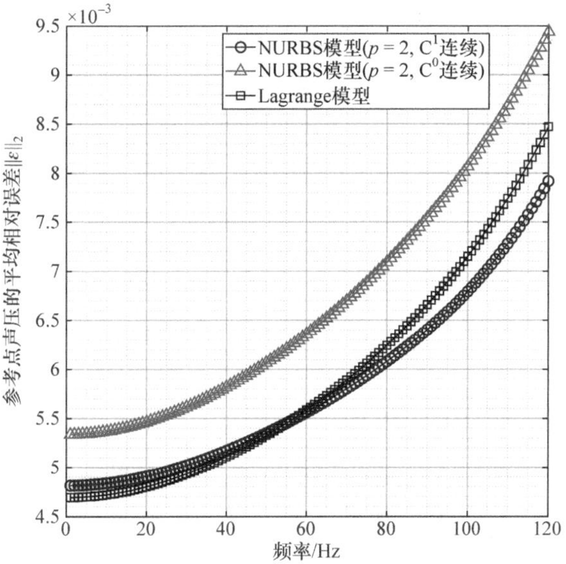

图 10.5　三个模型关于频率的计算精度

算频率相关问题时，其计算精度严重依赖于网格密度和单元阶次[11]。一般来说，单个波长应该包含 6 个线性单元或 4 个二次单元，以保证计算的准确性[13]。因此，随着频率的逐渐增加，单个波长中应该包含的单元数也随之减少，导致计算精度降低。三种模型的计算精度相近，变化幅度基本一致，说明三种模型对频率的计算稳定性比较一致。其中，C^0 连续的 NURBS 模型精度相对较低，而 Lagrange 模型在较低频段的精度高于 C^1 连续的 NURBS 模型。

通过改变积分点的数量进一步分析计算误差的来源。采用图 10.2 中的三种网格，设定计算频率为 5.45901Hz($\omega = 0.1$)，选取非奇异单元内部和奇异单元内部的高斯积分点数分别为 $\left(p_\xi + \varDelta\right) \times \left(q_\eta + \varDelta\right)$ 和 $\left(p_\xi + 2 + \varDelta\right) \times \left(q_\eta + 2 + \varDelta\right)$，其中 $\varDelta$ 起始为 2，每次增加 1，直到 $\varDelta = 10$。通过计算参考点处的误差，得到收敛曲线如图 10.6 所示。可以看出，它们的计算精度与以前相同。在相同高斯点的情况下，C^1 连续的 NURBS 模型的计算精度最高，C^0 连续的 NURBS 模型的计算精度最低。并且随着 $\varDelta$ 的增加，三种模型的计算精度都在稳步提高。这说明三种模型没有几何离散误差，只有积分误差。

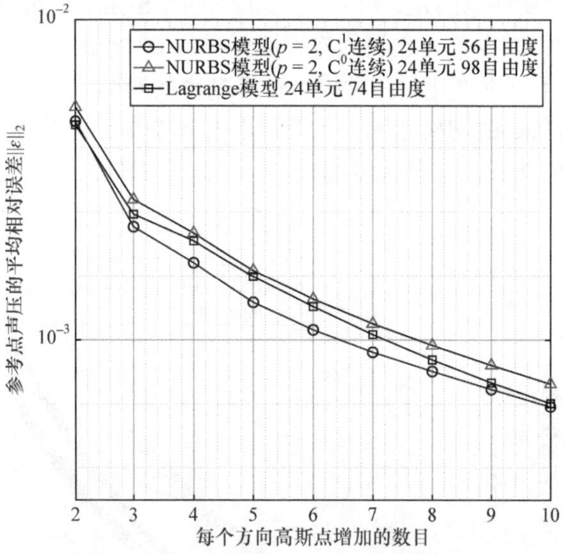

图 10.6　高斯点数对计算误差的影响

10.6.2　脉动球辐射问题(IGDBEM)

我们考虑一个球体浸入在无限大流体中，球表面的声振幅是等幅的，此球体产生的辐射声场的解析表达式为[14]

$$p(r) = v\frac{\mathrm{j}\omega\rho_f R^2}{1+\mathrm{j}kR}\frac{\mathrm{e}^{-\mathrm{j}k(r-R)}}{r} \tag{10.37}$$

其中，R 为球体半径，r 为待求点到球心的距离。设定半径 $R=1\text{m}$，流体密度为 $\rho_f = 1.21\text{kg}/\text{m}^3$，声波传播速度为 $c = 343\text{m}/\text{s}$，频率为 20Hz，在球面上施加的振动速度为 $v = 1\text{m}/\text{s}$。

NURBS 曲面构建的球面可以通过绕一条直线(球的南极和北极连接的直线)旋转半圆曲线 360°而形成。在数值计算之前，有必要将 0°经线与 360°经线上的控制点结合起来。NURBS 的拓扑结构简单，但存在一些问题，在球体的“北极”和“南极”附近，虽然在参数空间是四边形单元，但投射到物理空间时退化为三角形单元，在极点附近的一些几何参数，如法线的计算误差较大，会影响计算精度，这种现象被称为“极点奇异性”[15]。文献[16]详细讨论了“极点奇异性”的影响。

图 10.7(a)为 Lagrange 模型形成的网格。它包含 78 个 8 节点 2 次单元，共有 236 个节点(方块)；图 10.7(b)是由最简单 NURBS 曲面形成的球面，它由一个包含 8 个 2 阶次单元的片组成，这些单元之间具有 C^0 连续性。该球体包含 45 个控制点，0°和 360°经线上的控制点粘接后，只有 40 个独立的控制点(圆点)。值得注意的是，它的 8 个单元都退化为物理空间中的三角形单元。

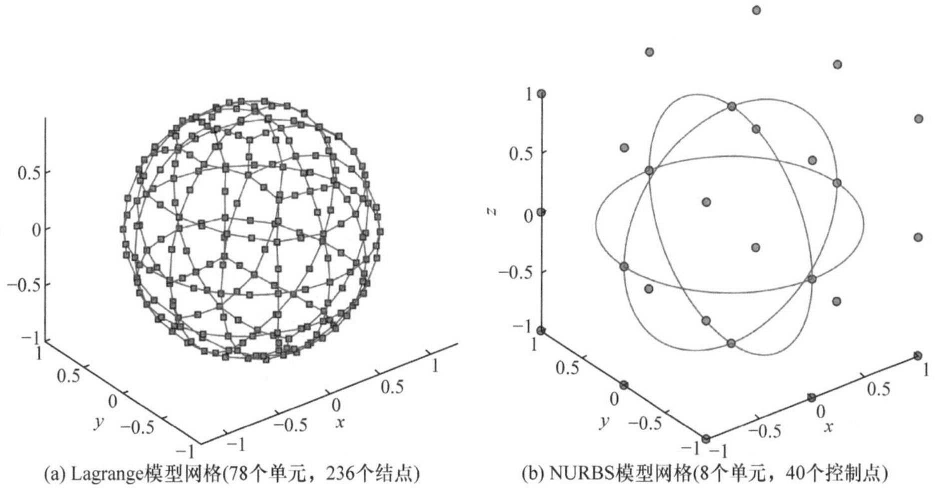

(a) Lagrange模型网格(78个单元，236个结点)　(b) NURBS模型网格(8个单元，40个控制点)

图 10.7　球面的 Lagrange 和 NURBS 模型网格

为了研究自由度和单元数目对球体模型计算精度及计算误差的影响，首先设置一个半径为 100m 的参考球面，选取参考球面上均匀分布的 98 个点作为参考点。然后结合解析解(10.37)与平均相对误差计算公式(10.36)，可以得到数值方法的求解精度。本算例包含三种计算模型：①Lagrange 模型，单元数由 24 增加到 752，相应的自由度由 74 增加到 2258；②单元间 C^0 连续的 NURBS 模型，单元数由 8 增加到 512，相应的自由度数由 40 增加到 2112；③单元间 C^1(除了初始的 8 个单元的网格为 C^0 连续)连续的 NURBS 模型，单元数由 8 增加到 512，相应的自由度数由 40 增加到 684。

图 10.8 显示了三种模型随自由度增加的计算精度和收敛性。两种等几何模型的计算精度明显高于 Lagrange 模型，尤其是在自由度较低的情况下。但 Lagrange 模型的收敛速度要快于两种等几何模型，这是因为等几何模型本身不存在几何离散误差，“北极”和“南极”附近的单元退化会影响计算精度。网格加密后，Lagrange 模型的几何形状更接近球体表面，几何离散误差显著降低，因此精度提高更快。图 10.8 中 C^0 连续的 NURBS 模型的收敛速度低于 C^1 连续的 NURBS 模型的原因在于，在相同网格下，C^0 连续的 NURBS 模型具有更多的冗余自由度，降低了单元之间的连续性，对计算精度影响不大。

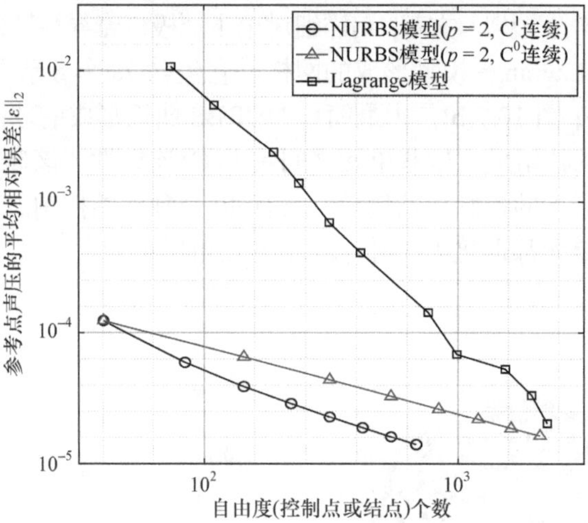

图 10.8　Lagrange 模型和两种 NURBS 模型的收敛曲线

在图 10.9 中，自变量为单元数。与图 10.8 相比，可以看出 C^0 连续和 C^1 连续 NURBS 模型的单元数的计算精度更接近，说明 NURBS 模型中单元数对计算精度的影响更大。此外，由于 C^0 连续 NURBS 模型降低了单元之间的连续性，在相同单元的情况下，计算精度略低。

为了更好地探索 Lagrange 模型和 NURBS 模型的误差来源，我们选择单元数和自由度最少的 NURBS 模型，并将其与拥有 329 个单元和 989 个自由度的 Lagrange 模型进行比较。在计算中，高斯点数起始为 2，每次增加 1，直到 9 为止。图 10.10 为两种模型计算精度随高斯点数增加的变化情况。从图 10.10 中可以看出，随着高斯点数的增大，Lagrange 模型的计算精度并没有相应提高，几乎保持不变。虽然 NURBS 模型只有 8 个单元和 40 个自由度，但在高斯点数为 4 时，它的计算精度高于 Lagrange 模型的 329 个单元和 989 个自由度。其原因在于 Lagrange 模型含有较大的几何离散误差，因此积分误差的改善并不能提高 Lagrange 模型的整体计算精度。NURBS 模型在描述曲面形状时仍然不包含几何误差，其总体计算误差主要来自积分误差。

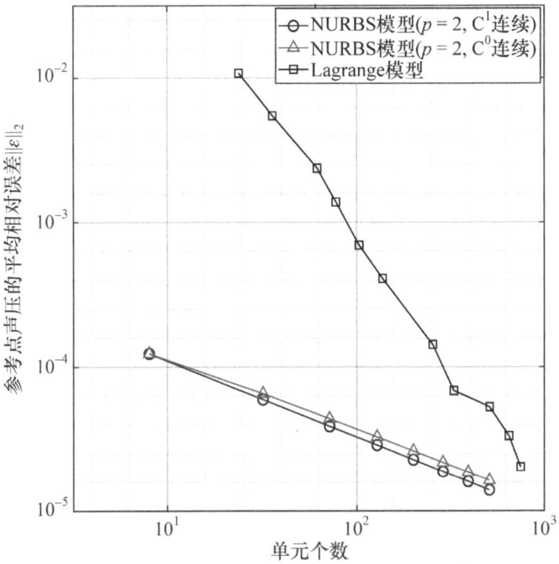

图 10.9　以单元个数为自变量的收敛曲线

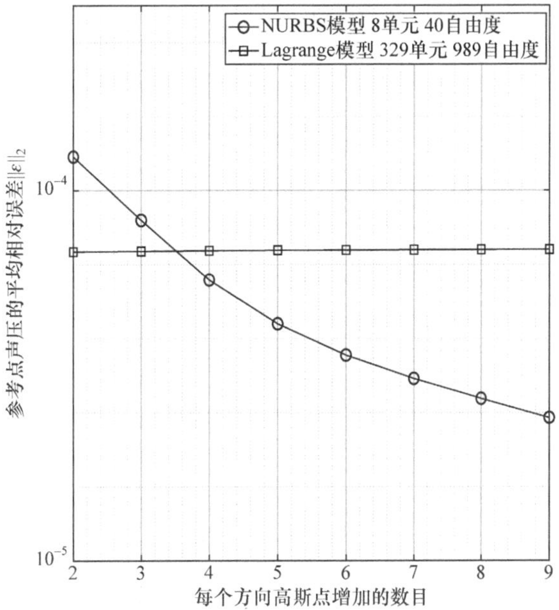

图 10.10　高斯点个数对计算误差的影响

10.6.3　脉动球辐射问题(IGIBEM)

本算例的相关计算信息与 10.6.2 节保持一致。选择如图 10.7(b)所示的 NURBS 模型，该模型有 8 个 2 阶次单元和 40 个控制点。图 10.11 显示了 IGDBEM 和 IGIBEM 关于频率的计算精度。为了保证该网格的计算精度，避免内域共振频率问题，最大频率设置为 120Hz。从图 10.11 可以看出，在频率为 1～65Hz 时，IGDBEM 的计算精度高于 IGIBEM。特别是在 20Hz 以下，IGDBEM 具有更大的优势，其计算精度比 IGIBEM 高一个数量级。随着频率的增加，IGIBEM 的计算精度基本保持不变，甚至略有下降，而 IGDBEM 的计算精度始终单调上升。IGIBEM 的优势仅在 65～120Hz 频率下得以实现。

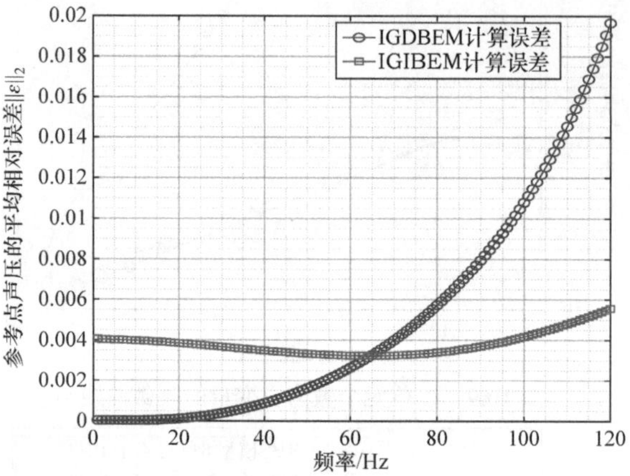

图 10.11　频率对两种等几何边界元法计算精度的影响

为了研究两种边界元法在不同频率下的计算收敛性，将频率分别设置为 20Hz、65Hz 和 100Hz，并对网格进行逐级细分。图 10.12 为两种方法在 20Hz 时的收敛曲线。可以看出，IGDBEM 的计算精度始终高于 IGIBEM。IGIBEM 的精

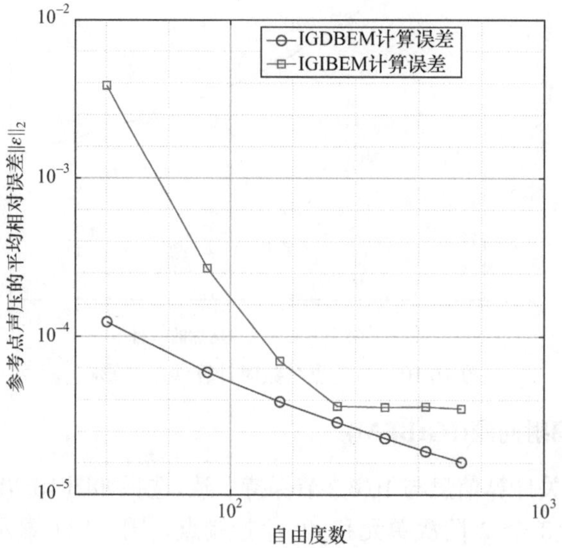

图 10.12　20Hz 下细分网格对两种等几何边界元法计算精度的影响

度在前三次细分中收敛速度较快，但在后续细分中收敛速度下降，而 IGDBEM 的收敛速度相对稳定。

当频率设置为 65Hz 时，两种方法的收敛曲线如图 10.13 所示。可以看出，虽然两种方法的计算精度在初始网格上是一致的，但 IGIBEM 的优势体现在网格的细分上，其计算精度高于直接法。在后续细分中，两种方法的收敛速度是一致的。

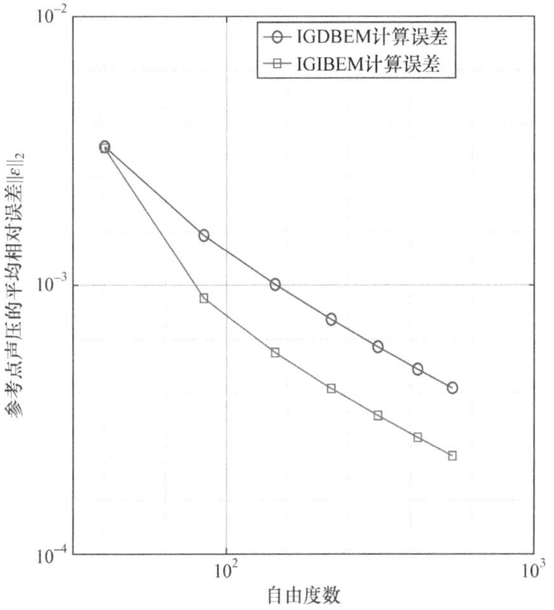

图 10.13　65Hz 下细分网格对两种等几何边界元法计算精度的影响

图 10.14 为两种方法在 100Hz 频率下的收敛曲线。显然，这两条曲线几乎是平行的，但在细分后，IGIBEM 的收敛速度略快于 IGDBEM。

由图 10.11～图 10.14 可以看出，在较低的频率下，IGDBEM 具有较高的计算精度，而在较高的频率下，IGIBEM 则更有优势。两种等几何边界元法的收敛速度基本一致，但 IGIBEM 的计算精度对频率变化不太敏感。

10.6.4　局部细分对 IGIBEM 求解精度的影响

为了更好地研究边界元局部特征对整个求解域的影响，本算例研究刚性球体浸入无限流体中的平面波声散射问题。相关几何尺寸和材料参数均与 10.6.2 节一致，计算频率设定为 20Hz。单位振幅的平面入射波沿 x 坐标轴传播。当有一个半径为 1m 的刚体球时，会发生散射。散射声场的解析解为[14]

$$p_{\text{scat}} = A\sum_{n=1}^{\infty} -\frac{i^n(2n+1)j_n'(ka)}{h_n'(ka)} p_n(\cos\theta)h_n(kr) \tag{10.38}$$

其中，A 是入射波的幅值，θ 是入射波矢与 x 轴正方向相交的方位角，a 是球的

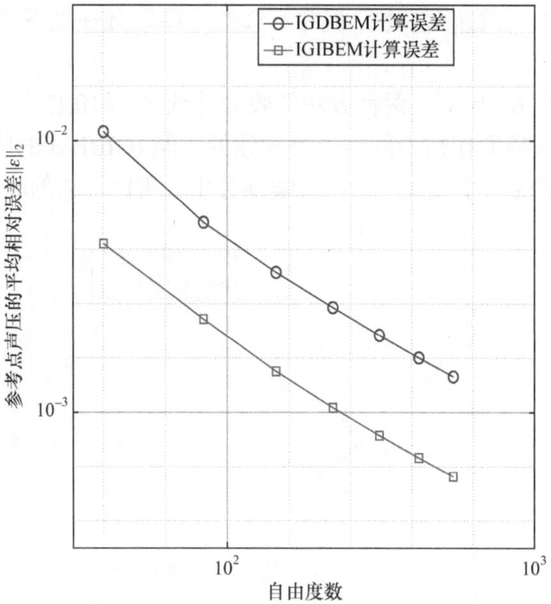

图 10.14　100Hz 下细分网格对两种等几何边界元法计算精度的影响

半径，R 是位置矢量，h_n 和 h_n' 是第 n 个第一类球形 Hankel 函数及它的导数，j_n' 是第二类球形 Bessel 函数的导数，P_n 是 Legendre 多项式。

本算例的第一个 PHT 模型由 8 个片组成，每个片包含 4 个 3 阶次单元，在片内单元之间具有 C^1 连续性，共含有 220 个控制点。为了实现局部细分，在西半球进行了三次局部十字节点插入细分。因此，PHT 球面模型有四种类型，分别为 0 次细分、1 次细分、2 次细分和 3 次细分，分别有 8 个、104 个、344 个和 776 个单元，相应的控制点数量为 220、552、1588 和 3268。它们的 PHT 网格如图 10.15 所示，其中图 10.15(d)的网格和控制点分布如图 10.16 所示。

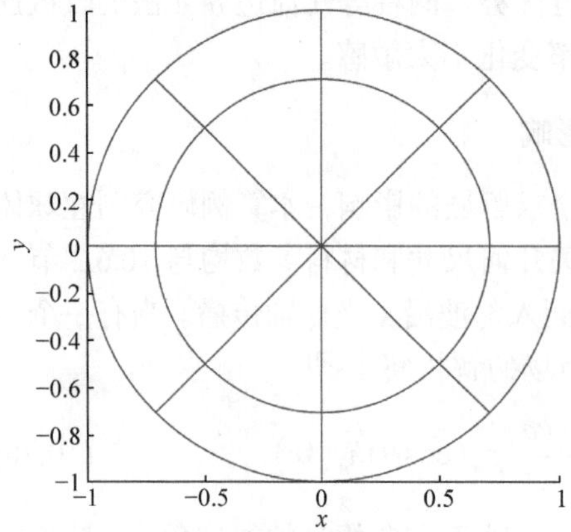

(a) 细分0次

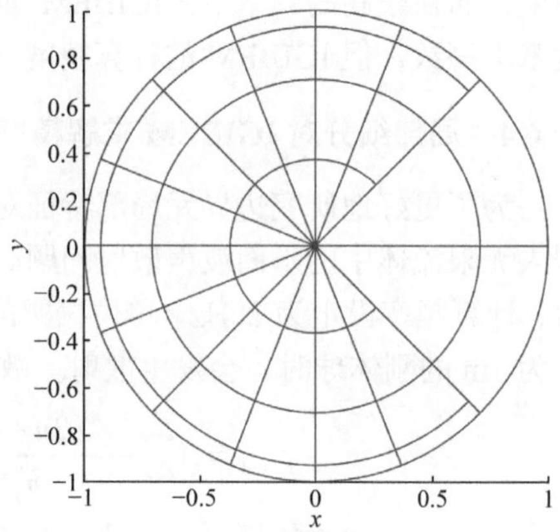

(b) 细分1次

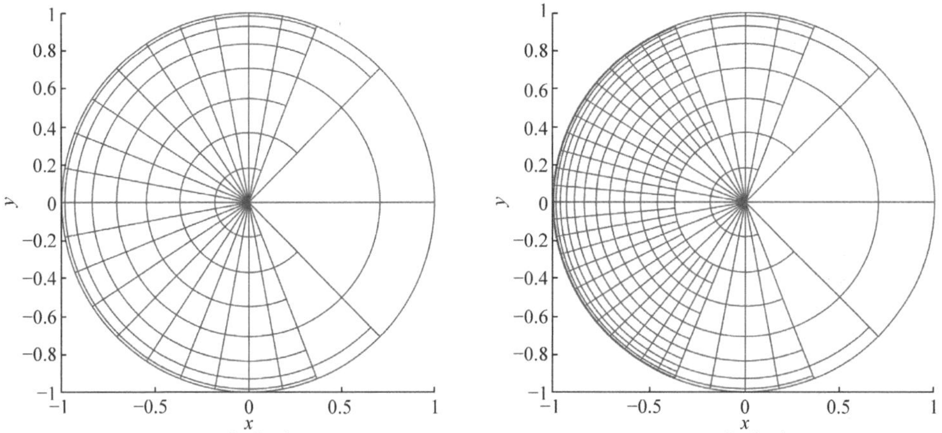

(c) 细分2次　　(d) 细分3次

图 10.15　四种 PHT 细分网格示意图

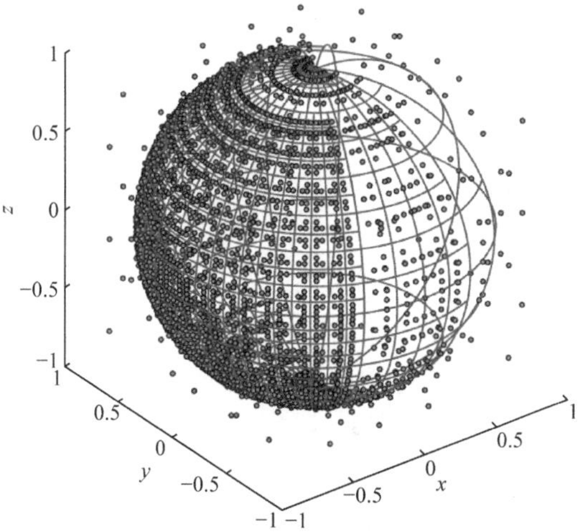

图 10.16　3 次细分的网格控制点

为了更好地研究局部细分对求解域计算精度的影响，我们选取半径分别为 1m、1.1m、2m 和 5m 的 *xOy* 平面上的 4 条赤道线。图 10.17 为不同半径的四种赤道曲线上的相对误差分布。在细分 0 次的网格上，半径较小的赤道曲线误差分布几乎关于 *yOz* 面对称，如图 10.17(a)和(b)中的蓝色曲线所示，其他半径的赤道曲线上的误差分布也相对一致。当对西半球的网格进行一次细分后，我们可以看到所有赤道曲线上的相对误差均下降，但是在赤道半径较小的两种情况(图 10.17(a)和(b))下，西半球上的相对误差下降幅度明显大于东半球。随着赤道半径的增大，东西两个半球赤道曲线上的相对误差下降趋势接近，如图 10.17 (c)和(d)所示。这说明局部细分会提高求解域整体的计算精度，但在靠近细分边界的地方效果更大。然后进行第二次和第三次局部细分，观察到所有赤道曲线上的相对误差在经历一次较大的下降后，变化不再明显，局部细分的作用似乎达到了一定的瓶颈。图 10.18 是图 10.17(b)中黄色曲线(细分两次)和紫色曲线(细分三次)的局部放大图。可以看出，紫色曲线在西半球的精度为 10^{-4} 量级，在东半球的精度为 10^{-2} 量级，相差两个数量级。这是因为虽然西半球的网格密度比较密集，但东半球的网格仍然比较稀疏，并且 IGIBEM 的解域中的任何一点都需要对整个边界进行积分，东半球和西半球的网格都将影响计算精度。虽然西半球的网格相对密集，但是东半球的网格稀疏决定了整个模型计算精度的上限。

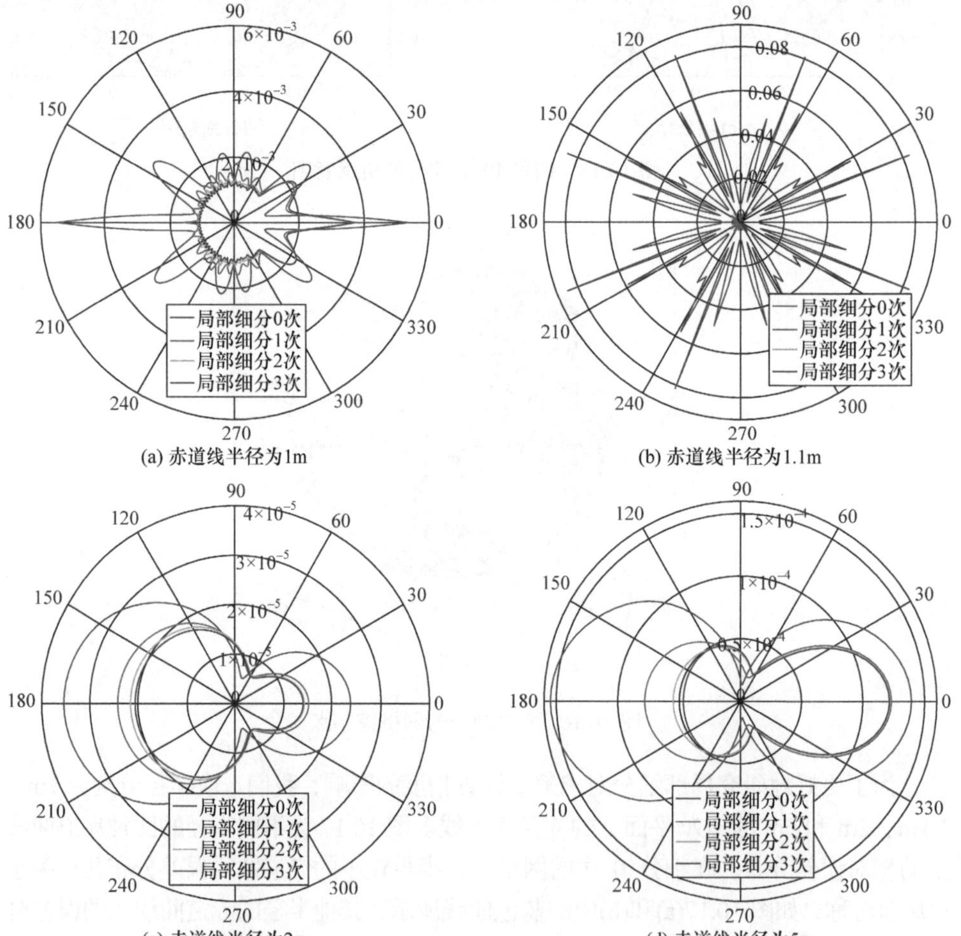

图 10.17　4 种赤道曲线上的相对误差(彩图请扫封底二维码)

以上算例表明，IGIBEM 中边界的局部细分对整个求解域有影响，但在靠近局部细分的边界处影响更大。由于存在未细分的部分边界，整体计算精度的提高存在一个上限，不能单纯依靠局部细分来突破。

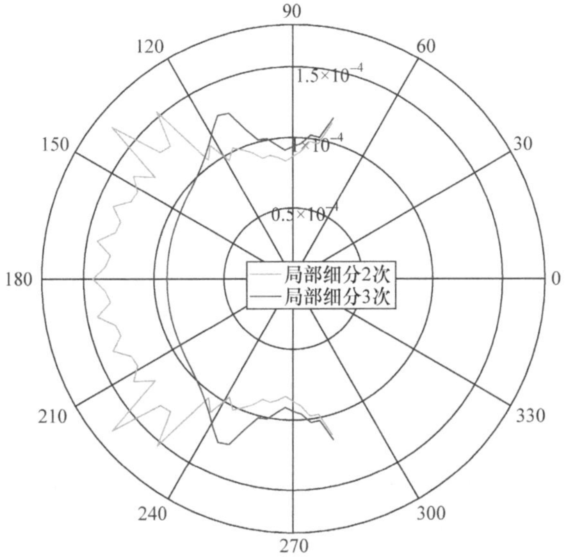

图 10.18　赤道线半径为 1.1m 的局部放大图

10.7 小　结

本章首先介绍了两种基于 NURBS 的等几何边界元法，并对 IGDBEM 和 Lagrange DBEM 的计算结果进行了比较。结果表明，等几何方法在描述含有曲面的形状时其计算精度高于 Lagrange 方法。等几何边界元法各单元之间的高阶连续性可以提高计算精度，当插入重复节点时，虽然整个模型的自由度增加了，但单元数量并没有改变。特别是单元间的连续性降低，使得等几何边界元法的求解精度略有下降。然后，本章对比了 IGDBEM 和 IGIBEM 的计算结果，发现 IGDBEM 在频率相对较低时计算精度更高，但是 IGDBEM 对频率更敏感，频率的增加会使 IGDBEM 的计算精度迅速下降。在相对较高的频率下，无论是内域还是外域问题，IGIBEM 的计算精度都高于 IGDBEM。但两种等几何方法在固定频率下的收敛速度基本相同。本章最后介绍了一种结合 PHT 样条的 IGIBEM 算法。利用 PHT 的局部细分功能，研究了边界局部细分对 IGIBEM 计算精度的影响。研究发现，局部细分对 IGIBEM 的整个求解域都有影响，距离细分部位越近，则计算精度变化越大。然而，当局部细分达到一定程度时，由于粗糙网格的存在，整个域的求解精度趋于恒定。

参考文献

[1] Wu T W. Boundary Element Methods-Fundamentals and Computer Codes[M]. Southampton:

WIT Press, 2000.

[2] Kirkup S. The boundary element method in acoustics: A survey[J]. Applied Sciences, 2019, 9(8):1642.

[3] Simpson R N, Scott M A, Taus M, et al. Acoustic isogeometric boundary element analysis[J]. Computer Methods in Applied Mechanics and Engineering, 2014, 269: 265-290.

[4] Chen L, Marburg S, Zhao W, et al. Implementation of isogeometric fast multipole boundary element methods for 2D half-space acoustic scattering problems with absorbing boundary condition[J]. Journal of Theoretical and Computational Acoustics. 2018, 26: 1850024.

[5] Wu Y H, Dong C Y, Yang H S. Isogeometric indirect boundary element method for solving the 3D acoustic problems[J]. Journal of Computational and Applied Mathematics, 2020, 363: 273-299.

[6] 吴一昊. 声固耦合问题的等几何有限元-边界元耦合算法研究[D]. 北京：北京理工大学, 2021.

[7] Sommerfeld A. Partial Differential Equations in Physics[M]. New York: Academic Press, 1949.

[8] Gomez H, De Lorenzis L. The variational collocation method[J]. Computer Methods in Applied Mechanics and Engineering, 2016, 309: 152-181.

[9] Demko S. On the existence of interpolating projections onto spline spaces[J]. Journal of Approximation Theory, 1985, 43(2): 151-156.

[10] Johnson R W. Higher order B-spline collocation at the Greville abscissae[J]. Applied Numerical Mathematics, 2005, 52(1): 63-75.

[11] Atalla N, Sgard F. Finite Element and Boundary Methods in Structural Acoustics and Vibration[M]. Boca Raton: CRC Press, 2015.

[12] Hamdi M A, Ville J M. Development of a sound radiation model for a finite-length duct of arbitrary shape[J]. AIAA Journal, 1982, 20(12): 1687-1692.

[13] Marburg S, Wu T W. Treating the Phenomenon of Irregular Frequencies//Marburg S, Nolte B. ed. Computational Acoustics of Noise Propagation in Fluids-Finite and Boundary Element Methods. Berlin: Springer, 2008, 411-434.

[14] Coox L, Atak O, Vandepitte D, et al. An isogeometric indirect boundary element method for solving acoustic problems in open-boundary domains[J]. Computer Methods in Applied Mechanics and Engineering, 2017, 316: 186-208.

[15] Dedoncker S, Coox L, Maurin F, et al. Bézier tilings of the sphere and their applications in benchmarking multipatch isogeometric methods[J]. Computer Methods in Applied Mechanics and Engineering, 2018, 332: 255-279.

[16] Wu Y H, Dong C Y, Yang H S. Isogeometric FE-BE coupling approach for structural-acoustic interaction[J]. Journal of Sound and Vibration, 2020, 481: 115436.

第 11 章　等几何边界元快速直接算法

11.1 引　　言

Hughes 等[1]提出等几何分析(isogeometric analysis, IGA)方法的主要思想在于使用相同的非均匀有理 B 样条(NURBS)函数来精确表示几何构型和近似物理场。该方法统一了计算机辅助设计(CAD)和计算机辅助工程(CAE)模型,已经被成功应用到许多领域中，如结构动力学[2]、断裂力学[3]、流体力学[4]、板壳结构[5]、声学[6]和接触力学[7]。早期的等几何分析主要是基于有限元法，即等几何有限元法。然而，等几何有限元法需要将来自 CAD 的几何模型的表面特征扩展到整个实体区域，以满足区域离散方法的特点。与区域离散方法相比，边界元法作为一种边界离散方法，在数值计算中只需要离散模型的几何边界，这恰好符合等几何分析的特点，不需要将表面特征扩展到整个实体域。等几何边界元法是由 Simpson 等[8]首次提出并应用于二维弹性力学问题的分析中，随后等几何边界元法在多个领域展现了其解决问题的优越性，比如势问题[9]、声学[10,11]和断裂力学[12-15]。虽然等几何边界元法结合了等几何分析和边界元法的优点，但同时也继承了边界元法的弱点。边界积分方程离散后，如果形成的线性方程组中方程的个数为 N，与传统边界元法一样，等几何边界元法也需要 $O(N^2)$的计算量来求解 $N \times N$ 的稠密且非对称的系数矩阵，并且需要 N^2 单位的内存空间来存储系数矩阵。此外，在求解线性方程组的过程中，如果采用直接解法，如高斯消去法，则需要 $O(N^3)$的计算量。因此，随着问题规模的增大，求解问题所需的 CPU 时间和内存空间会迅速增加[16]。为克服边界元法解题规模受限问题，很多学者提出了相应的快速算法，比如快速多极算法[17-19]和层次矩阵法[20,21]。快速多极算法需要采用显式的多极展开来近似边界积分方程中的核函数,为了达到给定的精度，必须提前计算级数的所有项，然后进行积分，这可能会导致标准边界元法程序的重大修改。与快速多极算法不同，层次矩阵法是从矩阵层面发展起来的，不需要考虑问题的物理背景。因此，在层次矩阵法中，如果稠密的系数矩阵被逐层划分为分层矩阵，则可以使用自适应交叉算法逼近满足相容条件的子矩阵。层次矩阵法一般需要使用迭代技术来求解未知量，迭代技术的收敛速度与所研究的问题有关。其中，系数矩阵的条件数越大，收敛速度越慢，需要的 CPU 时间越多。因此，一些学者开始研究边界积分方程密集矩阵的快速直接算法[22-25]。Lai 等[24]利用基于分层非对角低秩

(HODLR)矩阵的快速直接算法研究了二维孔洞的高频散射问题。对于三维位势问题，Huang 和 Liu[25]提出了一种基于 HODLR 矩阵的快速直接边界元算法。基于 HODLR 矩阵，避免了使用迭代技术求解线性方程组。由于 HODLR 矩阵的非对角子矩阵都是低秩矩阵，可以用 Sherman-Morrison-Woodbury 公式求解系数矩阵的逆。

本章将介绍作者课题组在等几何边界元快速直接算法方面的一些工作[16,26,27]。基于 HODLR 矩阵的快速直接算法与等几何边界元法相结合，给出一套针对大规模问题的等几何边界元快速直接算法。其中，在三维位势问题的数值实现中，采用加速算法结合自适应交叉算法来提高非对角子矩阵的压缩效率，进而提高等几何边界元快速直算法的求解效率。对于三维弹性力学问题，由于其基本解具有张量形式，因此需要在加速算法的基础上，引进加速交叉算法来求解弹性力学问题。在加速交叉算法中，首先使用奇异值分解法低秩压缩加速算法中的最底层子矩阵，然后使用自适应交叉算法再压缩得到最终的低秩矩阵。

11.2 快速直接算法

11.2.1 矩阵低秩分解

给定矩阵 $\boldsymbol{O} \in \mathbb{R}^{m\times n}$，其低秩近似形式可以通过许多分解方法[28](如双对角分解、完全正交分解、UTV 分解和 R 双对角化)得到，这里我们主要介绍奇异值分解(SVD)和自适应交叉近似(ACA)算法。

11.2.1.1 奇异值分解

对矩阵 $\boldsymbol{O}$，存在正交矩阵 $\boldsymbol{U}_r=\left[\boldsymbol{u}_1,\boldsymbol{u}_2,\cdots,\boldsymbol{u}_r\right]\in\mathbb{R}^{m\times r}$ 和 $\boldsymbol{V}_r=\left[\boldsymbol{v}_1,\boldsymbol{v}_2,\cdots,\boldsymbol{v}_r\right]\in\mathbb{R}^{n\times r}$，使得下式成立

$$\boldsymbol{O}=\boldsymbol{U}_r\boldsymbol{W}_r\boldsymbol{V}_r^{\mathrm{T}} \tag{11.1}$$

其中，对角矩阵 $\boldsymbol{W}_r=\mathrm{diag}\left(w_1,w_2,\cdots,w_r\right)$ 中的元素是矩阵 $\boldsymbol{O}$ 的奇异值，而且 $w_1\geqslant w_2\geqslant\cdots\geqslant w_r\geqslant 0$。

给定阈值 $\varepsilon_{\mathrm{SVD}}$，并比较奇异值和阈值的大小，当 $w_{k+1}<\varepsilon_{\mathrm{SVD}}$ 时，将奇异值截断，得到 $\boldsymbol{W}_k=\mathrm{diag}\left(w_1,w_2,\cdots,w_k\right)\in\mathbb{R}^{k\times k}$、$\boldsymbol{U}_k=\left[\boldsymbol{u}_1,\boldsymbol{u}_2,\cdots,\boldsymbol{u}_k\right]\in\mathbb{R}^{m\times k}$ 和 $\boldsymbol{V}_k=\left[\boldsymbol{v}_1,\boldsymbol{v}_2,\cdots,\boldsymbol{v}_k\right]\in\mathbb{R}^{n\times k}$，其中 $k<r$。最终得到的分解矩阵 $\boldsymbol{U}$ 和 $\boldsymbol{V}$ 为：$\boldsymbol{U}=\boldsymbol{U}_k\sqrt{\boldsymbol{W}_k}$，$\boldsymbol{V}=\sqrt{\boldsymbol{W}_k}\boldsymbol{V}_k^{\mathrm{T}}$，其中 $\sqrt{\boldsymbol{W}_k}=\mathrm{diag}\left(\sqrt{w_1},\sqrt{w_2},\cdots,\sqrt{w_k}\right)$。

与其他的分解方法相比，截断 SVD 在同秩情况下精度最高[29]。然而，SVD 的缺点是需要更多的内存空间和更大的计算量。在 SVD 的实现中，不论矩阵 $\boldsymbol{O}$

是否稠密，得到的正交矩阵 $\boldsymbol{U}_r$ 和 $\boldsymbol{V}_r$ 通常是稠密矩阵。对于 $m\times n$ 的矩阵，计算量为 $14mn^2+8n^3$[30]，即 SVD 的计算量是三次的。而对于低秩矩阵，SVD 的计算量为 $k^2(m+n)$。

11.2.1.2　自适应交叉近似

ACA 算法作为矩阵的另一种低秩分解技术，在数值实现中只需要选取原始矩阵 $\boldsymbol{O}$ 中有限的行和列对矩阵 $\boldsymbol{O}$ 进行低秩逼近，其表达式为[31]

$$\boldsymbol{O}_k=\sum_{i=1}^{k}\boldsymbol{u}_i\boldsymbol{v}_i^{\mathrm{T}}=\boldsymbol{U}\boldsymbol{V} \tag{11.2}$$

其中，$\boldsymbol{u}_i\in\mathbb{R}^m$，$\boldsymbol{v}_i\in\mathbb{R}^n$。因此，对于任意矩阵 $\boldsymbol{O}\in\mathbb{R}^{m\times n}$，需要存储元素的个数由 $m\times n$ 减少到 $k\times(m+n)$，而矩阵向量相乘的计算量减少到 $O(k\times(m+n))$ 量级。接下来我们给出两种 ACA 算法，即全选主元算法和部分选主元算法[31]，其数值实施过程如表 11.1 和表 11.2 所示。

表 11.1　全选主元 ACA 算法

输入：待分解初始矩阵 $\boldsymbol{O}$；

输出：矩阵 $\boldsymbol{U}$ 和 $\boldsymbol{V}$；

赋值 $\boldsymbol{R}_0:=\boldsymbol{O}$；$k:=0$

while $\|\boldsymbol{R}_k\|_{\mathrm{F}}\geqslant\varepsilon_{\mathrm{ACA}}\|\boldsymbol{O}\|_{\mathrm{F}}$ do　　$k:=k+1$；

　　获取矩阵 $\boldsymbol{R}_{k-1}$ 中最大元素及标号，$(i_k,j_k)=\operatorname{argmax}_{i,j}\left|(\boldsymbol{R}_{k-1})_{i,j}\right|$；

　　选取最大元素标号对应的列和行，$\boldsymbol{u}_k=\boldsymbol{R}_{k-1}\boldsymbol{e}_{j_k};\boldsymbol{v}_k=\boldsymbol{R}_{k-1}^{\mathrm{T}}\boldsymbol{e}_{i_k}$；

　　计算最大元素的倒数，$\gamma_k=\left((\boldsymbol{R}_{k-1})_{i_k,j_k}\right)^{-1}$；

　　计算 $\boldsymbol{R}_k$，$\boldsymbol{R}_k=\boldsymbol{R}_{k-1}-\gamma_k\boldsymbol{u}_k\boldsymbol{v}_k^{\mathrm{T}}$；

end while

其中，$\|\cdot\|_{\mathrm{F}}$ 表示 Frobenius 范数；$\varepsilon_{\mathrm{ACA}}>0$ 是给定的参数，其大小决定了从原始矩阵中提取的列数和行数。对于此算法来说，生成低秩矩阵需要的计算量和存储量分别是 $O(kmn)$ 量级和 $O(nm)$ 量级。因此，该算法是相当昂贵的，不能用于大型矩阵。如果系统矩阵 $\boldsymbol{O}$ 尚未生成，但有可能单独生成它的项，那么下面的 ACA 部分选主元算法能够用于矩阵近似。

表 11.2　部分选主元 ACA 算法

输入：初始矩阵的行数 m 和列数 n；

输出：矩阵 $\boldsymbol{U}$ 和 $\boldsymbol{V}$；

赋值 $i_1=1$；$Z=\varnothing$；$\boldsymbol{v}_1=\varnothing$；

续表

while $(\boldsymbol{v}_1 = \varnothing \text{and } i_1 \leqslant m)$ do　选取矩阵 $\boldsymbol{O}$ 中的第 i_1 行，$(\tilde{\boldsymbol{v}}_1)_{1,\cdots,n} := \boldsymbol{O}_{i_1 1,\cdots,n}$；

　判断，if $\tilde{\boldsymbol{v}}_1 = \varnothing$ then　$Z := Z \cup \{i_1\}; i_1 := i_1 + 1$　end if；

end while

判断，if $i_1 > m$ then 程序终止，矩阵 $\boldsymbol{O}$ 为空 end if;

选取 i_1 行中的最大值及标号并计算，$j_1 := \arg\max_{j=1,\cdots,n} |\boldsymbol{O}_{i,j}|$；$\gamma_1 = (\tilde{\boldsymbol{v}}_1)_{j_1}^{-1}$；$\boldsymbol{v}_1 = \gamma_1 \tilde{\boldsymbol{v}}_1$；

选取最大值对应的列，$(\boldsymbol{u}_1)_{1,\cdots,m} = \boldsymbol{O}_{1,\cdots,m.j_1}$；$k := 2$；

while $\|\boldsymbol{u}_k\|_{\mathrm{F}} \|\boldsymbol{v}_k\|_{\mathrm{F}} > \varepsilon_{\mathrm{ACA}} \|\tilde{\boldsymbol{O}}_k\|_{\mathrm{F}}$ do

　选取列向量中最大的元素及标号，$i_k := \arg\max_{i \notin Z} |(\boldsymbol{u}_{k-1})_i|$；

　$(\tilde{\boldsymbol{v}}_k)_j := \boldsymbol{O}_{i_k j} - \sum_{l=1}^{k-1} (\boldsymbol{u}_l)_{i_k} (\boldsymbol{v}_l)_j,\ j = 1,\cdots,n$；　$Z := Z \cup \{i_k\}$；

　判断，if $\tilde{\boldsymbol{v}}_k \neq \varnothing$ then　$j_k := \arg\max_{j=1,\cdots,n} |(\tilde{\boldsymbol{v}}_k)_j|; \gamma_k := (\tilde{\boldsymbol{v}}_k)_{j_k}^{-1}; \boldsymbol{v}_k := \gamma_k \tilde{\boldsymbol{v}}_k$；

　　$(\boldsymbol{u}_k)_i := \boldsymbol{O}_{ij_k} - \sum_{l=1}^{k-1} (\boldsymbol{u}_l)_i (\boldsymbol{v}_l)_{j_k},\ i = 1,\cdots,m$；$k := k+1$；

　end if

end while

11.2.2　分层非对角低秩矩阵

给定矩阵 $\boldsymbol{O} \in \mathbb{R}^{m \times n}$，1-层 HODLR 矩阵的定义如下[25,26]：

$$\boldsymbol{O} = \begin{bmatrix} \boldsymbol{D}_{11} & \boldsymbol{U}_{11}\boldsymbol{V}_{11} \\ \boldsymbol{U}_{12}\boldsymbol{V}_{12} & \boldsymbol{D}_{12} \end{bmatrix} \tag{11.3}$$

其中，$\boldsymbol{D}_{11} \in \mathbb{R}^{m_1 \times n_1}$ 和 $\boldsymbol{D}_{12} \in \mathbb{R}^{m_2 \times n_2}$ 是对角子矩阵($m_1 + m_2 = m$，$n_1 + n_2 = n$)。非对角上两个相乘的矩阵 $\boldsymbol{U}_{1i}\boldsymbol{V}_{1i}$ (i = 1,2)分别是两个非对角子矩阵的低秩表示形式，其中 $\boldsymbol{U}_{1i} \in \mathbb{R}^{m_i \times k_i}$ 和 $\boldsymbol{V}_{1i} \in \mathbb{R}^{k_i \times (n-n_i)}$，下标中的第一个量表示层数。HODLR 矩阵的图解形式如图 11.1 所示，其中 2-层形式(l = 2)是在 1-层形式(l = 1)的基础上将方程(11.3)中的对角子矩阵 $\boldsymbol{D}_{11}$ 和 $\boldsymbol{D}_{12}$ 进行分割，分别形成 4 个子矩阵，如图 11.1 中的 l = 2 和式(11.4)所示；以此类推，可以得到 3 层的 HODLR 矩阵形式，如图 11.1 中的 l = 3 所示。最终，l 层的 HODLR 矩阵的第 r 个对角矩阵块形式如式(11.5)所示

$$\boldsymbol{O} = \begin{bmatrix} \begin{bmatrix} \boldsymbol{D}_{21} & \boldsymbol{U}_{21}\boldsymbol{V}_{21} \\ \boldsymbol{U}_{22}\boldsymbol{V}_{22} & \boldsymbol{D}_{22} \end{bmatrix} & \boldsymbol{U}_{11}\boldsymbol{V}_{11} \\ \boldsymbol{U}_{12}\boldsymbol{V}_{12} & \begin{bmatrix} \boldsymbol{D}_{23} & \boldsymbol{U}_{23}\boldsymbol{V}_{23} \\ \boldsymbol{U}_{24}\boldsymbol{V}_{24} & \boldsymbol{D}_{24} \end{bmatrix} \end{bmatrix} \tag{11.4}$$

$$\begin{bmatrix} \boldsymbol{D}_{l(2r-1)} & \boldsymbol{U}_{l(2r-1)}\boldsymbol{V}_{l(2r-1)} \\ \boldsymbol{U}_{l(2r)}\boldsymbol{V}_{l(2r)} & \boldsymbol{D}_{l(2r)} \end{bmatrix} \tag{11.5}$$

其中，$r=1,2,\cdots,2^{l-1}$。

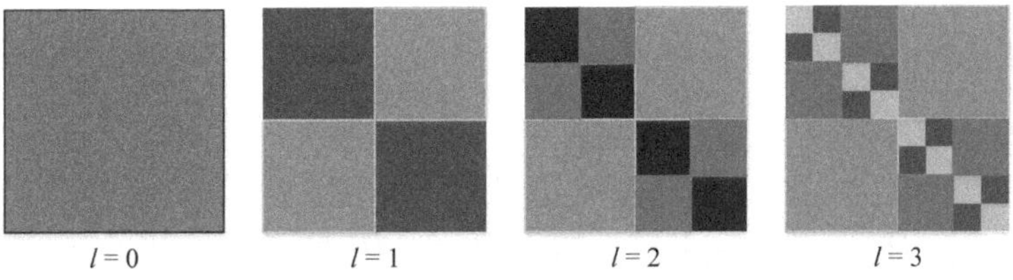

图 11.1　HODLR 矩阵的图解形式

11.2.3　快速直接算法的实施过程

假设 HODLR 矩阵的对角子矩阵是可逆的，并且所有的非对角子矩阵都能很好地用低秩矩阵近似，这样就可以用 Sherman-Morrison-Woodbury 公式求解 HODLR 矩阵的逆矩阵。求解过程中，将 HODLR 矩阵分解为一系列对角块矩阵相乘的形式。下面详细介绍快速直接算法的实现原理[16,23]。

11.2.3.1　单层快速直接算法

假设将矩阵 $\boldsymbol{O}$ 分解为方程(11.3)所示形式，设

$$\boldsymbol{O}_1=\begin{bmatrix} \boldsymbol{D}_{11} & \\ & \boldsymbol{D}_{12} \end{bmatrix} \tag{11.6}$$

将方程(11.6)与(11.5)相乘，可得

$$\boldsymbol{O}_1^{-1}\boldsymbol{O}=\begin{bmatrix} \boldsymbol{I} & \boldsymbol{D}_{11}^{-1}\boldsymbol{U}_{11}\boldsymbol{V}_{11} \\ \boldsymbol{D}_{12}^{-1}\boldsymbol{U}_{12}\boldsymbol{V}_{12} & \boldsymbol{I} \end{bmatrix} \tag{11.7}$$

式(11.7)可简化写为

$$\boldsymbol{O}_0=\begin{bmatrix} \boldsymbol{I} & \tilde{\boldsymbol{U}}_{11}\boldsymbol{V}_{11} \\ \tilde{\boldsymbol{U}}_{12}\boldsymbol{V}_{12} & \boldsymbol{I} \end{bmatrix} \tag{11.8}$$

其中，$\boldsymbol{O}_0=\boldsymbol{O}_1^{-1}\boldsymbol{O}$，$\tilde{\boldsymbol{U}}_{11}=\boldsymbol{D}_{11}^{-1}\boldsymbol{U}_{11}$，$\tilde{\boldsymbol{U}}_{12}=\boldsymbol{D}_{12}^{-1}\boldsymbol{U}_{12}$。

由式(11.7)和(11.8)，得到 $\boldsymbol{O}=\boldsymbol{O}_1\boldsymbol{O}_0$，其中 $\boldsymbol{O}_0$ 改写为 $\boldsymbol{O}_0=\boldsymbol{I}+\boldsymbol{U}\boldsymbol{V}$，而且 $\boldsymbol{U}=\begin{bmatrix} \tilde{\boldsymbol{U}}_{11} & \\ & \tilde{\boldsymbol{U}}_{12} \end{bmatrix}\in\mathbb{R}^{(m_1+m_2)\times(k_1+k_2)}$，$\boldsymbol{V}=\begin{bmatrix} & \boldsymbol{V}_{11} \\ \boldsymbol{V}_{12} & \end{bmatrix}\in\mathbb{R}^{(k_1+k_2)\times(n_1+n_2)}$。利用 Sherman-Morrison-Woodbury 公式[28]，可得 $\boldsymbol{O}_0$ 的逆矩阵形式为

$$\boldsymbol{O}_0^{-1}=\boldsymbol{I}-\boldsymbol{U}(\boldsymbol{I}+\boldsymbol{V}\boldsymbol{U})^{-1}\boldsymbol{V} \tag{11.9}$$

最终，$\boldsymbol{O}$ 的逆矩阵为

$$\boldsymbol{O}^{-1}=\boldsymbol{O}_0^{-1}\boldsymbol{O}_1^{-1} \tag{11.10}$$

11.2.3.2　多层快速直接算法

将式(11.4)改写为

$$\boldsymbol{O}=\begin{bmatrix}\boldsymbol{D}_{11} & \boldsymbol{U}_{11}\boldsymbol{V}_{11}\\ \boldsymbol{U}_{12}\boldsymbol{V}_{12} & \boldsymbol{D}_{12}\end{bmatrix} \tag{11.11}$$

其中，$\boldsymbol{D}_{11}=\begin{bmatrix}\boldsymbol{D}_{21} & \boldsymbol{U}_{21}\boldsymbol{V}_{21}\\ \boldsymbol{U}_{22}\boldsymbol{V}_{22} & \boldsymbol{D}_{22}\end{bmatrix}$，$\boldsymbol{D}_{12}=\begin{bmatrix}\boldsymbol{D}_{23} & \boldsymbol{U}_{23}\boldsymbol{V}_{23}\\ \boldsymbol{U}_{24}\boldsymbol{V}_{24} & \boldsymbol{D}_{24}\end{bmatrix}$。

基于单层快速算法，矩阵块 $\boldsymbol{D}_{11}$ 和 $\boldsymbol{D}_{12}$ 可以表示为如下形式：

$$\boldsymbol{D}_{11}=\begin{bmatrix}\boldsymbol{D}_{21} & \\ & \boldsymbol{D}_{22}\end{bmatrix}\times\begin{bmatrix}\boldsymbol{I} & \boldsymbol{D}_{21}^{-1}\boldsymbol{U}_{21}\boldsymbol{V}_{21}\\ \boldsymbol{D}_{22}^{-1}\boldsymbol{U}_{22}\boldsymbol{V}_{22} & \boldsymbol{I}\end{bmatrix}=\boldsymbol{O}_{21}\boldsymbol{O}_{11} \tag{11.12}$$

$$\boldsymbol{D}_{12}=\begin{bmatrix}\boldsymbol{D}_{23} & \\ & \boldsymbol{D}_{24}\end{bmatrix}\times\begin{bmatrix}\boldsymbol{I} & \boldsymbol{D}_{23}^{-1}\boldsymbol{U}_{24}\boldsymbol{V}_{24}\\ \boldsymbol{D}_{24}^{-1}\boldsymbol{U}_{24}\boldsymbol{V}_{24} & \boldsymbol{I}\end{bmatrix}=\boldsymbol{O}_{22}\boldsymbol{O}_{12} \tag{11.13}$$

由式(11.12)和(11.13)，可得 $\boldsymbol{D}_{11}$ 和 $\boldsymbol{D}_{12}$ 的逆矩阵为

$$\boldsymbol{D}_{11}^{-1}=\boldsymbol{O}_{11}^{-1}\boldsymbol{O}_{21}^{-1} \tag{11.14}$$

$$\boldsymbol{D}_{12}^{-1}=\boldsymbol{O}_{12}^{-1}\boldsymbol{O}_{22}^{-1} \tag{11.15}$$

将式(11.11)进一步改写为

$$\boldsymbol{O}=\begin{bmatrix}\boldsymbol{D}_{11} & \\ & \boldsymbol{D}_{12}\end{bmatrix}\times\begin{bmatrix}\boldsymbol{I} & \boldsymbol{D}_{11}^{-1}\boldsymbol{U}_{11}\boldsymbol{V}_{11}\\ \boldsymbol{D}_{12}^{-1}\boldsymbol{U}_{12}\boldsymbol{V}_{12} & \boldsymbol{I}\end{bmatrix} \tag{11.16}$$

将式(11.12)和(11.13)代入式(11.16)，得到

$$\boldsymbol{O}=\begin{bmatrix}\boldsymbol{D}_{21} & & & \\ & \boldsymbol{D}_{22} & & \\ & & \boldsymbol{D}_{23} & \\ & & & \boldsymbol{D}_{24}\end{bmatrix}\times\begin{bmatrix}\boldsymbol{I} & \boldsymbol{D}_{21}^{-1}\boldsymbol{U}_{21}\boldsymbol{V}_{21} & & \\ \boldsymbol{D}_{22}^{-1}\boldsymbol{U}_{22}\boldsymbol{V}_{22} & \boldsymbol{I} & & \\ & & \boldsymbol{I} & \boldsymbol{D}_{23}^{-1}\boldsymbol{U}_{23}\boldsymbol{V}_{23}\\ & & \boldsymbol{D}_{24}^{-1}\boldsymbol{U}_{24}\boldsymbol{V}_{25} & \boldsymbol{I}\end{bmatrix}$$
$$\times\begin{bmatrix}\boldsymbol{I} & \boldsymbol{D}_{11}^{-1}\boldsymbol{U}_{11}\boldsymbol{V}_{11}\\ \boldsymbol{D}_{12}^{-1}\boldsymbol{U}_{12}\boldsymbol{V}_{12} & \boldsymbol{I}\end{bmatrix}=\boldsymbol{O}_2\boldsymbol{O}_1\boldsymbol{O}_0 \tag{11.17}$$

式(11.17)的图解形式如图 11.2 所示，$\boldsymbol{O}$ 的逆矩阵为

$$\boldsymbol{O}^{-1}=\boldsymbol{O}_0^{-1}\boldsymbol{O}_1^{-1}\boldsymbol{O}_2^{-1} \tag{11.18}$$

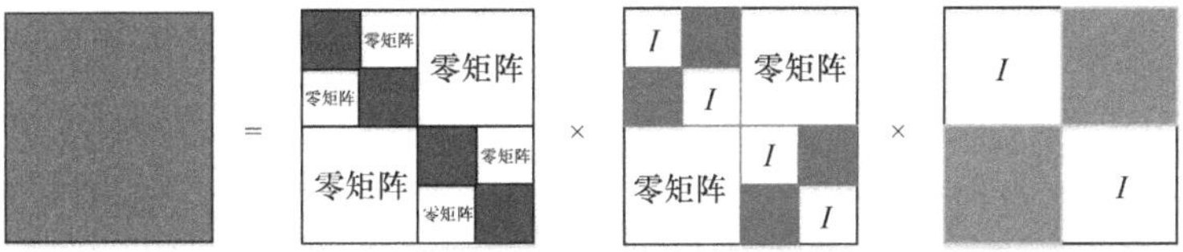

图 11.2　2 层 HODLR 矩阵求逆的图解形式

R 层快速直接算法求解 **O** 的逆矩阵的具体实施过程如表 11.3 所示。

表 11.3　*R* 层快速直接算法求解 *O* 的逆矩阵

输入：非空可逆矩阵 $\boldsymbol{O}$ 和层数 R；

输出：矩阵 O^{-1}；

步骤 0. 令 $\boldsymbol{B}=\boldsymbol{O}$，$l=0$.

步骤 1.

(1) 如果是第一次访问节点 $\boldsymbol{B}$，执行步骤 2.

(2) 如果是第二次访问节点 $\boldsymbol{B}$，执行步骤 3.

步骤 2.

(1) 如果 $l=R-1$，分别求解节点 $\boldsymbol{B}$ 的左孩子 $\boldsymbol{D}_1$ 和右孩子 $\boldsymbol{D}_2$ 的逆. 存储 $\boldsymbol{D}_1^{-1}$ 和 $\boldsymbol{D}_2^{-1}$. 返回执行步骤 1.

(2) 如果 $l<R-1$，向下继续遍历节点 $\boldsymbol{B}$ 的左孩子并将节点 $\boldsymbol{B}$ 更新为 $\boldsymbol{B}$ 的左孩子，并且 $l=l+1$. 返回执行步骤 1.

步骤 3.

(1) 使用分解算法低秩近似非对角子矩阵. 然后计算 $\boldsymbol{D}_1^{-1}\boldsymbol{U}_1$ 和 $\boldsymbol{D}_2^{-1}\boldsymbol{U}_2$. 进而，令 $\tilde{\boldsymbol{U}}_1=\boldsymbol{D}_1^{-1}\boldsymbol{U}_1$ 和 $\tilde{\boldsymbol{U}}_2=\boldsymbol{D}_2^{-1}\boldsymbol{U}_2$，并且计算 $\boldsymbol{C}=\left(\boldsymbol{I}+\boldsymbol{V}\boldsymbol{U}\right)^{-1}$，其中，$\boldsymbol{U}=\begin{bmatrix}\tilde{\boldsymbol{U}}_1 & \\ & \tilde{\boldsymbol{U}}_2\end{bmatrix}$，$\boldsymbol{V}=\begin{bmatrix} & \boldsymbol{V}_1 \\ \boldsymbol{V}_2 & \end{bmatrix}$.

(2) 如果 $l=0$, 算法结束，退出. 否则,执行步骤 4.

步骤 4.

(1) 如果 $\boldsymbol{B}$ 是父节点的左孩子，把 $\boldsymbol{B}$ 更新为其父节点的右孩子. 返回执行步骤 1.

(2) 如果 $\boldsymbol{B}$ 是父节点的右孩子，把 $\boldsymbol{B}$ 更新为其父节点并且设置 $l=l-1$. 返回执行步骤 1.

11.2.4　快速直接算法实施的改进加速算法

使用 *R* 层快速直接算法求解 **O** 的逆矩阵时，需要将 HODLR 矩阵中的所有非对角子矩阵进行低秩压缩。在数值实施时，常规的低秩分解方法在压缩大型子矩阵时效率很低，会造成 CPU 时间过长和内存占用率过高的问题。为了解决上述问题，在 *R* 层快速直接算法中采用分治的思想对矩阵低秩分解部分进行改进，给出了一种新的矩阵低秩压缩算法，改进后的低秩压缩算法称为加速算法。下面介绍加速算法的基本原理和实现步骤。

11.2.4.1　单层加速算法

假设对矩阵 $\boldsymbol{B} \in \mathbb{R}^{n \times m}$ 进行低秩分解，但不直接使用 SVD、ACA 等低秩分解算法，将矩阵 $\boldsymbol{B}$ 分解为如下形式(见图 11.3，$l=1$)：

$$\boldsymbol{B}=\begin{bmatrix}\boldsymbol{B}_{11} & \boldsymbol{B}_{12}\\ \boldsymbol{B}_{13} & \boldsymbol{B}_{14}\end{bmatrix} \tag{11.19}$$

其中，$\boldsymbol{B}_{li} \in \mathbb{R}^{n_{li} \times m_{li}}$，($l=1; i=1, \cdots, 4$；$l$ 表示层数)。如果使用矩阵低秩分解算法分别分解矩阵 $\boldsymbol{B}_{li}$，则矩阵 $\boldsymbol{B}$ 可以重写为

$$\boldsymbol{B}=\begin{bmatrix}\boldsymbol{U}_{11}\boldsymbol{V}_{11} & \boldsymbol{U}_{12}\boldsymbol{V}_{12}\\ \boldsymbol{U}_{13}\boldsymbol{V}_{13} & \boldsymbol{U}_{14}\boldsymbol{V}_{14}\end{bmatrix}=\begin{bmatrix}\boldsymbol{U}_{11} & & \boldsymbol{U}_{12} & \\ & \boldsymbol{U}_{13} & & \boldsymbol{U}_{14}\end{bmatrix}\begin{bmatrix}\boldsymbol{V}_{11} & \\ \boldsymbol{V}_{13} & \\ & \boldsymbol{V}_{12}\\ & \boldsymbol{V}_{14}\end{bmatrix} \tag{11.20}$$

其中，$\boldsymbol{U}_{lj} \in \mathbb{R}^{n_{lj} \times k_{lj}}$ 和 $\boldsymbol{V}_{lj} \in \mathbb{R}^{k_{lj} \times m_{lj}}$，($l=1$；$j=1, \cdots, 4$)。对于方程(11.20)的右端项，第一个矩阵的维数是 $n \times \sum_{j=1}^{4} k_{1j}$，第二个矩阵的维数是 $\sum_{j=1}^{4} k_{1j} \times m$。因此，$\sum_{j=1}^{4} k_{1j}$ 的值可能太大，无法有效地使用 Sherman-Morrison-Woodbury 公式。为了提高实施效率，需要分别对矩阵 $\begin{bmatrix}\boldsymbol{V}_{11}\\ \boldsymbol{V}_{13}\end{bmatrix}$ 和 $\begin{bmatrix}\boldsymbol{V}_{12}\\ \boldsymbol{V}_{14}\end{bmatrix}$ 进行再压缩，得到如下形式：

$$\begin{bmatrix}\boldsymbol{V}_{11}\\ \boldsymbol{V}_{13}\end{bmatrix}=\begin{bmatrix}\boldsymbol{G}_{11}\\ \boldsymbol{G}_{13}\end{bmatrix}\boldsymbol{P}_{11}, \qquad \begin{bmatrix}\boldsymbol{V}_{12}\\ \boldsymbol{V}_{14}\end{bmatrix}=\begin{bmatrix}\boldsymbol{G}_{12}\\ \boldsymbol{G}_{14}\end{bmatrix}\boldsymbol{P}_{12} \tag{11.21}$$

这样，式(11.20)可写为如下形式

$$\boldsymbol{B}=\boldsymbol{U}\boldsymbol{V} \tag{11.22}$$

其中，$\boldsymbol{U}=\begin{bmatrix}\boldsymbol{U}_{11}\boldsymbol{G}_{11} & \boldsymbol{U}_{12}\boldsymbol{G}_{12}\\ \boldsymbol{U}_{13}\boldsymbol{G}_{13} & \boldsymbol{U}_{14}\boldsymbol{G}_{14}\end{bmatrix} \in \mathbb{R}^{n \times k'}$ 和 $\boldsymbol{V}=\begin{bmatrix}\boldsymbol{P}_{11} & \\ & \boldsymbol{P}_{12}\end{bmatrix} \in \mathbb{R}^{k' \times m}$，$k'$ 是矩阵 $\boldsymbol{P}_{11}$ 和 $\boldsymbol{P}_{12}$ 的秩之和。最终得到矩阵 $\boldsymbol{B}$ 的低秩压缩形式。

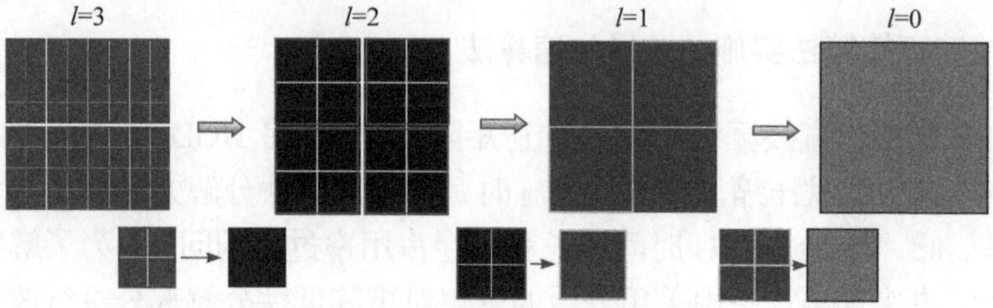

图 11.3　加速算法示意图

11.2.4.2　多层加速算法

在单层加速算法的基础上，递归实现 2 层加速算法，矩阵 $\boldsymbol{B}$ 的 2 层分解形式如下(图 11.3，$l=2$)：

$$\boldsymbol{B}=\begin{bmatrix}\begin{bmatrix}\boldsymbol{B}_{211} & \boldsymbol{B}_{212}\\ \boldsymbol{B}_{213} & \boldsymbol{B}_{214}\end{bmatrix} & \begin{bmatrix}\boldsymbol{B}_{221} & \boldsymbol{B}_{222}\\ \boldsymbol{B}_{223} & \boldsymbol{B}_{224}\end{bmatrix}\\ \begin{bmatrix}\boldsymbol{B}_{231} & \boldsymbol{B}_{232}\\ \boldsymbol{B}_{233} & \boldsymbol{B}_{234}\end{bmatrix} & \begin{bmatrix}\boldsymbol{B}_{241} & \boldsymbol{B}_{242}\\ \boldsymbol{B}_{243} & \boldsymbol{B}_{244}\end{bmatrix}\end{bmatrix} \tag{11.23}$$

其中，$\boldsymbol{B}_{lij}\in\mathbb{R}^{n_{lij}\times m_{lij}}$，($l=2$；$i=1,\cdots,4$；$j=1,\cdots,4$；$l$ 表示层数)。如果采用矩阵低秩分解算法对式(11.23)中的每个子矩阵 $\boldsymbol{B}_{lij}$ 分别进行低秩逼近，则得到

$$\boldsymbol{B}=\begin{bmatrix}\begin{bmatrix}\boldsymbol{U}_{211}\boldsymbol{V}_{211} & \boldsymbol{U}_{212}\boldsymbol{V}_{212}\\ \boldsymbol{U}_{213}\boldsymbol{V}_{213} & \boldsymbol{U}_{214}\boldsymbol{V}_{214}\end{bmatrix} & \begin{bmatrix}\boldsymbol{U}_{221}\boldsymbol{V}_{221} & \boldsymbol{U}_{222}\boldsymbol{V}_{222}\\ \boldsymbol{U}_{223}\boldsymbol{V}_{223} & \boldsymbol{U}_{224}\boldsymbol{V}_{224}\end{bmatrix}\\ \begin{bmatrix}\boldsymbol{U}_{231}\boldsymbol{V}_{231} & \boldsymbol{U}_{232}\boldsymbol{V}_{232}\\ \boldsymbol{U}_{233}\boldsymbol{V}_{233} & \boldsymbol{U}_{234}\boldsymbol{V}_{234}\end{bmatrix} & \begin{bmatrix}\boldsymbol{U}_{241}\boldsymbol{V}_{241} & \boldsymbol{U}_{242}\boldsymbol{V}_{242}\\ \boldsymbol{U}_{243}\boldsymbol{V}_{243} & \boldsymbol{U}_{244}\boldsymbol{V}_{244}\end{bmatrix}\end{bmatrix} \tag{11.24}$$

由方程(11.22)，可将方程(11.24)中的四个矩阵块分别写为如下形式

$$\begin{bmatrix}\boldsymbol{U}_{211}\boldsymbol{V}_{211} & \boldsymbol{U}_{212}\boldsymbol{V}_{212}\\ \boldsymbol{U}_{213}\boldsymbol{V}_{213} & \boldsymbol{U}_{214}\boldsymbol{V}_{214}\end{bmatrix}=\begin{bmatrix}\boldsymbol{U}_{211}\boldsymbol{G}_{211} & \boldsymbol{U}_{212}\boldsymbol{G}_{212}\\ \boldsymbol{U}_{213}\boldsymbol{G}_{213} & \boldsymbol{U}_{214}\boldsymbol{G}_{214}\end{bmatrix}\begin{bmatrix}\boldsymbol{P}_{211} & \\ & \boldsymbol{P}_{212}\end{bmatrix}=\boldsymbol{U}_{11}\boldsymbol{V}_{11} \tag{11.25a}$$

$$\begin{bmatrix}\boldsymbol{U}_{221}\boldsymbol{V}_{221} & \boldsymbol{U}_{222}\boldsymbol{V}_{222}\\ \boldsymbol{U}_{223}\boldsymbol{V}_{223} & \boldsymbol{U}_{224}\boldsymbol{V}_{224}\end{bmatrix}=\begin{bmatrix}\boldsymbol{U}_{221}\boldsymbol{G}_{221} & \boldsymbol{U}_{222}\boldsymbol{G}_{222}\\ \boldsymbol{U}_{223}\boldsymbol{G}_{223} & \boldsymbol{U}_{224}\boldsymbol{G}_{224}\end{bmatrix}\begin{bmatrix}\boldsymbol{P}_{221} & \\ & \boldsymbol{P}_{222}\end{bmatrix}=\boldsymbol{U}_{12}\boldsymbol{V}_{12} \tag{11.25b}$$

$$\begin{bmatrix}\boldsymbol{U}_{231}\boldsymbol{V}_{231} & \boldsymbol{U}_{232}\boldsymbol{V}_{232}\\ \boldsymbol{U}_{233}\boldsymbol{V}_{233} & \boldsymbol{U}_{234}\boldsymbol{V}_{234}\end{bmatrix}=\begin{bmatrix}\boldsymbol{U}_{231}\boldsymbol{G}_{231} & \boldsymbol{U}_{232}\boldsymbol{G}_{232}\\ \boldsymbol{U}_{233}\boldsymbol{G}_{233} & \boldsymbol{U}_{234}\boldsymbol{G}_{234}\end{bmatrix}\begin{bmatrix}\boldsymbol{P}_{231} & \\ & \boldsymbol{P}_{232}\end{bmatrix}=\boldsymbol{U}_{13}\boldsymbol{V}_{13} \tag{11.25c}$$

$$\begin{bmatrix}\boldsymbol{U}_{241}\boldsymbol{V}_{241} & \boldsymbol{U}_{242}\boldsymbol{V}_{242}\\ \boldsymbol{U}_{243}\boldsymbol{V}_{243} & \boldsymbol{U}_{244}\boldsymbol{V}_{244}\end{bmatrix}=\begin{bmatrix}\boldsymbol{U}_{241}\boldsymbol{G}_{241} & \boldsymbol{U}_{242}\boldsymbol{G}_{242}\\ \boldsymbol{U}_{243}\boldsymbol{G}_{243} & \boldsymbol{U}_{244}\boldsymbol{G}_{244}\end{bmatrix}\begin{bmatrix}\boldsymbol{P}_{241} & \\ & \boldsymbol{P}_{242}\end{bmatrix}=\boldsymbol{U}_{14}\boldsymbol{V}_{14} \tag{11.25d}$$

最后，对方程(11.24)进行压缩和重新整合，得到如下形式

$$\boldsymbol{B}=\begin{bmatrix}\boldsymbol{U}_{11}\boldsymbol{V}_{11} & \boldsymbol{U}_{12}\boldsymbol{V}_{12}\\ \boldsymbol{U}_{13}\boldsymbol{V}_{13} & \boldsymbol{U}_{14}\boldsymbol{V}_{14}\end{bmatrix} \tag{11.26}$$

式(11.26)又返回到单层形式，然后将其按照单层加速算法进行再压缩，得到最终的形式为

$$\boldsymbol{B}=\boldsymbol{U}\boldsymbol{V} \tag{11.27}$$

根据多层加速算法的原理，可以看出加速算法可以在一棵四叉树中完成，如图 11.4 所示。实施过程从最底层开始(图 11.3，从 $l=3$ 开始)直到初始层 $l=0$，具

体算法如表 11.4 所示，其中规定 1-孩子、2-孩子、3-孩子和 4-孩子分别为父节点的四个孩子节点(图 11.4)。在加速算法的实现过程中，如果所有的矩阵都被等分，那么图 11.4 所示的四叉树就是一棵完整的四叉树。也就是说，如果层中某个节点的孩子节点为空，则该层中的所有树节点都是叶子节点。在每一层中，规定矩阵 $\boldsymbol{O}$ 是 2×2 的矩阵块形式，如下所示

$$\boldsymbol{O}=\begin{bmatrix}\boldsymbol{B}_1 & \boldsymbol{B}_2\\ \boldsymbol{B}_3 & \boldsymbol{B}_4\end{bmatrix} \tag{11.28}$$

其中，$\boldsymbol{B}_1$、$\boldsymbol{B}_2$、$\boldsymbol{B}_3$ 和 $\boldsymbol{B}_4$ 是矩阵 $\boldsymbol{O}$ 的四个孩子。

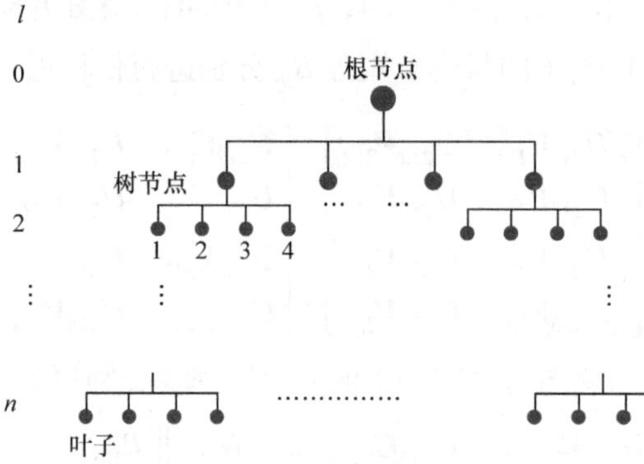

图 11.4　加速算法的四叉树图示

表 11.4　多层加速算法

输入：非空矩阵 $\boldsymbol{O}$；

输出：矩阵 $\boldsymbol{U}$ 和 $\boldsymbol{V}$；

步骤 0. 根节点 O.

步骤 1.

(1) 如果是第一次访问树节点 $\boldsymbol{O}$，执行步骤 2.

(2) 如果是第二次访问树节点 $\boldsymbol{O}$，执行步骤 3.

步骤 2.

(1) 如果树节点 $\boldsymbol{O}$ 的孩子为 NULL，将矩阵 $\boldsymbol{B}_1$、$\boldsymbol{B}_2$、$\boldsymbol{B}_3$ 和 $\boldsymbol{B}_4$ 分别进行矩阵低秩分解，然后利用方程(11.20)、(11.21)和(11.22)得到矩阵 $\boldsymbol{O}$ 的低秩分解形式.

如果 $\boldsymbol{O}$ 是根节点，算法结束，退出；

否则，如果 $\boldsymbol{O}$ 是 1-孩子，访问 $\boldsymbol{O}$ 的父节点的 2-孩子，并将 $\boldsymbol{O}$ 重置为父节点的 2-孩子，执行步骤 1；

否则，如果 $\boldsymbol{O}$ 是 2-孩子，访问 $\boldsymbol{O}$ 的父节点的 3-孩子，并将 $\boldsymbol{O}$ 重置为父节点的 3-孩子，执行步骤 1；

续表

否则，如果 $\boldsymbol{O}$ 是 3-孩子，访问 $\boldsymbol{O}$ 的父节点的 4-孩子，并将 $\boldsymbol{O}$ 重置为父节点的 4-孩子，执行步骤 1； 否则，如果 $\boldsymbol{O}$ 是 4-孩子，将 $\boldsymbol{O}$ 重置为 $\boldsymbol{O}$ 的父节点，执行步骤 1. (2) 如果树节点 $\boldsymbol{O}$ 的孩子不为 NULL，继续向下访问节点 $\boldsymbol{O}$ 的 1-孩子，并将 $\boldsymbol{O}$ 重置为新的 1-孩子，执行步骤 1.
步骤 3.
在步骤 2 的基础上，得到方程(11.26)，然后利用方程(11.20)、(11.21)和(11.22)进行再压缩得到矩阵 $\boldsymbol{O}$ 的低秩分解形式. 如果 $\boldsymbol{O}$ 是根节点，算法结束，退出； 否则，如果 $\boldsymbol{O}$ 是 1-孩子，访问 $\boldsymbol{O}$ 的父节点的 2-孩子，并将 $\boldsymbol{O}$ 重置为父节点的 2-孩子，执行步骤 1； 否则，如果 $\boldsymbol{O}$ 是 2-孩子，访问 $\boldsymbol{O}$ 的父节点的 3-孩子，并将 $\boldsymbol{O}$ 重置为父节点的 3-孩子，执行步骤 1； 否则，如果 $\boldsymbol{O}$ 是 3-孩子，访问 $\boldsymbol{O}$ 的父节点的 4-孩子，并将 $\boldsymbol{O}$ 重置为父节点的 4-孩子，执行步骤 1； 否则，如果 $\boldsymbol{O}$ 是 4-孩子，将 $\boldsymbol{O}$ 重置为 $\boldsymbol{O}$ 的父节点，执行步骤 1.

11.3　等几何边界元快速直接算法的数值实施

从 11.2.3 节可以看出，为了利用 Sherman-Morrison-Woodbury 公式[28]快速直接求解系数矩阵的逆矩阵，快速直接算法的实现依赖于 HODLR 矩阵。为了将等几何边界元法形成的求解方程组中的系数矩阵分解为 HODLR 矩阵的形式，需要将模型的几何边界以分层形式构造。在数值实现中，根据多层快速直接算法，用二叉树构造 HODLR 矩阵。为了更好地描述这个过程，取 1 个二维圆模型，其中圆的初始节点向量为 $\boldsymbol{U}=\{0,0,0,1,1,2,2,3,3,4,4,4\}$。一次 h 细分后，得到 8 个等几何单元，如图 11.5 所示。首先，TL0 是根节点，它包含所有边界单元，即 8 个等几何单元。然后将根节点中的 8 个等几何单元分为 TL1-1 和 TL1-2 两部分，称为树节点。以等分的形式，2 个树节点各自包含 4 个等几何单元。接着，将 TL1-1 和 TL1-2 再分别分解为两部分，得到 TL2-1、TL2-2 和 TL2-3、TL2-4 树节点。继续递归地分割树节点，直到划分层数达到一个预定的 R 层。

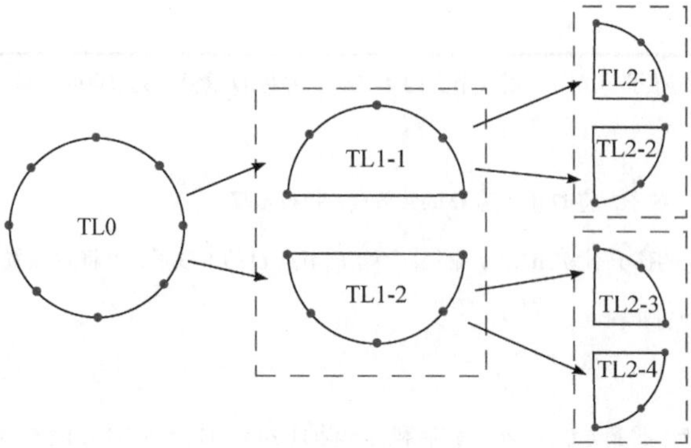

图 11.5　圆结构的二叉树

二叉树构造完成后，将等几何单元分配到树结构中，然后从上到下遍历二叉树。首先，在根节点中将等几何单元分为两部分，得到 4 个子矩阵，包括 2 个对角子矩阵($\boldsymbol{D}_{11}$ 和 $\boldsymbol{D}_{12}$)和 2 个非对角子矩阵($\boldsymbol{O}_{11}$ 和 $\boldsymbol{O}_{12}$)，如图 11.6(a)所示。需要对非对角子矩阵($\boldsymbol{O}_{11}$ 和 $\boldsymbol{O}_{12}$)进行处理，即使用 ACA 算法分别对 $\boldsymbol{O}_{11}$ 和 $\boldsymbol{O}_{12}$ 子矩阵进行低秩分解，而对角子矩阵 $\boldsymbol{D}_{11}$ 和 $\boldsymbol{D}_{12}$ 保持不变。然后，访问树的下一层($l = 1$)。TL1-1 和 TL1-2 中的等几何边界单元分为两部分。分割后，将生成 4 个新的对角子矩阵($\boldsymbol{D}_{21}$、$\boldsymbol{D}_{22}$ 和 $\boldsymbol{D}_{23}$、$\boldsymbol{D}_{24}$)和 4 个新的非对角子矩阵($\boldsymbol{O}_{21}$、$\boldsymbol{O}_{22}$ 和 $\boldsymbol{O}_{23}$、$\boldsymbol{O}_{24}$)，如图 11.6(b)所示。同样，利用 ACA 算法对 4 个新的非对角子矩阵进行低秩分解，而对角矩阵仍然保持不变。重复这个过程，直到 $l = R-1$ 层。在 $R-1$ 层，将每个树节点的等几何边界单元分为两部分，得到 4 个子矩阵。因此，在 $R-1$ 层中存在 2^R 个对角子矩阵和 2^R 个非对角子矩阵。同样，2^R 个非对角子矩阵的低秩分解仍然使用 ACA 算法，但与上述操作不同的是，在 $R-1$ 层中需要常规求解存储 2^R 个对角子矩阵。经过上述过程的执行，我们得到了 1 个 HODLR 矩阵，其中所有非对角子矩阵都是低秩矩阵，所有对角矩阵都是可逆矩阵。然后，结合多层直接算法求解系数矩阵的逆。

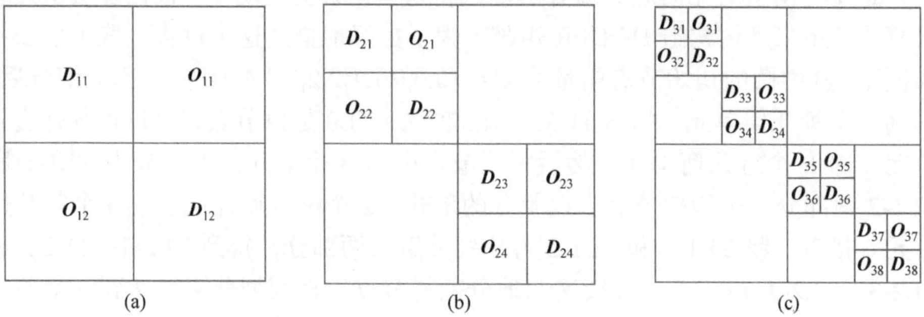

图 11.6　HODLR 矩阵中子矩阵

采用 ACA 算法低秩分解非对角子矩阵，实现了快速直接解的等几何边界元法。但是，如果直接使用 ACA 算法对大型矩阵进行低秩分解，分解效率可能会很低。为了解决上述问题，我们使用 11.2.4 节的加速算法来提高非对角子矩阵的分解效率。以任意非对角子矩阵 $\boldsymbol{O}$ 为例，建立一棵四叉树，如图 11.4 所示。首先，根节点是整个矩阵 $\boldsymbol{O}$。然后将矩阵 $\boldsymbol{O}$ 分解为 4 个块矩阵，如图 11.7($l = 1$) 中的块矩阵 11、12、13、14。为简单起见，将矩阵 $\boldsymbol{O}$ 等分，其中 4 个块矩阵是树节点，它们也是根节点的四个子节点(1-孩子，2-孩子，3-孩子，4-孩子)。然后将分块矩阵 11、12、13 和 14 分别分解为 4 个分块矩阵，例如，图 11.7($l = 2$) 中的(211,212,213,214)、(221,222,223,224)、(231,232,233,234)、(241,242, 243,244) 块矩阵。其中，上面的块矩阵是图 11.4 中 4 个树节点的子节点($l = 1$)。继续往下走，直到到达第 n 层，然后访问四叉树。找到第 1 个叶子节点(如图 11.7 中的 3111)，将其分成 4 个部分。利用 ACA 算法对矩阵的各个部分进行压缩分解。在对矩阵 $\boldsymbol{O}$ 的低秩压缩进行加速时，再压缩过程也采用了 ACA 算法。

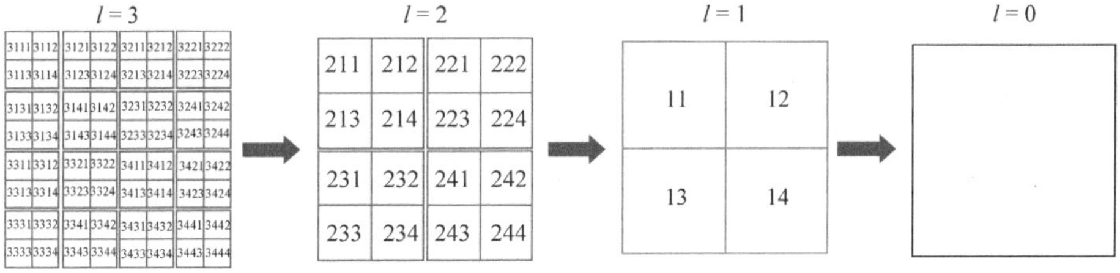

图 11.7　加速算法分解图

在三维弹性夹杂问题中，形成 HODLR 矩阵结构也是在一棵二叉树中形成的，但不同的是矩阵的低秩压缩过程。如我们所知，弹性力学问题的张量形式基本解所生成的系数矩阵不适用于 ACA 算法的低秩分解[30]。因此，在加速算法的数值实现中，采用 SVD 算法对四叉树最底层即第 n 层的小子矩阵进行低秩分解，在压缩过程中仍采用 ACA 算法形成加速交叉算法。具体实施过程如下。

以任意非对角子矩阵 $\boldsymbol{O}$ 为例，建立一棵四叉树。一旦建立了四叉树，从下往上访问它。

首先，找到第一个叶子节点(图 11.7 中 3111)，使用 SVD 算法进行低秩压缩。然后，找到与叶子节点 3111 共享同一个父节点的另外三个叶子节点 3112、3113 和 3114，并使用 SVD 算法对这三个叶子节点进行压缩。完成四个叶子节点的低秩分解后，使用 ACA 算法对 3111、3112、3113 和 3114 中的低秩矩阵进行再压缩，直到达到根节点。

11.4 数值算例

11.4.1 三维位势问题

三维位势问题的边界积分方程、等几何边界元法的实现及相关的公式参见第3章。在矩阵低秩压缩分解时，ACA分解中的阈值设为$\varepsilon_{ACA}=10^{-5}$。为了验证本章方法的有效性和准确性，我们分别用数值算例验证以下三种方法：①方法1——传统等几何边界元法；②方法2——快速直接等几何边界元法，直接使用ACA算法对非对角子矩阵进行分解且不使用加速算法；③方法3——快速直接等几何边界元法，使用基于ACA算法的加速算法对非对角子矩阵进行分解。数值算例在Intel Xeon 2.4GHz的台式电脑上执行，对角子矩阵的逆使用Intel® Math Kernel Library求解。NURBS基函数的次数为2，即$p=2$和$q=2$。N表示自由度；t_1、t_2和t_3分别表示方法1、2和3求解线性方程组时所需的CPU时间(包括矩阵低秩分解的时间)；t_{ACA}表示方法2进行低秩分解所需的CPU时间；t_{mACA}表示方法3进行低秩分解所需的CPU时间。在L_2范数下，位势及位势法向导数相对于解析解的相对误差可计算如下：

$$\mathrm{Re}=\sqrt{\left\|\boldsymbol{u}_{\mathrm{num}}-\boldsymbol{u}_{\mathrm{exact}}\right\|^2/\left\|\boldsymbol{u}_{\mathrm{exact}}\right\|^2}$$

其中，$\boldsymbol{u}_{\mathrm{num}}$表示位势或位势法向导数的数值结果；$\boldsymbol{u}_{\mathrm{exact}}$表示相应的精确值。

11.4.1.1 圆环体模型

图11.8(a)为圆环体模型的初始单元和控制点，图11.8(b)和(c)分别为模型的俯视图和左视图。其中，中心O为坐标轴原点，长半轴$R=5$(点O与C的距离)和短半轴$r=3$(点O与B的距离)。位势在边界上的分布如下[25]：

$$\begin{aligned}u(x,y,z)=&\sinh\left(\frac{\sqrt{2}}{4}x\right)\sin\left(\frac{y}{4}\right)\sin\left(\frac{z}{4}\right)\\&+\sin\left(\frac{x}{4}\right)\sinh\left(\frac{\sqrt{2}}{4}y\right)\sin\left(\frac{z}{4}\right)\\&+\sin\left(\frac{x}{4}\right)\sin\left(\frac{y}{4}\right)\sinh\left(\frac{\sqrt{2}}{4}z\right)\end{aligned}$$

当自由度$N=36000$时，图11.9(a)给出了位势法向导数沿边界面的解析解；图11.9(b)为采用方法3得到的数值解。由图11.9可以看出，边界位势法向导数的数值解和解析解吻合得很好。图11.10给出了位势法向导数对自由度的收敛曲

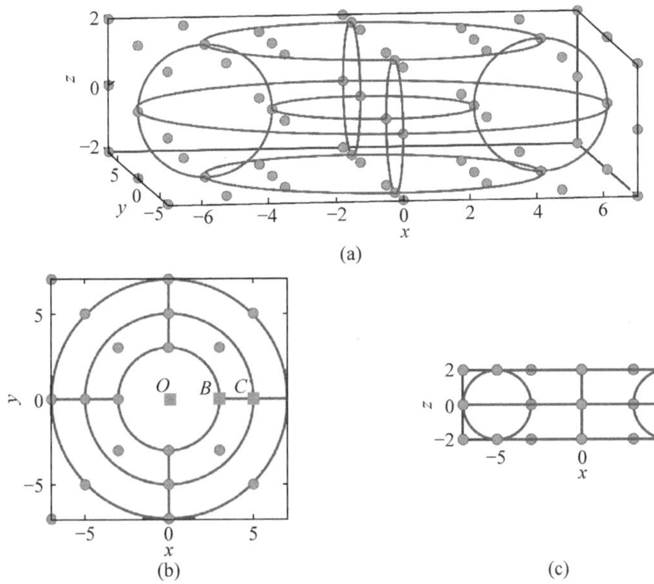

图 11.8　(a)圆环体模型；(b)俯视图；(c)左视图；圆点表示控制点。NURBS 多项式的次数为 $p = 2$ 和 $q = 2$。节点向量分别为 $\boldsymbol{U} = \{0,0,0,1,1,2,2,3,3,4,4,4\}$ 和 $\boldsymbol{V} = \{0,0,0,1,1,2,2,3,3,4,4,4\}$

线，并给出了参考文献[25]中传统边界元法的收敛曲线作为参考结果。可以看出，与传统边界元法相比，采用等几何边界元法的三种方法的数值结果收敛速度更快。其中，采用等几何边界元法的三种方法得到的数值结果非常相似，可见三种方法都能得到准确的数值结果。因此，本章给出的等几何边界元快速直接算法满足了我们的期望，即在精度和收敛性几乎不变的情况下提高了计算效率。图 11.11 分别为用于求解线性方程组的 CPU 时间 t_1、t_2 和 t_3。随着自由度 N 的增加，从图 11.11 中可以看出，方法 2 占用的 CPU 时间比方法 1 少。同时，通过观察时间 t_2 和 t_3，发现方法 3 比方法 2 更有效。因此，采用加速算法的方法 3 更适合处理大规模问题。

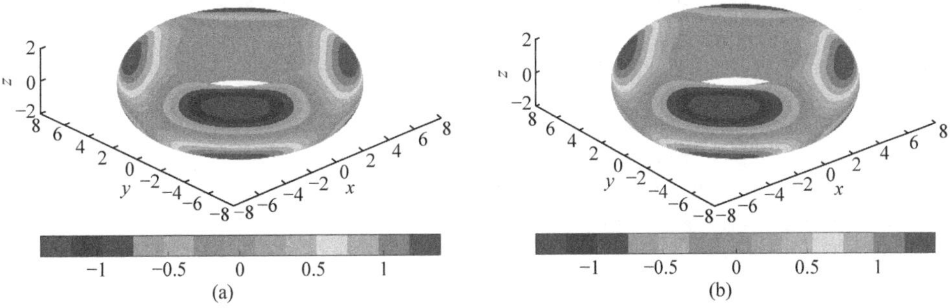

图 11.9　边界面上的位势法向导数：(a)解析解；(b)数值解(彩图请扫封底二维码)

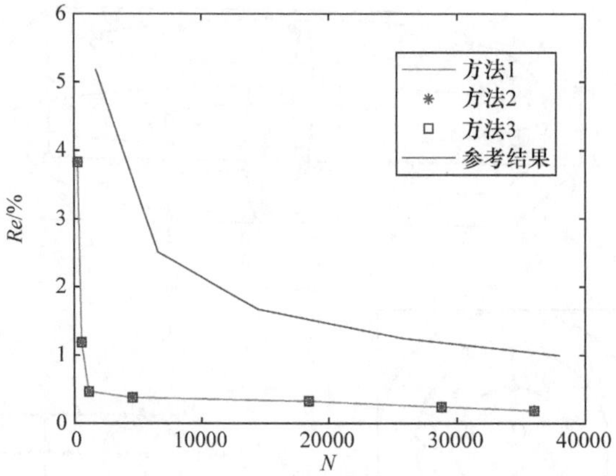

图 11.10　位势法向导数对自由度的收敛曲线

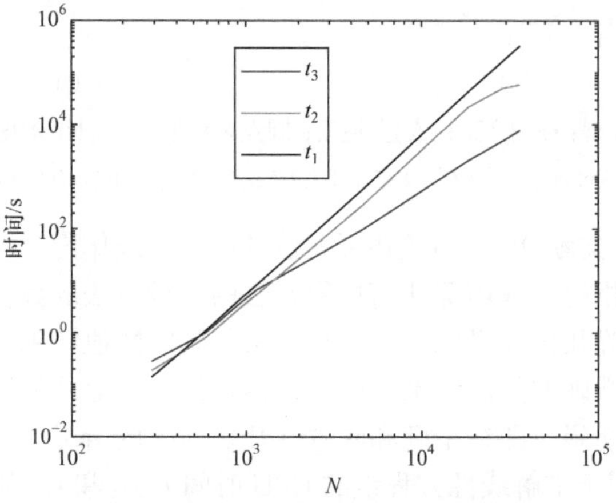

图 11.11　求解线性方程组的 CPU 时间

11.4.1.2　无限域的 20 个球形孔洞模型

如图 11.12 所示，无限域内嵌入有 20 个单位半径为 1 的球形孔洞。常位势 $u=1$ 均匀分布在 20 个球形孔洞的边界表面上。

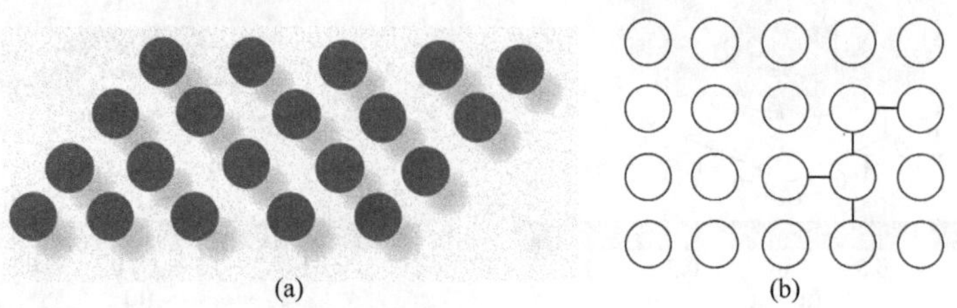

图 11.12　(a)无限域中的 20 个球形孔洞；(b)20 个球形孔洞的 xOy 横截面，其中，黑线表示任意两个球形孔洞之间的距离 d

本算例中，$N=92160$ 自由度用于计算数值结果。当球形孔洞之间的距离 $d=1.0$ 时，图 11.13(a)显示了基体中位势 u 的分布情况。为了观察球形孔洞之间距离 d 对位势 u 分布的影响，我们还计算了 $d=2.0$ 的情况。由图 11.13(b)可知，位势 u 在球形孔洞周围的分布情况与图 11.13(a)的趋势基本一致。不同的是随着球形孔洞之间距离 d 的减小，球形孔洞之间的相互作用增强。当球形孔洞之间距离 d 不同时，方法 2、方法 3 求解线性方程组所需的 CPU 时间和矩阵低秩压缩所需的 CPU 时间分别见表 11.5。可以看出，当问题自由度接近 10 万时，本章给出的等几何边界元的快速直接求解方法可以大大节省 CPU 时间。

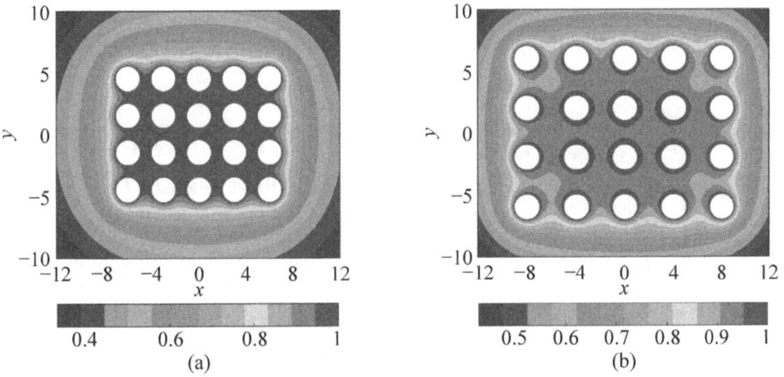

图 11.13　横截面 xOy 上位势 u 在基体中的分布：(a)距离 $d=1.0$；(b)距离 $d=2.0$(彩图请扫封底二维码)

表 11.5　求解线性方程组所需的 CPU 时间和方法 2 和方法 3 中矩阵低秩压缩时间

	t_2/s	t_{ACA}/s	t_3/s	t_{mACA}/s
$d=1$	132966.65	60539.04	8730.91	2918.54
$d=2$	71236.81	33711.49	6978.55	2123.73

11.4.2　三维弹性夹杂问题

三维弹性夹杂问题的边界积分方程、等几何边界元法的实现及相关的公式参见第 5 章。在算例中，ε_{ACA} 和 ε_{SVD} 分别取为 10^{-5}，NURBS 基函数的次数为 2，即 p=2 和 q=2。基体的弹性模量设为 E=1，而夹杂的弹性模量为 E_I。假设基体和夹杂的泊松比为 $\nu=0.3$。数值算例是在 Intel Xeon 2.4GHz 台式计算机上执行的。为了研究本章给出的方法对于三维弹性夹杂问题的有效性和准确性，我们将通过 2 个数值算例来验证和比较四种方法，即①方法 1——传统等几何边界元法；②方法 2——快速直接等几何边界元法，直接使用 ACA 算法对非对角子矩阵进行分解且不使用加速算法；③方法 3——快速直接等几何边界元法，使用基于 ACA 算法的加速算法对非对角子矩阵进行分解；④方法 4——快速直接等几何边界元法，使用加速交叉算法对非对角子矩阵进行分解。T_{total} 表示求解线性方程组所用的CPU总时间(包括矩阵低秩压缩所需的时间)。以HODLR矩阵的右上角矩阵为例，T_{approx} 表示矩阵低秩分解时所用的CPU时间，k 表示矩阵低秩分解后的秩。在 L_2 范数下位移和应力相对于解析解的相对误差可计算如下

$$\text{Re} = \sqrt{\|\boldsymbol{f}_{\text{num}} - \boldsymbol{f}_{\text{exact}}\|^2 / \|\boldsymbol{f}_{\text{exact}}\|^2}$$

其中，$\boldsymbol{f}_{\text{num}}$ 表示位移或应力的数值解；$\boldsymbol{f}_{\text{exact}}$ 表示相应的精确值。

11.4.2.1 单个球形夹杂模型

在本例中，如图11.14所示，单位球形夹杂被嵌入在无限域中，其沿三个坐标轴在无限远处受到均匀分布的单位拉伸应力。图11.14显示了模型的初始单元和控制点，节点向量分别为 $\boldsymbol{U}$ = {0,0,0,0.25,0.25,0.5,0.5,0.75,0.75,1,1,1}和 $\boldsymbol{V}$ = {0,0,0,0.5,0.5,1,1,1}。此问题解析解可以在文献[32]中找到。

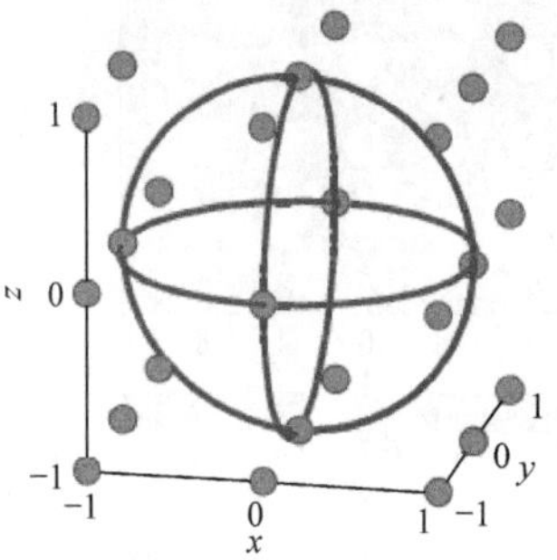

图 11.14 单个球形夹杂模型的初始几何单元，其中圆点表示几何的控制点

为了简便起见，采用软夹杂(E_{I}/E = 0.5)来评价等几何边界元快速直接算法的准确性和收敛性。图11.15和图11.16分别为四种方法(方法1、方法2、方法3和方法4)下的应力和位移收敛曲线。其中，横坐标为 $h = \sqrt{A_{\max}^e / A}$，$A_{\max}^e$ 是所有单元中面积最大的单元，A 是整个边界表面 $\varGamma$ 的面积。在图11.15和图11.16中，基体部分和夹杂部分的计算点分别均匀分布在曲线 S_1 和 S_2 上，曲线 S_1 和 S_2 的计算公式如下：

$$S_1: x = R_{\text{mat}} \cos\theta, \quad y = R_{\text{mat}} \sin\theta, \quad z = 0$$

$$S_2: x = R_{\text{inc}} \cos\theta, \quad y = R_{\text{inc}} \sin\theta, \quad z = 0$$

其中，$R_{\text{mat}} = 1.1$、$R_{\text{inc}} = 0.9$ 和 $\theta \in [0, 2\pi]$。从图11.15和图11.16中可以看出，四种方法的收敛曲线非常接近。换句话说，等几何边界元快速直接算法在提高计算效率的同时，几乎达到了相同的精度。基于方法4，研究了二次和三次NURBS基函数的收敛曲线。对比图11.15和图11.16中二次和三次NURBS基函数的收敛曲线可以看出，高阶NURBS基函数并没有改善误差结果。这种现象可能与边界积分方程中奇异积分的处理有关。采用幂级数展开法求解三维等几何边界积分方程中的奇异积分时，需要通过求解线性方程组来得到幂级数中的相关系数[33]，而线性方程组的系数矩阵的条件数与参数 M($M = 2 \times (p+q) - 2$)有关，当 M 的值变大时，系数矩阵的条件数也会变大。因此，在使用高阶的NURBS基函数时，参数 M 的值变大将导

致系数矩阵的条件数变大，从而出现了图 11.15 和图 11.16 中的现象。

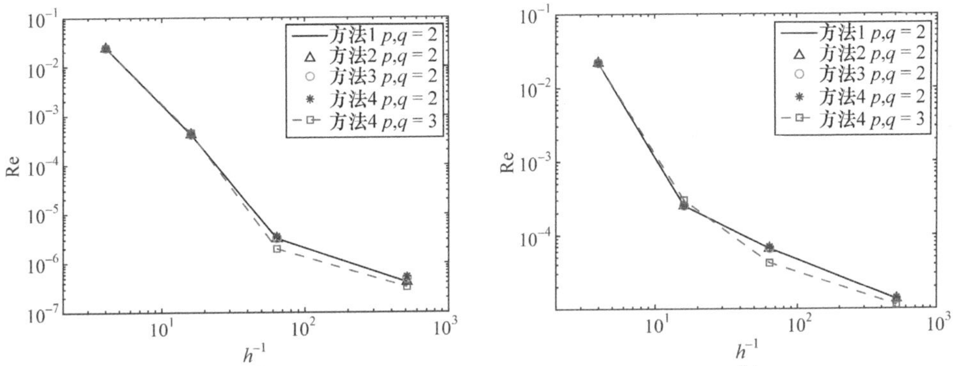

(a)　(b)

图 11.15　应力 σ_{zz} 的收敛曲线：(a)计算点在基体部分的 S_1 曲线上；(b)计算点在夹杂部分的 S_2 曲线上

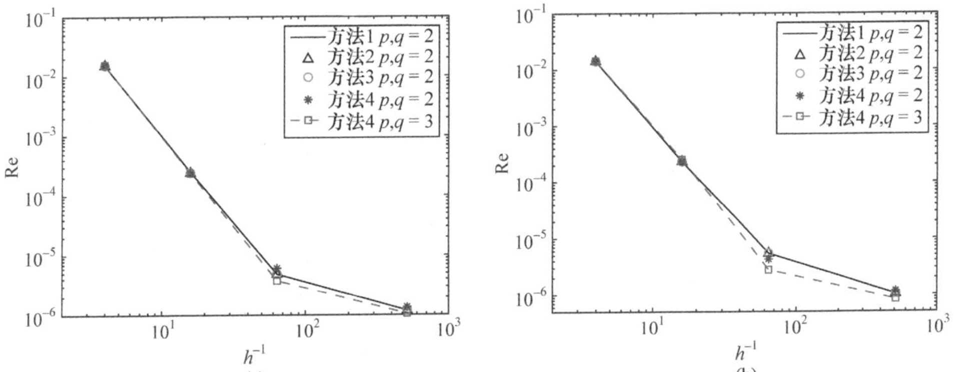

(a)　(b)

图 11.16　位移 u_r 的收敛曲线：(a)计算点在基体部分的 S_1 曲线上；(b)计算点在夹杂部分的 S_2 曲线上

为了研究求解线性方程组所需的 CPU 时间，表 11.6 分别显示了四种方法求解问题所需的 CPU 时间和低秩矩阵的秩 k。从表 11.6 可以看到，在这四种方法中，方法 4 需要最少的 CPU 时间和消耗最少的内存。因此，对于弹性夹杂问题，改进的加速交叉算法比其他三种方法更能有效地提高计算效率。

表 11.6　四种方法所需的 CPU 时间和矩阵低秩分解后的秩 k

N		k	T_{approx}/s	T_{total}/s
3456	方法 1	—	—	247.91
	方法 2	472	81.084	170.22
	方法 3	727	35.009	78.249
	方法 4	407	4.4290	16.298

续表

N		k	T_{approx}/s	T_{total}/s
13824	方法 1	—	—	14627.1
	方法 2	1070	4236.0	8994.4
	方法 3	1326	1042.0	2221.1
	方法 4	713	153.60	436.62

11.4.2.2　100 个球形夹杂模型

在本例中，100 个球形夹杂嵌入在一个无限域中，且在无限远处承受沿 z 轴方向的单位应力(图 11.17)。本模型仅采用方法 4 进行研究。

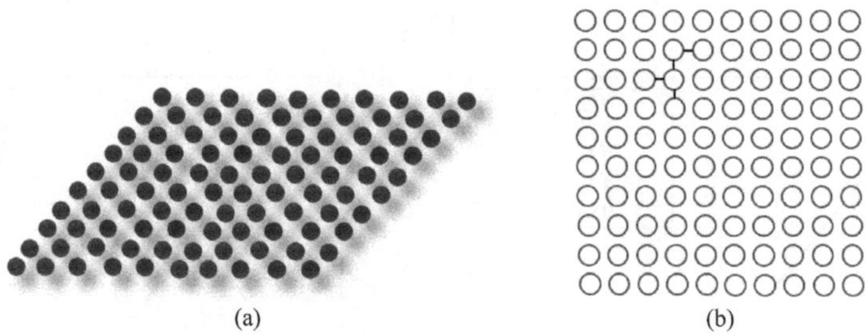

图 11.17　(a)无限域中嵌入 100 个球形夹杂；(b)俯视图，其中黑色实线表示任意两个相邻球形夹杂间的距离 d

首先考虑软夹杂，以 $E_I/E = 0.5$ 为例。图 11.18 显示了正则化应力 σ_{zz} / σ_0 在 xOy 横截面上的分布，其中(a)、(b)和(c)中的距离 d 分别取值为 0.2、0.5 和 1.0。由图 11.18 可以看出，不同距离 d 时，基体中夹杂附近的应力分布基本一致。由于存在软夹杂，基体和夹杂的局部正则化应力 σ_{zz} / σ_0 在基体和夹杂的界面附近增大，而正则化应力 σ_{zz} / σ_0 在无穷远处减小到 1。但随着距离 d 的增加，球形夹杂之间的相互作用减弱，夹杂对基体的影响也减弱。然后考虑硬夹杂，以 $E_I/E = 2$ 为例。图 11.19 为 100 个硬夹杂在 xOy 截面上的正则化应力 σ_{zz} / σ_0 分布。与软夹杂物相比，基体和夹杂在界面附近的局部应力值减小，在无限远处正则化应力值增加到 1。

为了评估计算效率，以软夹杂($E_I/E = 0.5$)为例，考虑夹杂之间距离 $d = 0.5$ 及自由度 N 为 86400。表 11.7 分别显示了三种方法(方法 2、方法 3 和方法 4)求解此问题所需要的 CPU 时间和低秩矩阵的秩 k。从表中可以看出，对于大规模问题，与方法 2 和方法 3 相比，方法 4 需要的 CPU 时间和内存仍然是最少的。因此，与其他三种方法相比，改进的加速交叉算法更适合求解大规模弹性问题。

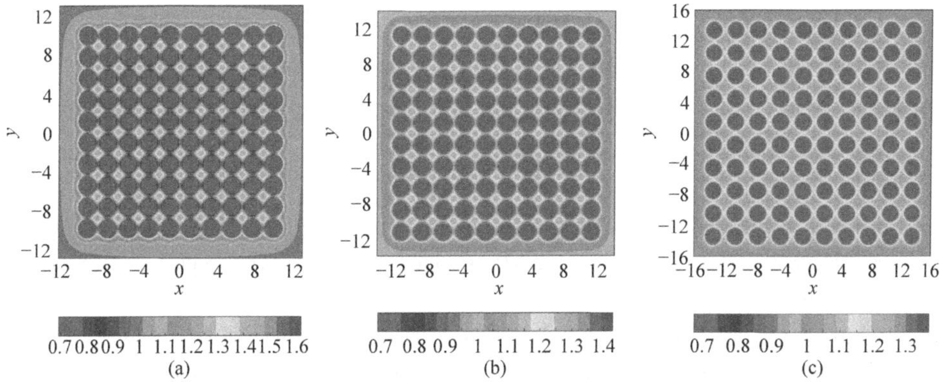

图 11.18　100 个球形软夹杂的正则化应力 σ_{zz}/σ_0 在 xOy 横截面上的分布：(a)距离 $d=0.2$；(b)距离 $d=0.5$；(c)距离 $d=1.0$(彩图请扫封底二维码)

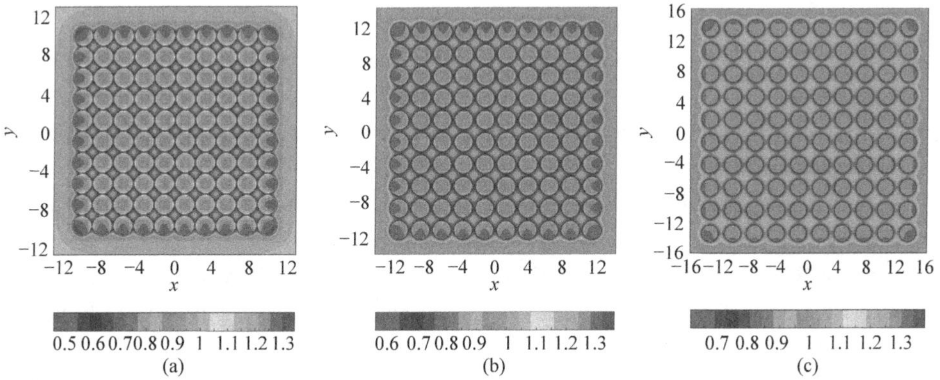

图 11.19　100 个球形硬夹杂的正则化应力 σ_{zz}/σ_0 在 xOy 横截面上的分布：(a)距离 $d=0.2$；(b)距离 $d=0.5$；(c)距离 $d=1.0$(彩图请扫封底二维码)

表 11.7　三种方法所需的 CPU 时间和低秩矩阵的秩 k

	T_{approx}/s	k	T_{total}/s
方法 2	449506.2	2662	928311.4
方法 3	121343.3	8102	251683.2
方法 4	8986.0	2046	24616.3

11.5　小　结

本章介绍了等几何边界元快速直接算法求解三维位势和弹性夹杂问题。首先，简单介绍了矩阵低秩分解方法 SVD 和 ACA、分层非对角低秩矩阵的结构、快速直接算法的实现过程及加速算法。之后对于具有张量形式基本解的弹性力学问题，介绍了一种加速交叉算法，其中使用截断 SVD 算法低秩压缩最底层小规模矩阵，然后再使用 ACA 算法对得出的低秩矩阵进行再压缩以减小秩的大小。最后，给出了四个数值算例来验证改进的等几何边界元快速直接算法的有效性、准确性和收敛性。

参 考 文 献

[1] Hughes T J R, Cottrell J A, Bazilevs Y. Isogeometric analysis: CAD, finite elements, NURBS, exact geometry and mesh refinement[J]. Computer Methods in Applied Mechanics and Engineering, 2005, 194: 4135-4195.

[2] Cottrell J, Reali A, Bazilevs Y, et al. Isogeometric analysis of structural vibrations[J]. Computer Methods in Applied Mechanics and Engineering, 2006, 195(41-43): 5257-5296.

[3] De Borst R. Computational Methods for Fracture in Porous Media-isogeometric and Extended Finite Element Methods[M]. Netherlands: Elsevier, 2018.

[4] Bazilevs Y, Calo V M, Zhang Y, et al. Isogeometric fluid-structure interaction analysis with applications to arterial blood flow[J]. Computational Mechanics, 2006，38: 310-322.

[5] Gan B S. Condensed Isogeometric Analysis for Plate and Shell Structures[M]. New York: CRC Press, 2020.

[6] Wu H, Ye W, Jiang W. Isogeometric finite element analysis of interior acoustic problems[J]. Applied Acoustics, 2015, 100: 63-73.

[7] Dimitri R. Isogeometric treatment of large deformation contact and debonding problems with T-splines: a review[J]. Curved and Layered Structures, 2015, 2: 59-90.

[8] Simpson R N, Bordas S P A, Trevelyan J, et al. A two-dimensional isogeometric boundary element Method for elastostatic analysis[J]. Computer Methods in Applied Mechanics and Engineering, 2012, 209-212(324): 87-100.

[9] Gong Y P, Dong C Y, Qin X C. An isogeometric boundary element method for three dimensional potential problems[J]. Journal of Computational and Applied Mathematics, 2017, 313: 454-468.

[10] Simpson R N, Scott M A, Taus M, et al. Acoustic isogeometric boundary element analysis[J]. Computer Methods in Applied Mechanics and Engineering, 2014, 269: 265-290.

[11] Wu Y H, Dong C Y, Yang H S. Isogeometric indirect boundary element method for solving the 3D acoustic problems[J]. Journal of Computational and Applied Mathematics, 2020, 363: 273-299.

[12] Nguyen B H, Tran H D, Anitescu C, et al. An isogeometric symmetric Galerkin boundary element method for two-dimensional crack problems[J]. Computer Methods in Applied Mechanics and Engineering, 2016, 306: 252-275.

[13] Peng X, Atroshchenko E, Kerfriden P, et al. Linear elastic fracture simulation directly from CAD: 2D NURBS-based implementation and role of tip enrichment[J]. International Journal of Fracture, 2017, 204: 55-78.

[14] Sun F L, Dong C Y , Yang H S. Isogeometric boundary element method for crack propagation based on Bézier extraction of NURBS[J]. Engineering Analysis with Boundary Elements, 2019, 99: 76-88.

[15] Sun F L, Dong C Y. Three-dimensional crack propagation and inclusion-crack interaction based on IGABEM[J]. Engineering Analysis with Boundary Elements, 2021, 131: 1-14.

[16] 孙芳玲. 等几何边界元快速直接解法研究及其应用[D]. 北京: 北京理工大学, 2020.

[17] Nishimura N. Fast Multipole accelerated boundary integral equation methods[J]. Applied Mechanics Reviews, 2002, 55(4): 299-324.

[18] Wang H, Yao Z. A new fast multipole boundary element method for large scale analysis of mechanical properties in 3D particle-reinforced composites[J]. Computer Modeling in Engineering and Sciences, 2005, 7(1): 85-95.

[19] Liu Y J, Nishimura N. The fast multipole boundary element method for potential problems: A tutorial[J]. Engineering Analysis with Boundary Elements, 2006, 30: 371-381.

[20] Benedetti I, Aliabadi M H, Davi G. A fast 3D dual boundary element method based on hierarchical matrices[J]. International Journal of Solids and Structures, 2008, 45: 2355-2376.

[21] Marussig B, Zechner J, Beer G, et al. Fast isogeometric boundary element method based on independent field approximation[J]. Computer Methods in Applied Mechanics and Engineering, 2015, 284: 458-488.

[22] Greengard L, Gueyffier D, Martinsson P G, et al. Fast direct solvers for integral equations in complex three-dimensional domains[J]. Acta Numerica, 2009, 18(1): 243-275.

[23] Kong W Y, Bremer J, Rokhlin V. An adaptive fast direct solver for boundary integral equations in two dimensions[J]. Applied and Computational Harmonic Analysis, 2011, 31: 346-369.

[24] Lai J, Ambikasaran S, Greengard L F. A fast direct solver for high frequency scattering from a large cavity in two dimensions[J]. SIAM Journal on Scientific Computing, 2014, 36: 887-903.

[25] Huang S, Liu Y J. A new fast direct solver for the boundary element method[J]. Computational Mechanics, 2017, 60: 1-14.

[26] Sun F L, Dong C Y, Wu Y H, et al. Fast direct isogeometric boundary element method for 3D potential problems based on HODLR matrix[J]. Applied Mathematics and Computation, 2019, 359: 17-33.

[27] Sun F L, Gong Y P, Dong C Y. A novel fast direct solver for 3D elastic inclusion problems with the isogeometric boundary element method[J]. Journal of Computational and Applied Mathematics, 2020, 377: 112904.

[28] Golub G H, van Loan C F. Matrix Computation[M]. Maryland: The Johns Hopkins University Press, 2013.

[29] Eckart G, Young G. The approximation of one matrix by another of lower rank[J]. Psychometrika, 1936, 1(3): 211-218.

[30] Bebendorf M. Hierarchical Matrices: A Means to Efficiently Solve Elliptic Boundary Value Problems[M]. Berlin: Springer, 2008.

[31] Bebendorf M, Rjasanow S. Adaptive low-rank approximation of collocation matrices[J]. Computing, 2003, 70: 1-24.

[32] Dong C Y, Lo S H, Cheung Y K. Numerical solution of 3D elastostatic inclusion problems using the volume integral equation method[J]. Computer Methods in Applied Mechanics and Engineering, 2003, 192 (1-2): 95-106.

[33] Gao X W. An effective method for numerical evaluation of general 2D and 3D high order singular boundary integrals[J]. Computer Methods in Applied Mechanics and Engineering, 2010, 199: 2856-2864.